Karl O. Tiltmann
Holger Schlizio
Martina Flöth

Abfallentsorgung im Ausland

Die EG-Abfall-verbringungsverordnung

Aus dem Programm Umwelttechnik

Handbuch Abfallwirtschaft und Recycling
von K. O. Tiltmann

Chemie und Umwelt
von A. Heintz und G. Reinhardt

Einführung in die Umwelttechnik
von B. Philipp (Hrsg.)

Abfallentsorgung im Ausland
Die EG-Abfallverbringungsverordnung
von K. O. Tiltmann, H. Schlizio und M. Flöth

Energie- und Umweltpolitik
von Internationale Energie Agentur (Hrsg.)

Bergehalden des Steinkohlenbergbaus
von H. Wiggering und M. Kerth (Hrsg.)

Mikrobieller Schadstoffabbau
von C. Knorr und T. v. Schell

Umwelt-Bioverfahrenstechnik
von P. Kunz

Ökologikum
von V. Best

Karl O. Tiltmann
Holger Schlizio
Martina Flöth

Abfallentsorgung im Ausland

Die EG-Abfallverbringungsverordnung

Leitfaden für die grenzüberschreitende Abfallverbringung

vieweg

Die Deutsche Bibliothek – CIP-Einheitsaufnahme

Tiltmann, Karl O.:
Abfallentsorgung im Ausland: die EG-Abfallverordnung;
Leitfaden für die grenzüberschreitende Abfallverbringung/
Karl O. Tiltmann; Holger Schlizio; Martina Flöth. - Braunschweig;
Wiesbaden: Vieweg, 1996
ISBN-13: 978-3-322-83132-3
NE: Schlizio, Holger:; Flöth, Martina:

Softcover reprint of the hardcover 1st edition 1996
Der Verlag Vieweg ist ein Unternehmen der Bertelsmann Fachinformation GmbH.

Druck und buchbinderische Verarbeitung: Lengericher Handelsdruckerei, Lengerich
Gedruckt auf säurefreiem Papier

ISBN-13: 978-3-322-83132-3 e-ISBN-13: 978-3-322-83131-6
DOI: 10.1007/978-3-322-83131-6

Inhaltsverzeichnis

Abkürzungsverzeichnis

AbfG	Gesetz über die Vermeidung und Verwertung von Abfällen
AbfRestÜberwV	Abfall- und Reststoffüberwachungsverordnung
AbfVerbrG	(nationales) Abfallverbringungsgesetz
Abl.	Amtsblatt
Abs.	Absatz
AKP-Staaten	Staaten des afrikanischen, karibischen und pazifischen Raumes, die der EWG durch das Abkommen von Lome assoziiert sind (zugehörige Länder siehe Liste im Anhang)
Art.	Artikel
AVwGebO	Allgemeine Verwaltungsgebührenordnung
BB	zuständige Behörde am Bestimmungsort – gemäß Artikel 2d) EG-AbfVerbrV
BD	für die Durchfuhr zuständige Behörde – gemäß Artikel 2e) EG-AbfVerbrV
BDr	für die Durchfuhr zuständige Behörde eines nicht EG-Staates
BDSG	Bundesdatenschutzgesetz vom 20.12.1990
BGB	Bürgerliches Gesetzbuch
BGBl.	Bundesgesetzblatt
BImSchG	Bundes-Immissionsschutzgesetz
BRD	Bundesrepublik Deutschland
BV	zuständige Behörde am Versandort – gemäß Artikel 2c) EG-AbfVerbrV
bzw.	beziehungsweise
d. h.	das heißt
DVBl.	Deutsches Verwaltungsblatt
E	Empfänger der Abfälle – gemäß Artikel 2h) EG-AbfVerbrV
EEA	einheitliche europäische Akte
EFTA	European Free Trade Association

	(zugehörige Länder siehe Liste im Anhang)
EG	Europäische Gemeinschaft
EG-AbfVerbrV	Verordnung 259/93/EWG zur Überwachung und Kontrolle der Verbringung von Abfällen in der, in die und aus der Gemeinschaft
EGV	Vertrag der Europäischen Gemeinschaft
ESN	Entsorgungsnachweis gemäß Abfallgesetz
EURATOM	Europäische Atomgemeinschaft
EWC	European Waste Catalogue – Europäischer Abfallkatalog
EWG	Europäische Wirtschaftsgemeinschaft (zugehörige Länder siehe Liste im Anhang)
ff.	und folgende
gem.	gemäß
GG	Grundgesetz
ggf.	gegebenenfalls
GGVS	Gefahrgutverordnung Straße
i. d. F.	in der Fassung
i. S. d.	im Sinne des/der
Kap.	Kapitel
LAGA	Länder Arbeitsgemeinschaft Abfall
lBD	letzte für die Durchfuhr zuständige Behörde
MS	Mitgliedstaaten
nP	notifizierende Person – gemäß Artikel 2g) EG-AbfVerbrV
Nr.	Nummer
NuR	Natur und Recht
OECD	Organisation für Wirtschaftliche Zusammenarbeit und Entwicklung (zugehörige Länder siehe Liste im Anhang)
o. g.	oben genannte(r)

PBB	Polybromierte Biphenyle
PCB	Polychlorierte Biphenyle
PCT	Polychlorierte Terphenyle
RestBestV	Reststoffbestimmungs-Verordnung
S.	Seite
sog.	sogenannte(r)
TA	Technische Anleitung
u. a.	unter anderem
UBA	Umweltbundesamt
UNEP	United Nations Environment Programme
USA	United States of America
u. U.	unter Umständen
vgl.	vergleiche
VwVfG	Verwaltungsverfahrensgesetz
z. B.	zum Beispiel
z. T.	zum Teil
ZUR	Zeitschrift für Umweltrecht

Vorwort

In den vergangenen Jahrzehnten wurden die zwischenmenschlichen Beziehungen durch die ansteigende Bevölkerungsdichte, zunehmende weltweite wirtschaftliche Vernetzung und kulturelle Vermischung immer komplexer. Es war daher notwendig, bestehende nationale Regelwerke ständig anzupassen und weiterzuentwickeln und durch differenzierte, vielschichtige und vor allem internationale Übereinkünfte zu ergänzen.

Aus dieser Notwendigkeit heraus entwickelte sich in den letzten Jahren unter anderem im Bereich des Abfallrechtes ein komplexes Regelsystem aus bi- oder multilateralen Abkommen zwischen einzelnen Staaten oder mehreren, vertraglich zusammengeschlossenen Staaten (z. B. EG, AKP ⇒ das Abkommen von Lome) einerseits und den national (z. B. AbfRestÜberwV, AbfG) beziehungsweise innerhalb einer Staatengemeinschaft geltenden (z. B. die Baseler Konvention, der OECD-Beschluß) Rechtsvorschriften andererseits. So führte die Absicht, den Abfalltourismus zu Lasten der Länder mit niedrigeren Standards zu unterbinden und Mißstände bei der umweltgerechten Verbringung und Entsorgung von Abfällen zu beheben, im Rahmen der Europäischen Gemeinschaft beispielsweise zur Verabschiedung der Verordnung 259/93/EWG durch den Europäischen Rat am 01. Februar 1993. Diese sogenannte EG-Abfallverbringungsverordnung, ein Kernstück des neuen internationalen Abfallrechtes, wurde eine Woche später im Amtsblatt der Europäischen Gemeinschaft veröffentlicht und gelangte 15 Monate später, nämlich am 08. Mai 1994, zur Anwendung. Seither werden durch sie die Überwachung und Kontrolle der Verbringung von Abfällen in der, in die und aus der Europäischen Gemeinschaft für alle 15 Mitgliedstaaten derselben, zu welchen auch die Bundesrepublik Deutschland sowie die meisten ihrer Anrainerstaaten gehören, einheitlich geregelt.

In diesem Zusammenhang ist anzumerken, daß Verordnungen des Europäischen Rates nach Art. 189 EGV ohne nationale Billigung unmittelbar in jedem Mitgliedstaat allgemeine Geltung erlangen und in all ihren Teilen verbindlich sind, während Richtlinien nur hinsichtlich des zu erreichenden Zieles als verbindlich anzusehen sind und Empfehlungen ebenso wie Stellungnahmen dem Adressaten lediglich ein bestimmtes Verhalten nahelegen sollen. **Zur Anwendung gekommenes EG-Recht setzt entsprechende nationale Bestimmungen stets außer Kraft.** Diese Hierarchie der unterschiedlichen Instrumentarien und der gesetzgebenden Organe, die Querverweise zwischen einzelnen Rechtsquellen sowie das schwer verständliche Deutsch der Juristen erschwert den Betroffenen leider häufig den Umgang mit derartigen Regelwerken und behindert somit deren praktische Umsetzbarkeit.

Da die oben genannte Verordnung 259/93/EWG ein Hauptbestandteil des neuen Abfallrechtes ist, soll betroffenen Abfallbesitzern oder -erzeugern und natürlich allen anderen interessierten Personen die Rechtsmaterie der EG-Abfallverbringungsverordnung nähergebracht werden.

Im ersten Kapitel wird dazu zunächst die Entstehungsgeschichte der Verordnung beschrieben, ihr Inhalt zusammenfassend wiedergegeben und die hinter ihr stehende Regelsystematik erläutert. Damit soll dem Leser und Anwender der Einstieg in die komplizierte Materie erleichtert und ein Gesamtüberblick über mögliche Verfahrensabläufe und deren Einflußparameter gegeben werden. Auf dieser Grundlage können dann die unterschiedlichen Fallgestaltungen des im Rahmen der EG-Verordnung für grenzüberschreitende Abfalltransporte durchzuführenden Notifizierungsverfahrens im zweiten Kapitel detailliert behandelt werden. Sie unterscheiden sich je nach Abfallart, angestrebtem Entsorgungsziel und der Kombination der beteiligten Länder. Das dritte Kapitel beschäftigt sich schließlich mit praxisorientierten Anleitungen zu einzelnen Verfahrensschritten, gibt allgemeine Informationen zum erreichten Stand der Umsetzung insbesondere in der Bundesrepublik Deutschland sowie zu neu gestalteten Randparametern. Das letzte Kapitel dient der Klärung zahlreicher Einzelfragen, die sich im Umgang mit der dargestellten Verordnung ergeben. Die Anhänge beinhalten sowohl alle relevanten Rechtsquellen (zumindest auszugsweise) als auch Übersichten über die in der EG-Verordnung herausgehobenen Ländergruppen und Zollstellen.

Dezember 1995

Karl O. Tiltmann
Holger Schlizio
Martina Flöth

1 Grundlagen

Die Verordnung Nr. 259/93/EWG des Europäischen Rates vom 1. Februar 1993, auch EG-Abfallverbringungsverordnung genannt, ist ein zentrales Regelwerk des neuen, „weltweiten" Abfallrechtes und befindet sich als solches in einem komplexen System aus unterschiedlichsten Rechtsvorschriften. Um den von dieser Verordnung betroffenen Personen das Verständnis für die globalen Zusammenhänge zu erleichtern und sie in die komplizierte und umfangreiche Rechtsmaterie einzuführen, soll mittels des folgenden Kapitels ein gewisses Basiswissen vermittelt werden, auf dessen Grundlage die besagte EG-Verordnung dann in den weiteren Kapiteln detailliert behandelt werden kann. Zunächst wird dazu die Entwicklung des europäischen Umweltrechtes im allgemeinen sowie die der EG-Abfallverbringungsverordnung im einzelnen kurz beschrieben, der wesentliche Inhalt der Verordnung zusammengefaßt und die in ihr inplizierte Regelsystematik erläutert.

1.1 Das EG-Umweltrecht

Mit der Schlußerklärung der **Pariser Gipfelkonferenz** im Oktober 1972 wurde der Umweltschutz als vertragliche Aufgabe der europäischen Gemeinschaft anerkannt und der Anstoß für die Entwicklung einer eigenständigen, umfassenden EG-Umweltpolitik gegeben. Erste Ansätze zur Regelung des Abfallrechts auf Gemeinschaftsebene gehen auf das Jahr 1975 zurück. Damals verabschiedete der Rat die **Richtlinie Nr. 75/442/EWG** über Abfälle am 15. Juli 1975 als eine Rahmenvorschrift, damit die wesentlichen Zielsetzungen zum Schutz der menschlichen Gesundheit und der Umwelt erreicht werden. Die darauf bezogene **Änderungsrichtlinie Nr. 91/156/EWG** vom 18. März 1991 wurde entsprechend der neuformulierten „Gemeinschaftsstrategie für die Abfallwirtschaft" geändert.

Seit der Änderung des EG-Vertrages durch die **Einheitliche Europäische Akte** mit Wirkung vom 01. Juli 1987 wurde die Umweltpolitik der Europäischen Gemeinschaft neue Kompetenzgrundlagen gestellt und die Diskussion um die bislang unzureichend empfundenen Kompetenzen der EG im Bereich des Umweltrechts beendet. Die aufgrund dieser Akte in den EG-Vertrag als primäres Gemeinschaftsrecht eingefügten Artikel 130 r bis t treffen Aussagen über die Ziele der Gemeinschaft, die Zusammenarbeit mit Drittländern, die Beschlußverfahren, mögliche Ausnahmeregelungen und die Gültigkeit nationaler Schutzmaßnahmen. Sie wurden durch den **Vertrag von Maastricht** über die Europäische Union vom 07. Februar 1992 inhaltlich noch etwas weiterentwickelt.

Aufbauend auf dem in den Gründungsverträgen der Europäischen Gemeinschaft verankerten Recht können die Organe der Gemeinschaft Rechtsakte für alle Mitgliedstaaten erlassen. Dieses sogenannte „organgeschaffene Gemeinschaftsrecht" wird auch als **Sekundärrecht** bezeichnet und ist dem **Primärrecht** juristisch untergeordnet. Zu den wichtigsten Instrumentarien des Sekundärrechts zählen Verordnungen, Richtlinien, Entscheidungen, Empfehlungen und Stellungnahmen.

Der Unterschied dieser Instrumentarien, welche in Art. 189 EGV normiert sind, liegt vor allem in ihrer Wirkung für die einzelnen Staaten der Gemeinschaft. Während eine Verordnung nämlich ohne nationale Billigung unmittelbar in jedem Mitgliedstaat Geltung erlangt und in all ihren Teilen verbindlich ist, bedarf eine Richtlinie der nationalen Umsetzung und ist nur hinsichtlich des zu erreichenden Zieles als verbindlich anzusehen. Letztere überläßt den innerstaatlichen Stellen also die Wahl der Form und der Mittel. Eine Entscheidung ist ebenfalls in all ihren Teilen verbindlich, aber nur für diejenigen, die sie bezeichnet. Bei einer Entscheidung handelt es sich im Vergleich zu der abstrakt-generellen Regelung einer Verordnung eher um ein Mittel zur Regelung von Einzelfällen. Empfehlungen und Stellungnahmen werden dagegen als nicht verbindlich bezeichnet, da sie den Adressaten lediglich ein bestimmtes Verhalten nahelegen sollen.

Durch die Verordnung 259/93/EWG des Rates vom 01. Februar 1993 wurde im Bereich des Abfallrechtes ein gemeinschaftlicher Rechtsakt erstmals in der Rechtsform einer Verordnung vollzogen, das bedeutet, sie kommt ohne nationale Umsetzung unmittelbar in allen der inzwischen 15 Mitgliedstaaten der EG zur Anwendung. Damit wird die für eine einheitliche Rechtsprechung erforderliche Determinierung des nationalen Umweltrechts durch das europäische Umweltrecht zum ersten Mal verwirklicht.

1.2 Die EG-Abfallverbringungsverordnung

Die EG-Abfallverbringungsverordnung wurde am 01. Februar 1993 vom Rat der Europäischen Gemeinschaft verabschiedet, fast eine Woche später im Amtsblatt der Gemeinschaft veröffentlicht und gelangte laut Art. 44 EG-AbfVerbrV 15 Monate nach ihrer Veröffentlichung, also am 08. Mai 1994, zur Anwendung. **Da die Bestimmungen einer EG-Verordnung im Gegensatz zu denen einer EG-Richtlinie nicht der nationalen Umsetzung bedürfen, gehört die Abfallverbringungsverordnung seither in jedem Mitgliedstaat der Europäischen Gemeinschaft zum unmittelbar geltenden Recht.**

1.2.1 Die Entstehungsgeschichte der EG-Abfallverbringungsverordnung

Aus Anlaß der Vorgänge um die Dioxinabfälle von Seveso erkannte man die Dringlichkeit einer Regelung der grenzüberschreitenden Verbringung von Abfällen in der Europäischen Gemeinschaft. In Anbetracht dieser Problematik wurde bereits 1984 die grenzüberschreitende Verbringung gefährlicher Abfälle sowohl innerhalb der Gemeinschaft als auch im Verhältnis zu Drittstaaten durch eine entsprechende Richtlinie geregelt.

Mit dieser **Richtlinie Nr. 84/631/EWG** des Rates vom 06. Dezember 1984 über die Überwachung und Kontrolle – in der Gemeinschaft – der grenzüberschreitenden Verbringung gefährlicher Abfälle wurde ein einheitliches Überwachungsverfahren für den grenzüberschreitenden Transport gefährlicher Abfälle festgelegt und ein sogenanntes **Notifizierungsverfahren** eingeführt, wonach derjenige, der gefährliche Abfälle in einen anderen Mitgliedstaat der Gemeinschaft verbringen will, die zuständigen Behörden der Länder benachrichtigen muß, die von der jeweiligen Verbringung betroffen sind. Die Richtlinie wurde im Laufe der Zeit aufgrund des Beitritts Spaniens und Portugals zur Europäischen Gemeinschaft oder zur Anpassung an den technischen Fortschritt inhaltlich mehrfach aktualisiert (letzte Änderung am 23. Dezember 1986 durch die Richtlinie 87/112/EWG des Rates).

Die Umsetzung dieser Richtlinie in der Bundesrepublik Deutschland erfolgte in mehreren Schritten. Zuerst wurden mit dem Dritten Gesetz zur **Änderung des Abfallbeseitigungsgesetzes** vom 01. Juni 1985 der § 13 des Abfallgesetzes geändert und die §§ 13a, 13b eingeführt. Die Fortsetzung folgte dann 1986 mit dem Vierten Gesetz zur Änderung des Abfallgesetzes und der damit verbundenen Einführung des § 13c AbfG sowie dem Erlaß der Verordnung über die grenzüberschreitende Verbringung von Abfällen als **nationale Abfallverbringungsverordnung** (AbfVerbrV) am 18. November 1988. Der in der Richtlinie 84/631/EWG für die nationale Umsetzung vorgesehene Stichtag – 01. Oktober 1985 – wurde allerdings nicht durch alle Mitgliedstaaten erfüllt In zwei EG-Staaten erfolgte eine Umsetzung bis heute nicht, woran die Wirksamkeit derartiger Regelwerke ohne ein entsprechendes Strafrecht besonders deutlich wird. Mittlerweile erübrigen sich weitere Bemühungen um die vollständige Umsetzung dieser Richtlinie jedoch, da sie nach Art. 43 EG-AbfVerbrV mit beginnender Anwendung derselben am 08. Mai 1994 ohnehin aufgehoben wurde.

Eine grundlegende Umgestaltung und Überarbeitung der Richtlinie 84/631/EWG zugunsten der Erarbeitung verbindlicher Vereinbarungen in Form einer EG-Verordnung wurde schließlich aus verschiedenen Gründen unumgänglich. Den Anstoß für die im folgenden beschriebenen internationalen Entwicklungen hinsichtlich der Regelung von Abfallverbringungen gaben unkontrollierte und zum Teil illegale Abfalltransporte in Länder der „Dritten Welt".

Zunächst entwickelten die Vereinten Nationen innerhalb ihres Umweltprogrammes (UNEP) die rechtlich unverbindlichen **Cairo-Guidelines** über „Environmentally So- und Management of Hazardous Waste" vom 17. Juni 1987. Diese Cairo-Guidelines stellten Standards für den Umgang mit gefährlichen Abfällen insbesondere in Entwicklungsländern auf. Wegen der zunehmenden Probleme im Bereich der Abfallverbringungen wurde darauf aufbauend der Entwurf eines völkerrechtlichen Vertrages erarbeitet, welcher ein weltweites Abkommen über die Kontrolle grenzüberschreitender Transporte gefährlicher Abfälle beinhaltet. Diese „Global Convention on the Control of Transboundary Movements of Hazardous Wastes and their Disposal" wurde auf der Abschlußkonferenz am 22. März 1989 in Basel verabschiedet und wird daher auch als das „**Baseler Übereinkommen**" bzw. die „**Baseler Konvention**" bezeichnet. In dieser Übereinkunft wird unter anderem der Begriff der „gefährlichen Abfälle" anhand der durch die OECD formulierten Y- und H-Liste definiert. Diese Deklaration wurde durch eine Ratsentscheidung vom 27. Mai 1988 übrigens auch in der EG als Nomenklatur gefährlicher Abfälle eingeführt. Ebenso wurde die Empfehlung der OECD über die Überwachung der grenzüberschreitenden Verbringung gefährlicher Abfälle, die sich hauptsächlich auf das Baseler Übereinkommen stützte, bereits am 02. April 1990 seitens der Europäischen Wirtschaftsgemeinschaft durch Ratsentscheid angenommen. Der am 30. März 1992 von der **OECD** verabschiedete **Beschluß** über die Überwachung der grenzüberschreitenden Verbringung von Abfällen zur Verwertung blieb im europäischen Recht dagegen bis zur Verabschiedung der EG-Abfallverbringungsverordnung unberücksichtigt.

Als ein weiterer Grund für die Überarbeitung der oben genannten EG-Richtlinie 84/631/EWG ist der Vertrag der Mitgliedstaaten der EG und den derzeit 69, als AKP-Staaten bezeichneten Entwicklungsländern in Afrika, der Karibik und im Pazifik zu nennen. Seit dem 01. April 1976 werden die Wirtschaftsbeziehungen und die Entwicklungszusammenarbeit zwischen diesen Parteien durch Übereinkünfte mit fünfjähriger Laufzeit geregelt. Am 15. Dezember 1989 wurde der vierte, auch unter dem **„Abkommen von Lome"** bekannte Vertrag unterzeichnet. Er beinhaltet unter anderem ein generelles Verbot des Verbringens gefährlicher und radioaktiver Abfälle in die AKP-Länder.

Neben diesen internationalen Vereinbarungen – Baseler Konvention, OECD-Beschluß und Abkommen von Lome – brachte sicherlich auch die Schaffung des **EG-Binnenmarktes** mit Wirkung vom 01. Januar 1993 die Europäische Gemeinschaft in Zugzwang. Denn es erscheint selbstverständlich, daß die Überwachung und Kontrolle der Verbringung von Abfällen bei der Überschreitung nicht mehr existierender Binnengrenzen nach anderen als den in der Richtlinie 84/631/EWG ursprünglich vorgesehenen Regeln erfolgen muß.

Das Resultat der oben angesprochenen vollständigen Überarbeitung war der von der Kommission der Europäischen Gemeinschaft vorgelegte Vorschlag für eine Verordnung des Rates zur Überwachung und Kontrolle der Verbringung von Abfällen in der, in die und aus der Gemeinschaft. In der Begründung zu dieser grundlegenden Neuregelung wurde seitens der Kommission ausgeführt, daß die neue Regelung der Verbringung von Abfällen im Gegensatz zu der bisherigen Normierung auf eine Verordnung hinauslaufen sollte, weil nur mit Hilfe einer Verordnung eine gleichzeitige und übereinstimmende Anwendung der Regelung in allen Mitgliedstaaten sichergestellt werden könne. Weil die Richtlinie 84/631/EWG aufgrund der zeitlich verschobenen und der in den einzelnen Mitgliedstaaten nach verschiedenen Modalitäten erfolgten Anwendung zu einer unübersichtlichen und unkontrollierbaren Situation geführt hatte, sollte den gesammelten Erfahrungen durch die Verabschiedung einer Verordnung Rechnung getragen werden.

1.2.2 Der wesentliche Inhalt der EG-Abfallverbringungsverordnung

Mittels der EG-Abfallverbringungsverordnung werden sowohl die Anforderungen des Baseler Übereinkommens vom 22. März 1989 durch die Europäische Gemeinschaft umgesetzt als auch die Bestimmungen der OECD-Ratsentscheidung vom 30. März 1992 berücksichtigt.

Die Verordnung enthält in 44 Artikeln und vier Anhängen neben Begriffsbestimmungen und generellen Verbringungsverboten hauptsächlich Verfahrensvorschriften, die im grenzüberschreitenden Verkehr von Abfalltransporten zu beachten sind.

1.2.2.1 Der Geltungsbereich

Die EG-Abfallverbringungsverordnung regelt die Verbringung von Abfällen in der, in die und aus der Europäischen Gemeinschaft. Der **räumliche Geltungsbereich** umfaßt also alle Mitgliedstaaten der Europäischen Gemeinschaft, wobei Verbringungen innerhalb der Mitgliedstaaten nach Art. 13 EG-AbfVerbrV durch mit dem Gemeinschaftsrecht kohärente einzelstaatliche Bestimmungen zu regeln sind.

Der **sachliche Geltungsbereich** der Verordnung – zusätzlich erweitert durch die Implementierung des europäischen Abfallbegriffs – bezieht sich auf alle gefährlichen und nicht gefährlichen Abfälle, die zur Beseitigung oder Verwertung bestimmt sind, wobei die Regelungen gemäß Art. 1 Abs. 3 a) EG-AbfVerbrV nur begrenzt auf die sogenannten grün gelisteten Abfälle (siehe Anhang II der Verordnung 259/93/EWG) beziehen. Gänzlich ausgenommen sind außerdem Abfälle, die irgendwelchen Sondervorschriften unterliegen (z. B. radioaktive Abfälle).

1.2.2.2 Der Abfallbegriff

In der EG-Abfallverbringungsverordnung wurde der Abfallbegriff der **Abfallrahmenrichtlinie 75/442/EWG** in der durch die Richtlinie 91/156/EWG geänderten Fassung übernommen. Danach gelten bei der grenzüberschreitenden Verbringung alle Stoffe und Gegenstände, deren sich der Besitzer entledigt, entledigen will (**subjektiver Abfallbegriff**) oder entledigen muß (**objektiver Abfallbegriff**), als Abfälle. Unter der „Entledigung" wird hier ungeachtet der Zwecksetzung des Besitzers jede Weitergabe der Stoffe oder Gegenstände verstanden.

Bis zum Inkrafttreten des Kreislaufwirtschafts- und Abfallgesetzes (s. Anlage) vom 27. September 1994 am 06. Oktober 1996 bleibt der nationale Abfallbegriff des § 1 AbfG für inländische Transporte unberührt.

Hinsichtlich weiterer Begriffsdefinitionen sei an dieser Stelle auf Art. 2 EG-AbfVerbrV verwiesen.

1.2.2.3 Der Verfahrensablauf

Da die einzelnen Verfahrensabläufe im zweiten Kapitel ausführlich beschrieben werden, soll in diesem Zusammenhang lediglich ein kurzer Überblick mit den wichtigsten Stichpunkten gegeben werden.

Zur gemeinsamen Regelung der Transportmodalitäten wirken im Rahmen der vorgeschriebenen Notifizierungsverfahren die zuständigen Behörden des Versandstaates, des Empfängerstaates und gegebenenfalls des (der) Transitstaates (/-en) in oder außerhalb der EG zusammen. Die genauen Verfahrensabläufe sind in erster Linie davon abhängig, wo der Abfalltransport beginnen oder enden soll und welche Staaten von der Verbringung betroffen sind. Neben **Herkunft und Ziel der Abfälle** ist weiter nach dem vorgesehenen **Entsorgungsverfahren** (Beseitigung oder Verwertung) und nach der **Abfallart** (Zugehörigkeit zu einer der drei „Ampellisten" gem. OECD-Beschluß vom 22. März 1992 oder nicht gelistet) zu differenzieren.

Für alle Verbringungen, die unter die Verordnung fallen, ist gemäß Art. 27 EG-AbfVerbrV eine Sicherheitsleistung in Form einer Bankbürgschaft zu hinterlegen oder eine entsprechende Versicherung nachzuweisen. Die Höhe der erforderlichen Sicherheitsleistung richtet sich nach den Kosten für eine eventuelle Rücksendung (Verpackungs-, Transport- und Entsorgungskosten). Sie wird für die in Art. 25 und 26 EG-AbfVerbrV geregelte Rücknahmeverpflichtung im Falle einer illegalen oder nicht ordnungsgemäß abgeschlossenen Verbringung in Anspruch genommen, sofern die notifizierende Person die Kosten nicht trägt. Die grenzüberschreitende Verbringung von Abfällen entgegen einem Verbot oder ohne erforderliche Zustimmung bzw. Genehmigung erfüllt als illegale Handlung einen Strafbestand, auf welchen das Verursacherprinzip anzuwenden ist.

1.2.2.4 Die Entsorgungsverfahren

Die Entsorgungsverfahren werden in **Beseitigungs- und Verwertungsverfahren** untergliedert, wobei die Verwertung generell Vorrang vor der Beseitigung hat (vgl. Kap. 1.2.2.5). Unter Beseitigung sind alle mit D1 bis D15 (disposal) gekennzeichneten Verfahren des **Anhangs II A** der **Richtlinie 75/442/EWG** in der Fassung der Änderungsrichtlinie 91/156/EWG zu verstehen, während die Methoden R1 bis R13 (recycling) des entsprechenden **Anhangs II B** die Verwertungsverfahren wiedergeben (vgl. Kap. 1.3.4.1).

Bei den zur Verwertung bestimmten Abfällen ist außerdem die Zuordnung zu den drei unterschiedlichen Abfallisten gemäß OECD-Beschluß zu berücksichtigen, wie sie in den Anhängen II, III und IV der Verordnung aufgelistet sind (vgl. hiezu auch Kap. 1.3.3).

1.2.2.5 Die Handlungsmaximen

Neben der **Vorrangstellung der Verwertung vor der Beseitigung** sind zwei weitere wichtige Grundregeln zu berücksichtigen, nämlich das **Prinzip der Nähe** und der **Grundsatz der Entsorgungsautarkie** auf einzelstaatlicher und gemeinschaftlicher Ebene unter Beachtung der Abfallwirtschaftspläne. Die erste Regel verlangt die Entsorgung in der zum Entstehungsort der Abfälle geographisch nächstgelegenen Anlage, während die zweite für die Vermeidung grenzüberschreitender Verbringungen steht. Es wird jedoch nichts darüber ausgesagt, welchem Grundsatz die höhere Priorität einzuräumen ist. Diese beiden Punkte gehören auch zu den Einwänden, die von den zuständigen Behörden gegen geplante Verbringungen erhoben werden können.

Das Prinzip der Nähe, der Vorrang der Verwertung und der Grundsatz der Entsorgungsautarkie können unberücksichtigt bleiben, sofern die Menge der anfallenden Abfälle so gering ist, daß sie die Rentabilität einer speziellen Entsorgungsanlage in Frage stellt.

1.2.3 Die Gliederung der EG-Abfallverbringungsverordnung

Die äußere Gliederung der Verordnung ist stark an inhaltlichen Gesichtspunkten orientiert. Daher wird ein Überblick über die formelle Gestaltung dieses Regelwerkes dem Anwender die Möglichkeit bieten, bestimmte Aussagen im Quelltext rasch zu finden, und ihm zugleich das Verständnis der Regelsystematik erleichtern.

Die EG-Abfallverbringungsverordnung ist ein sogenanntes **Artikelgesetz**, denn sie setzt sich aus insgesamt 44 arabisch nummerierten Artikeln, welche wiederum in Absätze unterteilt sind, und vier römisch bezifferten Anhängen zusammen. Die Artikel bilden das eigentliche Regelwerk der Verordnung und sind ihrem Inhalt entsprechend acht größeren Themengruppen, den mit Überschriften versehenen **Titeln**, zugeordnet. Die vier **Anhänge** beinhalten neben einer Liste der internationalen Verkehrsabkommen die sogenannte grüne, gelbe und rote Abfallliste gemäß dem OECD-Ratsbeschluß (vgl. Kap. 1.3.3). Der Aufbau der EG-Verordnung kann mit Hilfe der in **Tabelle 1.1** dargestellten Übersicht leicht nachvollzogen werden.

Zur Erläuterung der Regelsystematik im Hinblick auf das durchzuführende Notifizierungsverfahren sind die Titel II bis einschließlich VI von besonderem Interesse, da sich die beiden Artikel des ersten Titels lediglich mit dem Geltungsbereich der Verordnung sowie den Begriffsbestimmungen beschäftigen und in den 20 Artikeln der letzten beiden Titel überwiegend Regelungen zu speziellen Einzelfragen getroffen werden. Innerhalb der die grenzüberschreitenden Verbringungen direkt betreffenden Titel II ,IV ,V und VI ist im übrigen eine zusätzliche Untergliederung der Artikel in Abschnitte A, B und C entsprechend der beiden möglichen Entsorgungsziele beziehungsweise speziellen Länderkonstellationen zu finden.

1.2.4 Die Regelsystematik der EG-Abfallverbringungsverordnung

Der Regelungsbereich der EG-Abfallverbringungsverordnung betrifft alle Arten des **Exportes, Importes** oder **Transits von Abfällen** zwischen den EG-Mitgliedstaaten, aber auch mit Beteiligung von Drittländern. In bezug auf Verbringungen innerhalb der Mitgliedstaaten werden dieselben durch Art. 13 EG-AbfVerbrV angehalten, geeignete Überwachungs- und Kontrollverfahren auf nationaler Ebene festzulegen, was in Deutschland durch die Abfall- und Reststoffüberwachungsverordnung erfolgte. Alle grenzüberschreitenden Abfalltransporte in der, in die und aus der Gemeinschaft sind im Rahmen eines sogenannten **Notifizierungsverfahrens** anzeige-, genehmigungs- beziehungsweise zustimmungspflichtig. Die Entscheidung, ob eine bestimmte Verbringung erlaubt oder verboten ist, ob die Zustimmung der zuständigen Behörden beteiligter Staaten erforderlich ist oder in welcher Form die Genehmigung der Behörde am Bestimmungsort einzuholen ist (vgl. Kap. 2.2), hängt nach der Regelsystematik der EG-Abfallverbringungsverordnung von den folgenden Sachverhalten ab:

- geplanter **Transportweg** $\Rightarrow$ an einer Verbringung beteiligte oder von einer Verbringung betroffene Staaten (Versand-, Bestimmungs- und Transitstaat),
- vorgesehenes **Entsorgungsziel** (Beseitigung, Verwertung) und
- **Beschaffenheit zur Verwertung bestimmter Abfälle** $\Rightarrow$ Klassifizierung entsprechend der von den Abfällen ausgehenden Gefahr nach den drei, in den Anhängen II, III und IV der EG-Verordnung aufgeführten Abfallisten („Ampellisten" gemäß OECD-Ratsbeschluß vom 30. März 1992, vgl. hierzu Kap. 1.3.3).

Die sich daraus ergebenden **Regelbereiche der EG-Abfallverbringungsverordnung** sind in **Tabelle 1.2** unter Angabe der den jeweiligen Bereich betreffenden Artikel zusammengefaßt. Die in den einzelnen Zellen aufgeführten stichpunktartigen Informationen bezüglich der Zulässigkeit einer Verbringung sind ein Vorgriff auf die im nächsten Kapitel ausführlich behandelten Fallunterscheidungen der verbringungsbegleitenden Verfahren und sollen daher in diesem Zusammenhang nur kurz umrissen werden.

Titel	Überschrift	Art.	Überschrift
I	Geltungsbereich	1	Geltungsbereich
	und Begriffsbestimmungen	2	Begriffsbestimmungen
II	Verbringung von Abfällen zwischen MS	3- 5	Verbringung ... zur Beseitigung ...
		6-11	Verbringung ... zur Verwertung ...
		12	Durchfuhr durch Drittländer
III	Verbringung von Abfällen innerhalb der MS	13	Beförderung innerhalb der MS
IV	Ausfuhr von Abfällen	14-15	Ausfuhr ... zur Beseitigung ...
		16-17	Ausfuhr ... zur Verwertung ...
		18	Ausfuhr in AKP-Staaten
V	Einfuhr von Abfällen in die EG	19-20	Einfuhr ... zur Beseitigung ...
		21-22	Einfuhr ... zur Verwertung ...
VI	Durchfuhr von Abfällen...	23	Notifizierungsverfahren ...
		24	Durchfuhr aus USA u.a. OECD-Staaten
VII	Gemeinsame Bestimmungen	25	Rücksendung
		26	Illegale Verbringung
		27	Sicherheitsleistungen
		28	Sammelnotifizierung
		29	Vermischungsverbot
		30	Staatliche Überwachung
		31	Sprache
VIII	Sonstige Bestimmungen	32	Gefahrgutrecht
		33	Verwaltungskosten
		34	Verwertungs- u. Beseitigungspflicht
		35	Aufbewahrungsfrist
		36	Zuständige Behörde
		37	Anlaufstelle
		38	Mitteilungspflicht
		39	Mitwirkung der Zollstellen
		40	Informationsaustausch
		41	Bericht
		42	Formulare
		43-44	Außerkrafttreten, Inkrafttreten
*	Anhang	I	Liste der internationalen Verkehrsabkommen
*	Anhang	II-IV	Abfallisten gemäß OECD-Beschluß

Tabelle 1.1 Gliederung der EG-Abfallverbringungsverordnung

grenzüberschreitende Abfallverbringung	Abfälle zur Beseitigung Anhang II A 75/442/EWG	Abfälle zur Verwertung Anhang II B 75/442/EWG		
	Rahmenrichtlinie 91/156/EWG	grüne Liste (Anhang II)	gelbe Liste (Anhang III)	rote Liste (Anhang IV) oder nicht gelistet
innerhalb der EG (zwischen MS) Artikel 3-12	erlaubt (Notifizierung mit schriftlicher Zustimmung) Art. 3-5	freie Verbringung (mit Begleitpapier zu genehmigten Anlagen) Art. 1 Abs. 3 Art. 11	erlaubt (Notifizierung möglich mit stillschweigender Genehmigung) Art. 6-9, 12	erlaubt (Notifizierung mit schriftlicher Zustimmung vor Verbringung) Art. 6-8, 10, 12
Export aus der EG Artikel 14-17	verboten, Ausnahme: EFTA, soweit Basel (Notifizierung) Art. 14, 15	erlaubt, freie Verbringung in OECD-Länder, sonst Einzelregelungen Art. 1 Abs. 3 Art. 17 Abs. 1-3	verboten, Ausnahme: OECD, Basel, Vereinbarung (Notifizierung) Art. 16, 17	verboten, Ausnahme: OECD, Basel, Vereinbarung Art. 16, 18
Export in AKP-Staaten Artikel 18	verboten, Ausnahme: Reexport nach Aufbereitung Art. 18 Abs. 2	erlaubt, Einzelregelungen möglich (Ausfuhrlizenz) Art. 1 Abs. 3 Art. 17 Abs. 1-3	verboten; Ausnahme: Reexport nach Aufbereitung Art. 18 Abs. 2	
Import in die EG Artikel 19-22	verboten, Ausnahme: EFTA, soweit Basel; Basel; Vereinbarung (Notifizierung) Art. 19-20	freie Verbringung (mit Begleitpapier zu genehmigten Anlagen) Art. 1 Abs. 3 Art. 11	verboten, Ausnahme: OECD, Basel, Vereinbarung Art. 21-22	verboten, Ausnahme: OECD, Basel, Vereinbarung Art. 21-23
Transit aus sonstigen Ländern Artikel 23	erlaubt (Notifizierung mit schriftlicher Genehmigung der letzten zuständigen Transitbehörde) Art. 23	freie Verbringung (mit Begleitpapier zu genehmigten Anlagen) Art. 1 Abs. 3 Art. 11	erlaubt (Notifizierung mit schriftlicher Genehmigung der letzten zuständigen Transitbehörde) Art. 23	
Transit aus einem und in ein OECD-Land Artikel 24	erlaubt (Notifizierung mit schriftlicher Genehmigung der letzten zuständigen Transitbehörde) Art. 23	freie Verbringung (mit Begleitpapier zu genehmigten Anlagen) Art. 1 Abs. 3 Art. 11	erlaubt (Notifizierung mit schriftlicher Genehmigung vor Verbringungsbeginn) Art. 24	

Tabelle 1.2 Übersicht über die Regelungsbereiche der EG-Abfallverbringungsverordnung

Die Regelungen der Verordnung 259/93/EWG gelten nach Art. 1 Abs. 3 a) derselben bis auf wenige Ausnahmen nicht für die zur Verwertung bestimmten **Abfälle der grünen Liste** gemäß Anhang II. Die auf diese Abfälle zu beziehenden Passagen der Verordnung – Art. 1 Abs. 3 Buchstabe b) bis e), Art. 11 und Art. 17 Abs. 1 bis 3 – unterwerfen sie aufgrund der von ihnen ausgehenden geringen Gefährlichkeit **vereinfachten Bedingungen**. Danach gelten für solche Abfälle zwar alle Bestimmungen der Richtlinie 75/442/EWG (vgl. Kap. 1.3.4.1), jedoch sind sie nur in Ausnahmefällen wie Abfälle der gelben oder roten Liste (Anhang III oder IV EG-Abfallverbringungsverordnung) zu überwachen. Eine derartige Ausnahmesituation ergibt sich beispielsweise, wenn die Abfälle eine der in Anhang III der Richtlinie 91/689/EWG (vgl. Kap. 1.3.4.2) aufgeführte gefährliche Eigenschaft aufweisen oder einzelne Mitgliedstaaten der EG aus Gründen des Umweltschutzes oder der öffentlichen Gesundheit eine strengere Überwachung vorsehen. In der Regel ist es bei der Verbringung grün gelisteter Abfälle ausreichend, ein vom Besitzer unterzeichnetes Begleitpapier mit bestimmten Mindestangaben (vgl. Kap. 2.1.8.2) mitzuführen.

Ein **generelles Exportverbot** herrscht nach Art. 18 EG-AbfVerbrV für die Ausfuhr von Abfällen in die sogenannten AKP-Staaten, welches aus den oben genannten Gründen für Abfälle der grünen Liste jedoch ohne Bedeutung ist. Die grenzüberschreitende Verbringung von den übrigen zur Verwertung oder von zur Beseitigung bestimmten Abfällen in die oder aus der Europäischen Gemeinschaft ist eigentlich ebenfalls verboten.

Doch bekanntlich existiert keine Regel ohne Ausnahme, daher sind hinsichtlich der angeführten **Ex- oder Importverbote** die folgenden **Einschränkungen** zu machen:

- Die Ausfuhr von zur Beseitigung bestimmten Abfällen ist laut Art. 14 EG-AbfVerbrV mit Ausnahme der Ausfuhr in EFTA-Länder, die gleichzeitig auch Vertragspartner des Baseler Übereinkommens sind, verboten. Nach Beitritt von Finnland, Österreich und Schweden zur EG zählen dazu nur noch Liechtenstein, Norwegen und die Schweiz.
- Bei der Einfuhr von zur Beseitigung bestimmten Abfällen gilt nach Art. 19 EG-AbfVerbrV eine ähnliche Ausnahme. Hier ist der Import sowohl aus den oben genannten EFTA-Staaten als auch aus Ländern, die zu den Vertragsparteien der Baseler Konvention gehören und keine innerstaatliche Entsorgungsmöglichkeit haben, oder aus Staaten, mit denen multilaterale oder bilaterale Vereinbarungen getroffen wurden beziehungsweise in naher Zukunft getroffen werden, erlaubt.
- Das Ausfuhrverbot für zur Verwertung bestimmte Abfälle der gelben oder roten Liste sowie ungelisteter Abfälle bezieht sich gemäß Art. 16 EG-AbfVerbrV nicht auf die Ausfuhr in Länder, für die der OECD-Beschluß gilt, die Vertragsparteien des Baseler Übereinkommens sind oder mit denen seit vor Beginn der Anwendung dieser Verordnung multilaterale, bilaterale oder regionale Abkommen mit den einzelnen Mitgliedstaaten oder der EG bestehen.

- In Art. 21 EG-AbfVerbrV ist festgelegt, daß die unter dem letzten Punkt genannten Länder ebenso wie Länder mit denen EG-Mitgliedstaaten nach Anwendungsbeginn der Verordnung eine bilaterale Vereinbarung geschlossen haben auch in bezug auf die Einfuhr von zur Verwertung bestimmten Abfällen in die Europäische Gemeinschaft eine Sonderstellung genießen.
- Im Hinblick auf das durch Art. 18 Abs. 1 EG-AbfVerbrV ausgesprochene generelle Ausfuhrverbot von Abfällen aus der EG in AKP-Staaten gilt gemäß Abs. 2 desselben Artikels eine Ausnahmeregel für die Wiederausfuhr in einem Mitgliedstaat aufbereiteter Abfälle in den betreffenden AKP-Ursprungsstaat.

Für den Transit von Abfällen durch die Gemeinschaft sieht die EG-Abfallverbringungsverordnung keine grundsätzlichen Verbote vor. Hinsichtlich der Durchfuhr von zur Verwertung bestimmten Abfällen von einem OECD-Staat in einen solchen ist in Art. 24 der EG-Verordnung sogar ein besonders einfaches Verfahren vorgesehen.

Ein sogenanntes Notifizierungsverfahren ist für alle in den Regelungsbereich der EG-Abfallverbringungsverordnung fallenden grenzüberschreitenden Abfalltransporte durchzuführen, die zulässig sind und keiner freien Verbringung aufgrund ihrer Zugehörigkeit zur erwähnten grünen Abfalliste unterliegen.

1.3 Weitere internationale Rechtsquellen

Wie zu Beginn dieses Kapitels bereits erwähnt und aus der Beschreibung der Entstehungsgeschichte der EG-Abfallverbringungsverordnung deutlich wurde, existiert eine Vielzahl unterschiedlicher Regelwerke im Bereich des internationalen Abfallrechtes. Da viele der getroffenen Vereinbarungen auch für bundesdeutsche Abfalltransporteure von Bedeutung sind, soll der Vollständigkeit halber im folgenden ein kurzer Überblick über die wichtigsten heute gültigen internationalen Rechtsquellen auf dem Gebiet grenzüberschreitender Abfallverbringungen gegeben werden.

1.3.1 Das Baseler Übereinkommen

Das Baseler Übereinkommen entstand im Rahmen des Umweltprogrammes der Vereinten Nationen mit dem **Ziel**, eine weltweite Kontrolle grenzüberschreitender Abfalltransporte zu ermöglichen. Die Konvention wurde am 22. März 1989 in Basel verabschiedet und ist 90 Tage nach Hinterlegung der 20. Ratifizierungsurkunde, am 06. Mai 1992, in Kraft getreten. 35 Staaten haben das Abkommen sogleich gezeichnet. Mit Beschluß vom 01. Februar 1993 hat der Rat der Europäischen Gemeinschaft diese Übereinkunft genehmigt. Die Zustimmung zum Baseler Übereinkommen seitens der Europäischen Gemeinschaft erfolgte am 07. Februar 1994 und am 07. Mai 1994 trat die Konvention für dieselbe schließlich auch in Kraft.

Den wesentlichen **Inhalt des Baseler Übereinkommens** bilden die folgenden Aussagen:

- In der Konvention wird zwischen „gefährlichen" und „anderen" Abfällen unterschieden.
- Grenzüberschreitende Verbringungen von gefährlichen Abfällen sind nur dann zulässig, wenn die beteiligten Staaten informiert sind und zugestimmt haben (Prinzip des „prior written consent").
- Jegliche Art von Abfallexporten darf nur bewilligt werden, wenn eine Inlandsentsorgung beispielsweise aus Gründen mangelnder Kapazität nicht möglich ist oder die Abfälle für ein Recycling im Ausland benötigt werden. Außerdem muß in jedem Falle eine umweltgerechte Entsorgung gewährleistet werden.
- Grundsätzlich verboten sind Exporte in Gebiete südlich des 60. Breitengrades südl. Breite (Antarktis) und in Nichtvertragsstaaten. Bei letzterem können Ausnahmeregelungen durch bi- oder multilaterale Vereinbarungen zugelassen werden.
- Für jede Verbringung von Abfällen ist eine Garantieleistung in Form einer Versicherung oder Bürgschaft zu erbringen.
- Im Falle einer illegalen Verbringung ist der Exporteur oder hilfsweise der Versandstaat zur Rücknahme der Abfälle verpflichtet.
- Die Vertragsstaaten verpflichten sich, geeignete Maßnahmen zur Reduzierung von gefährlichen und anderen Abfällen zu ergreifen sowie geeignete Entsorgungsanlagen vorzuhalten.

Das Baseler Übereinkommen löste nicht nur einen Anpassungsbedarf für das europäische, sondern auch für das nationale Recht in Deutschland aus, da auch die Bundesrepublik selbst neben der Europäischen Gemeinschaft die Konvention unterzeichnete, weshalb man hier auch von einem „gemischten Übereinkommen" spricht. Während die EG auf diesen Bedarf mit der Verabschiedung der EG-Abfallverbringungsverordnung antwortete, schaffte die **Bundesrepublik Deutschland** mit dem **Zustimmungsgesetz** vom 30. September 1994 die verfassungsmäßige Voraussetzung für die Ratifizierung des Baseler Übereinkommens und realisierte durch das ebenfalls am 30. September 1994 durch den Bundesrat verabschiedete und im Bundesgesetzblatt am 14. Oktober 1994 verkündete **Ausführungsgesetz** die materiell-rechtliche Umsetzung dieses internationalen Übereinkommens.

In diesem Ausführungsgesetz, ebenfalls einem Artikelgesetz, ist für die deutschen Abfalltransporteure sicherlich das bedeutenste Regelwerk bezüglich grenzüberschreitender Abfallverbringungen zu sehen, weil es die nationale Umsetzung der Baseler Konvention gewährleistet und gleichzeitig den Forderungen der EG-Abfallverbringungsverordnung gerecht wird. Das Ausführungsgesetz enthält Änderungen bestehender nationaler Regelwerke (z. B. Aufhebung der §§ 13 bis 13c AbfG sowie der nationalen AbfVerbrV bis auf § 17), Vorschriften zur Wiedereinfuhr, zu erforderlichen Sicherheitsleistungen und zur Ahndung bestimmter Verstöße als Ordnungswidrigkeit (Straf- und Bußgeldvorschriften). Des weiteren ist die

Einrichtung einer zentralen Anlaufstelle für den Informationsaustausch beim Umweltbundesamt in Berlin und die Einführung eines „Solidarfonds Abfallrückführung" (vgl. Kap. 3.5.2.1) vorgesehen.

1.3.2 Das AKP-EWG-Abkommen

Seit dem 01. April 1976 regeln Abkommen mit fünfjähriger Laufzeit die Wirtschaftsbeziehungen und die Entwicklungszusammenarbeit zwischen der Europäischen Gemeinschaft und den Entwicklungsländern in Afrika, der Karibik und dem Pazifik (AKP-Staaten). Das AKP-EWG-Abkommen vom 15. Dezember 1989, zugleich als das Vierte **Abkommen von Lome** bezeichnet, gilt ab dem 01. März 1990 und trat am 01. September 1991 in Kraft. Gegenstand dieses erstmals für einen Zeitraum von zehn Jahren gültigen Abkommens sind neben der Aufstockung finanzieller Mittel und deren Verwendung auch Maßnahmen auf dem Gebiet des Umweltschutzes. Der für Abfallexporteure wichtigste Bestandteil ist zweifelsfrei Art. 39, welcher ein generelles Einfuhrverbot für gefährliche und radioaktive Abfälle in diese Länder regelt.

1.3.3 Die OECD-Ratsentscheidung

Der Organisation für Wirtschaftliche Zusammenarbeit und Entwicklung (OECD) gehören als **Mitgliedsländer** alle EG- und EFTA-Staaten, sowie die Türkei, Australien, Japan, Kanada, Neuseeland und die USA an. **OECD-Ratsentscheidungen** sind für alle Mitgliedsländer bindend, soweit sie sich bei deren Annahme nicht der Stimme enthalten haben. Aus diesem Grunde gilt die OECD-Ratsentscheidung vom 30. März 1992 über die Überwachung der grenzüberschreitenden Verbringung von Abfällen zur Verwertung für alle oben genannten Länder außer Japan.

Der Beschluß beinhaltet gegenüber dem Baseler Übereinkommen vereinfachte Verfahren für weniger gefährliche Stoffe und teilt die Abfälle entsprechend ihrem Dispersionsrisiko in sogenannte **„Ampellisten"** ein. In der **grünen Liste** sind feste Stoffe aufgeführt, von denen in der Regel kein Dispersionsrisiko ausgeht (z. B. Kunststoffe, Metalle). Die **rote Liste** enthält gefährliche Stoffe (z. B. PCB, Asbest, Dioxine). Die Abfälle der **gelben Liste** (z. B. Krätzen, Schlacken, Säuren, Lösemittel) nehmen eine Mittelstellung ein. Bei der grenzüberschreitenden Verbringung sind für die Abfälle der einzelnen Listen entsprechend der von ihnen zu erwartenden Gefährdung unterschiedlich intensive Kontrollinstrumente vorgesehen. Der OECD-Rat hat im Rahmen eines Überprüfungsverfahrens die Änderung der Abfallisten am 23. Juli 1993 und letztmals am 28. Juli 1994 beschlossen. Um diesen Änderungen Rechnung zu tragen, wurden die **Anhänge II, III und IV der EG-Abfallverbringungsverordnung** gemäß Art. 42 derselben aufgrund einer Kommissionsentscheidung (Nr. 94/721/EG) vom 21. Oktober 1994 dementsprechend aktualisiert.

1.3.4 Die EG-Abfallrichtlinien

Da die Richtlinie 84/631/EWG mit beginnender Anwendung der EG-Abfallverbringungsverordnung aufgehoben wurde, sind die beiden im folgenden inhaltlich kurz beschriebenen Richtlinien neben der EG-Abfallverbringungsverordnung die bedeutendsten Regelwerke der Gemeinschaft im Zusammenhang mit dem internationalen Abfallrecht und bilden damit eine wichtige Grundlage für das in Deutschland geltende Recht (z. B. AbfG).

1.3.4.1 Die Richtlinie über Abfälle 75/442/EWG i. d. F. der Änderungsrichtlinie 91/156/EWG

Die **Richtlinie 75/442/EWG** des Rates über Abfälle von 15. Juli 1975, geändert durch die **Änderungsrichtlinie 91/156/EWG** vom 18. März 1991, geht auf das erste Aktionsprogramm der Europäischen Gemeinschaft für den Umweltschutz zurück. Sie enthält **Rahmenvorschriften für die Regelung der Abfallbeseitigung** auf nationaler Ebene aufgrund der Überlegung, ein wirksames und zusammenhängendes System der Abfallbeseitigung einzurichten, „welches den innergemeinschaftlichen Warenverkehr nicht hemmt und die Wettbewerbsbedingungen nicht beeinträchtigt, jedoch auf alle beweglichen Sachen Anwendung findet, deren sich der Besitzer entledigt oder gemäß den geltenden einzelstaatlichen Vorschriften zu entledigen hat".

Die Abfallbeseitigung umfaßt gemäß dieser Richtlinie das Einsammeln, Sortieren, Befördern und Behandeln von Abfällen, deren Lagerung und Ablagerung auf oder in dem Boden sowie die zu ihrer Wiederverwendung, Rückgewinnung oder Verwertung erforderlichen Umwandlungsvorgänge. Zur Gewährleistung des Umweltschutzes sind für alle Unternehmen, die auf dem Gebiet der Abfallbeseitigung tätig werden, Genehmigungsverfahren vorgesehen, wobei Betriebe, die ihre eigenen Abfälle beseitigen zwar von der Genehmigungspflicht befreit werden können, dann jedoch behördlich gemeldet sein müssen. Es soll gemäß dieser Richtlinie eine Überwachung der Abfälle von ihrem Entstehen bis zu ihrer endgültigen Beseitigung sichergestellt werden. Darüber hinaus wurden besondere **Forderungen hinsichtlich der Abfallvermeidung, Verwertung und der Verringerung der Gefährlichkeit** von Abfällen gestellt und die zuständigen Behörden mit der Aufstellung von Abfallwirtschaftsplänen beauftragt, wobei es ein gemeinschaftlich anzustrebendes Ziel ist, die Entsorgungsautarkie zu erreichen.

Der **Abfallbegriff** umfaßt laut der Änderungsrichtlinie alle Stoffe oder Gegenstände, die unter die in Anhang I der Richtlinie aufgeführten Gruppen fallen und deren sich der Besitzer entledigt, entledigen will oder entledigen muß. In **Anhang IIA** werden die unter **Beseitigung** zu verstehenden Verfahren konkretisiert, während für die **Verwertung** die in **Anhang IIB** aufgeführt sind. Die Kosten einer Beseitigung hat der derzeitige oder frühere Besitzer der Abfälle entsprechend dem Verursacherprinzip zu tragen.

Die Mitgliedstaaten übermitteln der Kommission alle drei Jahre einen Bericht über die Maßnahmen zur Durchführung dieser Richtlinie, auf dessen Grundlage die Kommission einen Gesamtbericht erstellt (erstmals am 01. April 1996 zu erwarten).

Für die auf dem Gebiet der ehemaligen Deutschen Demokratischen Republik bestehenden Anlagen ist bis zum 31. Dezember 1995, noch eine befristete Ausnahmeregelung aufgrund der Richtlinie Nr. 90/656/EWG gültig.

1.3.4.2 Die Richtlinie über gefährliche Abfälle 91/689/EWG

Die **Richtlinie über gefährliche Abfälle 81/689/EWG** vom 12. Dezember 1991 **ersetzt** die bisher für giftige und gefährliche Abfälle geltende **Richtlinie Nr. 78/319/EWG**. Für sie gelten nicht nur die Begriffsbestimmungen der zuvor beschriebenen Abfallrahmenrichtlinie, sondern auch die allgemeinen Regeln für die Abfallbewirtschaftung nach der Richtlinie 75/442/EWG, geändert durch die Richtlinie 91/156/EWG, sind auf die Bewirtschaftung gefährlicher Abfälle anzuwenden.

Gefährliche Abfälle sind laut dieser Richtlinie solche Abfälle, die in einem auf den Anhängen I und II der vorliegenden Richtlinie beruhenden Verzeichnis aufgeführt sind und zugleich eine oder mehrere der in Anhang III dieser Richtlinie aufgeführten Eigenschaften aufweisen, oder sonstige Abfälle, denen nach Auffassung eines Mitgliedstaates eine der in besagtem Anhang III aufgeführten Eigenschaften zuzuweisen ist. Die Richtlinie gilt also **nicht für Hausmüll**.

Da das im Sinne von Art. 1 Abs. 4 der Richtlinie vorgeschlagene Verzeichnis gefährlicher Abfälle am 11. März 1994 abgelehnt wurde, mußte dem Rat nun ein Vorschlag für die zu treffenden Maßnahmen unterbreitet werden. Dies erfolgte am 21. September 1994. Der Rat verabschiedete das derzeit gültige **Verzeichnis gefährlicher Abfälle** schließlich am 22. Dezember 1994.

Bei der Einsammlung, Beförderung und vorübergehenden Lagerung müssen gefährliche Abfälle den geltenden internationalen und gemeinschaftlichen Normen entsprechend ordnungsgemäß verpackt und gekennzeichnet werden. Im Zusammenhang mit den erforderlichen Maßnahmen zur Überwachung und den Anforderungen an deren Behandlung gelten weitgehend die Grundsätze der Abfallrahmenrichtlinie, jedoch können Anlagen oder Unternehmen, die ihre Abfälle selbst beseitigen, hier nicht von der Genehmigungspflicht befreit werden. Anders verhält es sich bei Abfällen zur Verwertung.

Die Mitgliedstaaten haben die zur Umsetzung dieser Richtlinie erforderlichen Rechts- und Verwaltungsvorschriften bis zum 12. Dezember 1993 zu erlassen und wiederum eine Berichtspflicht gegenüber der Kommission.

1.3.5 Der Europäische Abfallkatalog

Durch die **Entscheidung 94/3/EG** vom 20. Dezember 1993 hat die EG-Kommission den **Europäischen Abfallkatalog** (EAK bzw. European Waste Catalogue – EWC) – gestützt auf die Richtlinie 75/442/EWG des Rates – verabschiedet. Damit wurde eine innerhalb der Gemeinschaft einheitliche Grundlage für die Bezeichnung von Abfällen geschaffen, ungeachtet der Tatsache, ob sie zur Beseitigung oder zur Verwertung bestimmt sind. Das im vorangegangenen Unterkapitel erwähnte Verzeichnis gefährlicher Abfälle wurde mit der Entscheidung der Kommission 94/904/EG vom 22. Dezember 1994 daraus bestimmt. Beide Abfallkataloge stellen nicht erschöpfende Verzeichnisse dar und sind daher entsprechend dem Art. 18 der Richtlinie 75/442/EWG regelmäßig zu überprüfen und gegebenenfalls zu ändern. Außerdem ist ausdrücklich darauf hinzuweisen, daß die Nennung eines Stoffes in den genannten Abfallverzeichnissen nicht hinreichende Bedingung für das Qualifizieren eines Abfalls ist. Die gleichzeitige Erfüllung entweder des subjektiven oder des objektiven Abfallbegriffs der Richtlinie über Abfälle ist eine weitere notwendige Bedingung.

Der EWC findet ausschließlich bei der grenzüberschreitenden Verbringung Anwendung. Für innerdeutsche Entsorgungsvorgänge gilt zunächst weiterhin der sogenannte **LAGA-Abfallartenkatalog** (s. Anhang) der Länderarbeitsgemeinschaft Abfall. Leider decken sich die Abfallbezeichnungen und -schlüssel des EWC und des LAGA Verzeichnisses nicht, was im wesentlichen auf dem unterschiedlichen Aufbauprinzip beruht. Während die Abfallarten im EWC nämlich herkunftsbezogen sortiert sind, ist der LAGA-Katalog überwiegend stoffspezifisch gegliedert. Die Struktur des EWC kann unter Umständen dazu führen, daß gleichartige Abfälle aus verschiedenen Branchen mehrfach auftreten.

Neben dem EWC werden bei der Verbringung zur Verwertung bestimmter Abfälle natürlich die bereits erwähnten **Anhänge II bis IV der EG-Abfallverbringungsverordnung** in der geänderten Fassung vom 21. Oktober 1994 angewendet.

1.4 Übersicht über die wichtigsten Rechtsquellen

Datum	Rechtsquelle	wesentlicher Inhalt
Okt. 1972	**Schlußerklärung der Pariser Gipfelkonferenz**	Anerkennung des Umweltschutzes als vertragliche Aufgabe der EG
Juli 1975 März 1991	**Richtlinie 75/442/EWG** über Abfälle, geändert durch **Änderungsrichtlinie 91/156/EWG**	Rahmenvorschriften für die Abfallbeseitigung auf nationaler Ebene, Forderungen bzgl. Abfallvermeidung, -verwertung und Verringerung der Gefährlichkeit, Beseitigungs- und Verwertungsverfahren in Anhängen IIa und IIB konkretisiert
Dez. 1984 Dez. 1986	**Richtlinie 84/631/EWG,** letztmalig geändert durch **Änderungsrichtlinie 87/112/EWG**	Überwachung und Kontrolle – in der Gemeinschaft – der grenzüberschreitenden Verbringung gefährlicher Abfälle, Einführung eines einheitlichen Überwachungsverfahrens bereits in Zusammenhang mit einem Notifizierungsverfahren, diese Richtlinie wurde mit beginnender Anwendung der Verordnung 259/93/EWG (EG-Abfallverbringungsverordnung) **aufgehoben**
Juni 1987	**Cairo-Guidelines** der Vereinten Nationen	Festlegung rechtlich unverbindlicher Standards für den Umgang mit gefährlichen Abfällen
Juli 1987 Feb. 1992	**Einheitliche Europäische Akte** **Vertrag von Maastricht**	Änderung des EG-Vertrages (Kompetenzgrundlagen), inhaltliche Weiterentwicklung der o.g. Änderungen
März 1989	**Baseler Konvention**	Unterscheidung zwischen „gefährlichen" und anderen" Abfällen, Kontrolle und Regelungen grenzüberschreitender Abfalltransporte ⇒ **Zustimmungs- und Ausführungsgesetz** in der BRD
Dez. 1989	4. EG-AKP-Abkommen **Abkommen von Lome**	generelles Verbringungsverbot gefährlicher und radioaktiver Abfälle in die AKP-Staaten
Dez. 1991	**Richtlinie 91/689/EWG** ersetzt die bislang gültige Richtlinie 78/391/EWG	Bestimmungen zu giftigen und gefährlichen Abfällen ⇒ Verzeichnis gefährlicher Abfälle wurde per **Ratsentscheidung 94/904/EG** verabschiedet
März 1992	**OECD-Beschluß**	Überwachung der grenzüberscgreitenden Verbringung von Abfällen zur Verwertung für alle OECD-Länder, Einführung der **„Ampellisten"** (⇒ Anhänge II, III und IV der EG-Abfallverbringungsverordnung)
Jan. 1993	Einführung des **EG-Binnenmarktes**	Wegfall der innereuropäischen Grenzen zugunsten eines freien Warenverkehrs
Feb. 1993	**Verordnung 259/93/EWG** EG-Abfallverbringungsverordnung	Überwachung und Kontrolle grenzüberschreitender Verbringungen von Abfällen in der, in die und aus der EG
Dez. 1993	**Entscheidung 94/3/EG**	Europäischer Abfallkatalog als einheitliche Grundlage

2 Die Verfahren zur grenzüberschreitenden Abfallverbringung

Durch die EG-Abfallverbringungsverordnung wird für die grenzüberschreitende Verbringung von Abfällen in der, in die und aus der Europäischen Gemeinschaft ein gemeinschaftsrechtliches Überwachungs- und Kontrollsystem eingeführt. Die im Rahmen dieser Verordnung erforderlichen Verfahren zur Abfallverbringung reichen von der Antragstellung durch die notifizierende Person über die Entscheidung der Zulässigkeit einer vorgesehenen Verbringung bis zum positiven oder negativen Entsorgungsbescheid durch den Empfänger der Abfälle. Das vollständige Verfahren mit seinen zahlreichen Einzelschritten läßt sich im wesentlichen in die drei Teilverfahren **Notifizierung** (Bekanntmachung der Verbringungsgenehmigung und gleichzeitig Antrag auf die Erteilung einer Genehmigung), **Genehmigungsverfahren** (Prüfung der Zulässigkeit, Äußerung von Einwänden seitens betroffener Behörden, Bestimmung von Auflagen) und **Verbringung** unterteilen. Die genaue Schrittfolge, das heißt welche Person oder Behörde zu welchem Zeitpunkt mit welcher Stelle auf welche Art und Weise in Kontakt treten muß oder wer im einzelnen einzubeziehen ist, richtet sich nach den von einer Verbringung betroffenen Staaten, dem geplanten Entsorgungsziel, der Herkunft und Beschaffenheit der Abfälle sowie den Entscheidungen und Auflagen zuständiger Behörden.

2.1 Die allgemeingültigen Regeln

Die zu unterscheidenden Verfahrensabläufe setzen sich entsprechend der oben aufgezählten Parameter aus vielen Einzelschritten zusammen und erscheinen damit ohnehin sehr unübersichtlich. Daher sollen zunächst die allgemeingültigen Regelungen der grenzüberschreitenden Verbringung von Abfällen nach der Verordnung 259/93/EWG als Parallelen zwischen den verschiedenen Verfahren beschrieben werden und immer wiederkehrende Verfahrensschritte erläutert weden. Auf dieser Grundlage kann sich die darauffolgende chronologische Beschreibung der verschiedenen Abläufe dann hauptsächlich auf die verfahrensspezifischen Unterschiede beschränken.

2.1.1 Die Begriffsdefinitionen

Die wichtigsten Begriffe im Sinne der EG-Abfallverbringungsverordnung sind in Art. 2 derselben bestimmt. Da einige der in der EG-Verordnung verwendeten zentralen Begriffe von den im deutschen Verwaltungsrecht bekannten Bezeichnungen abweichen und zum Teil auch nicht in Art. 2 aufgeführt sind, seien die folgenden Erläuterungen ergänzend hinzugefügt:

- „**Notifizierung**" ist eine veraltete Bezeichnung für Anzeige oder Benachrichtigung. Unter einer Notifikation wird im allgemeinen die Bekanntmachung eines einseitigen völkerrechtlichen Aktes gegenüber fremden Staaten auf diplomatischem Weg verstanden, die selbst keinen rechtlichen Gehalt hat, sondern lediglich eine formalisierte Bekanntgabe ist. Im Rahmen der EG-Abfallverbringungsverordnung dient die Notifizierung jedoch gleichzeitig als Antrag für die Erteilung einer Genehmigung, und unter dem sogenannten Notifizierungsverfahren sind alle Schritte von der Bekanntmachung der Verbringungsabsicht bis zum Entsorgungsbescheid zu verstehen.

- Für den von der Verordnung geregelten Bereich der Verbringung von Abfällen geht der gemeinschaftsrechtliche Abfallbegriff dem jeweiligen innerstaatlichen Abfallbegriff vor, soweit er sich davon unterscheidet. Dies führt dazu, daß in den Mitgliedstaaten, in denen eine vom **„europäischen Abfallbegriff"** (vgl. Kap. 1.2.2.2) abweichende Definition gilt, ein gespaltener Abfallbegriff zur Anwendung gelangt, was zu Anwendungsproblemen und Wettbewerbsverzerrungen führen wird. Dieser Mißstand kann jedoch nur durch die nationalen Gesetzgeber selbst behoben werden. Unter den „europäischen Abfallbegriff" fallen gemäß Art. 2 EG-AbfVerbrV alle Stoffe oder Gegenstände die unter die in Anhang I der Richtlinie 75/442/EWG aufgeführten Gruppen fallen und deren sich der Besitzer entledigt, entledigen will (subjektiver Abfallbegriff) oder entledigen muß (objektiver Abfallbegriff).
- Bei einer **„Empfangsbestätigung"** handelt es sich um die bloße Mitteilung des jeweiligen Empfängers an den Absender, daß er das übersandte Dokument erhalten hat. Sie beinhaltet keine Aussage über eine Genehmigung.
- Die in der EG-Verordnung genannten **„Auflagen"** sind mit den Nebenbestimmungen im Sinne des deutschen Verwaltungsverfahrens vergleichbar.

2.1.2 Die beteiligten Personen und Behörden

Zu den Beteiligten an den zur grenzüberschreitenden Abfallverbringung erforderlichen Verfahren gehören alle die Verbringung unmittelbar durchführenden oder von der Verbringung mittelbar betroffenen Stellen. Als direkt beteiligte Personen sind die **notifizierende Person** einerseits und der Empfänger andererseits gemäß Art. 2 EG-AbfVerbrV zu nennen. Des weiteren werden die zuständigen **Behörden am Versand- und am Bestimmungsort** sowie sämtliche von einer etwaigen Durchfuhr betroffenen Behörden (im folgenden auch **Transitbehörden** genannt) – ebenfalls entsprechend den Begriffsbestimmungen des Artikels 2 EG-AbfVerbrV – tätig.

In diesem Zusammenhang ist darauf hinzuweisen, daß die Bestimmungen der EG-Abfallverbringungsverordnung eine Beteiligung der zuständigen Transitbehörden außerhalb der Gemeinschaft natürlich nur dann vorsehen können, wenn die Verbringung innerhalb der EG beginnt, da sie andernfalls keine rechtliche Zugriffsmöglichkeit besitzt.

Die für die Anwendung der Verordnung zuständigen Behörden sind nach Art. 36 EG-AbfVerbrV von den einzelnen Mitgliedstaaten zu benennen, wobei für den Transit von Abfällen pro Staat nur eine Behörde bestimmt werden darf.

Als **zuständige Behörden für die Bundesrepublik Deutschland** wurden in der Regel die Bezirksregierungen beziehungsweise die Senatsverwaltungen der einzelnen Bundesländer benannt (vgl. Liste im Anhang und Kap. 3.1.2.1), während für den Transit durch die Bundesrepublik laut § 13 Abs. 1 AbfVerbrG allein das Umweltbundesamt in Berlin zuständig ist.

2.1.3 Die wichtigsten Verfahrensschritte

Um eine Zuordnung der noch folgenden allgemeingültigen Ausführungen über die unterschiedlichen Notifizierungsarten, die Fristenregelungen, die Auflagen und Einwände zu einer geplanten Verbringung zu gewährleisten, sollen an dieser Stelle zunächst die immer **wiederkehrenden Teilschritte** der verschiedenen Notifizierungsverfahren gemäß Art. 3-8, 15, 17, 20 und 22 EG-AbfVerbrV kurz erläutert werden.

2.1.3.1 Der Entsorgungsvertrag

Die Grundlage einer jeden im Rahmen der EG-Abfallverbringungsverordnung notifizierungsbedürftigen Abfallverbringung, bei der die notifizierende Person in einem Mitgliedstaat der Europäischen Gemeinschaft sitzt, bildet der nach den Artikeln 3, 6, 15 und 17 der EG-Verordnung **zwischen der notifizierenden Person und dem Empfänger** abzuschließende Entsorgungsvertrag. Dieser Vertrag kann einige der auf dem Begleitschein einzutragenden Informationen insbesondere zu Ursprung, Zusammensetzung und Menge der Abfälle, Name und Anschrift des Erzeugers sowie des Empfängers, Maßnahmen zur Gewährleistung der Transportsicherheit und Angaben zu dem geplanten Entsorgungsverfahren enthalten. Er muß dagegen die Rücknahmeverplichtung der notifizierenden Person umfassen, die gemäß Art. 25 und 26 der EG-AbfVerbrV einsetzt, sobald die Verbringung nicht in der vorgesehenen Weise abgeschlossen wird oder bei der Verbringung gegen eben diese Verordnung verstoßen wurde. Des weiteren ist auch die Verpflichtung des Empfängers, der notifizierenden Person spätestens 180 Tage nach Erhalt der Abfälle eine Bescheinigung zukommen zu lassen, aus welcher die umweltverträgliche Entsorgung der Abfälle hervorgeht, in den vertraglichen Vereinbarungen festzuhalten.

Im Falle der geplanten Verbringung zur Verwertung bestimmter Abfälle zwischen den Mitgliedstaaten der Europäischen Gemeinschaft muß der Entsorgungsvertrag noch eine weitere Verpflichtung des Empfängers beinhalten, nämlich die Notifizierungspflicht einer jeden Weiterverbringung der Abfälle in einen anderen Staat in oder außerhalb der EG gegenüber dem ursprünglichen Versandland.

Sollte der Empfänger eine unrichtige Entsorgungsbescheinigung ausstellen, in deren Folge die zu hinterlegende Sicherheitsleistung (vgl. Kap. 3.3) freigegeben wird, so hat er die Kosten zu tragen, die sich aufgrund einer möglichen Rückverbringung der Abfälle in den Zuständigkeitsbereich der Behörde am Versandort ergeben.

Dieser Punkt ist zumindest bei einer beabsichtigten Ausfuhr von Abfällen aus der Gemeinschaft im Entsorgungsvertrag ausdrücklich festzulegen.

Erfolgt eine Beförderung zwischen zwei Einrichtungen derselben juristischen Person, so kann der Entsorgungsvertrag unter Umständen durch eine einfache Erklärung dieser Person ersetzt werden.

Den betroffenen Behörden ist im Rahmen des Notifizierungsverfahrens auf jeden Fall eine Kopie dieses Vertrages auf Verlangen vorzulegen.

2.1.3.2 Die Notifizierung (mittels einheitlichem Begleitschein gem. 94/774/EG)

Das Teilverfahren der Notifizierung, je nach Fall geregelt durch die Artikel 3, 6, 15, 20 oder 22 bis 24 EG-AbfVerbrV, kann wiederum unterteilt werden in die **Bekanntmachung der Verbringungsabsicht** mit Hilfe eines **formlosen Notifizierungsschreibens** und die eigentliche Notifizierung auf dem ausgestellten **Begleitschein** (vgl. Kap. 3.2). Dieser entspricht nicht dem im Rahmen der AbfRestÜberwV erforderlichen Nachweispapier (vgl. Kap. 4.1.4).

Bei Verbringungen innerhalb der Europäischen Gemeinschaft muß die Notifizierung zwingend alle Zwischenschritte vom Versandort bis zum endgültigen Bestimmungsort enthalten und ist stets an die für die Genehmigung zuständige Behörde zu richten. Für Verbringungen zwischen den Mitgliedstaaten sowie für Importe in die EG wäre dies die jeweilige Bestimmungsbehörde, während dies im Falle eines Exportes die zuständige Versandbehörde und beim Transit die letzte Durchfuhrbehörde innerhalb der Gemeinschaft ist. Alle übrigen betroffenen Stellen haben eine Kopie des formlosen Schreibens zu erhalten, dessen Inhalt lauten könnte:

Der einheitliche Begleitschein soll laut EG-Abfallverbringungsverordnung von der zuständigen Behörde am Versandort ausgestellt werden, sofern es sich um Verbringungen innerhalb der Gemeinschaft oder um eine geplante Ausfuhr von Abfällen handelt. Für eine notifizierungs-bedürftige Einfuhr von Abfällen ist er dagegen von der zuständigen Behörde am Bestimmungsort auszustellen. Da bei einer beabsichtigten Durchfuhr von Abfällen durch die Gemeinschaft weder die Behörde am Versandort noch die am Bestimmungsort im Geltungsbereich des EG-Rechts liegen, ist in diesen Fällen normalerweise die jeweils letzte zuständige Transitbehörde in der Europäischen Gemeinschaft für Ausstellung des Begleitscheins zuständig.

Die innerhalb der betreffenden Artikel gewählte Reihenfolge der Absätze läßt darauf schließen, daß die jeweilige Behörde das einheitliche Begleitscheinformular gemäß Art. 42 EG-AbfVerbrV nach Erhalt des Notifizierungsschreibens ausstellt. Dieses Formular dient grundsätzlich zur Notifizierung im Rahmen der EG-Abfallverbringungsverordnung.

Firma XXX *Datum TT.MM.JJJJ*

Y-Straße

00000 Z-Stadt

zuständige Genehmigungsbehörde

Vollzug der Verordnung 259/93/EWG

Sehr geehrte Damen und Herren,

in Anwendung des Art. 6 Abs. 1 EG-Abfallverbringungsverordnung möchten wir hiermit die Verbringungsabsicht für 5000 t zur Verwertung bestimmter Farb- und Lackschlämme (Abfallschlüssel gemäß LAGA-Katalog ASN 55503) anmelden. Der grenzüberschreitende Transport soll an oben genannter Adresse starten und voraussichtlich per Lastkraftwagen in ASP-Kleincontainern über den wie folgt beschriebenen Weg I-J-K erfolgen. Empfänger ist Firma AAA in B-Stadt/C-Land.

Mit freundlichen Grüßen

Handelt es sich bei der durch das Notifizierungsschreiben bekundeten Verbringungsabsicht um eine Aktion zwischen den Mitgliedstaaten der Gemeinschaft oder um eine Ausfuhr aus der Gemeinschaft, kann die jeweilige Versandbehörde nach Maßgabe der einzelstaatlichen Rechtsvorschriften beschließen, die Notifizierung mittels Begleitschein gegenüber der für die Genehmigung zuständigen Behörde an Stelle der notifizierenden Person vorzunehmen (vgl. Kap. 2.1.4.2, 2.3, 3.2). Diese sogenannte **Behördennotifizierung** ist in der Bundesrepublik für alle Arten des Exportes vorgeschrieben.

Das Begleitscheinformular ist mit allen erforderlichen Angaben zu Ursprung, Zusammensetzung und Menge der zu verbringenden Abfälle, Name und Anschrift des Abfallerzeugers, der notifizierenden Person und des Empfängers, Vorkehrungen in bezug auf Strecken und Haftpflichtversicherung, Maßnahmen zur Gewährleistung der Transportsicherheit und vorgesehenen Entsorgungsverfahren zu versehen (vgl. Kap. 3.2). Sollen Abfälle zur Verwertung verbracht werden, müssen im Begleitschein darüber hinaus die für die Entsorgung des Restabfalles geplanten Verfahren genannt und das Verhältnis des verwerteten Materials zur verbleibenden Restabfallmenge abgeschätzt werden.

Der ausgefüllte Begleitschein ist der für die Genehmigungserteilung zuständigen Behörde (vgl. Kap. 2.1.3.3, 2.2, 2.3) zu übermitteln, wobei den übrigen betroffenen Stellen wiederum Kopien zugesandt werden müssen. Bei Verbringungen innerhalb der Europäischen Gemeinschaft ist die notifizierende Person im Rahmen der Notifizierung nach Art. 3, 6 Abs. 4 EG-AbfVerbrV dazu verpflichtet, auf Ersuchen der zuständigen Behörden **zusätzliche Angaben** und Unterlagen einzureichen. Stets hinzugefügt werden sollte der Nachweis einer aufgrund von Art. 27 erforderlichen Sicherheitsleistung (vgl. Kap. 3.3).

In diesem Zusammenhang ist darauf hinzuweisen, daß die **Begleitscheinformulare in der Bundesrepublik Deutschland nicht durch die zuständigen Behörden ausgestellt** werden. Die erforderlichen Formulare können anstatt dessen im Buchhandel oder bei Fachverlagen erworben werden (vgl. Kap. 3.2, 4.2.3). Die Zustellung der ausgefüllten Formulare zur jeweiligen Behörde kann daher zusammen mit dem formlosen Notifizierungsschreiben erfolgen, wobei den beteiligten Stellen selbstverständlich alle erforderlichen Kopien übermittelt werden müssen.

2.1.3.3 Die Genehmigung (auf dem Begleitschein gem. 94/774/EG)

Wie im vorangegangenen Kapitel erläutert wird die **Notifizierung mittels Begleitschein**, welche gleichzeitig den **Antrag auf Erteilung einer Verbringungsgenehmigung** darstellt, an die für die jeweilige Verbringung zuständige Genehmigungsbehörde geschickt. Nach Art. 4, 7, 15, 20, 22 und 23 EG-AbfVerbrV handelt es sich dabei für Verbringungen zwischen Mitgliedstaaten der Europäischen Gemeinschaft oder für die Einfuhr von Abfällen in die Gemeinschaft um die jeweilige Bestimmungsbehörde, während für die Genehmigung einer geplanten Ausfuhr die jeweilige Versandbehörde zuständig ist. Für die Durchfuhr von Abfällen durch die Gemeinschaft wird analog zur Notifizierung die letzte zuständige Transitbehörde mit der Entscheidung über eine Genehmigung beauftragt.

Die zuständige Genehmigungsbehörde übermittelt der notifizierenden Person sowie allen anderen betroffenen Behörden und dem Empfänger nach Erhalt der Notifizierung eine **Empfangsbestätigung** (dazu ist Feld 24 des Notifizierungsbogens auszufüllen, vgl. Kap. 3.2) und beginnt mit der **Überprüfung der Zulässigkeit** der geplanten Verbringung. Im Rahmen dieses Verfahrensabschnittes haben alle beteiligten Stellen in der Regel das Recht begründete **Einwände** (vgl. Kap. 2.1.6) gegen die geplante Verbringung innerhalb festgesetzter Fristen (vgl. Kap. 2.1.5) zu erheben oder **Auflagen** (vgl. Kap. 2.1.7) festzulegen. In beiden Fällen ist die notifizierende Person davon in Kenntnis zu setzen. Für das Genehmigungsverfahren bezüglich der Verbringung von Abfällen zwischen den Mitgliedstaaten der Gemeinschaft sollte der notifizierenden Person in diesem Zusammenhang die Möglichkeit gegeben werden, dazu Stellung zu nehmen oder Mängel, die zu den Einwänden führten, zu beheben. Sollten sich durch letzteres wesentliche Änderungen bei den Modalitäten einer Verbringung ergeben, so muß natürlich eine erneute Notifizierung erfolgen. Eine entsprechende Korrekturmöglichkeit in bezug auf die Genehmigung von Verbringungen, die die Grenzen der Gemeinschaft überschreiten, ist in der EG-Abfallverbringungsverordnung nicht ausdrücklich vorgesehen.

Die jeweilige Genehmigungsbehörde entscheidet spätestens nach Ablauf einer bestimmten Frist, ob sie die notifizierte Verbringung mit oder ohne Auflagen genehmigt oder die **Genehmigung** aufgrund von Einwänden **verweigert**. Sollten ihr die Zustimmungen oder Einwände und Auflagen aller beteiligten Behörden bereits vor Ablauf der besagten Frist vorliegen, so kann sie ihre Entscheidung über die Genehmigung selbstverständlich auch schon früher treffen. Liegen keine Einwände gegen die Verbringung vor, so ist der notifizierenden Person die Genehmigung für die Abfallverbringung zu erteilen. Die notifizierende Person erhält die **Genehmigung** für die grenzüberschreitende Verbringung durch die jeweils zuständige Behörde in Form des in Feld 25 abgestempelten Notifizierungsbogens (vgl. Kap. 3.2). Zusammen mit dem Notifizierungsbogen, in den zu erfüllende Auflagen und Nebenbestimmungen eingetragen wurden, erhält sie natürlich auch das für die spätere Verbringung erforderliche Versand-/Begleitformular mit den vor der Antragstellung gemachten Angaben zurück.

Bei der Verbringung zur Verwertung bestimmter Abfälle, von denen keine großen Gefährdungen zu erwarten sind (grüne Liste gem. Anhang II), darf die notifizierende Person in einigen Fällen von einem sogenannten **stillschweigenden Einverständnis** der beteiligten Stellen ausgehen, sofern nach Ablauf der Einspruchsfrist keine Einwände seitens der beteiligten Behörden geäußert wurden und die Erteilung einer schriftlichen Zustimmung nicht ausdrücklich vereinbart wurde. Nebenbestimmungen für die geplante Verbringung gehen in Form eines Bescheides anderer Behörden ein. Natürlich erhält die notifizierende Person auch in diesem Fall den für die Verbringung benötigten Begleitschein – jedoch ohne Stempel – zurück.

2.1.3.4 Die Verbringung (mit Begleitschein gem. 94/774/EG)

Die notifizierende Person darf nach Art. 5, 8, 10, 15, 20 und 23 EG-AbfVerbrV mit der Verbringung der Abfälle beginnen, sobald ihr entweder die Genehmigung durch die jeweilige Behörde erteilt wurde beziehungsweise die schriftliche Zustimmung aller beteiligten Behörden eingegangen ist oder sie aufgrund nicht fristgerecht geäußerter Einwände von einem stillschweigenden Einverständnis in bezug auf die Verbringung von zur Verwertung bestimmten Abfällen mit geringem Gefahrenpotential ausgehen darf.

Um die eigentliche Verbringung einzuleiten, trägt die **notifizierende Person** das Verbringungsdatum und Angaben zum Lieferumfang der Sendung in das Versand-/Begleitformular ein und übermittelt den betroffenen Behörden eine Kopie vor dem Verbringungsbeginn. Dann startet sie die Verbringung der Abfälle, wobei jede Sendung mit einer unter Umständen beglaubigten Kopie des Begleitscheins zu versehen ist.

Jedes **an der Verbringung beteiligte Unternehmen** ergänzt das Begleitformular an den entsprechenden Stellen (vgl. Kap. 3.2), unterzeichnet es und behält eine Kopie. Die Abfälle werden zusammen mit der beglaubigten Kopie des Begleitscheins an das jeweilige nächste (Transport-)Unternehmen weitergereicht.

Der **Empfänger** der Abfälle übersendet der notifizierenden Person und allen betroffenen zuständigen Behörden innerhalb einer bestimmten Frist nach Erhalt der Abfälle eine Kopie des ausgefüllten Begleitscheins als **Empfangsbestätigung**. Denselben Stellen läßt er innerhalb einer weiteren Frist eine Kopie des am Begleitscheinformular angehefteten **Entsorgungsbescheides** zukommen, nachdem die umweltgerechte Entsorgung der Abfälle erfolgt ist.

2.1.4 Die Notifizierungsarten

Abgesehen von den entsprechend den beteiligten Staaten, dem Entsorgungsziel und der Abfallart zu unterscheidenden Verfahrensabläufen, welche später noch detailliert erläutert werden, kann im Hinblick auf die Notifizierung selbst grundsätzlich zwischen einer **Sammel- oder Einzelnotifizierung** (entsprechend der Anzahl der angemeldeten Verbringungen) und zwischen einer **Personen- oder Behördennotifizierung** (entsprechend der die Notifizierung durchführenden Stelle) unterschieden werden.

2.1.4.1 Die Sammelnotifizierung/Die Einzelnotifizierung

Bei der in Art. 28 EG-AbfVerbrV geregelten Möglichkeit der **Sammelnotifizierung** handelt es sich um ein Verfahren, welches bereits in Art. 5 der Richtlinie 84/631/EWG vorgesehen war. Dieser Punkt wurde in der hier behandelten EG-Verordnung lediglich aufgegriffen, ergänzt und zu einem echten Genehmigungsverfahren weiterentwickelt.

Das Verfahren der Sammelnotifizierung entspricht im wesentlichen dem einer Einzelnotifizierung, kann sich im Gegensatz dazu jedoch auf **mehrere gleichartige Abfallsendungen innerhalb eines Zeitraumes von bis zu einem Jahr beziehen**, womit es eine erhebliche Verfahrenserleichterung für alle Beteiligten darstellt. Der angegebene Zeitraum von einem Jahr muß jedoch nicht zwingend gelten und kann von den betroffenen zuständigen Behörden jederzeit einvernehmlich verkürzt werden kann.

Die Anwendung einer Sammelnotifizierung kommt immer dann in Betracht, wenn **Abfälle mit denselben physikalischen und chemischen Eigenschaften regelmäßig auf demselben Transportweg zu demselben Empfänger** verbracht werden sollen. Kann der angegebene Transportweg aufgrund unvorhergesehener Umstände nicht eingehalten werden, versteht es sich von selbst, daß die notifizierende Person dies den betroffenen zuständigen Behörden so rasch wie möglich mitzuteilen hat.

Die betroffenen zuständigen Behörden können ihre Zustimmung von der späteren Vorlage zusätzlicher Angaben abhängig machen. Des weiteren haben sie das Recht ihre Zustimmung mittels einer amtlichen Benachrichtigung der notifizierenden Person zurückzuziehen, falls die Zusammensetzung der Abfälle nicht den Angaben entspricht oder Auflagen nicht eingehalten werden. Den übrigen betroffenen zuständigen Behörden ist eine Ausfertigung dieser Benachrichtigung zu übermitteln.

Die aufgrund einer Sammelnotifizierung erwirkte **Verbringungsgenehmigung** ist **ungültig**, sobald mindestens eine betroffene zuständige Behörde ihre Zustimmung zurückgezogen hat oder eine Änderung des Transportweges vor Beginn der Verbringung bekannt ist und dadurch andere als die an der Sammelnotifizierung beteiligten Behörden davon betroffen sind oder wenn eine Verbringung nicht den im Rahmen des Notifizierungsverfahrens getroffenen Abmachungen (z. B. Abfallzusammensetzung, Empfänger, besondere Auflagen) entspricht. Unter Mißachtung dieser Punkte durchgeführte Verbringungen sind im Sinne des Artikels 26 der Verordnung als illegal zu bezeichnen. Das bedeutet, der notifizierenden Person obliegt im Falle ihrer Verantwortung die Rücknahmeverpflichtung für die verbrachten Abfälle.

2.1.4.2 Die Personennotifizierung/Die Behördennotifizierung

Der Unterschied zwischen diesen beiden Arten der Notifizierung liegt – wie bereits erwähnt – in der die Notifizierung vornehmenden Stelle. Während bei der **Personennotifizierung** die notifizierende Person selbst ihre Verbringungsabsicht gegenüber der zuständigen Behörde am Bestimmungsort kundgibt, übernimmt dies im Falle einer **Behördennotifizierung** stellvertretend die zuständige Behörde am Versandort.

Gemäß der Artikel 3, 6 und 15 EG-AbfVerbrV (Verbringung zwischen MS und Ausfuhr aus der EG zur Beseitigung) kann die zuständige Behörde am Versandort nach Maßgabe einzelstaatlicher Vorschriften beschließen, die Notifizierung gegenüber der zuständigen Behörde am Bestimmungsort selbst vorzunehmen, wobei sie dem Empfänger und der für die Durchfuhr zuständigen Behörde je eine Kopie des Notifizierungsschreibens übermittelt. Bezieht sich die Notifizierung auf eine Verbringung zur Beseitigung bestimmter Abfälle, so kann die notifizierende Behörde für den Fall, daß sie selbst unmittelbar Einwände gegen die Verbringung zu erheben hat, entscheiden, keine Notifizierung vorzunehmen. Die notifizierende Person ist von den Einwänden in Kenntnis zu setzen.

Seit dem 14. Oktober 1994 ist durch § 4 Abs. 2 des Ausführungsgesetzes zum Baseler Übereinkommen (nationales AbfVerbrG) in der **Bundesrepublik Deutschland** die **Behördennotifizierung für jeden notifizierungsbedürftigen Export** von Abfällen aus dem Geltungsbereich dieses Gesetzes **vorgeschrieben**. Die notifizierende Person hat dazu die vollständigen Antragsunterlagen, einschließlich der erforderlichen Kopien (vgl. Kap. 3.2), der zuständigen Behörde am Versandort vorzulegen, wobei ihre Rechte und Pflichten gemäß der EG-Verordnung auch im Falle der behördlich durchgeführten Notifizierung unberührt bleiben sollen. Aus letzterem ergibt sich unter anderem die Forderung, daß bei der Durchführung einer Behördennotifizierung zeitliche Verzögerungen auszuschließen sind. Eine darauf hinzielende Fristbestimmung ist im nationalen Ausführungsgesetz jedoch nicht enthalten, geschweige denn entsprechende Rechtsfolgen bei eintretenden Verzögerungen durch ein Verschulden seitens der Behörden.

Die Behörde prüft die Antragsunterlagen innerhalb von 10 Tagen auf ihre Vollständigkeit und auf Anhaltspunkte, welche eine spätere Genehmigung ausschließen (z. B. Unzuverlässigkeit des Exporteurs, Prinzip der Nähe, Grundsatz der Entsorgungsautarkie). Liegen derartige Mängel vor, lehnt die Versandbehörde den Antrag ab, ohne vorher die anderen von der geplanten Verbringung betroffenen Behörden zu informieren. Dadurch wird sicherlich eine Verwaltungsvereinfachung des sonst sehr komplizierten Beteiligungsverfahrens bewirkt, doch birgt dieses Verfahren auch die Gefahr der Verweigerung sinnvoller Abfallexporte durch die Behörden aus Angst vor einer zu geringen Auslastung „eigener" Entsorgungsanlagen. Sind in den Unterlagen Mängel festzustellen, die ausgeräumt werden können, fordert die Behörde die notifizierende Person zur Nachbesserung auf und kann, sobald dies erfolgt ist, die eigentliche Notifizierung gegenüber der für die Erteilung der Verbringungsgenehmigung (vgl. Kap. 2.1.3.3) zuständigen Behörde vornehmen.

Gegen diese Regelung könnten – außer der oben angeführten Gefahr einer eigennützigen Ablehnung durch die Behörde – rechtliche Bedenken in der Form geäußert werden, daß die Bestimmungen der EG-Abfallverbringungsverordnung einen Entscheidungsspielraum hinsichtlich der Behördennotifizierung vorsieht. Nach den Vorstellungen der Verordnung soll dieser Entscheidungsspielraum durch einzelstaatliche Rechtsvorschriften lediglich näher bestimmt, aber nicht genommen werden. Damit geht die nationale Regelung eindeutig über die gemeinschaftsrechtliche Vorschrift hinaus und es erscheint fraglich, ob es sich in diesem Fall um nach Art. 130 t EGV zugelassene verstärkte Schutzmaßnahmen handelt.

2.1.5 Die Fristenregelungen

Die Bestimmungen der EG-Abfallverbringungsverordnung beinhalten zahlreiche Fristenregelungen, innerhalb derer die am Notifizierungsverfahren beteiligten Personen oder Behörden bestimmte Handlungen vorzunehmen haben. Die Einhaltung der Fristen werden im praktischen Vollzug der Verordnung sicherlich noch zu einigen Schwierigkeiten führen, da die Ahndung einer Nichteinhaltung der vorgegebenen Zeiträume bislang weder im Umweltrecht der Gemeinschaft noch in den der nationalen Umsetzung dienenden Gesetzestexten hinreichend verankert ist. Zwar enthält das Ausführungsgesetz zum Baseler Übereinkommen in § 14 Bußgeldvorschriften für die unterschiedlichsten Ordnungswidrigkeiten, doch bezieht sich das einzige im Zusammenhang mit einer Frist definierte „Vergehen" auf die Verbringung von Abfällen durch die notifizierende Person vor Ablauf der Frist, in der Einwände erhoben werden dürfen. Konkrete Aussagen im Hinblick auf Fristverletzungen seitens der Behörden oder des Abfallempfängers sind nicht bekannt und auch die Bestimmungen der Verordnung weisen auf keinerlei Regelungen zu dieser Thematik hin.

2.1.5.1 Die Fristen für die einzelnen Verfahrensschritte

In der folgenden Liste sind die verschiedenen Fristen, die im Umgang mit der EG-Abfallverbringungsverordnung zu beachten sind, in chronologischer Reihenfolge bezüglich des vollständigen Notifizierungsverfahrens aufgeführt. Die erste Spalte sagt aus, auf welche Handlung sich die genannte Frist bezieht, die zweite gibt an, welche Stellen die jeweilige Frist zu beachten haben (Abkürzungen im Abkürzungsverzeichnis erläutert), die dritte Spalte nennt den Zeitraum, der der Fristberechnung zugrundegelegt wird und die vierte Spalte gibt Auskunft über die Fristdauer ab oder bis zu dem jeweiligen Bezugszeitpunkt. Angaben, zu denen keine speziellen Hinweise gegeben sind, sind selbstverständlich auf alle Fallunterscheidungen des Notifizierungsverfahrens zu beziehen.

Neben den zuvor genannten Schwierigkeiten, die sich bei der praktischen Umsetzung der EG-Abfallverbringungsverordnung aus der bislang nicht geregelten strafrechtlichen Verfolgung von Fristverletzungen ergeben können, sind im alltäglichen Umgang mit der Verordnung sicherlich noch weitere Probleme bezüglich der Fristen und deren Einhaltung zu erwarten.

Diese Probleme werden sich hauptsächlich aus den unterschiedlichen Auslegungsmöglichkeiten des Gesetzestextes ergeben. Beispielsweise ist im Zusammenhang mit einer Durchfuhr von Abfällen durch die Gemeinschaft gemäß Artikel 23 EG-AbfVerbrV festgelegt, daß die letzte zuständige Transitbehörde in der Gemeinschaft innerhalb von 60 Tagen schriftlich gegenüber der notifizierenden Person Stellung nimmt, indem sie der Verbringung mit oder ohne Vorbehalt zustimmt. Zum einen wird dazu kein eindeutiger Bezugszeitpunkt genannt, durch den die Frist in Gang gesetzt wird, und zu anderen ist die Stellungnahme bezüglich einer Zustimmung nicht zwingend gleichbedeutend mit der durch Abstempeln des Begleitscheins zu erteilenden Verbringungsgenehmigung. Da die notifizierende Person die geplante Durchfuhr erst einleiten darf, sobald sie die Genehmigung erhalten hat, dient die oben genannte Frist von 60 Tagen nicht unbedingt einer raschen Abwicklung. Die EG-Abfallverbringungsverordnung bietet findigen Juristen also ebenso wie andere bestehende Regelwerke ein breites Schaffensfeld, wodurch die eigentlichen Ziele dieser Verordnung – wie Umweltschutz und Erhaltung des menschlichen Lebensraumes – unter Umständen aus den Augen verloren werden könnten.

Verfahrensschritt :	Stelle :	Bezugszeitraum :	Dauer :
Empfangsbestätigung der Notifizierung	BB BV IBD	nach Erhalt der Notifizierung	
– Durchfuhr durch EG			unverzüglich
– sonstige Verbringungen			max. 3 Arbeitstage
Erhebung von Einwänden	i. d. R. alle von der Verbringung betroffenen Behörden (BB,BV, BD)	nach Absendung der Empfangs- bestätigung der Notifizierung	
– Verbringung zwischen MS zur Beseitigung			max. 20 Tage
– Verbringung zwischen MS zur Verwertung oder Durchfuhr aus OECD in OECD			max. 30 Tage
– Einfuhr in EG			max. 60 Tage

Verfahrensschritt :	Stelle :	Bezugszeitraum :	Dauer :
schriftliche Zustimmung Verbringung zwischen den MS – Transitstaat ist Baseler Vertragspartner – sonstige	BDr	nach Absendung der Empfangsbestätigung der Notifizierung	 max. 60 Tage individuelle Einigung
Festsetzung von Auflagen – Verbringung zwischen MS zur Beseitigung/Verwertung – Ausfuhr aus oder Einfuhr in EG	i. d. R. alle von der Verbringung betroffenen Behörden (BB, BV, BD)	nach Absendung der Empfangsbestätigung der Notifizierung	 max. 20 Tage max. 60 Tage
Entscheidung über Genehmigung/Zustimmung – für Verbringung zwischen MS – Ausfuhr aus oder Einfuhr in EG – Durchfuhr allgemein – Durchfuhr von OECD in OECD	für die Erteilung der Genehmigung zuständige Behörde (BB, BV, IBD)	nach Erhalt der Notifizierung	 max. 30 Tage min. 21 Tage max. 70 Tage min. 61 Tage max. 60 Tage max. 30 Tage
Anmeldung der Verbringung	nP	vor geplantem Verbringungstermin	min. 3 Arbeitstage
Eingangsbestätigung der Abfälle	E	nach Erhalt der Abfälle	max. 3 Arbeitstage
Entsorgungsnachweis	E	nach Erhalt der Abfälle	max. 180 Tage
Mitteilung über „Nichterhalt" einer Eingangsbestätigung/eines Entsorgungsnachweises nur im Falle einer Ausfuhr aus der EG	BV	nachdem die Abfälle die EG verlassen haben	max 42 Tage/ max. 180 Tage

2.1.5.2 Die Fristenhemmung

Der Ablauf einer Frist erscheint insbesondere dann problematisch zu sein, wenn beispielsweise die zuständigen Behörden von ihrem Recht Gebrauch machen, zusätzliche Angaben zu verlangen oder Einwände zu erheben. Dies darf selbstverständlich nicht dazu führen, daß die eingeräumte Frist einerseits durch lange Postwege nutzlos verstreicht oder andererseits erneut zu laufen beginnt. Während des

Schriftwechsels wird der **Fristlauf** daher **unterbrochen**. Das bedeutet, der Zeitraum zwischen der Absendung einer schriftlichen Anfrage oder eines Einwandes bis zum Eingang der zusätzlichen Angaben oder einer Stellungnahme wird nicht in die Frist eingerechnet. Die Frist ist sozusagen gehemmt. Dies ist insbesondere bei der sogenannten stillschweigenden Zustimmung nach Art. 8 EG-AbfVerbrV zu berücksichtigen, um eine verfrühte und somit illegale Verbringung auszuschließen.

Für die Berechnung der Fristen im EG-Recht kann in der Regel die Verordnung EWG-EURATOM Nr. 1182/71 des Rates vom 03. Juni 1971 herangezogen werden, jedoch existieren weder im primären noch im sekundären Gemeinschaftsrecht Regelungen zur Fristenhemmung. Diese spezielle Thematik ist entsprechend den einzelstaatlichen Bestimmungen zu beurteilen. In der Bundesrepublik Deutschland ist die Hemmung der Fristen gemäß § 205 BGB zu behandeln.

2.1.6 Die Einwände

Im Rahmen des Genehmigungsverfahrens dürfen die von einer Verbringung betroffenen Behörden in der Europäischen Gemeinschaft nach Artikel 4, 7, 15 und 20 EG-AbfVerbrV mit Gründen zu versehende Einwände gegen eine ihnen durch die Notifizierung angezeigte Verbringung erheben. Die erhobenen Einwände sind der notifizierenden Person und in der Regel auch den übrigen betroffenen Behörden mitzuteilen. Die Genehmigung zu einer geplanten Verbringung ist aufgrund solcher Einwände durch die zuständige Behörde zu verweigern.

Die erwähnten Einwände müssen sich auf die im folgenden angeführten **Gründe** gemäß Artikel 4 Absatz 3 beziehungsweise Artikel 7 Absatz 4 EG-AbfVerbrV stützen, wobei die geographischen Gegebenheiten oder der Bedarf an besonderen Anlagen für bestimmte Abfallarten zu berücksichtigen ist:

1. Mögliche Begründungen für Einwände gegen die Verbringung zur Beseitigung/Verwertung bestimmter Abfälle gemäß Richtlinie 75/442/EWG

- das Prinzip der Nähe wird verletzt,
- der Vorrang für die Verwertung ist nicht beachtet,
- der Grundsatz der Entsorgungsautarkie wird nicht erfüllt,

(diese Begründungen für mögliche Einwände finden keine Anwendung, wenn die Quantität der anfallenden Abfälle eine Errichtung neuer Spezial-Entsorgungsanlagen in dem jeweiligen Staat nicht rechtfertigen würde)

- Verbringung nicht im Einklang mit Abfallwirtschaftsplänen,
- Verbringung nicht gemäß einzelstaatlichen Rechts- und Verwaltungsvorschriften zum Schutz der Umwelt, zur Wahrung der öffentlichen Sicherheit oder zum Schutz der Gesundheit,
- Verbringung verstößt gegen Verpflichtungen aus internationalen Übereinkommen, die die betroffenen Mitgliedstaaten geschlossen haben,

- die notifizierende Person oder der Empfänger haben sich in der Vergangenheit illegale Transporte zu schulden kommen lassen, so daß sie nicht mehr vertrauenswürdig sind,

2. Zusätzliche Einwändgründe gegen die Verbringung zur Verwertung bestimmter Abfälle

- das Verhältnis von verwertbarem zu nicht verwertbarem Abfall, der geschätzte Wert der letztlich verwertbaren Stoffe oder die Kosten der Verwertung und die Kosten der Beseitigung des nicht verwertbaren Anteils rechtfertigen eine Verwertung unter wirtschaftlichen und ökologischen Gesichtspunkten nicht

Die erhobenen Einwände sind der notifizierenden Person und in der Regel auch den übrigen beteiligten Behörden mitzuteilen.

2.1.7 Die Auflagen

Die beteiligten zuständigen Behörden der Gemeinschaft haben laut Artikel 4, 7, 15, 20 und 23 EG-AbfVerbrV das Recht, binnen einer gewissen Frist, Auflagen oder Bedingungen für die Beförderung der Abfälle in ihrem Zuständigkeitsbereich festzulegen. Diese Auflagen sind der notifizierenden Person unter Zusendung einer Kopie an die anderen betroffenen Behörden schriftlich mitzuteilen und in den Begleitschein einzutragen.

Die Bestimmung der zu erfüllenden Auflagen muß **unter Beachtung der geltenden Vereinbarungen**, insbesondere der einschlägigen internationalen Übereinkommen erfolgen und die für die Verbringungen im Rahmen der EG-Abfallverbringungsverordnung festgesetzten Forderungen dürfen **niemals strenger** sein **als die Auflagen für ähnliche Verbringungen, die ausschließlich in dem Zuständigkeitsbereich der jeweiligen Behörde durchgeführt werden**.

2.1.8 Sonstige Regelungen

2.1.8.1 Die Aufbewahrungspflicht

Durch Artikel 35 EG-AbfVerbrV wird bestimmt, daß alle im Rahmen des Notifizierungsverfahrens an die zuständigen Behörden gerichteten oder von diesen verschickten Dokumente von der notifizierenden Person, den zuständigen Behörden oder dem Empfänger innerhalb der Gemeinschaft **mindestens drei Jahre** aufzubewahren sind.

2.1.8.2 Das Begleitpapier für die Verbringung von Abfällen der grünen Liste (Anhang II)

Gemäß Art. 1 Abs. 3 a) EG-AbfVerbrV gelten die Bestimmungen dieser Verordnung nur in begrenztem Umfang für die Verbringung von zur Verwertung bestimmten Abfällen der grünen Liste. Damit die Verbringung dieser Abfälle dennoch verfolgt werden kann, sind nach Art. 11 EG-AbfVerbrV die folgenden **Mindestangaben** in einem vom Besitzer **unterzeichneten formlosen Begleitpapier** beizugeben:

- Name und Anschrift des Besitzers sowie des Empfängers,
- Menge und handelsübliche Bezeichnung der Abfälle,
- Art des vorgesehenen Verwertungsverfahrens entsprechend der Liste in Anhang II B der Richtlinie 75/442/EWG,
- voraussichtlicher Verbringungszeitpunkt.

2.1.8.3 Der Datenschutz

Alle im Rahmen des Notifizierungsverfahrens gemachten Angaben sind gemäß der Artikel 3, 6, 11 und 15 EG-AbfVerbrV **nach Maßgabe der einzelstaatlichen Rechtsvorschriften vertraulich** zu behandeln. In der Bundesrepublik richtet sich die Behandlung daher nach § 30 VwVfG sowie der gleichlautenden Regelung in den jeweiligen landesrechtlichen Verwaltungsverfahrensgesetzen, den §§ 12 ff. BDSG (Bundesdatenschutzgesetz) sowie den landesrechtlichen Datenschutzgesetzen und dem verfassungsrechtlich verankerten Gesetz auf informationelle Selbstbestimmung gemäß Art. 2 Abs. 1 GG in Verbindung mit Art. 1 Abs. 1 GG.

2.1.8.4 Die illegale Verbringung

Als illegal ist nach Art. 26 EG-AbfVerbrV jede Verbringung zu bezeichnen,

- die ohne Notifizierung an die oder ohne Zustimmung der betroffenen Behörden erfolgt,
- deren Genehmigung durch falsche Angaben oder Betrug erlangt wurde,
- die dem Begleitschein sachlich nicht entspricht,
- die ein Entsorgungsverfahren unter Verletzung gemeinschaftlicher oder internationaler Bestimmungen bewirkt oder
- die nicht im Einklang mit den Bestimmungen der EG-Abfallverbringungsverordnung steht.

2.1.8.5 Die Rückholverpflichtung

Können die verbrachten Abfälle nicht rechtzeitig gemäß den Bestimmungen im Begleitschein (vgl. Kap. 3.2) oder im Entsorgungsvertrag (vgl. Kap. 2.1.3.1) entsorgt werden, so hat nach Art. 25 EG-AbfVerbrV die zuständige Behörde am Versandort innerhalb von 90 Tagen, nachdem sie davon verständigt wurde, dafür zu sorgen, daß die notifizierende Person die Abfälle in ihren Zuständigkeitsbereich zurückholt oder die Entsorgung auf eine andere umweltverträgliche Weise veranlaßt. Diese Rücknahmeverpflichtung setzt auch ein, wenn es sich um eine illegale Verbringung im Sinne des Art. 26 der Verordnung handelt, für welche die notifizierende Person die alleinige Verantwortung trägt.

Die Rücknahmeverpflichtung seitens der notifizierenden Person und die ergänzende Verpflichtung enden mit der durch den Empfänger ausgestellten Entsorgungsbescheinigung. Mit dieser Bescheinigung werden auch die zu hinterlegenden Sicherheitsleistungen zur Abdeckung der unter Umständen durch die Behörde zu tragenden zusätzlichen Kosten (vgl. Kap. 3.3) wieder frei.

2.1.8.6 Der Schriftverkehr

Die schriftliche Zustimmung oder die Einwände können laut Artikel 7 EG-AbfVerbrV auf dem **Postweg** oder per **Fernkopie mit anschließender postalischer Bestätigung** übermittelt werden.

2.1.8.7 Die Sprache

Für den Schriftwechsel, das heißt auch für die Formularblätter, ist gemäß Art. 31 EG-AbfVerbrV eine **für die jeweils beteiligten Stellen annehmbare Sprache** zu wählen.

2.1.8.8 Die Genehmigungsdauer

Eine erteilte Genehmigung oder ein stillschweigendes Einverständnis läuft in der Regel nach einem **Kalenderjahr** ab, sofern nichts anderes bestimmt wurde.

2.1.8.9 Das Vermischungsverbot

Nach Artikel 29 EG-AbfVerbrV dürfen **verschiedenen Notifizierungen unterliegende Abfälle** während der Verbringung auf keinen Fall vermischt werden. Bei Mißachtung dieses Punktes handelt es sich um eine illegale Verbringung im Sinne des Artikels 26 EG-AbfVerbrV.

2.2 Das Erfordernis einer Genehmigung

Ob für eine Abfallverbringung die ausdrückliche Genehmigung – erteilt durch entsprechenden Stempel auf dem Begleitschein beziehungsweise dem Notifizierungsbogen (vgl. Kap. 3.2) – erforderlich ist oder aufgrund nicht fristgerecht geäußerter Einwände von einem stillschweigenden Einverständnis der betroffenen Behörden ausgegangen werden darf, ob die Abfälle frei verbracht werden dürfen oder eine Verbringung sogar generell verboten ist, hängt nach der Regelungssystematik der Verordung (vgl. Kap. 1.2.4) von den beteiligten Staaten und deren einzelstaatlichen Regelungen, der Abfallklasse und der vorgesehenen Entsorgungsart ab. Eine Übersicht dazu bietet die **Tabelle 1.2**.

Ergänzend dazu sind in der folgenden **Tabelle 2.1** die auf die einzelnen Verfahrensabläufe direkt bezogenen Artikel der Titel II bis VI der EG-Abfallverbringungsverordnung im Zusammenhang mit ihren Regelungsbereichen und Inhalten im einzelnen aufgelistet, um dem Anwender das gezielte Nachlesen der in diesem und im nächsten Unterkapitel (Kap. 2.3) erläuterten Bestimmungen zu ermöglichen.

2.2.1 Die Verbringung zwischen den Mitgliedstaaten

Sollen **Abfälle zur Beseitigung** von einem Mitgliedstaat der Europäischen Gemeinschaft verbracht werden, so ist die schriftliche Zustimmung aller an der Verbringung beteiligter Behörden notwendig. Die Verbringung darf nach Art. 5 EG-AbfVerbrV erst erfolgen, wenn der notifizierenden Person die Genehmigung durch Abstempeln des Begleitscheins von der zuständigen Behörde am Bestimmungsort erteilt wurde.

Bei der Verbringung von **Abfällen zur Verwertung** ist zu unterscheiden, ob es sich um Abfälle der grünen, gelben oder roten Liste (Anhang II, III oder IV der Verordnung) handelt.

Der Transport von **im Anhang II gelisteten Abfällen** bedarf grundsätzlich weder einer Genehmigung noch einer Zustimmung durch die zuständigen Behörden, da sich die diesbezüglichen Bestimmungen nach Art. 1 Abs. 3 EG-AbfVerbrV nicht auf derartige Abfälle beziehen. Beim Transport ist lediglich ein vom Abfallbesitzer unterzeichnetes formloses Begleitpapier mitzuführen (vgl. Kap. 2.1.8.2). Voraussetzung für dieses vereinfachte Verfahren ist gemäß Art. 1 Abs. 3 b) EG-AbfVerbrV, daß die Verbringung ausschließlich zu Anlagen erfolgt, die nach den Artikeln 10 und 11 der Richtlinie 75/442/EWG vorschriftsmäßig genehmigt sind (vgl. Kap. 1.2.4).

Der Transport von **in den Anhängen III oder IV gelisteten Abfällen** sowie der Transport **nicht gelisteter Abfälle** erfordert ein Notifizierungsverfahren gemäß der Artikel 6 bis 8 EG-AbfVerbrV. Die notifizierende Person darf mit der Verbringung erst beginnen, wenn ihr nach schriftlicher Zustimmung der beteiligten Behörden die Genehmigung in Form des abgestempelten Begleitscheins zugekommen ist. Eine Ausnahme gilt für Abfälle des Anhanges III. Sind der notifizierenden Person nach Ablauf der Frist, in der Einwände geäußert werden können, keine Bedenken seitens der Behörden angemeldet worden, so kann von einer stillschweigenden Zustimmung ausgegangen werden (vgl. Kap. 2.1.3.3).

Art.	Regelungsbereich und Inhalt		
3	Verbringung zwischen MS	Beseitigung	Notifizierungsverfahren
4			Genehmigungsverfahren
5			Verbringung
6		Verwertung	Notifizierungsverfahren
7			Genehmigungsverfahren
8			Verbringung
9			Verzicht auf Einwände seitens der Behörden für bestimmte Anlagen
10			Bestimmungen für Abfälle der roten Liste und nicht gelistete Abfälle
11			Mindestangaben für Verbringungen von Abfällen der grünen Liste
12			Durchfuhr durch Drittländer
13	Verbringung innerhalb MS		(Verweis auf nationale Regelungen)
14	Ausfuhr aus der EG	Beseitigung	Ausfuhrverbote
15			Notifizierungsverfahren, Genehmigungsverfahren und Verbringung
16		Verwertung	Ausfuhrverbote
17			Notifizierungsverfahren, Genehmigungsverfahren und Verbringung
18			Ausfuhrverbot in AKP-Staaten
19	Einfuhr in die EG	Beseitigung	Einfuhrverbote
20			Notifizierungsverfahren, Genehmigungsverfahren und Verbringung
21		Verwertung	Einfuhrverbote
22			Notifizierungsverfahren, Genehmigungsverfahren und Verbringung
23	Durchfuhr durch die EG außer Fälle gem. Art. 24		Notifizierungsverfahren, Genehmigungsverfahren und Verbringung
24	Durchfuhr durch die EG aus OECD-Land in OECD Land		Notifizierungsverfahren, Genehmigungsverfahren und Verbringung

Tabelle 2.1 Die Inhalte der eine Abfallverbringung direkt betreffenden Artikel der EG-Abfallverbringungsverordnung

2.2.2 Der Export aus der Gemeinschaft

Der Export von **zur Beseitigung bestimmten Abfällen** ist laut Art. 14 EG-AbfVerbrV mit Ausnahme der Verbringung in EFTA-Länder, die gleichzeitig Mitglied des Baseler Übereinkommens sind, verboten. Dazu gehören mittlerweile nur noch Liechtenstein, Norwegen und die Schweiz. Für eine derartige Verbringung bedarf es neben der Genehmigung durch die zuständige Behörde am Versandort gemäß Art. 15 EG-AbfVerbrV jedoch ausdrücklich der schriftlichen Zustimmung des Bestimmungslandes.

Nach Art. 16 EG-AbfVerbrV ist die Verbringung **zur Verwertung bestimmter Abfälle** nur erlaubt in Staaten, für die der OECD-Beschluß gilt, die Mitgliedstaaten des Baseler Übereinkommens sind oder mit denen die EG oder der jeweilige Exportstaat multi- oder bilaterale Abkommen geschlossen hat. Die Verbringung von Abfällen der grünen Liste in Länder, für die der OECD-Beschluß gilt, ist analog zum vorangegangenen Fall nicht notifizierungsbedürftig. Dagegen bestehen für die anderen zum Teil Sonderregelungen, die sich aus einer Befragung durch die EG-Kommission gemäß Art. 17 EG-AbfVerbrV ergaben (vgl. Kap. 3.1.1.3). Im Hinblick auf die Ausfuhr der übrigen zur Verwertung bestimmten Abfälle ist analog zur Verbringung zwischen den Mitgliedstaaten in Art. 17 EG-AbfVerbrV die Anwendung der Art. 6, 7 und 8 EG-AbfVerbrV festgelegt.

Ein **Abfallexport in die AKP-Staaten** ist durch Art. 18 EG-AbfVerbrV generell verboten, es sei denn, es handelt sich um die Wiederausfuhr aufbereiteter Abfälle in den Ursprungsstaat. Im letzteren Fall ist der Sendung eine beglaubigte Kopie des Begleitscheins einschließlich Genehmigungsstempel beizufügen.

2.2.3 Der Import in die Gemeinschaft

Die Einfuhr von Abfällen in die EG **zur Beseitigung** ist ebenso wie die Ausfuhr derartiger Abfälle verboten, wobei auch hier für EFTA-Länder, die gleichzeitig Mitglied der Baseler Konvention sind, eine Ausnahmeregelung gilt. Darüber hinaus ist der Import aus Staaten erlaubt, mit denen die EG oder entsprechende Mitgliedstaaten multi- oder bilaterale Abkommen geschlossen haben oder die Mitglied des Baseler Übereinkommens sind und keine innerstaatliche Entsorgungsmöglichkeit haben. Die zuständige Behörde am Bestimmungsort erteilt die Verbringungsgenehmigung durch entsprechendes Abstempeln des Begleitscheines, wenn die schriftlichen Zustimmungen der übrigen beteiligten Behörden vorliegen. Die Verbringung der Abfälle darf erst dann erfolgen, wenn die notifizierenden Person die Genehmigung erhalten hat.

Der Import von **zur Verwertung** bestimmten Abfällen ist aufgrund des Artikels 1 Abs. 3 EG-AbfVerbrV wieder ohne Beschränkungen möglich, während für das Verbot bezüglich der Einfuhr der übrigen zur Verwertung bestimmten Abfälle dieselbe Ausnahme wie beim Export dieser Abfallarten gilt. Das heißt, die Einfuhr ist nach Art. 21 EG-AbfVerbrV gestattet für Abfälle aus den Ländern, für die der OECD-Beschluß gilt, die Mitglieder des Baseler Übereinkommens sind oder mit denen der jeweilige Mitgliedstaat beziehungsweise die Europäische Gemeinschaft bi- oder multilaterale Abkommen getroffen hat. Sofern die Abfälle aus Ländern oder durch Länder hindurch kommen, für die der OECD-Beschluß gilt, so kommen wieder die Kontrollverfahren der Art. 6, 7, 8, 10 beziehungsweise 17 EG-AbfVerbrV zum Tragen. Bei allen anderen Ländern findet das strengere Verfahren nach Art. 20 EG-AbfVerbrV sinngemäß Anwendung.

2.2.4 Der Transit durch die Gemeinschaft

Die Durchfuhr von Abfällen durch ein oder mehrere Mitgliedstaaten der EG bedarf gemäß Art. 23 und 24 EG-AbfVerbrV ebenfalls einer Genehmigung im Rahmen eines Notifizierungsverfahrens, wobei die Durchfuhr von grün gelisteten Abfällen entsprechend der vorangegangenen Ausführungen ebenfalls nicht notifizierungsbedürftig ist.

2.3 Die Verfahrensabläufe

Das im Rahmen der EG-Abfallverbringungsverordnung grenzüberschreitende Abfalltransporte in der, in die und aus der Gemeinschaft begleitende Notifizierungsverfahren umfaßt sämtliche Schritte von der Bekanntgabe der Verbringungsabsicht durch die notifizierende Person gegenüber den zuständigen Behörden bis hin zur Bescheinigung des Empfängers, aus welcher die ordnungsgemäße Abfallentsorgung hervorgeht. Da sich die vorangegangenen Ausführungen ausführlich mit speziellen Einzelthemen des Regeltextes, wie den für die unterschiedlichen Verfahren geltenden Fristen (vgl. Kap. 2.1.5), den möglichen Einwänden (vgl. Kap. 2.1.6) und Auflagen (vgl. Kap. 2.1.7) oder der Frage für welche Abfallarten in welchen Ländern eine Genehmigung einzuholen ist (vgl. Kap. 2.2), beschäftigen und das noch folgende Kapitel besondere Hinweise im Hinblick auf die Anwendungspraxis gibt, soll sich die Behandlung der einzelnen Verfahrensabläufe an dieser Stelle ausschließlich auf den **chronologischen Fluß** und die zu beachtenden **Handlungsverknüpfungen** beschränken.

Die Unterschiede zwischen den einzelnen Verfahren ergeben sich in erster Linie aus Anfang und Ende einer geplanten Verbringung ergeben, weshalb sich auch die Gliederung der folgenden Erläuterungen hauptsächlich an diesem Kriterium orientiert. Als weiteres Gliederungsmerkmal wurde das vorgesehene Entsorgungsziel benutzt, wobei unter Beseitigung die Verfahren nach Anhang II A und unter Verwertung die Verfahren nach Anhang II B der Richtlinie 75/442/EWG zu verstehen sind.

2.3.1 Die Verbringung zwischen den Mitgliedstaaten der EG

Die Verfahren für die Verbringung von Abfällen zwischen den Mitgliedstaaten der Gemeinschaft werden durch die Art. 3 bis 12 EG-AbfVerbrV geregelt. Dabei beziehen sich die Art. 3 und 6 auf die Notifizierung (**Bild 2.1**), Art. 4 und 7 auf die Genehmigung (**Bild 2.2a** bzw. **2.2b**) und Art. 5 und 8 auf die Verbringung (**Bild 2.3**), jeweils unterschieden nach den Entsorgungszielen Beseitigung und Verwertung. Art. 9 räumt den zuständigen Behörden die Möglichkeit ein, für die Verbringung zu bestimmten in ihrem Zuständigkeitsbereich liegenden Verwertungsanlagen pauschal auf Einwände zu verzichten. Art. 10 bestimmt, daß die Kontrollverfahren der Art. 6 bis 8 auch für die Verbringung von Abfällen des Anhangs IV oder nicht gelisteteten Stoffen zur Anwendung kommen, wobei die schriftliche Zustimmung vor Verbringungsbeginn eingegangen sein muß. Der Art. 11 beinhaltet schließlich Regelungen zur Verbringung mit Begleitpapier (vgl. Kap. 2.1.8.2) von Abfällen des Anhangs II und Art. 12 ergänzt die Regelungen zu diesem Thema für die gegebenenfalls erforderliche Beteiligung außerhalb der Gemeinschaft liegender Transitstaaten.

2.3.1.1 Die Notifizierung

Aufgrund der geringen Unterschiede zwischen den Verfahren für zur Beseitigung oder zur Verwertung bestimmten Abfällen wurde der Ablauf der Notifizierung beider möglichen Entsorgungsziele in **Bild 2.1** zusammengefaßt.

Beabsichtigt die notifizierende Person die Verbringung von Abfällen zwischen den Mitgliedstaaten der Europäischen Gemeinschaft, wobei der Transport unter Umständen durch diverse Staaten in oder außerhalb der EG führen kann, so notifiziert sie diese Absicht der zuständigen Behörde am Bestimmungsort. Gleichzeitig übermittelt sie der zuständigen Behörde am Versandort, den zuständigen Behörden aller betroffenen Transitstaaten und dem Empfänger eine Kopie dieses Notifizierungsschreibens. Damit gilt das Notifizierungsverfahren gemäß EG-Abfallverbringungsverordnung als eingeleitet. Die betroffenen Behörden können nach Erhalt des Notifizierungsschreibens die Zusendung einer Kopie des zwischen der notifizierenden Person und dem Empfänger als Grundlage für die angemeldete Verbringung abgeschlossenen Entsorgungsvertrages verlangen.

Die in diesem Verfahrensablauf für die Ausstellung des Begleitscheinformulars zuständige Versandbehörde kann nach Maßgabe einzelstaatlicher Vorschriften beschließen, die eigentliche Notifizierung mittels Begleitschein gegenüber der Bestimmungsbehörde selbst vorzunehmen. In der Bundesrepublik Deutschland sehen die einzelstaatlichen Vorschriften eine derartige Behördennotifizierung (vgl. Kap. 2.1.4.2) für alle Exportvorgänge vor. Das bedeutet die notifizierende Person sendet der zuständigen Behörde am Versandort (in NRW sind dies die Bezirksregierungen) die vollständigen Antragsunterlagen (vgl. Kap. 3.2). Diese prüft die Unterlagen innerhalb von 10 Tagen auf Vollständigkeit und mögliche Einwandgründe. Sind Mängel vorhanden, die eine spätere Genehmigung ausschließen, so darf die Behörde den mit der Notifizierung gestellten Antrag auf Erteilung einer Genehmigung sofort zurückweisen. Können die Mängel ausgeräumt werden, so fordert sie die notifizierende Person zur Nachbesserung auf und nimmt sobald dies erfolgt ist die eigentliche Notifizierung gegenüber der Bestimmungsbehörde unter Zusendung je einer Kopie an die betroffenen Transitbehörden und den Empfänger vor. Dieses Recht der unmittelbaren Ablehnung des Antrags aufgrund von Mängeln steht der Versandbehörde jedoch nur bei der Notifizierung **einer Verbringung von zur**

Beseitigung bestimmten Abfällen zu. Die Unterlagen bezüglich **einer Verbringung zur Verwertung bestimmter Abfälle** prüft sie lediglich auf Vollständigkeit und leitet sie binnen 3 Tagen an die entsprechenden Stellen weiter.

Die in diesem Zusammenhang in Deutschland nicht praktizierte Personennotifizierung beinhaltet die Notifizierung mittels Begleitschein gegenüber der Bestimmungsbehörde in der gleichen Weise, nur nimmt die notifizierende Person die Übersendung der Unterlagen dann in eigener Verantwortung vor.

Nach derzeitigem Informationsstand haben die anderen Mitgliedstaaten der EG von der Möglichkeit, eine obligatorische Behördennotifizierung einzuführen, keinen Gebrauch gemacht. Das Verfahren der Personennotifizierung kommt daher bei den meisten Importen in die Bundesrepublik noch zum Einsatz.

Sollten die eingereichten Angaben nicht ausreichen, so hat die notifizierende Person auf Ersuchen der zuständigen Behörden zusätzliche Angaben und Unterlagen nachzureichen.

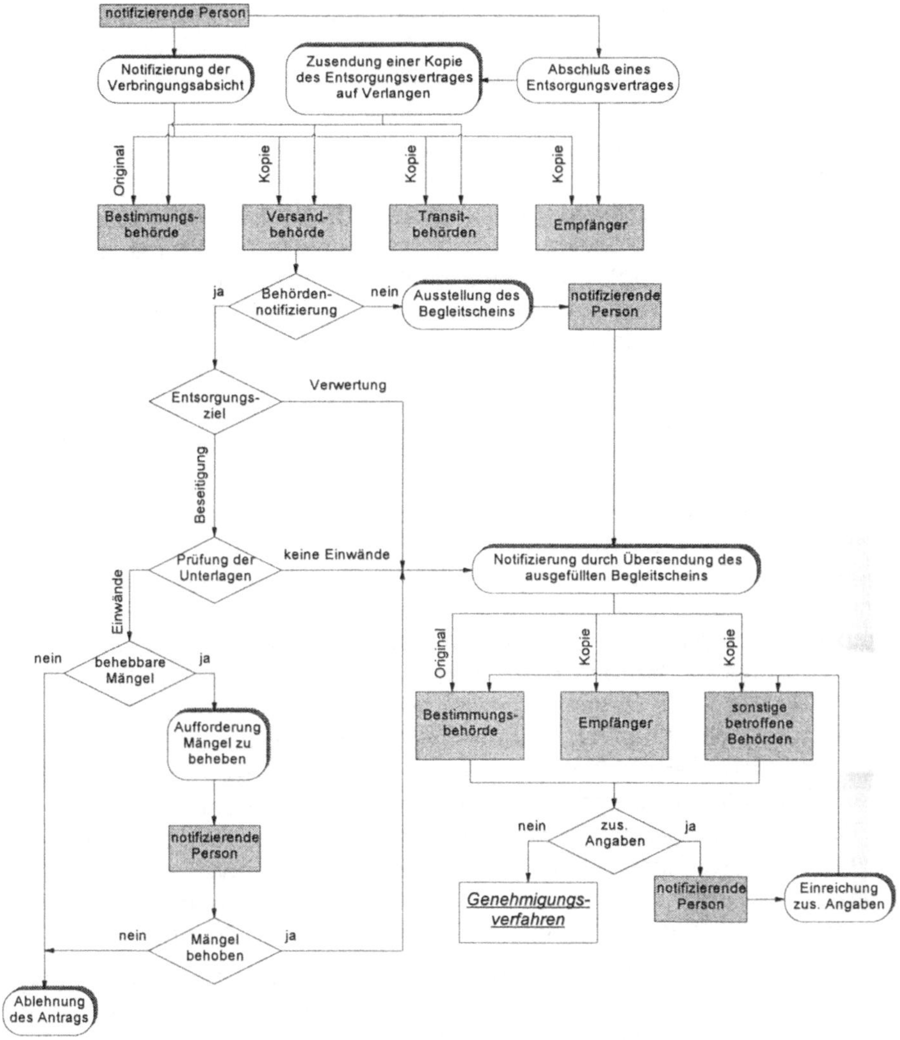

Bild 2.1 Notifizierungsverfahren für die notifizierungsbedürftigen Verbringungen von Abfällen zwischen den Mitgliedstaaten der EG

2.3.1.2 Das Genehmigungsverfahren für zur Beseitigung bestimmte Abfälle

Um die notwendige Übersichtlichkeit zu gewährleisten, sind die Abläufe des Genehmigungsverfahrens für Verbringungen zwischen den Mitgliedstaaten nach Entsorgungszielen getrennt dargestellt. Die Ausführungen dieses Unterkapitels beziehen sich auf **Bild 2.2a**.

Nach Erhalt der Notifizierung versendet die Behörde am Bestimmungsort eine Empfangsbestätigung an die notifizierende Person sowie jeweils eine Kopie an die anderen Verfahrensbeteiligten. Damit werden die für das Genehmigungsverfahren geltenden Fristen (vgl. Kap. 2.1.5) in Gang gesetzt.

Sollte die Verbringung aufgrund einer notwendigen Durchfuhr andere als die Mitgliedstaaten der Europäischen Gemeinschaft betreffen, sind die zuständigen Behörden dieser Drittländer in das Notifizierungsverfahren einzubeziehen. Dies geschieht indem die zuständige Behörde am Bestimmungsort bei den entsprechenden Behörden anfragt, ob sie ihre schriftliche Zustimmung zu der geplanten Verbringung erteilen möchten. Für beteiligte Drittländer gilt gemäß Art. 12 EG-AbfVerbrV jedoch eine Sonderregelung bezüglich der Frist, in welcher eine Zustimmung zu erteilen ist. Das hat zur Folge, daß sich die Entscheidung der Bestimmungsbehörde über die Erteilung der Verbringungsgenehmigung unter Umständen verzögern kann, da diese die erwähnte Zustimmung gegebenenfalls abzuwarten hat.

Die beteiligten Behörden innerhalb der Gemeinschaft haben nun gegenüber der notifizierenden Person die Möglichkeit zusätzliche Angaben zu verlangen, Einwände gegen die geplante Verbringung zu äußern oder/und Auflagen festzulegen. Die zuständige Behörde am Bestimmungsort sowie die übrigen beteiligten Behörden erhalten je eine Kopie der in diesem Zusammenhang an die notifizierende Person gesandten Schreiben. Wurden durch mindestens eine der beteiligten Behörden Mängel in diesem Sinne festgestellt, dann besteht die Möglichkeit, den jeweiligen Behörden zusätzliche Angaben und Unterlagen einzureichen oder/und den Nachweis zu erbringen, daß die Probleme, die zu den Einwänden führten, gelöst werden. Falls sich dadurch wesentliche Änderungen an den Modalitäten der angemeldeten Verbringung ergeben, ist selbstverständlich eine neue Notifizierung zu veranlassen. Wenn die jeweiligen Behörden einen derartigen Nachweis erhalten, teilen sie dies unverzüglich der notifizierenden Person mit und übermitteln den übrigen beteiligten Behörden und dem Empfänger je eine Kopie zur Kenntnisnahme.

Bevor die Bestimmungsbehörde die Entscheidung fällt, ob sie die Genehmigung mit oder ohne Auflagen erteilt oder sie aufgrund von Einwänden sogar ganz verweigert, hat auch sie im Rahmen des Genehmigungsverfahrens noch einmal das Recht zusätzliche Angaben zu verlangen.

Bestehen von keiner Seite Einwände gegen die geplante Verbringung, ist die Verbringungsgenehmigung von der zuständigen Behörde am Bestimmungsort durch Abstempeln des Begleitscheins (bzw. des Notifizierungsbogens, vgl. Kap. 3.2) zu erteilen, wobei Auflagen beteiligter Behörden zu berücksichtigen und gegebenenfalls einzutragen sind. Sie teilt der notifizierenden Person ihre Entscheidung durch Übersendung des Begleitscheins – abgestempelt oder nicht – mit und läßt den anderen am Verfahren beteiligten Behörden eine Kopie des Schreibens zukommen.

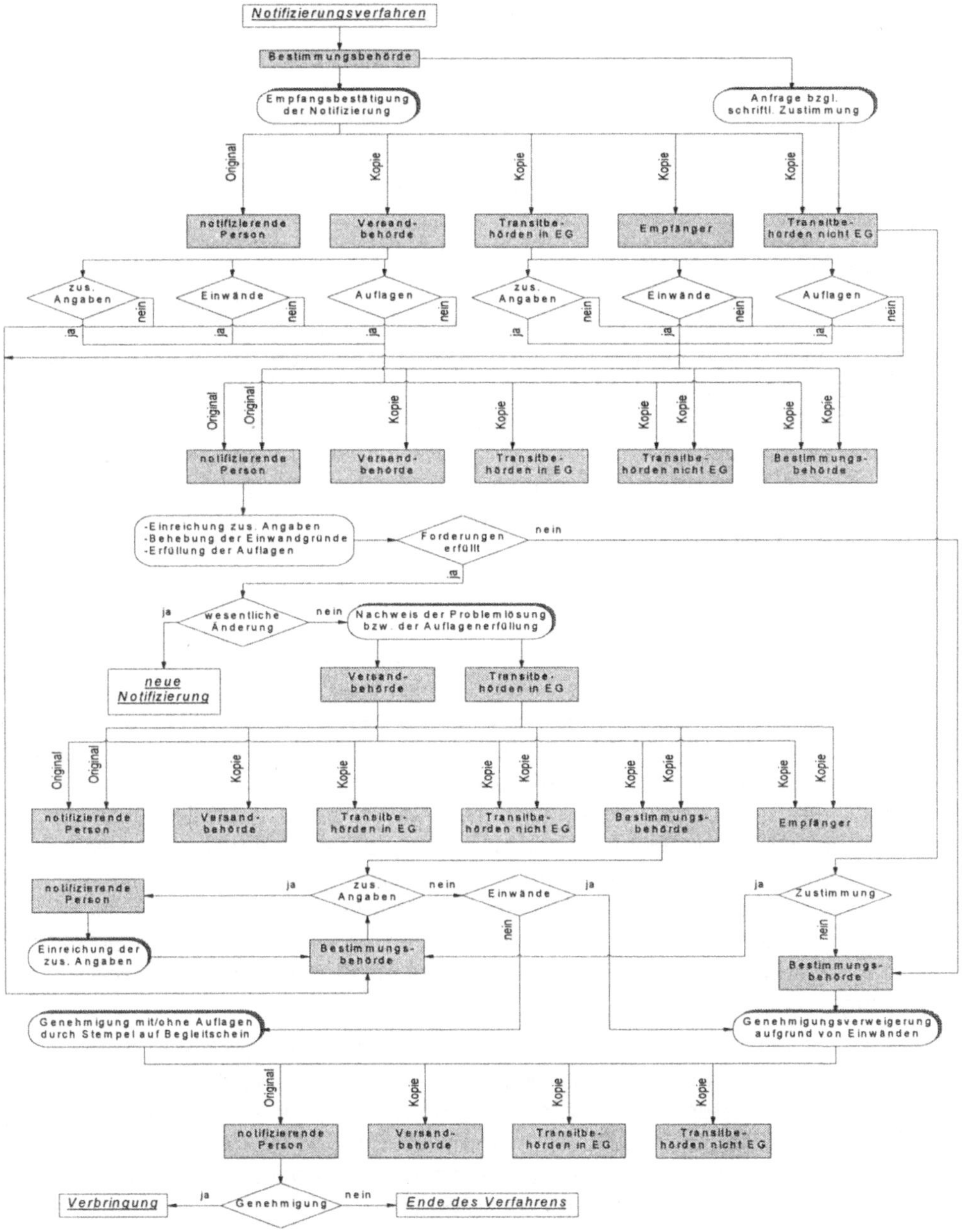

Bild 2.2a Genehmigungsverfahren für die notifizierungsbedürftigen Verbringungen von zur Beseitigung bestimmten Abfällen zwischen den Mitgliedstaaten der EG

2.3.1.3 Das Genehmigungsverfahren für zur Verwertung bestimmte Abfälle

Da das in **Bild 2.2b** dargestellte Genehmigungsverfahren für die Verbringung zur Verwertung bestimmter Abfälle zwischen den Mitgliedstaaten stark dem zuvor beschriebenen für zur Beseitigung bestimmte Abfälle ähnelt, werden hier nur die bestehenden Unterschiede herausgestellt und ansonsten auf die Erläuterungen des vorherigen Unterkapitels verwiesen.

Die das diesbezügliche Genehmigungsverfahren betreffenden Bestimmungen der EG-Abfallverbringungsverordnung sehen im Gegensatz zu dem zuvor geschilderten Verfahren für keine der beteiligten Behörden die Anforderung zusätzlicher Angaben vor. Außerdem ist das der Bestimmungsbehörde eingeräumte Recht, Auflagen festzulegen und Einwände zu äußern, diesmal in einem Absatz mit demselben Recht der Transitbehörden und der Versandbehörde genannt. Daher kann davon ausgegangen werden, daß sich die Möglichkeit, den zuständigen Behörden die Lösung der die Einwände verursachenden Probleme nachzuweisen, in diesem Falle auch auf die Bestimmungsbehörde bezieht. Analog zum vorher beschriebenen Verfahren muß nun natürlich auch sie sowohl der notifizierenden Person als auch den übrigen betroffenen zuständigen Behörden unverzüglich den Erhalt eines derartigen Nachweises mitteilen.

Ein weiterer Unterschied zwischen den beiden Verfahrensvarianten ergibt sich aufgrund der verschiedenen Abfallisten („Ampellisten" gem. OECD-Beschluß, vgl. Kap. 1.3.3), zwischen denen bei zur Verwertung bestimmten Abfällen differenziert wird (vgl. Kap. 1.2.4, 1.3.3). Wie bereits mehrfach erwähnt, bezieht sich das hier beschriebene Verfahren nicht auf Abfälle der sogenannten grünen Liste. In bezug auf Abfälle der roten Liste und solchen, die in keiner der Listen aufgeführt werden, kommen hinsichtlich der Genehmigungserteilung dieselben Regelungen wie bei zur Beseitigung bestimmten Abfällen zur Anwendung. Das bedeutet, das Genehmigungsverfahren wird nach schriftlicher Zustimmung aller beteiligten Behörden entweder mit der Erteilung oder nach der Äußerung von begründeten Einwänden mit der Verweigerung einer Genehmigung durch die zuständige Behörde am Bestimmungsort abgeschlossen.

Eine dritte Möglichkeit ergibt sich bei der geplanten Verbringung von Abfällen der gelben Liste (Anhang III). In diesem Fall kann von einem stillschweigenden Einverständnis der beteiligten Stellen ausgegangen werden, wenn innerhalb der gesetzten Frist, in der Einwände geäußert werden können, seitens der Behörden keine Einwände erhoben wurden. Dabei ist eine jedoch eine mögliche Fristhemmung (vgl. Kap. 2.1.5.2) aufgrund von Nachforderungen zu berücksichtigen. Die betreffende Verbringung ist dann auch ohne ausdrückliche Genehmigung für ein Jahr nach Absendung der Empfangsbestätigung zulässig. Die notifizierende Person erhält in diesem Fall den nicht abgestempelten Notifizierungsbogen zusammen mit dem Versand-/Begleitformular für die anschließende Verbringung zurück.

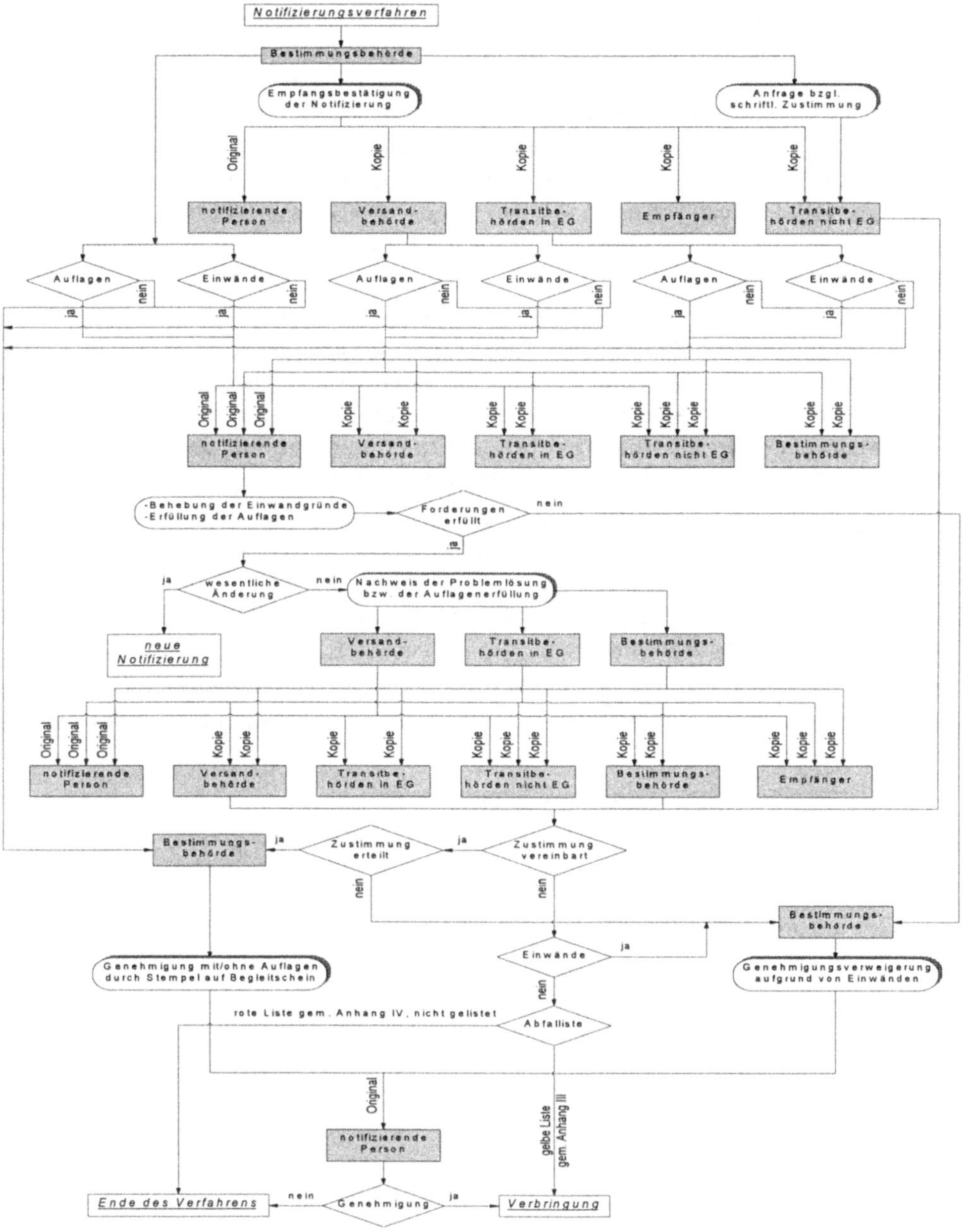

Bild 2.2b Genehmigungsverfahren für die notifizierungsbedürftigen Verbringungen von zur Verwertung bestimmten Abfällen zwischen den Mitgliedstaaten der EG

2.3.1.4 Die Verbringung

Sobald die zuständige Behörde am Bestimmungsort der notifizierenden Person die Genehmigung durch Abstempeln des Begleitscheins erteilt hat oder aufgrund nicht geäußerter Einwände vom Einverständnis der betroffenen Behörden ausgegangen werden darf, je nachdem für welche Abfälle die Verbringungsabsicht bekundet wurde, trägt die notifizierende Person den vorgesehenen Verbringungszeitpunkt in den Begleitschein ein und sendet allen an der Verbringung beteiligten zuständigen Behörden eine Kopie desselben vor dem Verbringungsbeginn als Anmeldung des Transportes.

Sie übergibt die Abfälle dann zusammen mit einer auf Verlangen der Behörden zu beglaubigenden Kopie des Begleitscheins an das Beförderungsunternehmen. Dieses ergänzt die Angaben des Begleitscheins, unterschreibt ihn, behält eine Kopie und reicht ihn mit den Abfällen dem nächsten an der Verbringung beteiligten Unternehmen weiter. Alle mitwirkenden Unternehmen verfahren in der gleichen Weise und quittieren so den Erhalt und die Übergabe der Abfälle.

Der Empfänger vervollständigt den Begleitschein und übermittelt ihn als Empfangsbestätigung der Abfälle an die notifizierende Person sowie den beteiligten Behörden. Nach der ordnungsgemäßen Entsorgung der Abfälle sendet er die dem Begleitschein beigefügte Entsorgungsbescheinigung an dieselben Stellen, womit das Verfahren abgeschlossen wäre.

Sollte der Empfänger eine geplante Verwertung nicht selbst vornehmen, hat er die Weitergabe gegenüber der Behörde am ursprünglichen Entstehungsort der Abfälle zu notifizieren.

Der beschriebene Ablauf ist in **Bild 2.3** dargestellt.

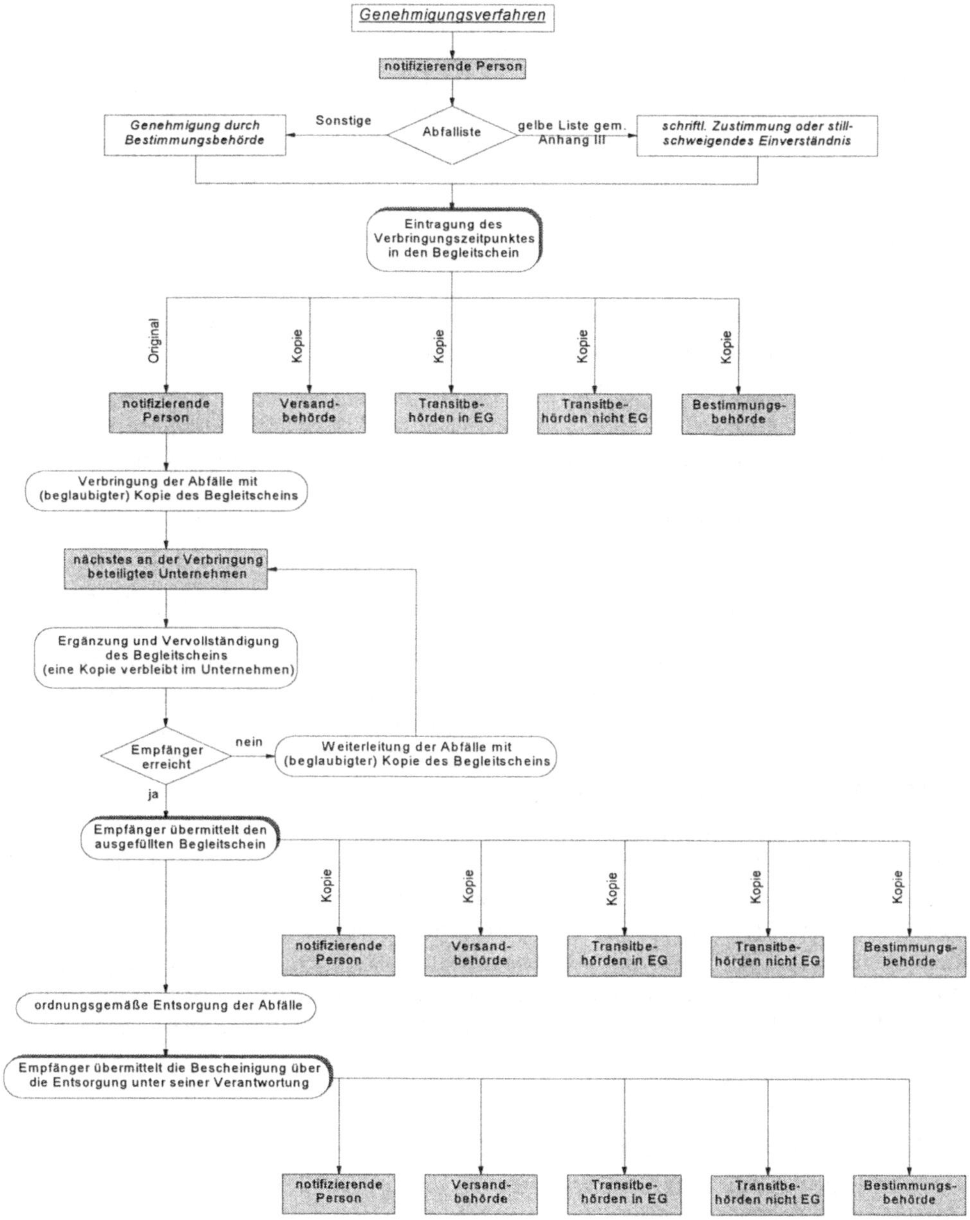

Bild 2.3 Notifizierungsbedürftige Verbringung von Abfällen zwischen den Mitgliedstaaten der EG

2.3.2 Der Export aus der EG

Die Ausfuhr von Abfällen aus der Gemeinschaft wird in Art. 14 bis 18 EG-AbfVerbrV geregelt. Während sich Art. 14 und 15 auf die Ausfuhr zur Beseitigung bestimmter Abfälle beziehen, beinhalten Art. 16 und 17 entsprechende Bestimmungen für die Verbringung zur Verwertung bestimmter Abfälle. Dabei sind in dem jeweils erstgenannten Artikel die Länder aufgezählt, in die eine Verbringung zulässig ist, und im zweiten ist der Verfahrensablauf geregelt. Art. 18 bezieht sich ausschließlich auf den Export in die AKP-Länder (generelles Ausfuhrverbot, vgl. Kap. 1.2.4, 1.3.2, 2.2).

Da auch hier viele Ähnlichkeiten zu den zuvor beschriebenen Verfahren auftauchen, beschränken sich die folgenden Ausführungen auf die Unterschiede.

Für beide Entsorgungsziele gültige Abweichungen zu den Verfahrensabläufen, die eine grenzüberschreitende Verbringung zwischen den Mitgliedstaaten der EG erfordert, ergeben sich beim Export von Abfällen aus der EG insbesondere im Hinblick auf die zuständige Genehmigungsbehörde und die Beteiligung der jeweiligen Abgangszollstelle der Europäischen Gemeinschaft.

Bei dieser Art des grenzüberschreitenden Transportes ist die zuständige Behörde am Versandort sowohl für die Ausstellung des Begleitscheines als auch für die Entscheidung über eine Genehmigung verantwortlich. Des weiteren hat im Rahmen der Verbringung der die EG-Grenze überschreitende Transporteur der letzten Abgangszollstelle eine beglaubigte Kopie des Begleitscheins vorzulegen, bevor die Abfälle die Gemeinschaft verlassen. Diese übermittelt der für die Genehmigung beziehungsweise für die Ausfuhr zuständigen Behörde eine Kopie des Begleitscheins, sobald die Abfälle die Gemeinschaft verlassen haben.

Hat die zuständige Genehmigungsbehörde innerhalb einer bestimmten Frist nachdem die Abfälle die Gemeinschaft verlassen haben noch keine Empfangsbestätigung beziehungsweise noch keinen Entsorgungsbescheid durch den Empfänger erhalten, so teilt sie dies der zuständigen Behörde am Bestimmungsort mit. Diese Verfahrensweise dient zwar der Absicherung der Gemeinschaft, doch trägt sie der anzustrebenden weltweiten Kontrolle von Abfalltransporten noch keine Rechnung, da die folgenden Aktionen der informierten Bestimmungsbehörde nicht näher bestimmt sind.

2.3.2.1 Abfälle zur Beseitigung

Das den Expot zur Beseitigung begleitende Verfahren ist in **Bild 2.4, 2.5** und **2.6** entsprechend der Teilverfahren Notifizierung, Genehmigung und Verbringung dargestellt.

Die Ausfuhr von Abfällen zur Beseitigung ist nur zulässig in EFTA-Staaten, die auch Mitglied des Baseler Übereinkommens sind.

Den einzureichenden Antragsunterlagen ist im Falle eines geplanten Exportes die schriftliche Zustimmung des Bestimmungslandes und die Bestätigung des Entsorgungsvertrages durch dasselbe sowie die schriftliche Zustimmung der anderen

Durchfuhrstaaten hinzuzufügen. Ohne diese Unterlagen kann die Genehmigung nicht erteilt werden.

Analog zu den Verfahren bezüglich der Verbringung zwischen den Mitgliedstaaten der EG steht auch hier der Behörde, bei der das Notifizierungsschreiben eingereicht wurde, gemäß EG-Abfallverbringungsverordnung das Recht zu, die Notifizierung selbst vorzunehmen. Für die Bundesrepublik Deutschland ist eine Behördennotifizierung (vgl. Kap 2.1.4.2) für alle Exporte aufgrund innerstaatlicher Rechtsvorschriften vorgeschrieben. Ebenso dürfen die beteiligten zuständigen Behörden innerhalb der EG Einwände äußern, Auflagen festsetzen oder/und zusätzliche Angaben verlangen. Die erteilte Genehmigung ist wieder zwingende Voraussetzung für eine legale Verbringung.

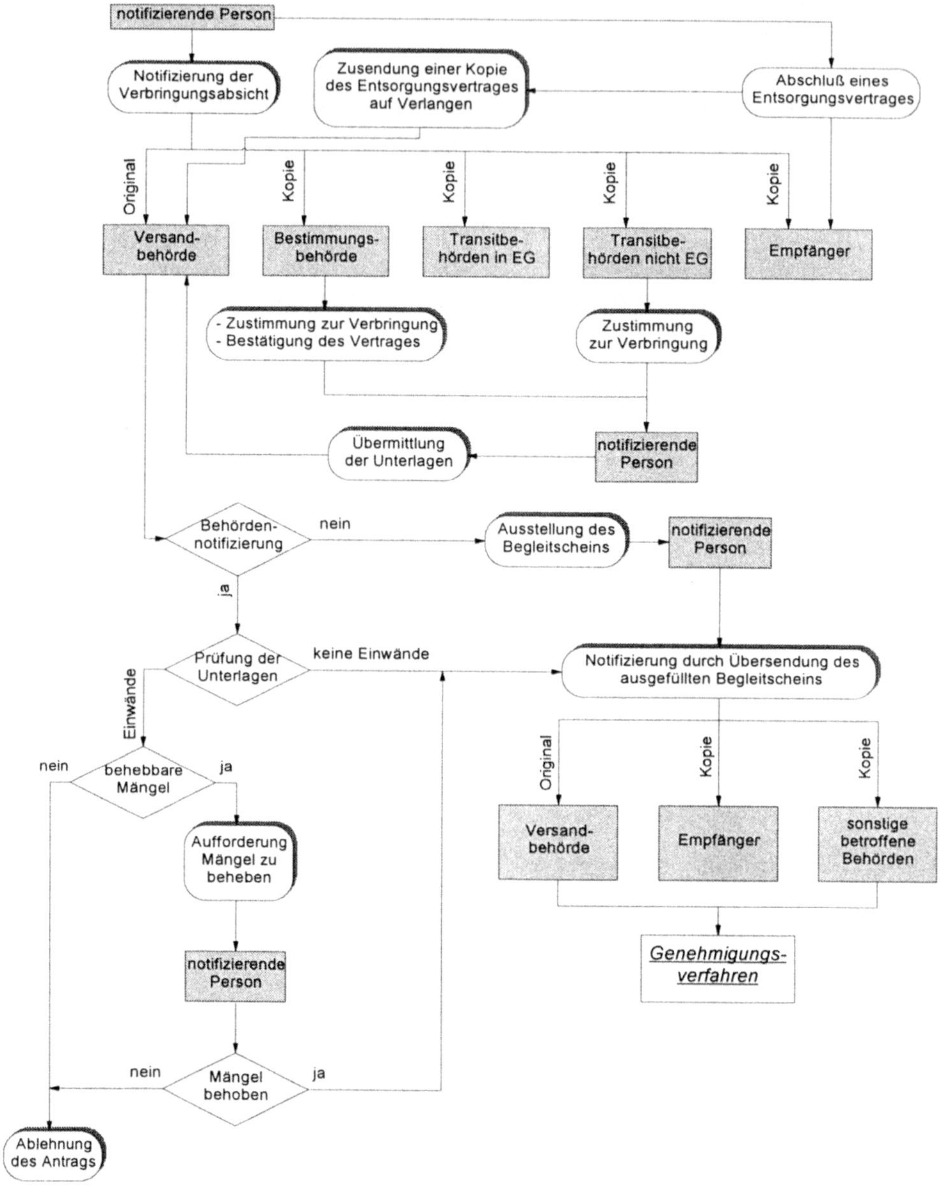

Bild 2.4 Notifizierungsverfahren für zulässige Exporte von zur Beseitigung bestimmten Abfällen aus der EG

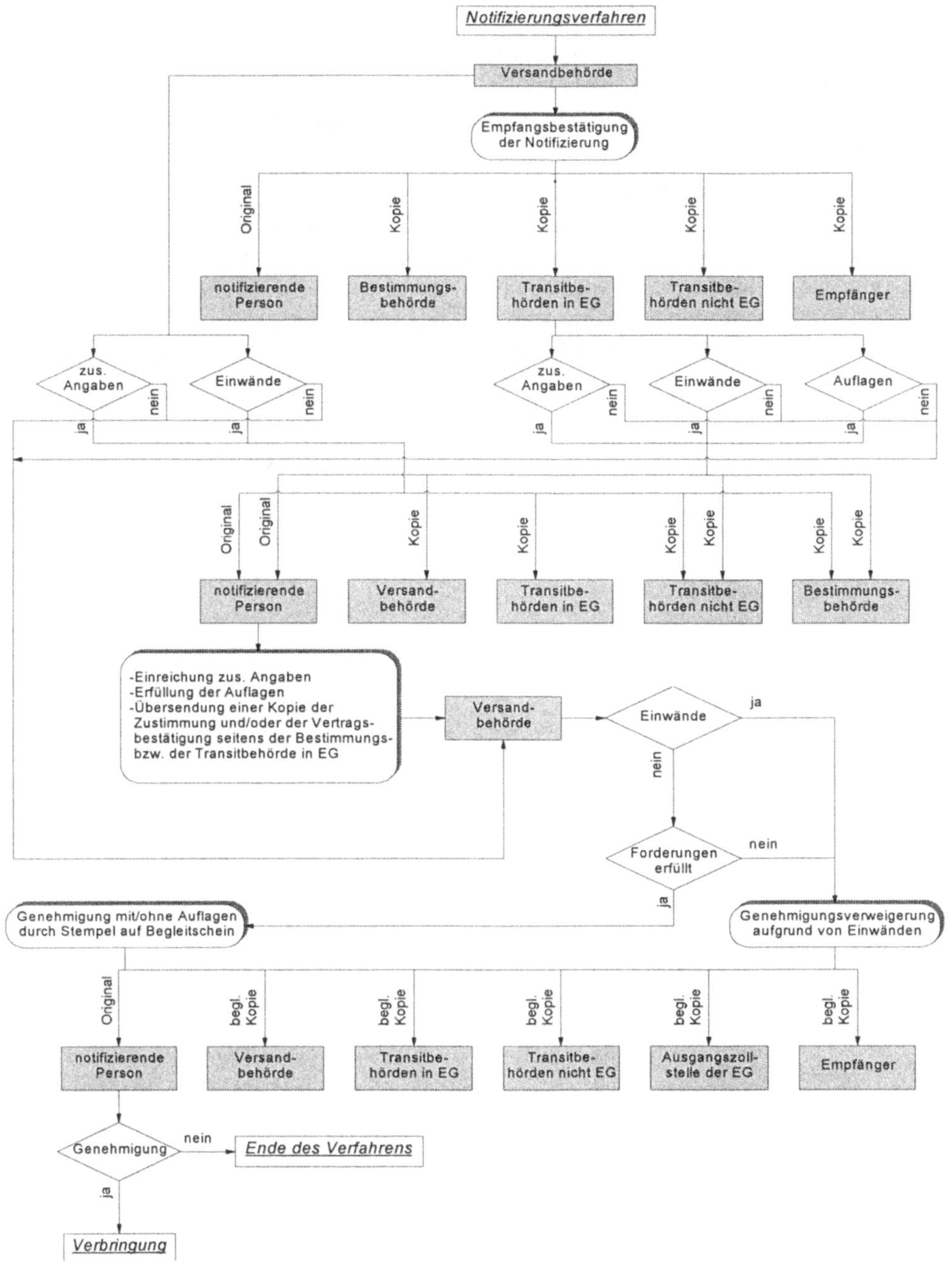

Bild 2.5 Genehmigungsverfahren für zulässige Exporte von zur Beseitigung bestimmten Abfällen aus der EG

2.3.2.2 Abfälle zur Verwertung

Die Ausfuhr zur Verwertung bestimmter Abfälle ist nur zugelassen in Länder, für die der OECD-Beschluß gilt, die Mitglied des Baseler Übereinkommens sind oder mit denen die jeweiligen Mitgliedstaaten bilaterale Abkommen im Sinne der EG-Verordnung getroffen haben.

Die Kontrollverfahren, die in bezug auf Abfälle der grünen Liste anzuwenden sind, richten sich danach, ob der Export in ein OECD-Land erfolgen soll oder nicht. Für Nicht-OECD-Länder gelten zum Teil Einzelregelungen, die sich aufgrund einer Befragung der EG-Kommission ergaben (vgl. Kap. 3.1.1.3). Da für die Ausfuhr von den übrigen zur Verwertung bestimmten Abfällen die ebenfalls Art. 6 bis 10 und 15 EG-AbfVerbrV zur Anwendung kommen, wurde auf die Abbildung eines separaten Ablaufdiagrammes und auf dessen ausführliche Erläuterung verzichtet.

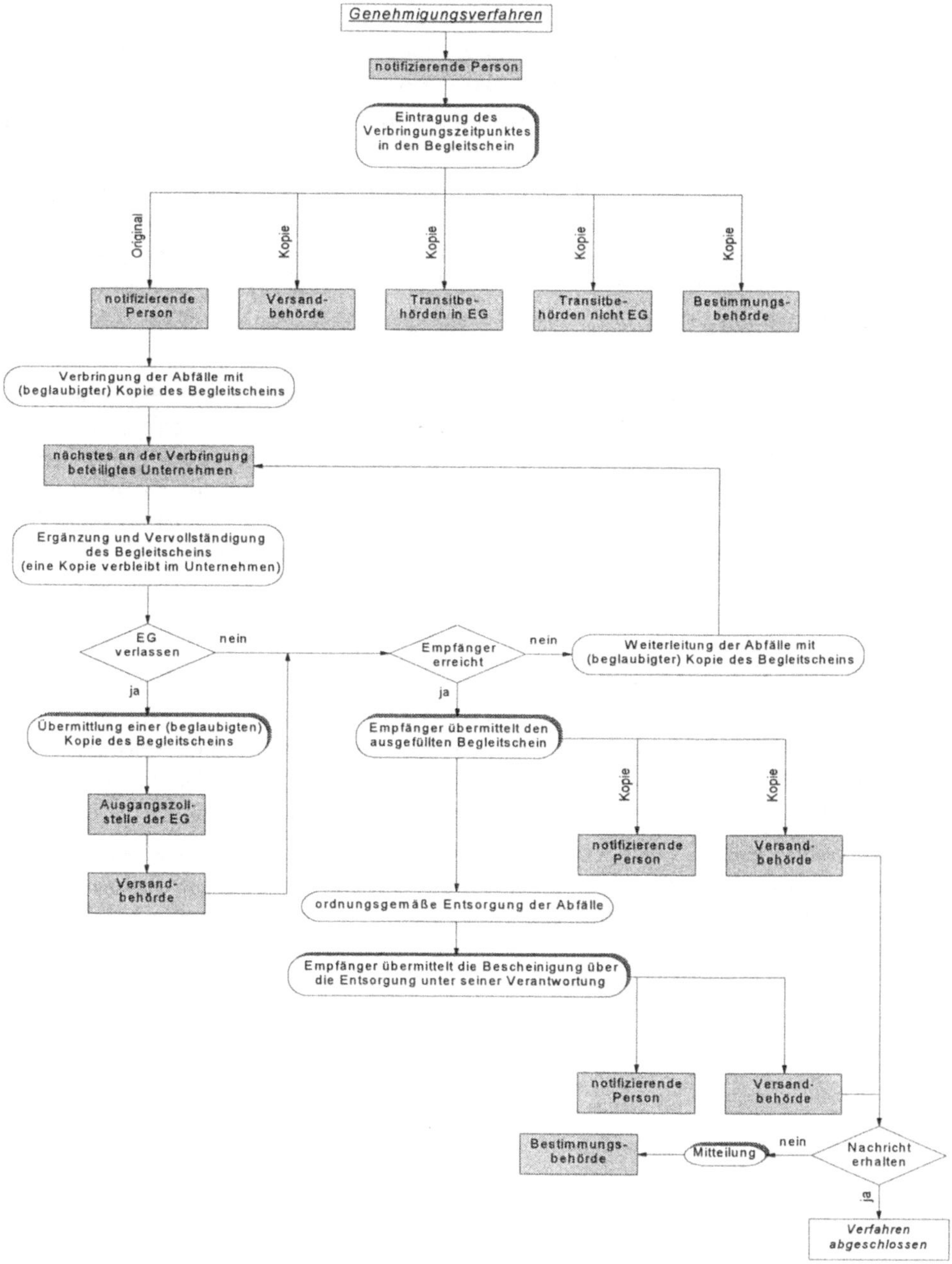

Bild 2.6 Zulässige Exporte von zur Beseitigung bestimmten Abfällen aus der EG

2.3.3 Der Import in die EG

Die Einfuhr von Abfällen in die Gemeinschaft wird durch Art. 19 bis 22 EG-AbfVerbrV geregelt, wobei analog zu den Exportbestimmungen wieder die ersten beiden Artikel auf zur Beseitigung bestimmte Abfälle und die anderen beiden auf zur Verwertung bestimmte Abfälle zu beziehen sind.

Die entscheidenden Unterschiede zu den Regelungen des Exportes liegen darin, daß bei einer geplanten Einfuhr von Abfällen in die Gemeinschaft die Bestimmungsbehörde anstatt der Versandbehörde sowohl für die Ausstellung des Begleitscheins als auch für die Entscheidung über die Erteilung der Verbringungsgenehmigung zuständig ist und die jeweilige Eingangszollstelle der EG in das Verfahren mit einzubeziehen ist.

Es versteht sich von selbst, daß für den Import die Möglichkeit einer Behördennotifizierung nicht ausdrücklich vorgesehen ist und die Verfahrensbeteiligung nur für betroffene Stellen innerhalb der Gemeinschaft verlangt wird (keine Zugriffsmöglichkeit des EG-Rechtes auf externe Behörden). Außerdem hat der die Abfälle importierende Transporteur entsprechend dem Verfahren beim Export von Abfällen der betreffenden Eingangszollstelle der Gemeinschaft eine beglaubigte Kopie des Begleitscheins vorzulegen.

2.3.3.1 Abfälle zur Beseitigung

Die Einfuhr von Abfällen zur Beseitigung in die Gemeinschaft ist zulässig aus EFTA-Staaten, die auch Vertragsparteien des Baseler Übereinkommens sind oder mit denen die Gemeinschaft oder ihre Mitgliedstaaten im Einklang mit dem Gemeinschaftsrecht bi- oder multilaterale Abkommen getroffen haben.

Die Verknüpfungen im Verfahrensablauf, welcher in den **Bildern 2.7**, **2.8** und **2.9** entsprechend der drei Teilverfahren dargestellt ist, sind weitgehend analog zu dem bereits geschilderten Verfahren bei der Ausfuhr von Abfällen und werden daher nicht näher beschrieben.

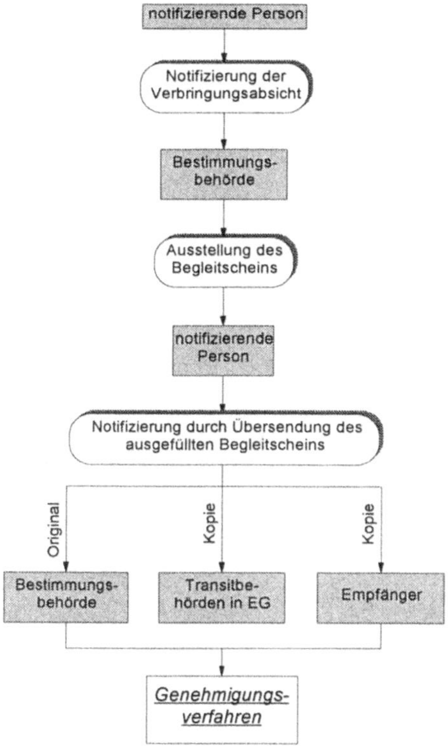

Bild 2.7
Notifizierungsverfahren für zulässige Importe von zur Beseitigung bestimmten Abfällen aus der EG

2.3.3.2 Abfälle zur Verwertung

Die Einfuhr von zur Verwertung bestimmten Abfällen ist erlaubt aus Staaten, für die der OECD-Beschluß gilt, die Vertragsparteien der Baseler Konvention sind oder mit denen einzelne Mitgliedstaaten bilaterale Übereinkommen geschlossen haben.

Für die Verbringung von Abfällen zur Verwertung aus oder durch OECD-Länder gelten dieselben Regelungen wie für entsprechende Verbringungen zwischen den Mitgliedstaaten der EG, während für die Postwege bei der Verbringung aus oder durch alle übrigen Länder das im vorangegangenen Unterkapitel dargestellte Procedere gilt.

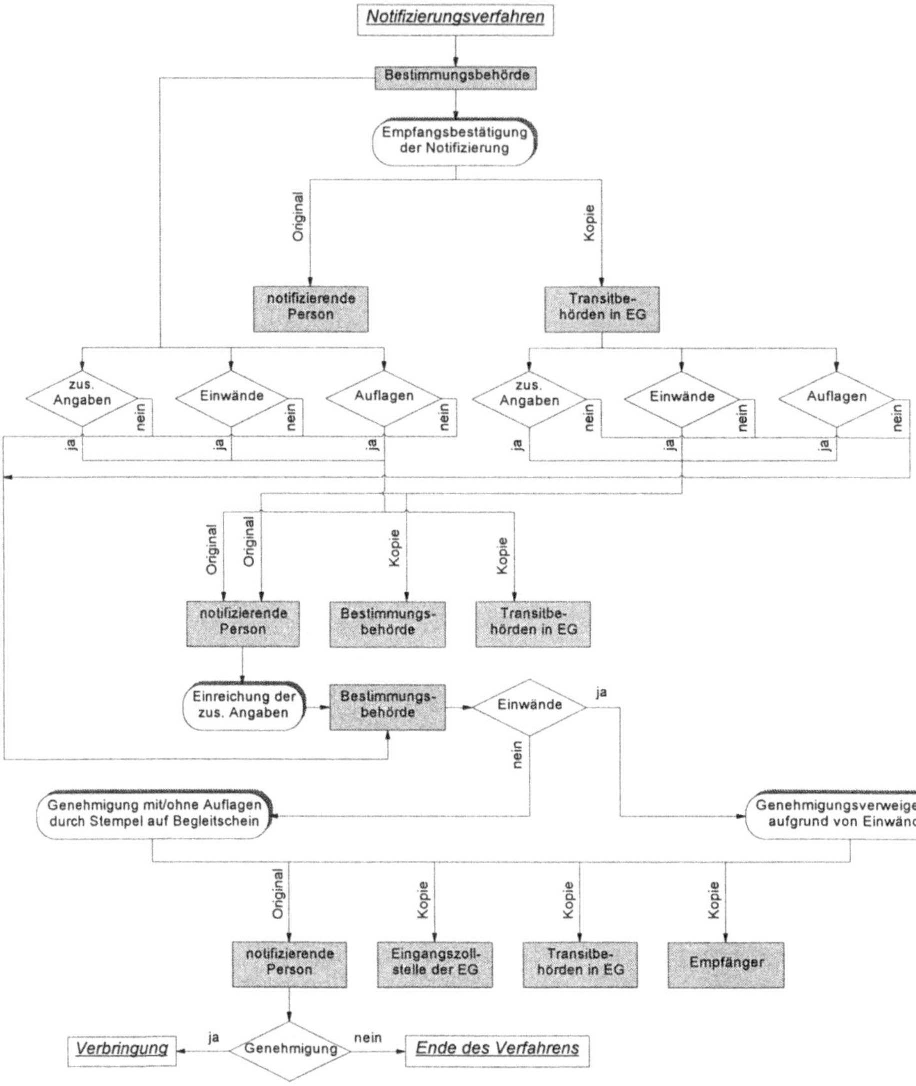

Bild 2.8 Genehmigungsverfahren für zulässige Importe von zur Beseitigung bestimmten Abfällen aus der EG

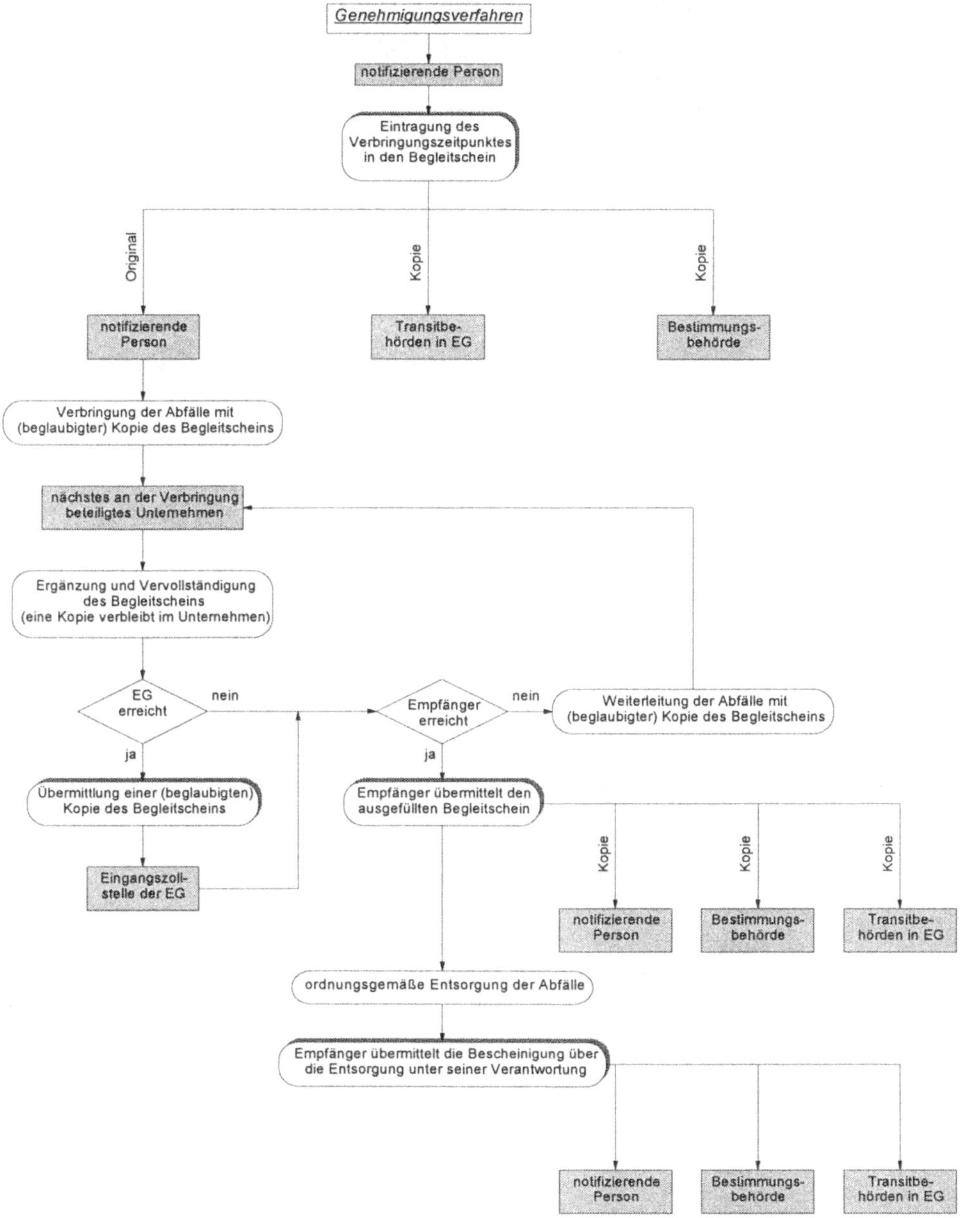

Bild 2.9 Zulässige Importe von zur Beseitigung bestimmten Abfällen aus der EG

2.3.4 Die Durchfuhr von Abfällen durch die EG

In allen Fällen eines Transits gemäß Art. 23 EG-AbfVerbrV durch die Gemeinschaft (siehe hierzu **Bild 2.10** und **2.11**) ist die Notifizierung an die letzte zuständige Transitbehörde in der Gemeinschaft zu richten.

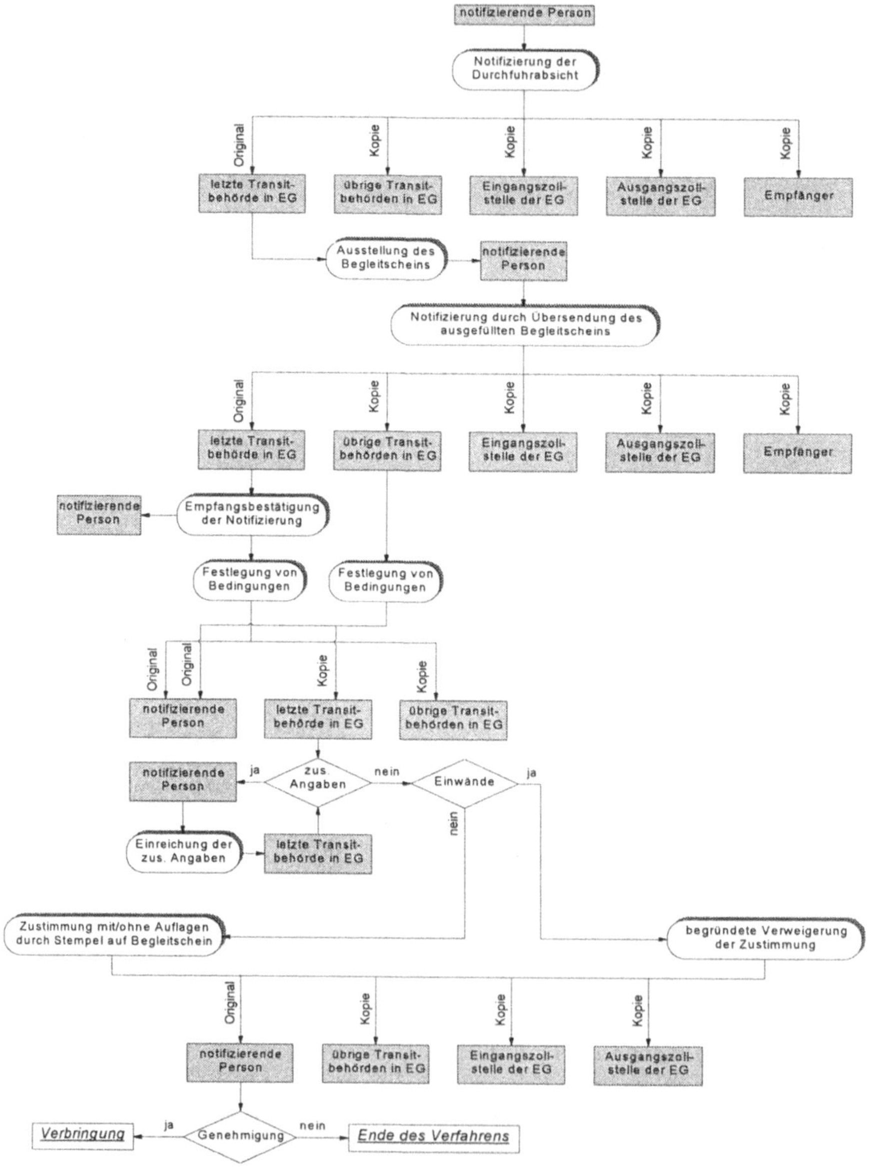

Bild 2.10 Notifizierungs- und Genehmigungsverfahren für zulässige Durchfuhren durch die EG

Die letzte zuständige Transitbehörde der Gemeinschaft ist in diesem Fall auch für die Ausstellung des Begleitscheins und die Erteilung der Genehmigung zuständig.

Die zuständigen Behörden innerhalb der EG sind berechtigt, Bedingungen für die Verbringung durch ihren Zuständigkeitsbereich zu erlassen, die sie der notifizierenden Person unter Weiterleitung einer Kopie an die übrigen zuständigen Behörden mitzuteilen haben.

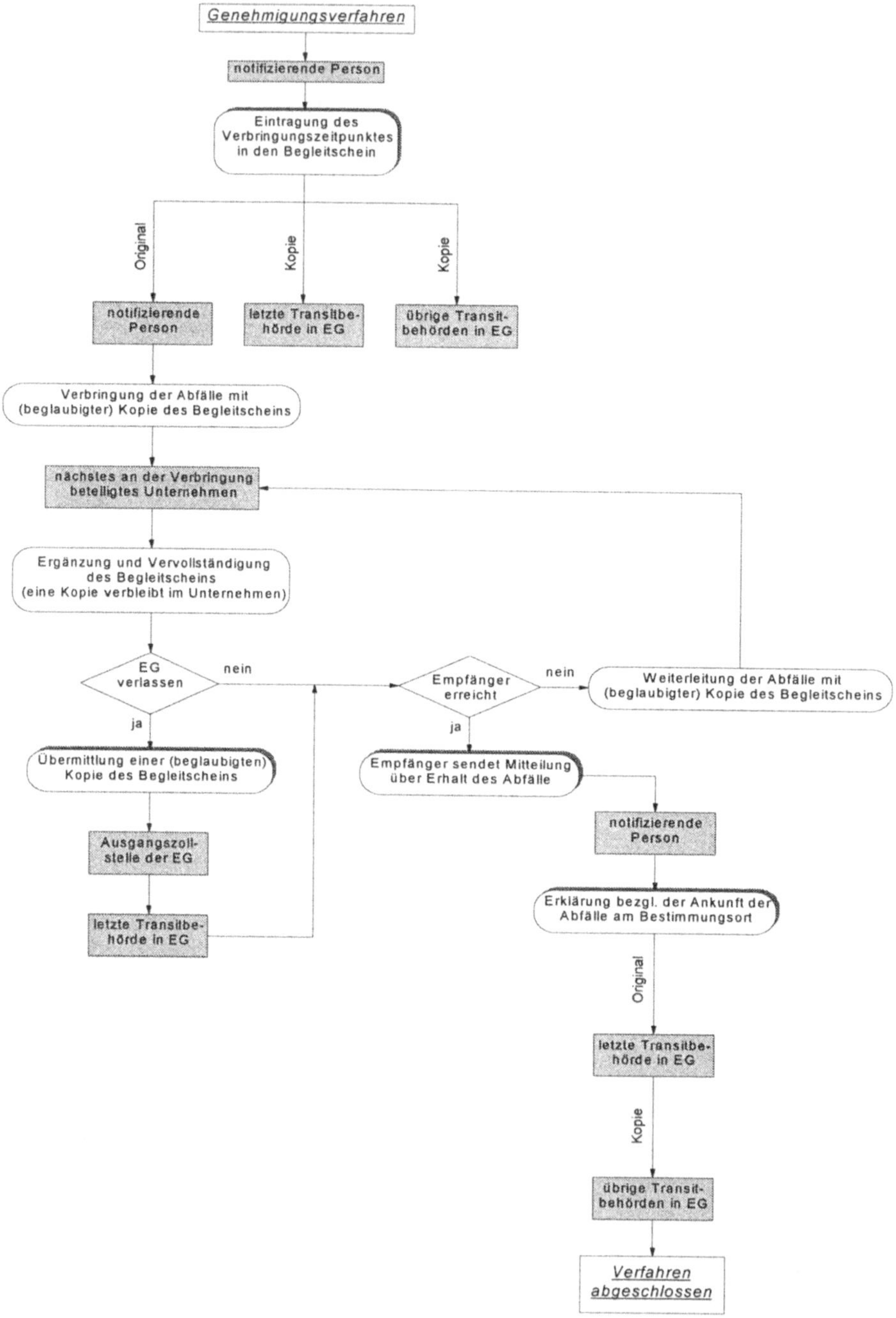

Bild 2.11 Zulässige Durchfuhren durch die EG

Die notifizierende Person darf die Verbringung erst beginnen, nachdem ihr die Genehmigung erteilt wurde. Der Verlauf des Transportes erfolgt analog der Ausfuhr von Abfällen aus der Gemeinschaft, das heißt der Transporteur hat der Abgangszollstelle der Gemeinschaft eine beglaubigte Kopie des Begleitscheins vorzulegen, die diese an die letzte zuständige Transitbehörde weiterleitet, sobald die Abfälle die Gemeinschaft verlassen haben. Dem außerhalb der Gemeinschaft liegenden Empfänger ist bei der Durchfuhr keine Beteiligung vorgeschrieben, da sich nicht einmal die notifizierende Person im Geltungsbereich der EG befindet (Abschluß eines Entsorgungsvertrages kann nicht zwingend vorgeschrieben werden). Daher hat in diesem Falle die notifizierende Person selbst für die Eingangsbestätigung der Abfälle am Bestimmungsort gegenüber der letzten zuständigen Transitbehörde der EG zu sorgen. Diese leitet die Bestätigung an die anderen beteiligten Transitbehörden weiter.

Für die Durchfuhr von zur Verwertung bestimmten Abfällen aus einem Staat, für den der OECD-Beschluß gilt, in ein Land, für das dieser Beschluß ebenfalls gilt, kommt nach Art. 24 EG-AbfVerbrV wiederum ein etwas vereinfachter, in **Bild 2.12** abgebildeter Verfahrensablauf zur Anwendung.

Auch in diesem Verbringungsfall kann eine Genehmigung nur erteilt werden, sofern keine Einwände erhoben wurden. Die schriftliche Genehmigung ist eine zwingende Voraussetzung für die Zulässigkeit der Durchfuhr von Abfällen des Anhangs IV oder Stoffen, die keinem Anhang zugeordnet sind.

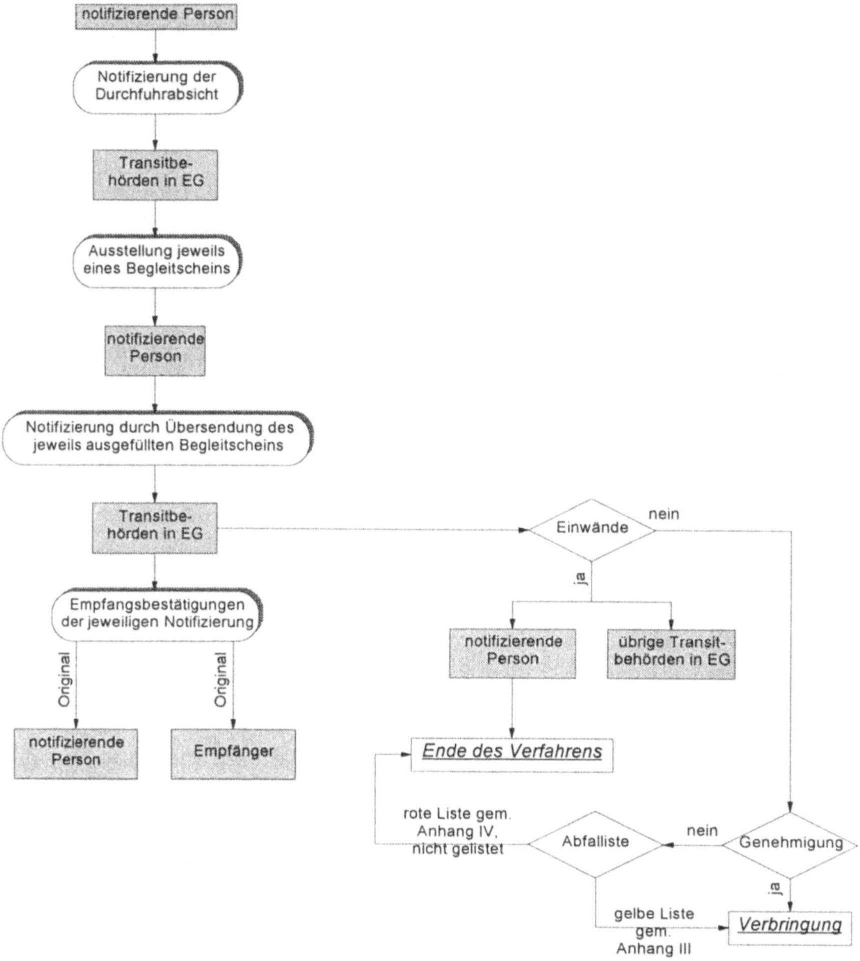

Bild 2.12 Vereinfachtes Verfahren für zulässige Durchfuhren zur Verwertung von einem OECD-Staat in einen anderen OECD-Staat

3 Neuerungen und Umsetzungspraxis

Um die Umsetzung der EG-Abfallverbringungsverordnung in der Bundesrepublik Deutschland als einem der 15 Mitgliedstaaten der Europäischen Gemeinschaft zu gewährleisten, müssen nicht nur nationale Rechtsvorschriften auf der Grundlage des EG-Rechtes geschaffen oder geändert, sondern auch entsprechende Dienstleistungen angeboten und die erforderlichen Formulare zur Verfügung gestellt, werden. Während die rechtliche Umsetzung des europäischen Abfallrechtes in Deutschland durch diverse Regelwerke wie beispielsweise das Zustimmungs- und das Ausführungsgesetz zum Baseler Übereinkommen (einschließlich des Abfallverbringungsgesetzes AbfVerbrG) oder die Abfall- und Reststoffüberwachungsverordnung weitgehend gewährleistet ist und auch in der Praxis kaum Probleme aufwirft, besteht bei der Erfüllung der notwendigen Rahmenbedingungen zum Teil noch etwas Nachholbedarf.

Dieses Kapitel soll zunächst die wesentlichen Neuerungen des EG-Rechtes als Rechtsgrundlage für nationale Regelungen vorstellen und insbesondere über die in der Bundesrepublik Deutschland erreichte Situation der „Umsetzbarkeit" der Verordnung 259/93/EWG informieren. Ergänzend dazu wird daran anschließend der noch verbleibende Handlungsbedarf aufgezeigt, wie er sich zum Teil aus dem Regeltext selbst ergibt. In weiteren Unterkapiteln werden praktische Hinweise für den Umgang mit der Verordnung speziell für den deutschen Verwaltungs- und Entsorgungsalltag gegeben. Die abschließende Schilderung von Erfahrungen aus dem Anwendungsalltag ermöglicht eine Abschätzung, inwieweit die Regelungen der EG-Abfallverbringungsverordnung aufgrund der gegebenen Bedingungen erfolgreich angewendet werden können, beziehungsweise an welchen Punkten unter Umständen noch gearbeitet werden müßte.

3.1 Die Neuerungen zur EG-Abfallverbringungsverordnung

Seit Anwendungsbeginn der EG-Abfallverbringungsverordnung am 08. Mai 1994 wurden einige Änderungen oder Neuerungen eingeführt, welche zum Teil bereits im Text der Verordnung als anzustrebende Ziele genannt sind. Die wesentlichen, bei der Anwendung natürlich zu berücksichtigenden Veränderungen seien im folgenden kurz erläutert, wobei zwischen **den Änderungen auf europäischer Ebene** und den **Entwicklungen auf nationaler Ebene** in der Bundesrepublik Deutschland unterschieden werden soll. Leider können jedoch auch heute – fast ein Jahr nach der beginnenden Anwendung dieses wichtigen internationalen Regelwerkes – dem Anwender noch nicht alle durch die Verfasser der EG-Abfallverbringungsverordnung ursprünglich vorgesehenen Hilfsmittel zur Verfügung gestellt werden.

3.1.1 Die aktuellen Änderungen im EG-Recht

3.1.1.1 Der Notifizierungsbogen und das Versand-/Begleitformular

Die Notifizierung grenzüberschreitender Abfallverbringungen in der, in die und aus der Europäischen Gemeinschaft ist im Rahmen der EG-Abfallverbringungsverordnung mittels eines einheitlichen Begleitscheins durchzuführen. Dieser Begleitschein sollte nach Art. 42 der EG-Verordnung ursprünglich bis spätestens drei Monate vor Anwendungsbeginn derselben durch die Kommission der Gemeinschaft erstellt werden. Bis zur Erstellung sollte als Übergangsregelung das bestehende EG-einheitliche Dokument zur Notifizierung einer Abfallverbringung gemäß der seit Mai durch die Verordnung aufgehobenen Richtlinie 84/631/EWG anzuwenden sein.

Die **Entscheidung der Kommission 94/774/EG** über diesen einheitlichen Begleitschein erging schließlich am 24. November 1994 und wurde am 60. Tage nach ihrer Bekanntgabe im Amtsblatt der Europäischen Gemeinschaft am 03. Dezember 1994, also erst am 01. Februar 1995, wirksam. Mittlerweile sind die Formulare, auf deren praktische Anwendung im Kapitel 3.2 noch detailliert eingegangen wird, im Fachbuchhandel erhältlich.

3.1.1.2 Die Änderung der Anhänge II bis IV der EG-Abfallverbringungsverordnung

Die Kommission der Europäischen Gemeinschaft hat mit der **Entscheidung 94/721/EG** vom 21. Oktober 1994 die Anhänge II, III und IV der Verordnung 259/93/EWG des Rates zur Überwachung und Kontrolle der grenzüberschreitenden Abfallverbringung ersetzt. Sie übernimmt damit die vom OECD-Rat beschlossene Änderung der grünen, gelben und roten Liste. Die angesprochenen **Anhänge der EG-Verordnung** sind also **identisch mit den sogenannten „Ampellisten" gemäß OECD-Ratsbeschluß**.

3.1.1.3 Die Exportbeschränkungen für Abfälle der grünen Liste in Nicht-OECD-Länder

Im Gegensatz zu der innerhalb der OECD grundsätzlich nicht notifizierungsbedürftigen Verbringung von zur Verwertung bestimmten Abfällen der grünen Liste **bestehen für Nicht-OECD-Staaten zum Teil Sonderregelungen** hinsichtlich der Verbringung dieser grün gelisteten Abfälle. Nach Art. 17 EG-AbfVerbrV sollte allen Ländern, für die der OECD-Beschluß nicht gilt, seitens der Kommission eine Liste der in Anhang II aufgeführten Abfälle übermittelt werden, mit dem Ersuch um eine schriftliche Bestätigung, daß diese Abfälle in dem jeweiligen Land ebenfalls keinen besonderen Kontrollen unterliegen und ohne Inanspruchnahme der für die Abfallkategorien III und IV geltenden Verfahren befördert werden dürfen. Für den Fall, daß sich der befragte Staat mit dieser vereinfachten Regelung nicht einverstanden erklärt, sollten Angaben dazu beigfügt werden, inwieweit auf solche Abfälle die Anwendung der genannten Verfahren oder des Verfahrens gemäß Art. 15 EG-

AbfVerbrV gewünscht wird. Obwohl dem Rat geeignete Vorschläge durch die Kommission unterbreitet werden sollten, sofern die Bestätigungen nicht bis sechs Monate vor Anwendungsbeginn der EG-Abfallverbringungsverordnung eingegangen sein würden, blieb diese Sachlage tatsächlich noch lange ungeklärt.

Erst am 20. Juli 1994 legte die Kommission der Europäischen Gemeinschaft durch die **Entscheidung Nr. 94/575/EG** Kontrollverfahren für die Verbringung bestimmter Abfälle in bestimmte Nicht-OECD-Länder fest. Die darin verwendeten Schlüsselnummern wurden bereits an die oben erwähnte neue Fassung der Anhänge II bis IV angepaßt. Für die Staaten, die auf die Anfrage bislang nicht eindeutig geantwortet haben, gilt ein **Verfahren der Einzelprüfung**. Dazu hat der Exporteur in der Bundesrepublik der Versandbehörde folgende Unterlagen zur Prüfung vorzulegen:

- Vertrag zwischen dem Exporteur und dem ausländischen Unternehmen, aus dem sich ergeben muß, daß die anlagentechnischen Voraussetzungen für die beabsichtigte umweltverträgliche Verwertung gegeben sind.
- Unbedingte und zweifelsfreie Erklärung des zuständigen Ministeriums des Empfängerstaates (i. d. R. Umweltministerium) darüber, daß
    - gegen die geplante Verbringung keine Einwände erhoben werden,
    - die eingeführten Abfälle tatsächlich einer umweltverträglichen Verwertung zugeführt werden,
    - die oben genannten anlagentechnischen Voraussetzungen vorliegen und insbesondere der Vertrag zwischen Exporteur und Verwerter bestätigt wird.
- Für die Anerkennung der erwähnten Zustimmungserklärung des Ministeriums ist die Bestätigung der Bundesregierung über
    - die Echtheit der vorgelegten Erklärung und
    - die Zuständigkeit der erklärenden Stelle des Importstaates einzuholen (sog. Überbeglaubigung).

  Zu diesem Zweck sind die Unterlagen der deutschen Auslandsvertretung im Empfängerstaat zur Bestätigung vorzulegen.
- Beschreibung aller Zwischenschritte der Verbringung vom Versandort bis zum endgültigen Bestimmungsort.
- Angaben zu Ursprung, Zusammensetzung und Menge der zur Verbringung bestimmten Abfälle Kopie der Gewerbeanmeldung beziehungsweise des Handelsregisterauszugs des Exporteurs.

3.1.2 Die Entwicklungen in der BRD

Die rechtliche Grundlage für die nationale Umsetzung der EG-Abfallverbringungsverordnung wurde in der Bundesrepublik Deutschland hauptsächlich durch **das Zustimmungs- und das Ausführungsgesetz** zum Baseler Übereinkommen sowie der daraus resultierenden **Änderung der nationalen Abfallverbringungs-Verordnung** und der **Abfall- und Reststoffüberwachungs-Verordnung** geschaffen.

3.1.2.1 Die zuständigen Behörden, die zentrale Anlaufstelle und die Zollstellen

Die den Mitgliedstaaten nach Art. 36 EG-AbfVerbrV auferlegte Pflicht, die für die Anwendung der Verordnung zuständigen Behörden zu benennen, wurde seitens der BRD bereits erfüllt. Die **Liste der zuständigen Behörden** ist aufgrund ihres Umfanges ebenso wie die **Auflistung der deutschen Abgangszollstellen** im Anhang abgedruckt.

Das Umweltbundesamt in Berlin wurde zur **zentralen Anlaufstelle** für Deutschland im Sinne des Artikels 37 EG-AbfVerbrV ernannt. In dieser Funktion hat es unter anderem die Aufgabe, Personen und Unternehmen, die sich an es wenden, zu informieren und zu beraten. Gleichzeitig ist das UBA aber auch die laut Art. 36 EG-AbfVerbrV einzige zuständige Stelle für die Durchfuhr von Abfällen durch die Bundesrepublik.

Die von Deutschland nach Art. 39 EG-AbfVerbrV zu bestimmenden Abgangszollstellen ergeben sich aus den gemäß § 13 Abs. 6 AbfG von dem Bundesminister für Umwelt, Naturschutz und Reaktorsicherheit festgelegten Stellen abzüglich der wegen des Europäischen Binnenmarktes weggefallenen Zollstellen innerhalb der EG. Die genannten Abgangszollstellen wirken als Ein- oder Ausgangszollstellen an den Notifizierungsverfahren mit, soweit es in den Artikeln 15, 17, 20, 22 und 23 der EG-Abfallverbringungsverordnung geregelt ist. Seit der Verwirklichung des Binnenmarktes richtet sich die zollamtliche Überwachung in der Regel nach dem in allen Mitgliedstaaten unmittelbar geltenden Zollkodex der Gemeinschaft, ergänzt durch das Zollverwaltungsgesetz und die Zollverordnung. Danach dürfen Kontrollen im Landesinneren nur durchgeführt werden, sofern tatsächliche Anhaltspunkte für die Mißachtung von Vorschriften bestehen. Die Zollstellen unterrichten bei derartigen Anhaltspunkten die zuständigen Landesbehörden und können die Abfälle sowie deren Beförderungs- oder Verpackungsmittel bis zur Entscheidung der betreffenden Behörde auf Kosten und Gefahr des Verfügungsberechtigten sicherstellen.

3.1.2.2 Die Versicherung für Abfallexporteure

Gemäß Art. 27 EG-AbfVerbrV hat die notifizierende Person eine **Sicherheitsleistung** als Voraussetzung für die Erteilung einer Verbringungsgenehmigung zu hinterlegen. In der Bundesrepublik Deutschland wurde in diesem Zusammenhang ein Versicherungskonzept entwickelt, welches nicht nur die Anforderungen der

Genehmigungsbehörden an eine derartige Sicherheitsleistung erfüllt sondern darüber hinaus auch das unternehmerische Risiko der notifizierenden Person in einem kombinierten Vertrag abdeckt. Da sich das Unterkapitel 3.3 ohnehin noch genauer mit dieser im Rahmen der EG-Abfallverbringungsverordnung geforderten Sicherheitsleistungen beschäftigt, wird diese neuartige Form der Versicherung auch erst dort näher erläutert.

3.1.2.3 Die Gebühren im Rahmen des Notifizierungsverfahrens

Der Gebührenrahmen ist in **§ 17 AbfVerbrV** vom 18. November 1988 bundeseinheitlich festgelegt und gilt somit sowohl für den Verwaltungsaufwand bezüglich der Ein- oder Ausfuhr von Abfällen in oder aus Deutschland, als auch für Zustimmungen zur Verbringung von Abfällen durch die Bundesrepublik. Wobei für die zuletzt genannten Transitvorgänge generell das Umweltbundesamt in Berlin zuständig ist. Auf die Ausgestaltung der Rahmensätze sind zusätzlich die Vorschriften des Verwaltungskostengesetzes und die Verwaltungsvorschriften der einzelnen Bundesländer anzuwenden.

Die Gebührenberechnung in Nordrhein-Westfalen erfolgt nach den oben erwähnten Richtsätzen in Verbindung mit dem Erlaß des Ministeriums für Umwelt, Raumordnung und Landwirtschaft des Landes NRW – IV A6-115.5 – vom 22. Dezember 1994. Die folgenden Ausführungen sollen sich auf dieses Bundesland beschränken, da es als einer der bedeutendsten Industriestandorte Deutschlands im Hinblick auf die Gebührenfestsetzung sicherlich repräsentativ ist. Weiterführende Informationen zu den in anderen Ländern erhobenen Gebühren können bei den jeweiligen Landesregierungen erfragt werden.

Die **Gebühren in Nordrhein-Westfalen** setzen sich zusammen aus einem festen Gebührenanteil in Höhe von 500 DM und einem variablen Anteil, welcher sich aus der Multiplikation eines von der Verbringungsart (Export,Import) und der Abfallart abhängigen Faktors mit der für die Verbringung vorgesehenen Gesamtabfallmenge ergibt. Die nach diesem Modus ermittelten Gebühren dürfen selbstverständlich die in der nationalen Abfallverbringungs-Verordnung vorgesehenen Rahmensätze nicht überschreiten. Die **Tabelle 3.1** gibt eine Übersicht über die genannten Faktoren und kann bei einer individuellen Berechnung zu erwartender Gebühren behilflich sein.

Gebührenanteil in Höhe von **500 DM zuzüglich** folgender Beträge				
	Abfälle zur Beseitigung		Abfälle zur Verwertung	
	Erdaushub, Straßenaufbruch oder Bauschutt, durch Schadstoffe verunreinigt	sonstige Abfälle i. S. d. § 2 Abs. 2 AbfG	gelb gelistete Abfälle oder grün gelistete Abfälle deren Export notifiziert werden muß (vgl. Kap. 3.1.1.3)	rot oder nicht gelistete Abfälle
	Gebühren **je 1000 kg** vorgesehene Gesamtabfallmenge (Angaben in Feld 5 des Notifizierungsbogens)			
Export	2,00 DM	2,00 DM	0,50 DM	1,00 DM
Import	1,00 DM	1,00 DM	0,50 DM	1,00 DM

(Für beispielsweise 1000 t kontaminierten Boden zur Deponierung in einem anderen EG-Staat muß dementsprechend mit Verwaltungsgebühren von 2 500 DM gerechnet werden.)

Tabelle 3.1 Berechnung der Gebühren für die Notifizierung

3.1.2.4 Die Durchführung von Vermittlungsgeschäften

Der durch den Art. 2 Nr. 1 des Ausführungsgesetzes zum Baseler Übereinkommen vom 30. September 1994 ins **Abfallgesetz** eingeführte **§ 12 a** beinhaltet die **Genehmigungspflicht** für alle Unternehmen, die im Bereich der Bundesrepublik Deutschland gewerbsmäßig für Dritte Verbringungen von Abfällen oder Stoffen vermitteln wollen, ohne in deren Besitz zu sein. Unter dem Begriff „Verbringungen" sind in diesem Zusammenhang alle Tätigkeiten zu verstehen, die das inländische Einsammeln, Zwischenlagern, Behandeln und Entsorgen von Abfällen sowie das Verwerten von Stoffen gemäß § 1 Abs. 1 (Abfälle) oder § 2 Abs. 3 (überwachungsbedürftige Reststoffe) AbfG betreffen beziehungsweise bei grenzüberschreitender Verbringung das Einsammeln, Befördern und Verwerten oder Beseitigen von Abfällen im Sinne des § 2 Abs. 1 AbfVerbrG umfassen. Das bedeutet, die Zulassungspflicht erstreckt sich auch auf innerdeutsche Vermittlungsgeschäfte von Reststoffen und gilt ebenso für ausländische Unternehmen. Damit wird gleichzeitig die Umsetzung der Richtlinie des Rates 75/442/EWG in der Fassung der Richtlinie 91/156/EWG vom 18. März 1991 erreicht.

Zuständig für die Erteilung einer **§ 12 a-Genehmigung** ist die Behörde, in deren Zuständigkeitsbereich der Antragsteller seinen handelsrechtlichen Hauptsitz hat (Ort der Gewerbeanmeldung bzw. Eintragung im Handelsregister). In Nordrhein-Westfalen sind die Anträge also bei den jeweiligen Bezirksregierungen zu stellen (vgl. Liste der zuständigen Behörden im Anhang).

Im Regelfall darf die Erteilung einer solchen Genehmigung durch die zuständige Behörde nur dann verweigert werden, wenn besondere Umstände die Annahme rechtfertigen, der Antragsteller oder die mit der Leitung beauftragte Person sind unzuverlässig. Berechtigte Zweifel an der Zuverlässigkeit der genannten Personen könnten aufgrund von Verstößen gegen abfallrechtliche Bestimmungen (Ordnungswidrigkeiten oder Straftaten), aber auch durch andere strafrechtliche (z. B. Betrug) oder gewerberechtliche Aspekte, ausgelöst werden. Sollten der Genehmigungsbehörde derartige Tatsachen nach Erteilung der Genehmigung bekannt werden, ist die Genehmigung unverzüglich zu widerrufen. Des weiteren darf die **Durchführung von Vermittlungsgeschäften nur im Rahmen eines Gewerbes** durchgeführt werden. Die Zulassung als Vermittler (Makler) kann demzufolge ausschließlich solchen Antragstellern (Firmen) erteilt werden, deren Geschäftszweck eine auf die Erzielung von Gewinn gerichtete und auf eine gewisse Dauer angelegte selbständige Tätigkeit im Bereich der Wirtschaft ist und zumindest teilweise auf den Transport, die Verwertung oder die Beseitigung von Abfällen und Reststoffen ausgerichtet ist.

Die **Genehmigung für Vermittlungsgeschäfte** kann inhaltlich beschränkt oder mit Auflagen versehen werden (z. B. Befristung, Widerrufsvorbehalt) und ist **nicht übertragbar**. Letzteres ist insbesondere beim Wechsel des Inhabers einer Genehmigung (z. B. Wechsel der Rechtsform des Unternehmens, Änderung der verantwortlichen Person) zu beachten. In diesen Fällen ist immer die Zulassungsbehörde zu unterrichten, die im Einzelfall darüber entscheidet, inwieweit eine neue Genehmigung erforderlich ist.

Sofern nicht bereits im Antrag regionale Begrenzungen vorgesehen sind, hat eine erteilte Genehmigung bis zur Festlegung anderer Bestimmungen durch Rechtsverordnung bundesweite Gültigkeit und bezieht sich auf alle Abfälle und/oder Stoffe im Sinne des § 2 Abs. 3 AbfG. Eine Genehmigung zur Vermittlung der grenzüberschreitenden Verbringung von Abfällen ist ausdrücklich zu beantragen. Die **maximale Gültigkeitsdauer** ist zunächst auf **zwei Jahre** festgelegt, da sich beim Inkrafttreten des Kreislaufwirtschafts- und Abfallgesetzes detaillierte Anforderungen im Hinblick auf die erforderliche Sachkunde ergeben. Nach Ablauf dieses Zeitraumes ist ein vollständiger Neuantrag zu stellen.

Der Genehmigungsantrag ist bis auf weiteres formlos zu stellen, wobei auf Anfrage zum Teil bereits Formularvordrucke bei den zuständigen Behörden erhältlich sind. Im Anhang (unter „Sonstige Unterlagen“) ist beispielsweise ein unverbindlicher Vorschlag der Bezirksregierung Düsseldorf abgedruckt.

Neben der für die Vermittlungsgeschäfte verantwortlichen Person – das kann sowohl der Geschäftsinhaber selbst als auch eine mit der Leitung oder Beaufsichtigung des Betriebes beauftragte Person sein – und deren Vertreter sind in dem Antrag unter anderem natürlich auch Angaben zum gewünschten Geltungsbereich der Genehmigung aufzuführen.

Ferner sollten die folgenden Unterlagen dem Antrag beigelegt werden:

- die Gewerbeanmeldung beziehungsweise ein aktueller Auszug aus dem Handelsregister,
- eine Kopie der gültigen Betriebshaftpflichtversicherungspolice,
- ein Sachkundennachweis der verantwortlichen Personen,
- Unbedenklichkeitsbescheinigungen des zuständigen Finanzamtes, des Sozialversicherungsträgers (Krankenkasse) und der Berufsgenossenschaft sowie
- das polizeiliche Führungszeugnis (Typ O) der verantwortlichen Personen.

Die Unbedenklichkeitsbescheinigungen und die polizeilichen Führungszeugnisse dürfen üblicherweise nicht älter als ein Jahr sein.

Die **Gebühr für die Zulassung** beträgt gemäß Tarifstelle 30.5 der AVwGebO NW – Allgemeine Verwaltungsgebührenordnung – bis auf weiteres 250 DM pro Kalenderjahr zuzüglich etwaiger Auslagen der jeweiligen Genehmigungsbehörde.

3.2 Die Formulare

Die Notifizierung für grenzüberschreitende Verbringungen im Rahmen der EG-Abfallverbringungsverordnung ist mittels eines einheitlichen Begleitscheins durchzuführen. Die entsprechenden Formularblätter (**Abbildung 3.1** bis **3.4**) werden **in der BRD nicht von den zuständigen Behörden ausgestellt**, sondern sind über den einschlägigen **Fachbuchhandel** oder direkt bei den von der Bundesregierung beauftragten **lizenzierten Druckereien** erhältlich und können in der Regel getrennt bestellt werden (Achtung: Notifizierungsnummer in Feld 3 muß übereinstimmen).

Dieser Begleitschein für Verbringungen im Rahmen der EG-Abfallverbringungsverordnung ist **nicht zu verwechseln mit dem Nachweisverfahren gemäß § 11 AbfG** beziehungsweise dem Begleitschein gemäß AbfRestÜberwV (vgl. Kap. 4.1.4).

Der neue einheitliche Begleitschein besteht aus zwei Teilen, nämlich dem sogenannten **Notifizierungsbogen** und dem **Versand-/Begleitformular**. Er soll einerseits der Notifizierung und Begleitung von Abfallverbringungen dienen und andererseits als Entsorgungsbescheinigung fungieren. Bis auf die Markierung „Ausfertigung für ..." am linken Rand entspricht der Begleitschein den von der OECD verwendeten Dokumenten. In beiden Formularen, deren äußeres Erscheinungsbild aufgrund der Kommissionsentscheidung genauestens festgelegt ist, sind **Felder für behördliche Eintragungen** wie Empfangsbestätigung, Stempel der Zollstellen oder ähnliches (vgl. Kap. 2.1.3) vorhanden.

Für den Antrag sind beide Formulare einzureichen, wobei auf die **Übereinstimmung der Nummer in Feld 3** zu achten ist. Die Formblätter müssen mit Schreibmaschine oder in Druckbuchstaben vollständig ausgefüllt werden. Erforderlich sind insbesondere auch vom ausländischen Vertragspartner zu erfragende Angaben über die dort zuständige Behörde. Radierungen, überlagerte Korrekturen oder andere Änderungen sowie das Durchpausen von Unterschriften sind unzulässig. Letztere müssen selbstverständlich handschriftlich eingesetzt werden.

Im Falle des Exportes aus Deutschland ist eine sogenannte Behördennotifizierung (vgl. Kap. 2.1.4.2) vorzunehmen, das bedeutet, der oben beschriebene Antrag ist bei der entsprechenden Bezirksregierung in fünffacher Ausfertigung (je eine für die Akten von Versand- und Bestimmungsbehörde und je eine für die Empfangsbestätigung sowie für Zustimmung oder Einwände) zuzüglich je zwei weiterer Kopien für jede beteiligte Transitbehörde einzureichen. Für den beabsichtigten Import in die Bundesrepublik genügen neben dem Original in der Regel zwei Kopien, welche bei der jeweiligen Bezirksregierung vorzulegen sind, und je eine weitere Kopie für den Versandstaat sowie die Durchfuhrbehörden. Sollte ein zur EG gehörender Versandstaat die Durchführung einer Behördennotifizierung beschlossen haben, so sind alle Exemplare in diesem Land einzureichen.

Es ist zu beachten, daß **alle Kopien einzeln mit Originalunterschriften** versehen werden müssen. Der bei der jeweiligen Bezirksregierung vorzulegende Antrag ist in deutscher Sprache – gegebenenfalls beglaubigt – vorzulegen. Nach Art. 31 EG-AbfVerbrV muß für den Druck und das Ausfüllen des Begleitscheins sowie alle weiteren erforderlichen Unterlagen und Angaben jedoch eine für die entsprechenden beteiligten Stellen annehmbare Sprache gewählt werden. Im Falle eines beabsichtigten Exportes ist es daher anzuraten, die zu versendenden Antragsunterlagen in der jeweiligen Landessprache der betroffenen Staaten einzureichen.

Gemäß Art. 35 EG-AbfVerbrV sind alle an die zuständigen Behörden gerichteten oder von diesen verschickte Dokumente von den Behörden, der notifizierenden Person und dem Empfänger innerhalb der Europäischen Gemeinschaft mindestens drei Jahre lang aufzubewahren.

Die Formulare (Notifizierungsbogen und Versand-/Begleitformular) für die Notifizierung einer grenzüberschreitenden Abfallverbringung gemäß EG-Abfallverbringungsverordnung sind auf den folgenden Seiten zusammen mit Anweisungen zum Ausfüllen derselben abgebildet (**Abbildung 3.1** bis **3.4**). Die Anweisungen sind einer Informationsbroschüre der Bezirksregierung Düsseldorf entnommenen und lassen zum Teil Rückschlüsse auf den in der Bundesrepublik Deutschland erreichten behördlichen Stand der Umsetzung der EG-Abfallverbringungsverordnung zu.

Bild 3.1
Vorderseite des Notifizierungsbogens für die grenzüberschreitende Verbringung von Abfällen gemäß Entscheidung der Kommission 94/774/EG

EUROPÄISCHE GEMEINSCHAFT(a) **Notifizierungsbogen**

AUSFERTIGUNG FÜR:

1. Notifizierende Person/Exporteur (Name/Anschrift) und ggf. Registriernummer
Tel Fax
Sachbearbeiter

3. **Notifizierung betreffend** (1)
Nr. 000000
A (i) einmalige Verbringung ☐
(ii) Sammelnotifizierung (mehrmalige Verbringung) ☐
B (i) Beseitigung (keine Verwertung) ☐
(ii) Verwertung ☐
C* (i) pauschalgenehmigte Verwertungseinrichtung ☐ ja ☐ nein
* (Nur ausfüllen, falls B (ii) zutrifft.)

2. Empfänger (Name, Anschrift) und ggf. Registriernummer
Tel Fax
Sachbearbeiter

4. Vorgesehene Zahl der Verbringungen

5. Vorgesehene Gesamtmenge (b)
Kg
Liter

6. Erste Sendung frühestens:
Abgang der letzten Verbringung spätestens:

7. Vorgesehene(s) Transportunternehmen* (Name, Anschrift) und ggf. Registriernummer
Tel Fax
Sachbearbeiter
* (Bei mehreren Unternehmen Liste beifügen.)

8. Beseitigungs/Verwertungseinrichtung (Name, Standort und Anschrift):
Tel. Fax
ggf. Registriernummer:
und Verfalldatum:
Sachbearbeiter:

10. Abfallerzeuger/-produzent (Name und Anschrift)
Tel Fax
Sachbearbeiter
Verfahren und Ort der Abfallproduktion
* (ggf. Einzelheiten angeben)

9. Code-Nr. der Beseitigungs-/Verwertungsmaßnahme (2):
und angewandtes Verfahren:*
* (ggf. Einzelheiten angeben)

11. Art(en) der Beförderung (2):

12. Art(en) der Verpackung (2):

13. Bezeichnung und chemische Zusammensetzung des Abfalls

14. Physikalische Eigenschaften (2):

15. **Code zur Identifizierung des Abfalls**
- im Ausfuhr-/Versandstaat
- im Einfuhr-/Empfängerstaat
Internationaler Abfallidentifizierungscode (IWIC)
Europäischer Abfallkatalog (EAK)
Sonstige (Bitte angeben)

17. Y-Nummer:

18. H-Nummer (2):

16. OECD-Einstufung (1) gelb ☐ rot ☐ und Nummer:
sonstige* ☐
* (Einzelheiten anschließen)

19. UN-Kennummer: UN-Klasse (2):
und zugehöriger Versandname

20. Betroffene Länder (2), ggf. Code-Nummern der zuständigen Behörden und Ein- und Ausfuhrorte:

Ausfuhrstaat/Versandstaat	Durchfuhrstaaten			Einfuhr-/Empfängerstaat

21. Zollstellen des Eingangs- und/oder Ausgangsstaates (Europäische Gemeinschaft)
Eingang
Aus

22. Anzahl der beigefügten Anhänge

23. **Bescheinigung der notifizierenden Person/des Exporteurs:** Ich bescheinige hiermit, daß die obigen Angaben nach meinem besten Wissen vollständig sind und der Wahrheit entsprechen. Ich bescheinige ferner, daß rechtsverbindliche vertragliche Verpflichtungen schriftlich eingegangen wurden und alle für die grenzüberschreitende Verbringung erforderlichen Versicherungen oder sonstigen finanziellen Garantien abgeschlossen bzw. geleistet wurden oder werden.
Name Unterschrift
Datum

DER ZUSTÄNDIGEN BEHÖRDE VORBEHALTEN

24. VON DER ZUSTÄNDIGEN BEHÖRDE DES EINFUHR-/EMPFÄNGERSTAATES AUSZUFÜLLEN
Eingang der Notifizierung Bestätigt am
Datum Datum
Name der zuständigen Behörde, Stempel und/oder Unterschrift

25. GENEHMIGUNG* DER VERBRINGUNG DURCH DIE ZUSTÄNDIGE BEHÖRDE
Ab (Angabe des Landes) am:
Name der zuständigen Behörde, Stempel und/oder Unterschrift

Die Genehmigung läuft ab am
Besondere Bedingungen (1) ☐ Nein ☐ Ja, **siehe Nr. 26 auf der Rückseite**
* (Für Abfälle auf der gelben Liste des OECD-Beschlusses **nicht erforderlich**)

Bild 3.2
Rückseite des Notifizierungsbogens für die grenzüberschreitende Verbringung von Abfällen gemäß Entscheidung der Kommission 94/774/EG

Verzeichnis der auf dem Notifizierungsbogen verwendeten Abkürzungen

BESEITIGUNGS-/VERWERTUNGSVORGÄNGE (Nr. 9)

BESEITIGUNG (OHNE VERWERTUNG)

D1 Ablagerungen in oder auf dem Boden (d. h. Deponien)
D2 Behandlung im Boden (z. B. biologischer Abbau von flüssigen oder schlammigen Abfällen im Erdreich usw.)
D3 Verpressung (z. B. Verpressung pumpfähiger Abfälle in Bohrlöcher, Salzdome oder natürliche Hohlräume usw.)
D4 Oberflächenaufbringung (z. B. Ableitung flüssiger oder schlammiger Abfälle in Gruben, Teiche oder Lagunen usw.)
D5 Speziell angelegte Deponien (z. B. Ablagerung in abgedichteten, getrennten Räumen, die verschlossen und gegeneinander und gegen die Umwelt isoliert werden usw.)
D6 Einleitung in ein Gewässer mit Ausnahme von Meeren/Ozeanen
D7 Einleitung in Meere/Ozeane einschließlich Einbringung in den Meeresboden
D8 Biologische Behandlung, die nicht an anderer Stelle in dieser Liste beschrieben ist und durch die Endverbindungen oder Gemische entstehen, die mit einem der in D 1 bis D 12 aufgeführten Verfahren entsorgt werden
D9 Chemisch/physikalische Behandlung, die nicht an anderer Stelle in dieser Liste beschrieben ist und durch die Endverbindungen oder Gemische entstehen, die mit einem der in D 1 bis D 12 aufgeführten Verfahren entsorgt werden (z. B. Verdampfen, Trocknen, Kalzinieren, Neutralisieren, Ausfällen usw.)
D10 Verbrennung an Land
D11 Verbrennung auf See
D12 Dauerlagerung (z. B. Lagerung von Behältern in einem Bergwerk usw.)
D13 Vermengung oder Vermischung vor Anwendung eines der in D 1 bis D 12 aufgezählten Verfahren
D14 Rekonditionierung vor Anwendung eines der in D 1 bis D 12 aufgezählten Verfahren
D15 Lagerung bis zur Anwendung eines der in D 1 bis D 12 aufgezählten Verfahren

VERWERTUNGSMASSNAHMEN

R1 Verwendung als Brennstoff (außer bei Direktverbrennung) oder andere Mittel der Energieerzeugung
R2 Rückgewinnung/Regenerierung von Lösemitteln
R3 Verwertung/Rückgewinnung organischer Stoffe, die nicht als Lösemittel verwendet werden
R4 Verwertung/Rückgewinnung von Metallen und Metallverbindungen
R5 Verwertung/Rückgewinnung von anderen anorganischen Stoffen
R6 Regenerierung von Säuren oder Basen
R7 Wiedergewinnung von Bestandteilen, die der Bekämpfung der Verunreinigung dienen
R8 Wiedergewinnung von Katalysatorbestandteilen
R9 Altölraffination oder andere Wiederverwendungsmöglichkeiten von Altöl
R10 Aufbringung auf den Boden zum Nutzen der Landwirtschaft oder der Ökologie
R11 Verwendung von Rückständen, die bei einem der unter R 1 bis R 10 aufgezählten Verfahren gewonnen werden
R12 Austausch von Abfällen, um sie einem der unter R 1 bis R 11 aufgezählten Verfahren zu unterziehen
R13 Ansammlung von Stoffen, um sie einem unter R 1 bis R 12 aufgezählten Verfahren zu unterziehen

HINWEIS : Beseitigungs ("D")-Maßnahmen haben keinen Bezug zu dem OECD-Kontrollsystem

VERKEHRSTRÄGER (Nr. 11)

St = Straße
Sc = Schiene
Se = See
Lu = Luft
Bw = Binnenwasserwege

VERPACKUNG (Nr. 12)

1. Fässer
2. Holzfässer
3. Kanister
4. Kisten
5. Säcke
6. Kompositverpackung
7. Druckbehälter
8. Schüttgut
9. sonstige (bitte angeben)

PHYSIKALISCHE EIGENSCHAFTEN (Nr. 14)

1 pulverförmig oder staubförmig
2 fest
3 pastös oder breiig
4 schlammig
5 flüssig
6 gasförmig
7 andere Erscheinungsform (bitte angeben)

H-NUMMER UND UN-KLASSE (Nr. 18 and 19)

UN-Klasse	H-NUMMER	Bezeichnung
1	H1	Explosivstoffe
3	H3	entzündbare Flüssigkeiten
4.1	H4.1	entzündbare Feststoffe
4.2	H4.2	selbstentzündbare Stoffe oder Abfälle
4.3	H4.3	Stoffe oder Abfälle, die in Berührung mit Wasser entzündbare Gase entwickeln
5.1	H5.1	oxidierende Stoffe
5.2	H5.2	organische Peroxide
6.1	H6.1	giftige Stoffe (mit akuter Wirkung)
6.2	H6.2	infektiöse Stoffe
8	H8	ätzende Stoffe
9	H10	Freisetzen toxischer Gase bei Kontakt mit Luft oder Wasser
9	H11	toxisch (mit verzögerter oder chronischer Wirkung)
9	H12	ökotoxische Stoffe
9	H13	Stoffe, die auf irgendeine Weise nach der Entsorgung andere Substanzen erzeugen können, wie etwa Sickerstoffe, die eine der vorstehend aufgeführten Eigenschaften besitzen.

CODES DER OECD-LÄNDER (Nr. 20)

Australien	AU	Frankreich	FR	Japan	JP	Niederlande	NL	Schweiz	CH
Belgien	BE	Griechenland	GR	Kanada	CA	Norwegen	NO	Spanien	ES
Dänemark	DK	Irland	IE	Luxemburg	LU	Österreich	AT	Türkei	TR
Deutschland	DE	Island	IS	Mexico	MX	Portugal	PT	Vereinigtes Königreich	GB
Finnland	FI	Italien	IT	Neuseeland	NZ	Schweden	SE	Vereinigte Staaten	US

Abkürzungen für sonstige Länder siehe ISO-Norm 3166.

26. BESONDERE BEDINGUNGEN FÜR DIE GENEHMIGUNG DER VERBRINGUNG

3.2.1 Anleitung zum Ausfüllen des Notifizierungsbogens:

Feld 1/10 : Der Antrag ist i. d. R. vom Abfallerzeuger zu stellen. Sollte dies aus irgendeinem Grund nicht möglich sein, kann nach Art. 2g EG-AbfVerbrV ein zugelassener Beförderer, Makler oder Händler als notifizierende Person auftreten und in letzter Priorität auch der Abfallbesitzer. Die notifizierende Person ist in Feld 1 und der Erzeuger in Feld 10 einzutragen, sofern diese nicht identisch sind.
Sobald ein Händler Abfälle zulässigerweise vermischt, tritt er an die Stelle des Erzeugers. Stellt er Abfälle verschiedenen Ursprungs lediglich zu Transportzwecken zusammen ohne sie zu vermischen, nimmt er dementsprechend nicht den Rang des Abfallproduzenten ein. Im letzteren Fall ist für jede Abfallart und für jede Anfallstelle eine gesonderte Notifizierung notwendig.
In den Feldern sind jeweils der vollständige Name, die komplette Anschrift, Fernruf- und Telefaxnummer sowie der Ansprechpartner anzugeben. Sofern vorhanden, muß auch die Registriernummer angegeben werden. Diese ist bei deutschen Unternehmen stets die Erzeugernummer (nicht die Beförderernummer).

Feld 2 : Hier sind der vollständige Name, die komplette Anschrift, Fernruf- und Telefaxnummer, der für diesen Vorgang zuständige Ansprechpartner sowie die Registriernummer des Abfallempfängers – falls vorhanden – einzutragen. Bei deutschen Unternehmen entspricht die Registriernummer der Entsorger-/Verwerternummer. Normalerweise ist der Empfänger identisch mit der in Feld 8 einzutragenden Entsorgungseinrichtung (Ausnahmen z. B. bei R12 und R13 gem. Richtlinie 75/442/EWG i. d. F. vom 26. März 1991 oder wenn Verwaltungssitz und Anlagenstandort nicht zusammenfallen).

Feld 3 : Es ist zu markieren, ob es sich um eine einmalige Verbringung oder eine Sammelnotifizierung handelt und ob das geplante Entsorgungsverfahren eine Beseitigung oder Verwertung darstellt. Im Falle einer Verwertung ist außerdem anzugeben, ob die vorgesehene Anlage über eine Zulassung nach Art. 9 EG-AbfVerbrV verfügt.

Feld 4 : Soll mit dem Antrag die Erteilung einer Sammelgenehmigung bewirkt werden, ist in diesem Feld die Angabe der Gesamtzahl der vorgesehenen Lieferungen erforderlich.

Feld 5 : Angabe der Gesamtnettomenge aller beabsichtigten Verbringungen in kg und ggf. zusätzlich in Liter

Feld 6 : In diesem Feld sind das voraussichtliche Versanddatum bei Beantragung einer Einzelgenehmigung bzw. das Datum der ersten Lieferung und das voraussichtliche Datum der letzten Lieferung bei Beantragung einer Sammelgenehmigung jeweils in sechsstelliger Schreibweise einzutragen. Bei der Angabe des Datums der letzten Lieferung ist unter Umständen die zu erwartende Bearbeitungsdauer bis zur Zustimmung der betroffenen Behörden zu berücksichtigen.

Feld 7 : Es ist der komplette Name sowie die vollständige Anschrift, die Fernruf- und Telefaxnummer und der Ansprechpartner des Beförderers anzugeben. Soweit eine amtlich festgelegte Beförderernummer existiert, ist selbstverständlich auch diese anzugeben (nicht die Erzeugernummer).
Als Nachweis von Maßnahmen zur Gewährleistung der Transportsicherheit und insbesondere der Beachtung der von den betroffenen Mitgliedstaaten für die Ausübung dieser Transporttätigkeit festgelegten Bedingungen durch die Transportunternehmen ist eine Beförderungsgenehmigung nach § 12 AbfG oder eine gleichwertige ausländi-

sche Genehmigung mit beglaubigter Übersetzung vorzulegen. Vergleichbare Zulassungsentscheidungen anderer EG-Staaten sind nur aus Wallonien bekannt.
Des weiteren ist in einer Anlage zu Feld 7 die Firma und die vollständige Anschrift des Versicherers für die Transportmittel, die Nummer der Versicherungspolice sowie der letzte Tag ihrer Gültigkeit anzugeben. Außerdem ist eine Bescheinigung des Haftpflichtversicherers über die Deckungssummen und die versicherten Transportmittel des Beförderers mit diesem Antrag einzureichen.
Sofern zwei oder mehr Beförderer vorgesehen sind, ist an dieser Stelle der Hinweis „Siehe beigefügte Liste" einzutragen und ein Verzeichnis mit den oben geforderten Angaben über jeden Beförderer beizufügen.

Feld 8 : Hier ist wiederum der vollständige Name sowie die komplette Anschrift, Fernruf- und Telefaxnummer, der Ansprechpartner und eine amtlich festgelegte Entsorgernummer – sofern sie existiert – für die vorgesehene Beseitigungs-/Verwertungseinrichtung anzugeben. Ebenso muß eine Befristung der Anlagenzulassung angegeben werden.
Als Anlage zum Antrag sind gem. Art. 3 Abs. 5 bzw. Art. 6 Abs. 5 EG-AbfVerbrV Angaben über den Standort der Beseitigungs-/Verwertungsanlage sowie Art und Geltungsdauer der Genehmigung für den Anlagenbetrieb und deren technischer Kapazität zu machen; hierauf ist im Feld 8 mit dem Eintrag „siehe Anlage x" zu verweisen.

Feld 9 : Angabe der Entsorgungsmethode durch die auf der Antragsrückseite angegebene Codenummer für die jeweiligen Beseitigungs- und/oder Verwertungsvorgänge
Hinweis: die Abkürzungen gem. der Anhänge IIA (Beseitigungsverfahren) und IIB (Verwertungsverfahren) der Richtlinie 75/442/EWG i. d. F. vom 26. März 1991, welche auch im Abfallverbringungsgesetz übernommen wurden, stimmen bei der Nummerierung der Verwertungsverfahren nicht mit den Angaben auf dem Begleitschein überein (R 9 der Richtlinie – Verwendung als Brennstoff – ist hier an die erste Stelle gesetzt).
Im Falle der Verbringung zur Verwertung sind zusätzlich Angaben zum vorgesehenen Entsorgungsverfahren für den Restabfall nach stattgefundener Verwertung, zur Menge des verwertbaren Materials im Verhältnis zur Restabfallmenge sowie zum Schätzwert des verwerteten Materials zu machen. Diese Angaben dienen der Plausibilisierung einer ordnungsgemäßen Verwertung und deren Abgrenzung gegenüber einer Abfallbeseitigung.

Feld 11 : Angabe der vorgesehenen Beförderungsart durch die auf der Rückseite des Notifizierungsbogens dafür vorgegebenen Codenummern und/oder deren englischen Bezeichnungen:
R: Road, T: Train/Rail, S: Sea, A: Air, W: Inland Waterways
Der genaue Transportweg (Grenzübergänge, Autobahnen, Bundesstraßen, Häfen, Umschlagstationen) ist in einer Anlage zu Feld 11 darzustellen.

Feld 12 : Angabe der vorgesehenen Verpackung der Abfälle mittels der auf der Rückseite des Notifizierungsbogens unter Verpackung (Nr. 12) aufgeführten Codenummern.

Feld 13 : In diesem Feld sind Art und Konzentration der charakteristischen oder signifikanten Bestandteile der Abfälle hinsichtlich ihrer Toxizität sowie sonstiger Gefahren anzugeben. Als Anlage ist eine Deklarationsanalyse von einem unabhängigen, anerkannten Labor (z. B. zugelassen nach § 25 LAbfG NW) beizufügen. Ein Verzicht auf eine derartige Anlage ist zu begründen.
Ergänzend zu den Angaben der Felder 13 bzw. 10 ist die sog. Verantwortliche Erklärung des Abfallerzeugers (Blätter 1 bis 4 der Anlage 3 zur AbfRestÜberwV bzw. dieselben Angaben formlos mit der Unterschrift des Abfallerzeugers) einzureichen.

Feld 14 : Die Angaben zu den physikalischen Eigenschaften des Abfalls sind für die Transporttemperatur, welche in Grad Celsius ebenfalls anzugeben ist, unter Verwendung der auf der Antragsrückseite aufgelisteten Codenummern zu machen. Liegt kein einheitliches äußeres Erscheinungsbild der Abfälle vor, so sind an dieser Stelle natürlich mehrere Angaben notwendig.

Feld 15/16 : In Feld 15 ist die Angabe der Codenummer (Abfallschlüsselnummer) des zu verbringenden Abfalls erforderlich, sofern ein solcher Code im Versand- bzw. Bestimmungsstaat besteht. Als deutscher Schlüssel ist entsprechend eines Im- oder Exportes der LAGA-Abfallschlüssel mit Bezeichnung anzugeben. Daneben sind auch Abfallschlüsselnummer und Bezeichnung gem. EWC/EAK und bei vorgesehener Verbringung zur Verwertung in Feld 16 zusätzlich die OECD-Einstufung gem. Anhang II bis IV EG-AbfVerbrV anzugeben. Ist die Verbringung eines zur Verwertung bestimmten Abfalls der grünen Liste vorgesehen, der aufgrund der Bestimmungen im Empfängerland einem Kontrollverfahren unterliegt, das eine Notifizierung erforderlich macht, so muß dies gesondert vermerkt werden. Die Angabe des IWIC, welcher in der OECD-Entscheidung C(88)90 FINAL definiert wird, ist i. d. R. nur bei Exporten in die USA notwendig.

Feld 17 : Es ist die Y-Codenummer der zu überwachenden Abfallkategorien nach den Anhängen I und II des Baseler Übereinkommens einzutragen (nicht notwendig innerhalb des OECD-Systems).

Feld 18 : Es ist die H-Nummer der gefährlichen Eigenschaften gem. Anhang III der Baseler Konvention einzutragen (vgl. Rückseite des Notifizierungsbogens).

Feld 19 : Angabe der Codenummer der Klassifizierung der Vereinten Nationen (vgl. Rückseite des Notifizierungsbogens)

Feld 20 : Es sind die vollständige Bezeichnung und die Adresse der zuständigen Behörden (ggf. auf einer Anlage) sowie deren Staatencodes (vgl. Rückseite des Notifizierungsbogens) anzugeben. Falls mehr als drei Transitstaaten von der Verbringung betroffen sind, ist ein Anhang zu verwenden.

Feld 21 : Eine Eintragung ist nur beim Eintritt, Transit oder Verlassen der Europäischen Gemeinschaft erforderlich.

Feld 22 : Die Zahl der Anhänge zum Notifizierungsbogen (z. B. zu Feld 7, 9, 10, 16 und 23) sowie weiterer Informationen ist anzugeben. Jede Anlage ist im Kopf mit der Nummer des Dokumentes zu versehen, zu dem sie gehört.

Feld 23 : Firma, Name und berufliche Stellung des Unterzeichners sind klar anzugeben. Durch seine Unterschrift bestätigt der Anmelder die Richtigkeit der im Formblatt gemachten Angaben. Alle eingereichten Exemplare einschließlich der Kopien müssen Originalunterschriften aufweisen.

Als Anlage zu diesem Feld ist gem. Art. 3(6) bzw. Art. 6(6) EG-AbfVerbrV eine Kopie eines Vertrages zwischen der notifizierenden Person (n. P.) und dem Empfänger mit folgendem Mindestinhalt beizufügen:

- Rücknahmeverpflichtung der n. P. bei nicht ordnungsgemäß abgeschlossener oder illegaler Verbringung,
- Verpflichtung des Empfängers, der n. P. so bald wie möglich und nicht später als 180 Tage nach Erhalt der Abfälle eine Bescheinigung über die umweltgerechte Entsorgung zukommen zu lassen,

- Verpflichtung des Empfängers, bei Verbringungen zur Verwertung zusätzlich die Weitergabe der Restabfälle in einen anderen Mitgliedstaat oder ein Drittland dem ursprünglichen Versandland zu notifizieren.

Daneben sollte der Vertrag möglichst alle auf dem Antrag bzw. den zugehörigen Anlagen gemachten Angaben umfassen.
Durch einen entsprechenden Eintrag in Feld 23 ist zusätzlich auf eine Anlage zur Sicherheitsleistung (vgl. hierzu Kapitel 3.2) zu verweisen, worin angegeben werden muß, in welcher Höhe und Form die Sicherheit zu hinterlegen beabsichtigt ist. Bei Verbringungen innerhalb der EG oder aus der EG ist die Versandbehörde und bei Verbringungen aus Drittländern die Bestimmungsbehörde als Begünstigter der Sicherheisleistung einzusetzen. Die tatsächliche Vorlage des Originals muß vor der abschließenden Entscheidung über die Verbringung bei der zuständigen Behörde erfolgen. Wird die Sicherheitsleistung bereits bei der Notifizierung erbracht, so ist das entsprechende Original diesem Antrag beizufügen.
Als weitere Anlage ist ggf. der Nachweis einer Beteiligung am Solidarfonds hinzuzufügen.

Feld 24 : Dieses Feld verwendet die zuständige Behörde zur Ausstellung der Empfangsbestätigung.

Feld 25 : In diesem Feld kann die zuständige Behörde ihre Genehmigung durch einen entsprechenden Stempel erteilen oder „OBJECTION" eintragen, falls sie Einwände erheben will. Im letzteren Falle können das Feld 26 und ein ergänzender Bescheid für weitere Erläuterungen genutzt werden.

Bild 3.3
Vorderseite des Versand-/Begleitformulars für die grenzüberschreitende Verbringung von Abfällen gemäß Entscheidung der Kommission 94/774/EG

EUROPÄISCHE GEMEINSCHAFT(a) **Versand-/Begleitformular**

AUSFÜHRUNG FÜR:

1. Notifizierende Person/Exporteur (Name, Anschrift) und ggf. Registriernummer
Tel Fax
Sachbearbeiter

2. Empfänger (Name, Anschrift) und ggf. Registriernummer
Tel Fax
Sachbearbeiter

3. Entspricht der Notifizierung Nr 000000

4. Fortlaufende Nummer der Sendung:

8. Beseitigungs-/Verwertungseinrichtung (Name, Standort und Anschrift):
Tel Fax:
ggf. Registriernummer
und Verfalldatum:
Sachbearbeiter

9. Code-Nr. der Beseitigungs-/Verwertungsmaßnahme und angewandte Technologie (2)

5. 1. Transportunternehmen (Name, Anschrift):
ggf. Registriernummer
Tel Fax

6. 2. Transportunternehmen (3) (Name, Anschrift):
ggf. Registriernummer
Tel Fax

7. Letztes Transportunternehmen (Name, Anschrift):
ggf. Registriernummer:
Tel.: Fax:

10. Verkehrsmittel
Versanddatum
Unterschrift des Vertreters des Transportunternehmens:

11. Verkehrsmittel
Versanddatum
Unterschrift des Vertreters des Transportunternehmens:

12. Verkehrsmittel:
Versanddatum:
Unterschrift des Vertreters des Transportunternehmens:

13. Bezeichnung und chemische Zusammensetzung des Abfalls:

14. Physikalische Eigenschaften (2):

15. **Code zur Identifizierung des Abfalls:**
- im Ausfuhr-/Versandstaat:
- im Einfuhr-/Empfängerstaat:
internationaler Abfallidentifizierungscode (IWIC):
Europäischer Abfallkatalog (EAK):
Sonstige (bitte angeben):

17. Tatsächliche Menge (b)
Kg
Liter

18. Anzahl der Verpackungen:

16. OECD-Einstufung (1): gelb ☐ rot ☐ und Nummer:
sonstige* ☐
* (Einzelheiten anschließen)

19. UN-Kennummer: UN-Klasse (2):
und zugehöriger Versandname:

20. Besondere Anweisungen für die Behandlung:

21. Tatsächliches Versanddatum

22. **Bescheinigung der notifizierenden Person/des Exporteurs:**
Ich bescheinige hiermit, daß die Angaben unter den Nummern 1 bis 9 und 13 bis 21 nach meinem besten Wissen vollständig sind und der Wahrheit entsprechen. Ich bestätige ferner, daß rechtsverbindliche vertragliche Verpflichtungen schriftlich eingegangen wurden und alle für die grenzüberschreitende Verbringung erforderlichen Versicherungen oder sonstigen finanziellen Garantien abgeschlossen bzw. geleistet wurden, und daß*
(i) alle erforderlichen Genehmigungen vorliegen; **oder**
(ii) die Sendung für eine Verwertungseinrichtung in einem Mitgliedstaat der OECD bestimmt ist und binnen der 30-tägigen Frist für die stillschweigende Genehmigung keines der beteiligten Länder einen Einwand erhoben hat; **oder**
(iii) die Sendung für eine Verwertungseinrichtung bestimmt ist, für die eine Pauschalgenehmigung für diesen Abfalltyp für den Bereich der OECD-Mitgliedstaaten erteilt wurde. Diese Genehmigung wurde inzwischen nicht zurückgezogen, auch wurden von den beteiligten Ländern keine Einwände erhoben.
Name Unterschrift:
Datum
* (nicht zutreffendes bitte streichen)

VOM EMPFÄNGER/VON DER BESEITIGUNGS- BZW. VERWERTUNGSEINRICHTUNG AUSZUFÜLLEN

23. Erhalt der Sendung durch den Empfänger am:
(wenn nicht Beseitigungs- oder Verwertungseinrichtung)
in Empfang genommen ☐ (1)
Empfang verweigert* ☐
in Empfang genommene Menge (b) Kg Liter
Datum Name Unterschrift
* (zuständige Behörden unverzüglich informieren)

24. Erhalt der Sendung in der Beseitigungs-/Verwertungseinrichtung am
in Empfang genommen ☐ (1)
in Empfang genommene Menge (b) Kg Liter
Empfang verweigert* ☐
Datum Name Unterschrift
Die Beseitigung/Verwertung wird durchgeführt von
Beseitigungs-/Verwertungsverfahren
* (zuständige Behörde unverzüglich informieren)

25. Ich bescheinige, daß die oben beschriebenen Abfälle beseitigt/verwertet worden sind*.
Datum:
Name:
Unterschrift
* (nach OECD-Kontrollsystem nicht erforderlich)

Bild 3.4
Rückseite des Versand-/Begleitformulars für die grenzüberschreitende Verbringung von Abfällen gemäß Entscheidung der Kommission 94/774/EG

Verzeichnis der im Versand-/Begleitformular verwendeten Abkürzungen

BESEITIGUNGS-/VERWERTUNGSVORGANGE (Nr. 9)

BESEITIGUNG OHNE (VERWERTUNG)

D1 Ablagerungen in oder auf dem Boden (d. h. Deponien)
D2 Behandlung im Boden (z. B. biologischer Abbau von flussigen oder schlammigen Abfallen im Erdreich usw.)
D3 Verpressung (z. B. Verpressung pumpfahiger Abfalle in Bohrlocher, Salzdome oder naturliche Hohlraume usw.)
D4 Oberflachenaufbringung (z. B. Ableitung flussiger oder schlammiger Abfalle in Gruben, Teiche oder Lagunen usw.)
D5 Speziell angelegte Deponien (z. B. Ablagerung in abgedichteten, getrennten Raumen, die verschlossen und gegeneinander und gegen die Umwelt isoliert werden usw.)
D6 Einleitung in ein Gewasser mit Ausnahmen von Meeren/Ozeanen
D7 Einleitung in Meere/Ozeane einschließlich Einbringung in den Meeresboden
D8 Biologische Behandlung, die nicht an anderer Stelle in dieser Liste beschrieben ist und durch die Endverbindungen oder Gemische enststehen, die mit einem der in D 1 bis D 12 aufgeführten Verfahren entsorgt werden
D9 Chemisch/physikalische Behandlung, die nicht an anderer Stelle in dieser Liste beschrieben ist und durch die Endverbindungen oder Gemische entstehen, die mit einem der in D 1 bis D 12 aufgeführten Verfahren entsorgt werden (z. B. Verdampfen, Trocknen, Kalzinieren, Neutralisieren, Ausfällen usw.)
D10 Verbrennung an Land
D11 Verbrennung auf See
D12 Dauerlagerung (z. B. Lagerung von Behaltern in einem Bergwerk usw.)
D13 Vermengung oder Vermischung vor Anwendung eines der in D 1 bis D 12 aufgezahlten Verfahren
D14 Rekonditionierung vor Anwendung eines der in D 1 bis D 12 aufgezahlten Verfahren
D15 Lagerung bis zur Anwendung eines der in D 1 bis D 12 aufgezahlten Verfahren

HINWEIS: Beseitigungs ("D")-Maßnahmen haben keinen Bezug zu dem OECD-Kontrollsystem

VERWERTUNGSMASSNAHMEN

R1 Verwendung als Brennstoff (außer bei Direktverbrennung) oder andere Mittel der Energieerzeugung
R2 Ruckgewinnung/Regenerierung von Losemitteln
R3 Verwertung/Rückgewinnung organischer Stoffe, die nicht als Losemittel verwendet werden
R4 Verwertung/Ruckgewinnung von Metallen und Metallverbindungen
R5 Verwertung/Ruckgewinnung von anderen anorganischen Stoffen
R6 Regenerierung von Säuren und Basen
R7 Wiedergewinnung von Bestandteilen, die der Bekampfung der Verunreinigung dienen
R8 Wiedergewinnung von Katalysatorbestandteilen
R9 Altolraffination oder andere Wiederverwertungsmoglichkeiten von Altol
R10 Aufbringung auf den Boden zum Nutzen der Landwirtschaft oder der Okologie
R11 Verwendung von Rückstanden, die bei einem der unter R 1 bis R 10 aufgezahlten Verfahren gewonnen werden
R12 Austausch von Abfällen, um sie einem der unter R 1 bis R 11 aufgezählten Verfahren zu unterziehen
R13 Ansammlung von Stoffen, um sie einem unter R 1 bis R 12 aufgezahlten Verfahren zu unterziehen

PHYSIKALISCHE EIGENSCHAFTEN (Nr. 14)

1 pulverformig oder staubformig
2 fest
3 pastös oder breiig
4 schlammig
5 flussig
6 gasformig
7 andere Erscheinungsform (bitte angeben)

CODES DER OECD-LANDER (Nr. 20)

Australien:	AU	Frankreich:	FR	Japan:	JP	Niederlande:	NL	Schweiz:	CH
Belgien:	BE	Griechenland:	GR	Kanada:	CA	Norwegen:	NO	Spanien:	ES
Danemark:	DK	Irland:	IE	Luxemburg:	LU	Osterreich:	AT	Türkei:	TR
Deutschland:	DE	Island:	IS	Mexiko:	MX	Portugal:	PT	Vereinigtes Königreich:	GB
Finnland:	FI	Italien:	IT	Neuseeland:	NZ	Schweden:	SE	Vereinigte Staaten:	US

Abkürzungen für sonstige Länder: siehe ISO-Norm 3166

VON DER ZOLLSTELLE AUSZUFULLEN *

26. AUSFUHR-/VERSANDSTAAT ODER (FUR EG) AUSGANGSZOLLSTELLE Die umseitig beschriebenen Abfalle wurden am .... aus dem Land/der Gemeinschaft ausgeführt. Stempel: Unterschrift	**27.** STEMPEL DER ZOLLSTELLEN DER DURCHFUHRLANDER Land (2):		Land (2):	
	Eingang	Ausgang	Eingang	Ausgang
28. EINFUHR-/EMPFANGERSTAAT Die oben beschriebenen Abfalle wurden am .... in das Land eingeführt. Stempel: Unterschrift	Land (2):		Land (2):	
	Eingang	Ausgang	Eingang	Ausgang

(2) Landercodes: siehe oben

* Nach OECD-Kontrollsystem nicht erforderlich

3.2.2 Anleitung zum Ausfüllen des Versand-/Begleitformulars:

Das in den Feldern 1, 2, 5-9, 13-16 und 19-20 ausgefüllte Versand-/Begleitformular ist zusammen mit den Notifizierungsunterlagen bei Antragstellung einzureichen. Dabei ist darauf zu achten, daß die Notifizierungsnummer in Feld 3 der des Notifizierungsbogens entspricht.

Feld 1/2 : Die Informationen aus den entsprechenden Feldern des Notifizierungsbogens sind zu übertragen.

Feld 3 : Die Nummer muß der des Notifizierungsbogens entsprechen.

Feld 4 : Angabe – beginnend bei 1 – der laufenden Nummer jeder Verbringung

Feld 5- 7 : Es ist jeweils der vollständige Name, die komplette Anschrift sowie Fernruf- und Telefaxnummer anzugeben. Soweit eine amtlich festgelegte Registriernummer/Beförderernummer existiert, ist diese wie im Notifizierungsbogen ebenfalls anzugeben. Bei weiteren Transporteuren sind die notwendigen Angaben in einer Anlage hinzuzufügen.

Feld 8/ 9 : Die Informationen aus den entsprechenden Feldern des Notifizierungsbogens sind zu übertragen.

Feld 10-12 : Die Art (Lastkraftwagen, Waggon, Schiff, Flugzeug etc.) und das amtliche Kennzeichen oder der Name des Beförderungsmittels, auf das der Abfall verladen wird, sowie das Verladedatum sind anzugeben. Die Unterschrift muß durch den Beförderer selbst oder seinen bevollmächtigten Stellvertreter geleistet werden. Mit der Unterschrift wird die Richtigkeit der im Formblatt gemachten Angaben bestätigt. Bei jeder Übergabe ist eine Kopie des „aktuellen" Formulars an die notifizierende Person bzw. den jeweils vorherigen Transporteur auszuhändigen.

Feld 13-16 : Die Informationen aus den entsprechenden Feldern des Notifizierungsbogens sind zu übertragen.

Feld 17 : Hier ist die Nettoabfallmenge einer jeden Verbringung in kg und ggf. in Liter anzugeben. In Feld 5 des Notifizierungsbogens war im Gegensatz dazu die Angabe der Gesamtnettomenge aller beabsichtigten Verbringungen erforderlich, was insbesondere für den Antrag einer Sammelgenehmigung von besonderem Interesse ist.

Feld 18 : Zur leichteren Kontrolle ist hier die Anzahl und die Art der den Abfall enthaltenen Behältnisse einzutragen.

Feld 19 : Die Informationen aus den entsprechenden Feldern des Notifizierungsbogens sind zu übertragen.

Feld 20 : Die besonderen Beförderungsbedingungen, die von den zuständigen Behörden für den Transport in ihrem Hoheitsgebiet auferlegt wurden und die Sicherheitsanweisungen, die im Falle einer Gefahr oder eines Unfalls befolgt werden müssen, sind in diesem Feld evtl. unter Verwendung von Anhängen einzutragen.

Feld 21 : Angabe des Datums (sechsstellig), an dem die Verbringung tatsächlich beginnt.

Feld 22 : In diesem Feld sind neben dem Datum, Name und Vorname der Kontaktperson anzugeben. Mit der durch die notifizierende Person oder ihren bevollmächtigten Stellvertreter geleisteten Unterschrift wird die Richtigkeit der im Formblatt gemachten Angaben bestätigt.

Feld 23 : Dieses Feld ist vom Empfänger auszufüllen, falls der Abfall vor seiner eigentlichen Verwertung zwischengelagert wird (z. B. bei Verfahren nach R 12 oder R 13 gem. der Liste

der Verwertungsmassnahmen auf der Rückseite des Formblattes, welche in diesem Bereich wieder mit der des Anhanges IIB der Richtlinie 75/442/EWG i. d. F. vom 26. März 1991 übereinstimmt).
Der erhaltenen Nettomenge sind das Datum und der vollständige Name der Kontaktperson anzugeben. Durch die persönliche Unterschrift des Empfängers oder seines bevollmächtigten Stellvertreters werden auch von dieser Seite aus die gemachten Angaben bestätigt.

Feld 24 : Dieses Feld hat schließlich der autorisierte Vertreter der Entsorgungsanlage auszufüllen. Außer der erhaltenen Nettomenge und dem Datum sind Name und Vorname der Konaktperson anzugeben. Die Unterschrift muß die des Empfängers oder seines bevollmächtigten Stellvertreters sein. Mit der Unterschrift wird die Richtigkeit der gemachten Angaben bestätigt.

Feld 25 : In diesem Feld ist die ordnungsgemäße Beseitigung/Verwertung der Abfälle innerhalb von 180 Tagen nach Erhalt der Abfälle oder ggf. in einer vertraglich vereinbarten kürzeren Frist zu bescheinigen.

Feld 26-28 : Diese Felder sind von den zuständigen Zollstellen auszufüllen.

3.3 Die Sicherheitsleistungen

Unter einer Sicherheitsleistung wird allgemein eine Maßnahme verstanden, welche die Erfüllung vertraglicher oder amtlicher Pflichten gewährleistet und somit einer künftigen Rechtsverletzung vorbeugen soll. Der Zweck einer Sicherheitsleistung wird darin gesehen, den zu sichernden Sicherungsnehmer vor drohenden (Rechts-) Nachteilen zu schützen, die hauptsächlich finanzieller Natur sind.

Dementsprechend hat die notifizierende Person aufgrund des Artikels 27 EG-AbfVerbrV eine Sicherheitsleistung zu hinterlegen oder den Abschluß einer entsprechenden Versicherung nachzuweisen, die die Kosten der ihr nach Art. 25 und 26 EG-AbfVerbrV obliegenden Rücknahmeverpflichtung sowie der umweltverträglichen Verwertung oder Beseitigung der Abfälle an einem anderen als dem ursprünglich vorgesehenen Ort abdeckt (vgl Kap. 2.1.8.4, 2.1.8.5).

Eine derartige Sicherheit, welche bei den zuständigen Behörden gestellt werden muß, ist eine Grundvoraussetzung für das Erteilen einer Verbringungsgenehmigung und als solche **für alle grenzüberschreitenden Abfalltransporte**, die in den Regelungsbereich dieser EG-Verordnung fallen, erforderlich. Sie kann jedoch nicht für die Verbringung von zur Verwertung bestimmten Abfällen des Anhanges II oder die Verbringung von Abfällen innerhalb eines Mitgliedstaates verlangt werden, weil der genannte Art. 27 auf eben diese beiden Bereiche nach Art. 1 Abs. 3 beziehungsweise Art. 13 Abs. 1 der EG-Abfallverbringungsverordnung keine Anwendung findet. Bei der Verbringung von Abfällen **innerhalb der Bundesrepublik Deutschland** sind in diesem Zusammenhang **die Bestimmungen der Abfall- und Reststoffüberwachungsverordnung und des Abfallgesetzes** zu beachten.

Die **Höhe der zu hinterlegenden Sicherheit** setzt sich zusammen aus einem Verpackungs- und einem Transportanteil für die eigentliche Rückholung sowie einem

Anteil für die gegebenenfalls erforderliche Entsorgung in einer anderen dafür geeigneten Anlage. Die durch die Sicherheitsleistung abzudeckende Summe ergibt sich aus der Multiplikation der beantragten Gesamtmenge des zu verbringenden Abfalles und dem voraussichtlichen kompletten Entsorgungspreis. Zu erwartende Erlöse, wie sie sich zum Beispiel aus der Rückgewinnung bestimmter Materialien ergäben, können bei dieser Berechnung keine Berücksichtigung finden.

Die Gültigkeit der zu erbringenden Sicherheitsleistung muß in jedem Falle so lange andauern, bis der zuständigen Behörde die letzte Bescheinigung einer ordnungsgemäßen Verwertung oder Beseitigung vorliegt beziehungsweise im Falle der Durchfuhr durch die Europäische Gemeinschaft der Nachweis vorliegt, daß die Abfälle die Gemeinschaft verlassen haben (vgl. Kap. 2.3).

Eine **Reduzierung der geforderten Leistung** ist grundsätzlich möglich, sofern sich der Empfänger vertraglich verpflichtet, die Bestätigung über die umweltverträgliche Entsorgung der Abfälle der notifizierenden Person und den zuständigen Behörden schon früher als nach der in den Artikeln 3 und 6 EG-AbfVerbrV festgelegten Frist von 180 Tagen nach Erhalt der Abfälle zukommen zu lassen. In diesem Falle wird der Berechnung die vertraglich vereinbarte Frist zuzüglich eines weiteren Monats zugrundegelegt.

Falls die notifizierende Person zwischenzeitlich zahlungsunfähig geworden ist, gehen die oben genannten Pflichten bezüglich des Rücktransportes und der anderweitigen Entsorgung gemäß Art. 25 und 26 EG-AbfVerbrV automatisch auf die zuständige Behörde des Versandstaates über. Damit der Behörde aus dieser Verpflichtung keine zusätzlichen Kosten entstehen, ist sie stets als Begünstigter der Sicherheitsleistung anzugeben.

Nach den vorangegangenen Ausführungen muß eine Sicherheitsleistung, die die Anforderungen der EG-Abfallverbringungsverordnung erfüllt, zumindest die folgenden **Angaben** enthalten:

- den Namen des Abfallerzeugers,
- den Namen des Abfallempfängers,
- den Begünstigten (zuständige Behörde),
- die Angabe der Begleitschein-Nummer,
- die Höhe der vertraglich vereinbarten Summe und
- die Gültigkeitsdauer.

Da es bislang noch keine Vorschriften seitens der Gemeinschaft zur Form von Sicherheitsleistungen gibt, muß der hier geforderte Regelungsbedarf durch entsprechende einzelstaatliche Bestimmungen abgedeckt werden. In Deutschland kann hinsichtlich der Art von Sicherheitsleistungen auf die TA-Abfall Bezug genommen werden, worin unter anderem **die Konkursfestigkeit des Sicherungsmittels** als ein wichtiges Kriterium für die Wahl der Sicherungsart herausgestellt wird. In der besagten Technischen Anleitung sind die folgenden Arten von Sicherheitsleistungen beispielhaft aufgeführt:

- Selbstschuldnerische Bankbürgschaft,
- Bestellung dinglicher Sicherheiten (Hypothek/Grundschuld),
- Hinterlegung von Geld nach entsprechender Rücklagenbildung und
- Konzernbürgschaft.

Neben diesen Möglichkeiten der finanziellen Absicherung einer Abfallverbringung in Zusammenarbeit mit einem Kreditinstitut legt die Formulierung des Artikels 27 EG-AbfVerbrV alternativ den Nachweis einer entsprechenden Versicherung nahe. Daraus entwickelten sich in der Bundesrepublik Deutschland die beiden unterschiedlichen Versicherungsmodelle, wie sie im folgenden näher erläutert sind.

3.3.1 Die Kreditversicherung

Wie bereits erwähnt, ist das einzige **Anliegen der zuständigen Behörden** an einer im Sinne der EG-Abfallverbringungsverordnung zu hinterlegenden Sicherheitsleistung, **die Vermeidung von zusätzlich anfallenden Kosten** für sie als staatliche Institution. Zur Erfüllung der Kriterien einer für die behördliche Verbringungsgenehmigung verlangten Sicherheitsleistung muß eine Versicherung die anfallenden Kosten für die Rücknahme der verbrachten Abfälle und deren umweltverträgliche Entsorgung also nur dann übernehmen, wenn die notifizierende Person seit Beginn der jeweiligen Verbringung zahlungsunfähig geworden ist. Das bedeutet, der Versicherer leistet lediglich eine Entschädigung für die der zuständigen Behörde entstandenen Kosten.

Eine derartige Versicherungspolice, die der behördlichen Anerkennung bedarf, wird seit Januar 1995 beispielsweise als neues Versicherungskonzept – **„Abfallverbringungsversicherung" der Allianz Versicherungs-Aktiengesellschaft** angeboten und ist auch bereits seit längerem im **Versicherungsangebot des Kölner Gerling** Konzerns enthalten.

Das Konzept einer sogenannten Kreditversicherung genügt zwar den Bedürfnissen der jeweiligen Behörde und ist somit ausreichend im Hinblick auf die Erteilung einer Verbringungsgenehmigung, doch erfüllt es nicht die eigentlichen Ansprüche der notifizierenden Person als Versicherungsnehmer, da lediglich die Behörde finanziell abgesichert wird. Außerdem setzt eine solche Kreditversicherung in der Regel eine Bonitätsprüfung (Prüfung der Kreditwürdigkeit) des zu versichernden Unternehmens voraus, wodurch die Wettbewerbsfähigkeit kleinerer Firmen unter Umständen nicht mehr gewährleistet werden kann. Der Kölner Gerling Konzern nahm sich dieser beiden Probleme an und entwickelte eine „Versicherung für Abfallexporteure" (vgl. Kap. 3.3.2) als Lösung für den zuerst genannten Nachteil. Dagegen wird an der Möglichkeit, eine im Rahmen der Kreditversicherungen erforderliche Bonitätsprüfung mittels eines neuartigen Versicherungskonzeptes zu umgehen, zusammen mit den entsprechenden Ministerien derzeit noch gearbeitet.

3.3.2 Die „Risikoversicherung"

Während Risiken wie Transport oder Haftpflicht schon lange über am Markt übliche Versicherungen abgedeckt werden können, bestand im Hinblick auf die Versicherung des durch die Bestimmungen der EGAbfallverbringungsverordnung erweiterten Berufsrisikos eines Abfallexporteurs und der daraus resultierenden zusätzlichen wirtschaftlichen Belastung noch erheblicher Handlungsbedarf. Dies veranlaßte den **Kölner Gerling Konzern** zur Entwicklung einer **Versicherung für Abfallexporteure** beziehungsweise einer **finanziellen Absicherung der unvorhersehbaren Abfallexport-Mehrkosten als unternehmerisches Risiko**.

Da diese Versicherung nicht zur Auszahlung kommt, wenn ein erforderlicher Rücktransport für den Abfallexporteur vorhersehbar gewesen wäre (z. B. grobe Fahrlässigkeit als Ursache für illegale Verbringung), geben sich die zuständigen Behörden mit einer derartigen Versicherung als alleinige Sicherheitsleistung natürlich nicht zufrieden. Zur Zeit muß daher **noch zusätzlich der Abschluß einer sogenannten Kreditversicherung** (vgl. Kap. 3.3.1) nachgewiesen werden. Auch diesbezüglich wurde der bestehende Handlungsbedarf seitens der Versicherungen bereits erkannt und man ist bestrebt, neue Lösungswege zu finden.

Die jeweiligen Bedingungen einer derartigen Versicherung – eventuell in Kombination mit einer zusätzlichen Kreditversicherung – werden dem Risiko des abfallexportierenden Unternehmens spezifisch angepaßt, wobei insbesondere die Gefahren berücksichtigt und versichert sein sollen, auf die das Unternehmen überhaupt keinen Einfluß nehmen kann. Selbstverständlich werden durch den gewährten Versicherungsschutz alle erforderlichen Kosten vom Rücktransport über eventuelle zusätzliche Verpackungskosten bis hin zu den Mehrkosten der Beseitigung und Verwertung abgedeckt. Das Verfahren ist bewußt einfach gehalten, um einerseits die erforderliche Sicherheit zu dokumentieren und andererseits den Verwaltungsaufwand in Zusammenarbeit mit dem Entsorgungsunternehmen so gering wie möglich zu halten.

3.4 Erfahrungen aus dem Anwendungsalltag

Die Umsetzung der EG-Abfallverbringungsverordnung bietet heute, bald ein Jahr nach Anwendungsbeginn des Regelwerkes, auf unternehmerischer wie auf behördlicher Seite kaum noch nennenswerte Probleme, da mittlerweile fast alle für die praktische Umsetzung unbedingt notwendigen Grundlagen geschaffen wurden. Der verbleibende Handlungsbedarf erstreckt sich weitgehend auf Verbesserungen des erreichten Stadiums (z. B. Optimierung des für Abfallexporte angebotenen Versicherungsschutzes) oder Ergänzungen zu der bestehenden Verwaltungspraxis (z. B. Solidarfond, konkrete Maßnahmen bei ordnungswidrigen Fristverletzungen).

Schwierigkeiten im Anwendungsalltag ergeben sich **aus der Sicht einiger Abfallexporteure** hauptsächlich hinsichtlich der Erteilung einer Verbringungsgenehmigung, wobei das Verhalten der Landesbehörden zum Teil die Vermutung nahelegt, sie sperrten sich gegen eine Abfallausfuhr allein aus der Sorge heraus, daß die Kapazitäten ihrer investitionsintensiven Verbrennungsanlagen unausgelastet bleiben könnten. Als möglicher Einwand wird in solchen Fällen oft der Grundsatz der Entsorgungsautarkie herangezogen, wie er im nationalen Abfallgesetz § 2 verankert ist.

Die **befragte Landesbehörde** zeigte sich sehr zufrieden mit der erreichten Umsetzbarkeit der EG-Verordnung, da sie bisher ausschließlich auf eher unscheinbare Probleme aufmerksam wurde. Trotzdem werden diese kleinen Schwierigkeiten aus dem Verwaltungsalltag an zentraler Stelle gesammelt, um sie als weiteren Handlungsbedarf an die EG-Kommission weiterzuleiten. Als ein Beispiel aus der Realität kann in diesem Zusammenhang die Weigerung einer ausländischen Behörde, ein deutsches Formular mit einer beigefügten Übersetzung aller Anhänge und Eintragungen zu akzeptieren, genannt werden. Gemäß Art. 31 EG-AbfVerbrV war diese Weigerung keinesfalls rechtswidrig, jedoch vom verwaltungstechnischen Standpunkt aus extrem engstirnig, zumal der Aufbau der Formularvordrucke für alle Regelbereiche der Verordnung einheitlich ist. Hieraus wird vor allem das Bedürfnis nach einer Harmonisierung von Gesetzestext und Anwendungsalltag deutlich.

3.5 Der weitere Handlungsbedarf

3.5.1 In der Europäischen Gemeischaft

Die Europäische Gemeinschaft ist den ihr durch die Verordnung auferlegten Pflichten inzwischen weitgehend nachgekommen, indem sie beispielsweise ein einheitliches Begleitscheinformular verabschiedete und die Anhänge II bis IV dem OECD-Beschluß anpaßte (vgl. Kap. 3.1.1.1, 3.1.1.2). In bezug auf die nach Art. 38 EG-AbfVerbrV den einzelnen Mitgliedstaaten mitzuteilende Liste aller zuständigen Behörden ist zu bemerken, daß die Kommission regelmäßig Änderungen und Ergänzungen an die Regierungen der Mitgliedstaaten weitergibt, die zusammen eine vollständige und aktuelle Übersicht über diese Behörden bieten. Von der Veröffentlichung des in Art. 39 EG-AbfVerbrV erwähnten **Verzeichnisses aller Zollstellen** im Amtsblatt der Gemeinschaft ist bei der Landesregierung jedoch bisher nichts bekannt.

Obwohl die **Einhaltung der Fristen** von keiner der zur Anwendungspraxis befragten Stellen als problematisch angesehen wurde, sollte eine **strafrechtliche Verfolgung** gesetzlich verankert werden, da eine Vorschrift ohne drohende Sanktionen bei Mißachtung derselben widersinnig ist.

Außerdem ist der **Aufbau eines weltweiten Netzes des Abfallrechtes** als ein anzustrebendes Ziel zu sehen, um Kontrollmängel an den Grenzen einzelner Zugriffsbereiche, wie sie beispielsweise beim Export von Abfällen aus der Gemeinschaft auftreten (vgl. Kap. 2.3.2), zu beheben.

3.5.2 In der BRD

Neben der **Anpassung des nationalen Abfallbegriffs an den gemeinschaftlichen Abfallbegriff** zur Vermeidung von Doppeldeutigkeiten sind bezüglich des nationalen Handlungsbedarfes die folgenden beiden Punkte zu nennen.

3.5.2.1 Der Solidarfond

In bezug auf die bundesdeutschen Regelungen hat sich der Bundestag durch den Beschluß des Ausführungsgesetzes vom 30. September 1994 selbst in Zugzwang gebracht. Gemäß § 8 Abs. 1 AbfVerbrG gilt nämlich mit Inkrafttreten dieses Gesetzes der „**Solidarfond Abfallrückführung**" als rechtsfähige Anstalt des öffentlichen Rechtes als errichtet. Nach § 7 desselben Regelwerkes darf eine notifizierungsbedürftige Verbringung von Abfällen nur dann erfolgen, wenn die notifizierende Person ihrer Pflicht zur Beteiligung an diesem Fond nachgekommen ist. Es wird derzeit noch darüber diskutiert, ob eine Zahlung eventuell nur bei Export erfolgen soll.

Die notifizierenden Personen können ihrer Beitragspflicht jedoch nicht nachkommen, da bislang noch keine **Rechtsverordnung zu der Bemessung der Beiträge** sowie dem Verfahren ihrer Erhebung erlassen wurde. Somit darf eine Verbringung auch nicht allein aus diesem Grund versagt werden.

Die zu erwartende Rechtsverordnung wird voraussichtlich eine Rückwirkung der Beitragszahlungen begründen, das bedeutet, mit dem Inkrafttreten der Rechtsverordnung sind Mitgliedsbeiträge für alle seit Beschluß des oben genannten Ausführungsgesetzes durchgeführten Notifizierungen zu leisten.

3.5.2.2 Die Versicherung für Abfallexporteure als Sicherheitsleistung

Wie unter Kapitel 3.3 bereits erläutert wurde, können die Anforderungen des jeweiligen Abfallexporteurs zur Zeit nur durch eine zusätzlich abgeschlossene Risikoversicherung erfüllt werden, welche die Erwartungen der zuständigen Behörden an eine zu hinterlegende Sicherheitsleistung gemäß Art. 27 EG-AbfVerbrV jedoch nicht zufriedenstellt. Ein anzustrebendes Ziel der Versicherungsgesellschaften sollte es daher sein, anstelle der bislang angebotenen Kombination ein einheitliches Konzept zu entwickeln, welches die **divergierenden Sicherungsbereiche in einer Police** berücksichtigt.

4 Weiterführende Informationen

In den folgenden Abschnitten werden zunächst spezielle Themen behandelt, welche die praktische Umsetzung der EG-Abfallverbringungsverordnung in der Bundesrepublik Deutschland betreffen und sich ausschließlich auf inländische Rechtsvorschriften und Empfehlungen stützen. Da sich diese Regelungen nicht zwingend aus dem eigentlichen Inhalt der EG-Verordnung ergeben, blieben sie in den vorangegangenen Kapiteln bislang unberücksichtigt.

Abschließend werden in diesem Kapitel Ansprechpartner und Informationsquellen genannt, die bei der Klärung noch nicht beantworteter Fragen im Umgang mit der EG-Abfallverbringungsverordnung behilflich sein können.

4.1 Zusätzliche Kriterien grenzüberschreitender Abfallverbringung

4.1.1 Die Verbringung gebrauchsfähiger Stoffe

Sollen **gebrauchsfähige Stoffe** (z. B. Altreifen mit entsprechender Profiltiefe) **zur weiteren Verwendung** exportiert werden, kann angenommen werden, daß es sich hierbei nicht um Abfälle handelt und sie bei einer grenzüberschreitenden Verbringung daher auch keiner Genehmigungspflicht nach EG-Abfallverbringungsverordnung unterliegen. Um dennoch Schwierigkeiten bei Grenzübertritten vorzubeugen, sollen folgende Unterlagen der Versandbehörde als Unbedenklichkeitsbescheinigung vorgelegt beziehungsweise während des Transportes mitgeführt werden:

- Erklärung des Exporteurs, daß die Stoffe ohne weitere Behandlung direkt gebrauchsfähig sind,
- Zustimmungserklärung des zuständigen Ministeriums im Empfängerstaat zur vorgesehenen Verwendung,
- sogenannte Überbeglaubigung durch die deutsche Botschaft im Empfängerstaat,
- gegebenenfalls Stellungnahme eines Gutachters über die direkte Gebrauchsfähigkeit der Stoffe unter Berücksichtigung der Regelungen im Empfängerland.

4.1.2 Die Anzeigepflicht überwachungsbedürftiger Abfälle

Der Erzeuger besonders **überwachungsbedürftiger Abfälle nach § 2 Abs. 2 AbfG** unterliegt gemäß **§ 11 Abs. 3 AbfG** einer **Anzeigepflicht**, welche er auch bei einer Verbringung nach EG-Abfallverbringungsverordnung zu erfüllen hat. Dies geschieht, indem der zuständigen Unteren Abfallwirtschaftsbehörde je eine Kopie der

Anlage 3, Blatt 1-4 Abf-RestÜberwV (verantwortliche Erklärung eines Entsorgungsnachweises ESN) und der Verbringungsgenehmigung gemäß der behandelten Verordnung 259/93/EWG zugeschickt wird.

4.1.3 Der Transport nach Gefahrgutrecht

Die abfallrechtliche **Genehmigung im Rahmen der EG-Abfallverbringungsverordnung schließt nach anderen Verfahren erforderliche Genehmigungen, Erlaubnisse oder Zulassungen** – insbesondere nach nationalen und internationalen verkehrsrechtlichen Vorschriften – **nicht ein**. Auch bleiben die durch bestehende Gefahrgutvorschriften gestellten Anforderungen hinsichtlich den zu befördernden Stoffen, den Beförderungsmitteln, dem Transportpersonal und den mitzuführenden Begleitpapieren, von einer derartigen Genehmigung unberührt. Zu verbringende Abfälle können durchaus gefährliche Güter im Sinne dieser Vorschriften sein und sind dann selbstverständlich auch nach deren Maßgabe zu behandeln.

Die im Rahmen der **Gefahrgutverordnung Straße (GGVS)** mitzuführenden Papiere bestehen beispielsweise aus dem Frachtbrief (Informationen zu den transportierten Gefahrgütern), dem Führer- und Fahrzeugschein des Fahrers beziehungsweise seines Fahrzeuges, der IHK-Bescheinigung des Transportunternehmens, einem Begleitpapier mit Angaben über Absender, Empfänger, Versandort, Bestimmungsort, Stoffname, Klasse und Ziffer der beförderten Güter gemäß GGVS (vgl. Kap. 4.1.6). Desweiteren können ein Erlaubnisbescheid für den Transport besonders gefährlicher Stoffe oder andere außergewöhnliche Nachweispapiere erforderlich sein. Genauere Informationen zu den Begleitpapieren oder den Anforderungen an Personal und Fahrzeuge sind der entsprechenden Verordnung zu entnehmen.

Die **Gefahrgutverordnung Straße (GGVS)** beinhaltet neben allgemeinen Vorschriften für die Beförderung gefährlicher Güter (vgl. Kap. 4.1.3, Anhang „Sonstige Unterlagen") eine Kennzeichnungspflicht für derartige Stoffe transportierende Fahrzeuge. Dieser Kennzeichnungspflicht durch orangefarbene Hinweistafeln mit schwarzen Ziffern unterliegen selbstverständlich auch Abfalltransporte, sofern es sich bei den **Abfällen** um **gefährliche Güter im Sinne dieser Verordnung** handelt. Das Schema der gut sichtbar anzubringenden Kennzeichnung ergibt sich aus einer Unterteilung der Gefahrengüter in 15 Klassen entsprechend ihrer objektiven Gefährlichkeit. Die obere Ziffernfolge auf der Tafel nennt die Gefahrenklasse, wobei die erste Ziffer die Hauptgefahr angibt und die beiden weiteren Ziffern zusätzliche Gefahren angeben. Sind erste und zweite Ziffer identisch, so bedeutet dies eine Zunahme der Hauptgefahr. 8 steht beispielsweise für ätzend. 88 bedeutete daher stark ätzend (z. B. Salpetersäure). Die untere Ziffernfolge auf der Hinweistafel entspricht einer Stoffnummer, nach welcher jedes Produkt identifiziert werden kann, zu Beispiel steht die 1203 für Benzin.

4.1.4 Der Transport nach Abfallrecht

Der Beförderer von Abfällen muß als Zulassungsvoraussetzung entweder den Besitz einer **Beförderungsgenehmigung durch die zuständige Behörde nach § 12 AbfG** in Verbindung mit der AbfRestÜberwV nachweisen oder eine gleichwertige ausländische Genehmigung mit Übersetzung (ggf. beglaubigt) vorlegen können. Als gleichwertig wird in Deutschland derzeit nur eine wallonische Genehmigung anerkannt. Im Rahmen des Verfahren zur Erteilung einer derartigen Genehmigung ist unter anderem die Zuverlässigkeit des Antragstellers und die Leistungsfähigkeit des beauftragten Abfallbeförderers durch die Behörden zu prüfen, sowie eine geordnete Entsorgung nachzuweisen (Mitführung des **Entsorgungsnachweises gem. AbfRestÜberwV**).

Diese Anforderungen gelten auch für Spediteure ohne eigene Fahrzeuge, soweit sie in Feld 7 des Notifizierungsbogens als Beförderer genannt sind.

In der Abbildung auf Seite 90 ist eine Übersicht zu den für eine Abfallverbringung nach nationalem Recht notwendigen Formularen abgedruckt. Zwecks weiterführender Informationen sei auch hier auf die entsprechenden Regelwerke verwiesen.

Neben der Kennzeichnungspflicht für Transporte brennbarer, explosiver, toxischer, oder wassergefährdender Stoffe und anderer gefährlicher Güter, wie sie sich aus der GGVS (Gefahrgutverordnung Straße) ergibt, unterliegen Abfalltransporte zusätzlich einer abfallrechtlichen Kennzeichnungspflicht.

Nach **§ 10 AbfVerbrG** müssen **die abfalltransportierenden Fahrzeuge** mit je zwei rechteckigen rückstrahlenden weißen Warntafeln von 40 cm Grundlinie und mindestens 30 cm Höhe versehen sein. Diese Warntafeln müssen den Buchstaben „A" (Buchstabenhöhe 20 cm, Schriftstärke 2 cm) als schwarze Aufschrift tragen. Sie sind während der Beförderung vorn und hinten am Fahrzeug mit ihrer Fläche senkrecht zur Fahrzeugachse und nicht höher als 1,50 m über der Fahrbahnoberfläche deutlich sichtbar anzubringen. Es versteht sich von selbst, daß sich die hintere Tafel bei Zügen an der Rückseite des letzten Anhängers befinden muß.

Diese Kennzeichnungspflicht gilt für alle Fahrzeuge, mit denen Abfälle auf öffentlichen Staßen befördert werden. Zu Abfällen gehören in diesem Sinne auch die in Anhang II der EG-Abfallverbringungsverordnung aufgeführten Stoffe (grüne Liste gem. OECD-Beschluß).

Für das Anbringen der Warntafeln hat der jeweilige Fahrzeugführer zu sorgen.

Bild 4.1 Übersicht über die nach nationalem Recht notwendigen Formulare

Darstellung der Fallgruppen und notwendigen Formulare (Übersicht)

Abfall / erforderl. Formularwesen	Abfälle gem. § 2 (2) AbfG, nachweispflichtig gem. § 11 (3) AbfG (ausgenommen Kleinmengen) § 1 (1) AbfBestV	Reststoffe gem. § 2 (3) AbfG (ausgenommen Kleinmengen) § 1 (1) RestBestV	Kleinmengen (selbst abgefahren) § 1 (2) AbfBestV § 1 (2) RestBestV	Altöle gem. § 5a (2) AbfG zur Verwertung § 2 AbfRestÜberwV	Rücknahme-Abfälle gem. § 14 (1) Nr. 3 AbfG § 2 AbfRestÜberwV	von der Beförderung und sonstigen Entsorgung ausgeschlossene Abfälle nach § 3 (3) AbfG (wenn nicht Abfälle nach § 2 (2) AbfG)	von der Beförderung, aber nicht der sonstigen Entsorgung ausgeschlossene Abfälle nach § 3 (3) AbfG (wenn nicht Abfälle nach § 2 (2) AbfG)
Entsorgungsnachweis/ Verwertungsnachweis Anlage 3 AbfRestÜberwV	ja	ja, wenn nachweispflichtig gem. § 11 (2) AbfG	nein	nein	nein	ja, wenn nachweispflichtig gem. § 11 (2) AbfG	ja, wenn nachweispflichtig gem. § 11 (2) AbfG
Vereinfachter Entsorgungsnachweis Anlage 5 AbfRestÜberwV	nein	nein	ja, wenn Beförderung genehmigungspflichtig	nein	nein	ja, wenn nicht nachweispflichtig gem. § 11 (2) AbfG und die Beförderung genehmigungspflichtig	ja, wenn nicht nachweispflichtig gem. § 11 (2) AbfG und die Beförderung genehmigungspflichtig
Beförderungsgenehmigung Anlage 1 und Anlage 2 AbfRestÜberwV	ja*)	nein	ja*)	ja*)	ja*)	ja*)	ja*)
Begleitschein Anlage 6 AbfRestÜberwV	ja	ja, wenn nachweispflichtig gem. § 11 (2) AbfG	nein	ja	ja, wenn nachweispflichtig gem. § 11 (2) AbfG	ja, wenn nachweispflichtig gem. § 11 (2) AbfG	ja, wenn nachweispflichtig gem. § 11 (2) AbfG
Übernahmeschein Anlage 7 AbfRestÜberwV	ja, bei Sammelentsorgung	ja, bei Sammelverwertung	ja	nein	nein	ja, wenn nachweispflichtig gem. § 11 (2) und Sammelentsorgung	ja, wenn nachweispflichtig gem. § 11 (2) und Sammelentsorgung
sonstige Nachweise	nein	nein	nein	ja	ja	auf Anforderung Einzelnachweise möglich	auf Anforderung Einzelnachweise möglich

*) entfällt gem. § 12 (1) Nr. 1-3 AbfG für die
- in § 3 Abs. 2 gen. Körperschaften sowie für die von diesen beauftragten Dritten
- Einsammlung oder Beförderung von Erdaushub, Straßenaufbruch und Bauschutt, soweit diese nicht durch Schadstoffe verunreinigt sind sowie für Autowracks und Altreifen
- für die Einsammlung oder Beförderung geringfügiger Abfallmengen im Rahmen wirtschaftlicher Unternehmen, soweit die zuständige Behörde auf Antrag oder von Amts wegen diese von der Genehmigungspflicht freigestellt hat

4.1.5 Die Beauftragung eines Subunternehmers

Grundsätzlich ist die Beteiligung eines Subunternehmers möglich (z. B. Spedition ohne eigene Fahrzeuge bedient sich unterschiedlicher Frachtführer), jedoch trägt der in Feld 7 des Notifizierungsbogens **eingetragene Beförderer** die **Verantwortung für alle mit dem Transport zusammenhängenden Handlungen des Subunternehmers**. Der Beförderer hat durch geeignete Maßnahmen (i. d. R. Werksvertrag) sicherzustellen, daß der jeweilige Transport durch den beauftragten Dritten auf seine Gefahr, seine Weisung und in seinem Auftrag erfolgt. Diese Maßnahmen müssen der zuständigen Behörde vor Transportbeginn mitgeteilt werden und der Subunternehmer hat die behördlich geprüften Unterlagen während des Transportes mit sich zu führen.

Bei der Bestätigung des ordnungsgemäß durchgeführten Transportes in Feld 5 bis 11 des Versand-/Begleitformulars ist in diesen Fällen die Firma des Spediteurs anzugeben.

4.2 Ansprechpartner und Informationsquellen

Da im Rahmen dieser Arbeit sicherlich nicht alle Fragen beantwortet werden können, sind im folgenden Ansprechpartner und weitere Informationsquellen angegeben, mit deren Hilfe es möglich sein sollte, dem Anwender der EG-Verordnung vollständige Klarheit zu verschaffen und selbst individuelle Probleme im Zusammenhang mit konkreten Vorhaben zu lösen.

4.2.1 Bei der Behörde

Grundsätzlich müßte jede der im Anhang unter „Zuständige Behörden" aufgelisteten Landesbehörden in der Lage sein, spezielle Fragen zum Umgang mit der EG-Abfallverbringungsverordnung zu beantworten. Bei der **Bezirksregierung Düsseldorf** stehen beispielsweise die Mitarbeiter des **Dezernates 52** für Auskünfte zur Verfügung. Direkte Ansprechpartner sind:

- für Exporte in Nicht-EG-Staaten oder Importe in die BRD

  Herr Winkler, 0211/475-2474
  Frau Eich, 0211/475/2421

- für Exporte in andere EG-Staaten

  Herr Schreiber, 0211/475-2473
  Frau Schneider, 0211/475-2921
  Herr Hamacher, 0211/475-2939

- für sonstige allgemeine Fragen auch hinsichtlich nationaler Transportgenehmigungen oder Vorschriften

  Frau Dr. Küster, 0211/475-2471

Des weiteren hat das **Umweltbundesamt in Berlin** (Telefon: 030/8903-2296, Telefax: 030/8903-2281) in seiner Funktion als zentrale Anlaufstelle für die Bundesrepublik Deutschland die Aufgabe, Personen und Unternehmen, die sich an dieses Amt wenden, zu informieren und zu beraten.

Auch das **Bundesministerium für Umwelt, Naturschutz und Reaktorsicherheit** in Bonn (Referat für Abfallwirtschaft, 0228/305-2560 bis 2563) steht für die Beantwortung von Fragen, insbesondere hinsichtlich der erforderlichen Formulare, zur Verfügung. Alle zur grenzüberschreitenden Abfallverbringung benötigten Formulare sind z.B. direkt erhältlich beim **WEKA Fachverlag für technische Führungskräfte GmbH** in Augsburg (Telefon: 0821/5973-114, Telefax: 0821/5973-102) oder **UB-Media GmbH** in St. Wolfgang (Tel. 08085-93000, Fax 08085-808).

4.2.2 Bei der Versicherung

In bezug auf die behandelten Versicherungen sind die folgenden Ansprechpartner zu nennen:

- bei dem **Kölner Gerling Konzern**: Herr Pfitzer, 0221/144-4592
- bei der **Allianz Versicherungs AG**: Herr Rietdorf, 089/3800-4346

Sonstige

Die im Literaturverzeichnis angegebenen oder im Anhang abgedruckten Rechtsvorschriften können – soweit eine Veröffentlichung im Amtsblatt der Gemeinschaft oder als Bundesrat-Drucksache erfolgte – beispielsweise über den **Bundesanzeiger in Köln** (0221/20290) oder den **Bundesanzeiger in Bonn** (0228/33820840) bezogen werden.

Als weitere wichtige Informationsquellen sind in diesem Zusammenhang der **Bundesverband der Deutschen Entsorgungswirtschaft e. V.** (BDE) und die **Entsorga gGmbH** in Köln (02203 /806-0) zu nennen.

Literaturverzeichnis

Das neue Abfallverbringungsrecht der Europäischen Gemeinschaft – Ende des Abfalltourismus ?
Martin Dieckmann
ZUR 1993, S. 109 ff

Der Abfallbegriff des EG-Rechts und seine Konsequenzen für das nationale Recht
Martin Dieckmann
NuR 1992, S. 407 ff

Die Einheitliche Europäische Akte als Grundlage umweltrechtlicher Aktivitäten der Europäischen Gemeinschaft
Dieter H. Scheuing
Umweltschutz in der Europäischen Gemeinschaft, hrsg. von Peter Behrens und Hans Joachim Koch, Baden-Baden 1991, S. 46 ff

EG-Abfallverbringungsverordnung mit Erläuterungen und weiterführenden Vorschriften – Abfallwirtschaft in Forschung und Praxis, Band 68
Dr. H. von Köller, Dipl. Ing. Dr. W. Klett, O. Konzak
Erich Schmidt Verlag GmbH & Co, Berlin 1994, ISBN 3 503 03625 3

Geltendes EG-Abfallrecht und dessen Umsetzung in nationales Recht
Jürgen Fluck
2. Kölner Abfalltage – Abfallwirtschaft im EG-Binnenmarkt, Köln 1993, S. 103 ff

Grenzüberschreitende Abfallentsorgung im Binnenmarkt: Spannungen innerhalb des Gemeinschaftsrechts
Peter von Wilmowsky
2. Kölner Abfalltage – Abfallwirtschaft im EG-Binnenmarkt, Köln 1993, S. 163 ff

Grenzüberschreitende Abfalltransporte – Die EG-Abfallverbringungsverordnung mit Erläuterungen sowie Abdruck aller relevanten Rechtsvorschriften
Informationsbroschüre für Unternehmer, 2. Auflage, Februar 1995
Bezirksregierung Düsseldorf, Dezernat 52/Abfallwirtschaft

Grundzüge des EG-Umweltrechts
Jürgen Salzwedel, Berlin 1982

Neues Recht für grenzüberschreitende Abfalltransporte – EG-Abfallverbringungsverordnung
Ralf Kaminski
Entsorgungspraxis 1994, Heft 5

Noch keine freie Fahrt für „grüne Metallschrotte"
Manfred Eckert
Rohstoffrundschau 1993, S. 870 ff

Umweltschonende Entsorgung 8 – Notifizierungsverfahren im Rahmen der „EU-Abfallverbringungsverordnung"
Frank Rainer Billigmann, Dipl. Geol. H.-J. Schulz-Ellermann, Hanskarl Willms
Bundesverband der deutschen Entsorgungswirtschaft e. V., Kennziffer 150294

Von der Abfallentsorgung zur Kreislaufwirtschaft
Alexander Schink, Wolfgang Schwade
Stadt und Gemeinde 1993, S. 18 ff

Wettbewerbsbedingungen für Entsorgungsunternehmen
Michael Scheier
2. Kölner Abfalltage – Abfallwirtschaft im EG-Binnenmarkt, Köln 1993, S. 147 ff

Zum Abfallbegriff im europäischen, im geltenden und im werdenden deutschen Abfallrecht
Jürgen Fluck
DVBl. 1993, S. 590 ff

Anhänge

A Internationale Rechtsquellen

Baseler Übereinkommen
Baseler Übereinkommen über die Kontrolle der grenzüberschreitenden Verbringung gefährlicher Abfälle und ihrer Entsorgung vom 22. März 1989

Das Abkommen von Lome[1]
Viertes AKP-EWG-Abkommen unterzeichnet am 15. Dezember 1989 in Lome.
Abl. Nr. L 229 vom 17. August 1991, S. 4
insbesondere zweiter Teil (Bereiche der AKP-EWG-Zusammenarbeit), Titel 1 (Umwelt), Art. 39

OECD-Beschluß[2]
OECD-Ratsentscheidung vom 30. März 1992 über die Kontrolle der grenzüberschreitenden Verbringung von Abfällen, die zur Verwertung bestimmt sind
C(92)39/FINAL

1. Anpassung der OECD-Ratsentscheidung vom 23. Juli 1993
   C(93)74/FINAL

2. Anpassung der OECD-Ratsentscheidung vom 29. Juli 1994
   C(94)152/FINAL[3]

---

[1] auszugsweiser Abdruck (Art 39)
[2] englische Fassung
[3] nicht abgedruckt

Baseler Übereinkommen

über die Kontrolle der grenzüberschreitenden Verbringung gefährlicher Abfälle und ihrer Entsorgung

Präambel

Die Vertragsparteien dieses Übereinkommens -

im Bewußtsein des Risikos einer durch gefährliche Abfälle und andere Abfälle und ihre grenzüberschreitende Verbringung verursachten Schädigung der menschlichen Gesundheit und der Umwelt,

eingedenk der wachsenden Bedrohung, welche die zunehmende Erzeugung und Vielfalt gefährlicher Abfälle und anderer Abfälle und deren grenzüberschreitende Verbringung für die menschliche Gesundheit und die Umwelt darstellen,

sowie eingedenk dessen, daß die menschliche Gesundheit und die Umwelt vor den mit solchen Abfällen verbundenen Gefahren am wirksamsten dadurch geschützt werden, daß die Erzeugung solcher Abfälle nach Menge und/oder gefährlichen Eigenschaften auf ein Mindestmaß beschränkt wird,

überzeugt, daß die Staaten die notwendigen Maßnahmen treffen sollen, um sicherzustellen, daß die Behandlung gefährlicher Abfälle und anderer Abfälle einschließlich ihrer grenzüberschreitenden Verbringung und ihrer Entsorgung unabhängig vom Ort der Entsorgung mit dem Schutz der menschlichen Gesundheit und der Umwelt vereinbar ist,

in der Erkenntnis, daß die Staaten dafür sorgen sollen, daß der Verursacher seine Pflichten in bezug auf Beförderung und Entsorgung gefährlicher Abfälle und anderer Abfälle so erfüllt, wie es – unabhängig vom Ort der Entsorgung – mit dem Schutz der Umwelt vereinbar ist,

in voller Anerkennung des souveränen Rechts jedes Staates, die Einfuhr von aus dem Ausland stammenden gefährlichen Abfällen und anderen Abfällen in sein Hoheitsgebiet oder die Entsorgung in seinem Hoheitsgebiet zu verbieten,

sowie in Anerkennung des wachsenden Wunsches nach einem Verbot der grenzüberschreitenden Verbringung gefährlicher Abfälle in andere Staaten, insbesondere Entwicklungsländer und ihrer Entsorgung in solchen Staaten,

überzeugt, daß gefährliche Abfälle und andere Abfälle in dem Staat entsorgt werden sollen, in dem sie erzeugt wurden, soweit dies mit einer umweltgerechten und wirksamen Behandlung vereinbar ist,

sowie in dem Bewußtsein, daß eine grenzüberschreitende Verbringung solcher Abfälle aus dem Erzeugerstaat in einen anderen Staat nur erlaubt werden soll, wenn sie unter Bedingungen erfolgt, welche die menschliche Gesundheit und die Umwelt nicht gefährden und mit diesem Übereinkommen vereinbar sind,

in der Erwägung, daß eine verstärkte Kontrolle der grenzüberschreitenden Verbringung gefährlicher Abfälle und anderer Abfälle ihrer umweltgerechten Behandlung und einer Verringerung des Umfangs der grenzüberschreitenden Verbringung förderlich sein wird,

überzeugt, daß die Staaten Maßnahmen für einen zweckdienlichen Austausch von Informationen und eine wirksame Kontrolle der grenzüberschreitenden Verbringung gefährlicher Abfälle und anderer Abfälle aus und nach diesen Staaten treffen sollen,

in der Erkenntnis, daß in mehreren internationalen und regionalen Übereinkünften die Frage des Schutzes und der Bewahrung der Umwelt im Zusammenhang mit der Durchfuhr gefährlicher Güter behandelt wurde,

unter Berücksichtigung der Erklärung der Konferenz der Vereinten Nationen über die Umwelt des Menschen (Stockholm, 1972), der vom Verwaltungsrat des Umweltprogramms der Vereinten Nationen (UNEP) mit Beschluß 14/30 vom 17. Juni 1987 angenommenen Kairoer Richtlinien und Grundsätze für die umweltgerechte Behandlung gefährlicher Abfälle, der 1957 abgefaßten und alle zwei Jahre auf den neusten Stand gebrachten Empfehlungen des Sachverständigenausschusses der Vereinten Nationen über die Beförderung gefährlicher Güter, der im Rahmen der Vereinigten Nationen angenommenen einschlägigen Empfehlungen, Erklärungen, Übereinkünfte und Regelungen und der von anderen internationalen und regionalen Organisationen durchgeführten Arbeiten und Untersuchungen,

eingedenk des Geistes, der Grundsätze, der Ziele und der Aufgaben der von der Generalversammlung der Vereinten Nationen auf ihrer siebenunddreißigsten Tagung (1982) als ethische Richtschnur zum Schutz der menschlichen Umwelt und der Erhaltung der natürlichen Ressourcen angenommenen Weltcharta der Natur,

in Bekräftigung der Tatsache, daß die Staaten für die Erfüllung ihrer internationalen Verpflichtungen betreffend den Schutz der menschlichen Gesundheit und den Schutz und die Bewahrung der Umwelt verantwortlich sind und nach dem Völkerrecht hierfür haften,

in der Erkenntnis, daß bei einer wesentlichen Verletzung dieses Übereinkommens oder eines etwaigen dazugehörigen Protokolls das einschlägige internationale Vertragsrecht zur Anwendung gelangt,

im Bewußtsein der Notwendigkeit, umweltgerechte, abfallarme Technologien, Verwertungsverfahren, gute Bewirtschaftungs- und Behandlungssysteme weiterzuentwickeln und anzuwenden, um die Erzeugung gefährlicher Abfälle und anderer Abfälle auf ein Mindestmaß zu beschränken,

sowie in dem Bewußtsein, daß sich die internationale Gemeinschaft in zunehmendem Maße mit der Notwendigkeit befaßt, die grenzüberschreitende Verbringung gefährlicher Abfälle und anderer Abfälle streng zu kontrollieren, und mit der Notwendigkeit, diese Verbringung so weit wie möglich auf ein Mindestmaß zu beschränken,

besorgt über das Problem des unerlaubten grenzüberschreitenden Verkehrs mit gefährlichen Abfällen und anderen Abfällen,

sowie unter Berücksichtigung der begrenzten Möglichkeiten der Entwicklungsländer, gefährliche Abfälle und andere Abfälle zu behandeln,

in Erkenntnis der Notwendigkeit, die Weitergabe von Technologien für die sachgerechte Behandlung von örtlich erzeugten gefährlichen Abfällen und anderen Abfällen, insbesondere an Entwicklungsländer, in Übereinstimmung mit den Kairoer Richtlinien und dem Beschluß 14/16 des Verwaltungsrats des UNEP über die Förderung der Weitergabe von Umweltschutztechnologien zu fördern,

sowie in Anerkennung der Tatsache, daß gefährliche Abfälle und andere Abfälle in Übereinstimmung mit einschlägigen internationalen Übereinkünften und Empfehlungen befördert werden sollen,

sowie in der Überzeugung, daß die grenzüberschreitende Verbringung gefährlicher Abfälle und anderer Abfälle nur erlaubt werden soll, wenn die Beförderung und die endgültige Entsorgung solcher Abfälle umweltgerecht sind,

und in dem festen Willen, durch strenge Kontrollen die menschliche Gesundheit und die Umwelt vor den nachteiligen Folgen zu schützen, die sich aus der Erzeugung und Behandlung gefährlicher Abfälle und anderer Abfälle ergeben können –

haben folgendes verbeinbart:

Artikel 1
Geltungsbereich des Übereinkommens

(1) Folgende Abfälle, die Gegenstand grenzüberschreitender Verbringung sind, gelten im Sinne dieses Übereinkommens als „gefährliche Abfälle":

a) Abfälle, die einer in Anlage I enthaltenen Gruppe angehören, es sei denn, sie besitzen keine der in Anlage III aufgeführten Eigenschaften, und

b) Abfälle, die nicht unter Buchstabe a fallen, aber nach den innerstaatlichen Rechtsvorschriften der Vertragspartei, die Ausfuhr-, Einfuhr- oder Durchfuhrstaat ist, als gefährliche Abfälle bezeichnet sind oder als solche gelten.

(2) Abfälle, die einer in Anlage II enthaltenen Gruppe angehören und Gegenstand grenzüberschreitender Verbringung sind, gelten im Sinne dieses Übereinkommens als „andere Abfälle".

(3) Abfälle, die wegen ihrer Radioaktivität anderen internationalen, insbesondere für radioaktives Material geltenden Kontrollsystemen, einschließlich internationaler Übereinkünfte, unterliegen, sind vom Geltungsbereich dieses Übereinkommens ausgenommen.

(4) Abfälle, die durch den üblichen Betrieb eines Schiffes entstehen und deren Einleiten durch eine andere internationale Übereinkunft geregelt ist, sind von dem Geltungsbereich dieses Übereinkommens ausgenommen.

Artikel 2
Begriffsbestimmungen

Im Sinne dieses Übereinkommens

1. bedeutet **„Abfälle"** Stoffe oder Gegenstände, die entsorgt werden, zur Entsorgung bestimmt sind oder aufgrund der innerstaatlichen Rechtsvorschriften entsorgt werden müssen;

2. bedeutet **„Behandlung"** die Sammlung, Beförderung und Entsorgung gefährlicher Abfälle oder anderer Abfälle, einschließlich der nachfolgenden Überwachung der Deponien;

3. bedeutet **„grenzüberschreitende Verbringung"** jede Verbringung gefährlicher Abfälle oder anderer Abfälle aus einem der Hoheitsgewalt eines Staates unterstehenden Gebiet in oder durch ein der Hoheitsgewalt eines anderen Staates unterstehendes Gebiet oder in oder durch ein nicht der Hoheitsgewalt eines Staates unterstehendes Gebiet; in die Verbringung müssen mindestens zwei Staaten einbezogen sein;

4. bedeutet **„Entsorgung"** jedes in Anlage IV aufgeführte Verfahren;

5. bedeutet **„zugelassene Deponie oder Anlage"** eine Deponie oder Anlage für die Entsorgung gefährlicher Abfälle oder anderer Abfälle, für die von einer zuständigen Behörde des Staates, in dem sich die Deponie oder Anlage befindet, eine Betriebsgenehmigung oder -erlaubnis erteilt wurde;

6. bedeutet **„zuständige Behörde"** eine von einer Vertragspartei bestimmte staatliche Behörde, die innerhalb eines von der Vertragspartei nach eigenem Ermessen festgelegten geographischen Gebiets für die Entgegennahme der Notifikation über eine grenzüberschreitende Verbringung gefährlicher Abfälle oder anderer Abfälle und aller diesbezüglichen Informationen sowie für die Beantwortung einer solchen Notifikation nach Artikel 6 verantwortlich ist;

7. bedeutet **„Anlaufstelle"** die in Artikel 5 genannte Stelle einer Vertragspartei, die für die Entgegennahme und Mitteilung der Informationen nach den Artikeln 13 und 15 verantwortlich ist;

8. bedeutet **„umweltgerechte Behandlung gefährlicher Abfälle oder anderer Abfälle"** alle praktisch durchführbaren Maßnahmen, die sicherstellen, daß gefährliche Abfälle oder andere Abfälle so behandelt werden, daß der Schutz der menschlichen Gesundheit und der Umwelt vor den nachteiligen Auswirkungen, die solche Abfälle haben können, gewährleistet ist;

9. bedeutet **„der Hoheitsgewalt eines Staates unterstehendes Gebiet"** jedes Land- oder Meeresgebiet und jeden Luftraum, innerhalb dessen ein Staat nach dem Völkerrecht verwaltungs- und verordnungsrechtliche Zuständigkeit in bezug auf den Schutz der menschlichen Gesundheit oder der Umwelt ausübt;

10. bedeutet **„Ausfuhrstaat"** eine Vertragspartei, von der aus eine grenzüberschreitende Verbringung gefährlicher Abfälle oder anderer Abfälle geplant ist oder eingeleitet wird;

11. bedeutet **„Einfuhrstaat"** eine Vertragspartei, in die eine grenzüberschreitende Verbringung gefährlicher Abfälle oder anderer Abfälle zum Zweck der Entsorgung oder zum Zweck des Verladens vor der Entsorgung in einem nicht der Hoheitsgewalt eines Staates unterstehenden Gebiet geplant ist oder stattfindet;

12. bedeutet **„Durchfuhrstaat"** jeden Staat, der nicht Ausfuhr- oder Einfuhrstaat ist, durch den eine Verbringung gefährlicher Abfälle oder anderer Abfälle geplant ist oder stattfindet;

13. bedeutet **„betroffene Staaten"** Vertragsparteien, die Ausfuhr-, Einfuhr- oder Durchfuhrstaaten sind, gleichviel ob sie Vertragsparteien sind oder nicht;

14. bedeutet **„Person"** jede natürliche oder juristische Person;

15. bedeutet **„Exporteur"** jede Person unter der Hoheitsgewalt des Ausfuhrstaats, welche die Ausfuhr gefährlicher Abfälle oder anderer Abfälle vornimmt;

16. bedeutet **„Importeur"** jede Person unter der Hoheitsgewalt des Einfuhrstaates, welche die Einfuhr gefährlicher Abfälle oder anderer Abfälle vornimmt;

17. bedeutet **„Beförderer"** jede Person, welche gefährliche Abfälle oder andere Abfälle befördert;

18. bedeutet **„Erzeuger"** jede Person, deren Tätigkeit gefährliche Abfälle oder andere Abfälle erzeugt, oder, ist diese Person nicht bekannt, die Person, die im Besitz dieser Abfälle ist und/oder sie kontrolliert;

19. bedeutet **„Entsorger"** jede Person, an die gefährliche Abfälle oder andere Abfälle versandt werden und welche die Entsorgung dieser Abfälle durchführt;

20. bedeutet **„Organisation der politischen und/oder wirtschaftlichen Integration"** eine von souveränen Staaten gegründete Organisation, der ihre Mitgliedsstaaten Zuständigkeit für die durch dieses Übereinkommen geregelten Angelegenheiten übertragen haben und die nach ihren eigenen Verfahren ordnungsgemäß ermächtigt ist, das Übereinkommen zu unterzeichnen, zu ratifizieren, anzunehmen, zu genehmigen, förmlich zu bestätigen oder ihm beizutreten;

21. bedeutet **„unerlaubter Verkehr"** jede in Artikel 9 aufgeführte grenzüberschreitende Verbringung gefährlicher Abfälle oder anderer Abfälle.

Artikel 3
Innerstaatliche Begriffsbestimmungen von gefährlichen Abfällen

(1) Jede Vertragspartei teilt binnen sechs Monaten, nachdem sie Vertragspartei dieses Übereinkommens geworden ist, dem Sekretariat des Übereinkommens mit, welche außer den in den Anlagen I und II aufgeführten Abfälle aufgrund innerstaatlicher Rechtsvorschriften als gefährlich gelten oder bezeichnet sind, sowie die Vorschriften für die Verfahren der grenzüberschreitenden Verbringung, die auf solche Abfälle Anwendung finden.

(2) Jede Vertragspartei teilt in der Folge dem Sekretariat jede bedeutende Änderung der nach Absatz 1 erteilten Informationen mit.

(3) Das Sekretariat teilt allen Vertragsparteien die nach den Absätzen 1 und 2 bei ihm eingegangenen Informationen sofort mit.

(4) Die Vertragsparteien sind dafür verantwortlich, daß die ihnen vom Sekretariat nach Absatz 3 übermittelten Informationen ihren Exporteuren zur Verfügung gestellt werden.

Artikel 4
Allgemeine Verpflichtungen

(1) a) Vertragsparteien, die ihr Recht wahrnehmen, die Einfuhr gefährlicher Abfälle oder anderer Abfälle zum Zweck ihrer Entsorgung zu verbieten, unterrichten die übrigen Vertragsparteien nach Artikel 13 von ihrem Beschluß.

b) Die Vertragsparteien verbieten oder erteilen keine Erlaubnis für die Ausfuhr gefährlicher Abfälle und anderer Abfälle in die Vertragsparteien, welche die Einfuhr solcher Abfälle verboten haben, wenn sie nach Buchstabe a davon in Kenntnis gesetzt worden sind.

c) Die Vertragsparteien verbieten oder erteilen keine Erlaubnis für die Ausfuhr gefährlicher Abfälle und anderer Abfälle, wenn der Einfuhrstaat nicht seine schriftliche Einwilligung zu der bestimmten Einfuhr erteilt hat, für den Fall, daß dieser Einfuhrstaat die Einfuhr dieser Abfälle nicht verboten hat.

(2) Jede Vertragspartei trifft geeignete Maßnahmen, um

a) sicherzustellen, daß die Erzeugung gefährlicher Abfälle und anderer Abfälle im Inland auf ein Mindestmaß beschränkt wird, wobei soziale, technologische und wirtschaftliche Gesichtspunkte berücksichtigt werden;

b) die Verfügbarkeit geeigneter Entsorgungsanlagen für eine umweltgerechte Behandlung gefährlicher Abfälle und anderer Abfälle unabhängig vom Ort ihrer Entsorgung sicherzustellen, die sich nach Möglichkeit im Inland befinden sollen;

c) sicherzustellen, daß die an der Behandlung gefährlicher Abfälle oder anderer Abfälle im Inland beteiligten Personen die notwendigen Vorkehrungen treffen, damit eine infolge dieser Behandlung entstehende Verschmutzung durch gefährliche Abfälle und andere Abfälle verhindert wird; sollte es zu einer solchen Verschmutzung kommen, so sind deren Folgen für die menschliche Gesundheit und die Umwelt auf ein Mindestmaß zu beschränken;

d) sicherzustellen, daß die grenzüberschreitende Verbringung gefährlicher Abfälle und anderer Abfälle auf ein Mindestmaß beschränkt wird, das mit der umweltgerechten und wirksamen Behandlung solcher Abfälle vereinbar ist und die so durchgeführt wird, daß die menschliche Gesundheit und die Umwelt vor den nachteiligen Auswirkungen, die dadurch entstehen können, geschützt sind;

e) die Ausfuhr gefährlicher Abfälle oder anderer Abfälle in einen Staat oder eine Gruppe von Staaten, die einer Organisation der wirtschaftlichen und/ oder politischen Integration angehören und die Vertragsparteien sind, insbesondere Entwicklungsländer, die durch ihre Rechtsvorschriften alle Einfuhren verboten haben, nicht zu erlauben oder, wenn sie Grund zu der Annahme hat, daß die Abfälle im Sinne der von den Vertragsparteien auf ihrer ersten Tagung zu beschließenden Kriterien nicht umweltgerecht behandelt werden;

f) zu verlangen, daß den betroffenen Staaten Informationen über eine geplante grenzüberschreitende Verbringung gefährlicher Abfälle und anderer Abfälle nach Anlage V A übermittelt werden, damit sie die Auswirkungen der geplanten Verbringung auf die menschliche Gesundheit und die Umwelt beurteilen können;

g) die Einfuhr gefährlicher Abfälle und anderer Abfälle zu verhindern, wenn sie Grund zu der Annahme hat, daß die fraglichen Abfälle nicht umweltgerecht behandelt werden;

h) mit anderen Vertragsparteien und anderen interessierten Organisationen unmittelbar und über das Sekretariat bei Tätigkeiten zusammenzuarbeiten, einschließlich der Verbreitung von Informationen über die grenzüberschreitende Verbringung gefährlicher Abfälle und anderer Abfälle, damit die umweltgerechte Behandlung solcher Abfälle verbessert und der unerlaubte Verkehr verhindert werden.

(3) Die Vertragsparteien sind der Auffassung, daß der unerlaubte Verkehr mit gefährlichen Abfällen oder anderen Abfällen eine Straftat darstellt.

(4) Jede Vertragspartei trifft geeignete rechtliche, verwaltungsmäßige und sonstige Maßnahmen, um dieses Übereinkommen durchzuführen und in Kraft zu setzen, einschließlich Maßnahmen zur Verhinderung und Bestrafung übereinkommenswidriger Verhaltensweisen.

(5) Die Vertragsparteien erlauben weder die Ausfuhr gefährlicher Abfälle oder anderer Abfälle in eine Nichtvertragspartei noch deren Einfuhr aus einer Nichtvertragspartei.

(6) Die Vertragsparteien kommen überein, die Ausfuhr gefährlicher Abfälle oder anderer Abfälle zur Entsorgung innerhalb des Gebiets südlich von 60 Grad südlicher Breite nicht zu erlauben, gleichviel ob solche Abfälle Gegenstand einer grenzüberschreitenden Verbringung sind.

(7) Jede Vertragspartei wird außerdem

a) allen Personen unter ihrer Hoheitsgewalt die Beförderung oder die Entsorgung gefährlicher Abfälle oder anderer Abfälle verbieten, sofern diese Personen nicht ermächtigt oder befugt sind, Tätigkeiten dieser Art auszuüben;

b) verlangen, daß gefährliche Abfälle und andere Abfälle, die Gegenstand einer grenzüberschreitenden Verbringung sein sollen, in Übereinstimmung mit allgemein angenommenen und anerkannten internationalen Regeln und Normen im Bereich der Verpackung, der Kennzeichnung und der Beförderung verpackt, gekennzeichnet und befördert werden und daß einschlägigen international anerkannten Gepflogenheiten gebührend Rechnung getragen wird;

c) verlangen, daß den gefährlichen Abfällen und anderen Abfällen vom Ausgangspunkt der grenzüberschreitenden Verbringung bis zum Ort der Entsorgung ein Verbringungspapier beigefügt ist.

(8) Jede Vertragspartei verlangt, daß gefährliche Abfälle oder andere Abfälle, die ausgeführt werden sollen, im Einfuhrstaat oder anderswo umweltgerecht behandelt werden. Die technischen Richtlinien für die umweltgerechte Behandlung der von diesem Übereinkommen erfaßten Abfälle werden von den Vertragsparteien auf ihrer ersten Tagung beschlossen.

(9) Die Vertragsparteien treffen geeignete Maßnahmen, damit die grenzüberschreitende Verbringung gefährlicher Abfälle und anderer Abfälle nur zugelassen wird, wenn

a) der Ausfuhrstaat nicht über die technische Fähigkeit und die notwendigen Anlagen, die Mittel oder die geeigneten Deponien verfügt, um die fraglichen Abfälle umweltgerecht und wirksam zu entsorgen,

b) die fraglichen Abfälle als Rohstoff für Verwertungs- und Aufbereitungsindustrien im Einfuhrstaat benötigt werden oder

c) die betreffende grenzüberschreitende Verbringung mit anderen von den Vertragsparteien zu beschließenden Kriterien im Einklang ist; diese Kriterien dürfen jedoch nicht von den Zielen dieses Übereinkommens abweichen.

(10) Die in diesem Übereinkommen vorgesehenen Verpflichtungen der Staaten, in denen gefährliche Abfälle und andere Abfälle erzeugt werden, wonach diese Abfälle umweltgerecht zu behandeln sind, dürfen unter keinen Umständen auf die Einfuhr- oder Durchfuhrstaaten übertragen werden.

(11) Dieses Übereinkommen hindert eine Vertragspartei nicht daran, zusätzliche Anforderungen aufzustellen, die mit dem Übereinkommen im Einklang stehen und den Regeln des Völkerrechts entsprechen, um die menschliche Gesundheit und die Umwelt besser zu schützen.

(12) Dieses Übereinkommen berührt weder die Souveränität der Staaten über ihr nach dem Völkerrecht festgelegtes Küstenmeer, die souveränen Rechte und die Hoheitsbefugnisse, welche die Staaten nach dem Völkerrecht in ihrer ausschließlichen Wirtschaftszone und auf ihrem Festlandsockel ausüben, noch die Wahrnehmung der im Völkerrecht vorgesehenen und in einschlägigen internationalen Übereinkünften niedergelegten Rechte und Freiheiten der Schiffahrt und des Überflugs von Schiffen und Luftfahrzeugen aller Staaten.

(13) Die Vertragsparteien verpflichten sich, die Möglichkeiten für eine Verringerung der Menge und/oder der Verschmutzungsfähigkeit gefährlicher Abfälle und anderer Abfälle, die in andere Länder und insbesondere Entwicklungsländer ausgeführt werden, regelmäßig zu überprüfen.

Artikel 5
Bestimmung der zuständigen Behörden und der Anlaufstelle

Um die Durchführung dieses Übereinkommens zu erleichtern, werden die Vertragsparteien

(1) eine oder mehrere zuständige Behörden und eine Anlaufstelle bestimmen oder einrichten. Im Fall eines Durchfuhrstaats wird eine zuständige Behörde zur Entgegennahme der Notifikation bestimmt;

(2) dem Sekretariat binnen drei Monaten nach dem Zeitpunkt, in dem das Übereinkommen für sie in Kraft getreten ist, mitteilen, welche Stellen sie als Anlaufstelle und als zuständige Behörden bestimmt haben;

(3) dem Sekretariat jede Änderung in bezug auf die nach Absatz 2 vorgenommenen Bestimmungen binnen eines Monats nach dem Zeitpunkt, in dem der Beschluß über die Änderung getroffen wurde, mitteilen.

Artikel 6
Grenzüberschreitende Verbringung zwischen Vertragsparteien

(1) Der Ausfuhrstaat teilt über seine zuständige Behörde der zuständigen Behörde der betroffenen Staaten schriftlich jede vorgesehene grenzüberschreitende Verbringung gefährlicher Abfälle oder anderer Abfälle mit oder verlangt vom Erzeuger oder Exporteur, daß er dies tut. Diese Notifikation enthält die in Anlage V A angegebenen Erklärungen und Informationen in einer für den Einfuhrstaat annehmbaren Sprache. An jeden betroffenen Staat braucht nur eine Notifikation gerichtet zu werden.

(2) Der Einfuhrstaat bestätigt der notifizierenden Stelle den Eingang der Notifikation, wobei er seine Zustimmung zu der Verbringung mit oder ohne Vorbehalt erteilt, die Erlaubnis für die Verbringung verweigert oder zusätzliche Informationen verlangt. Eine Abschrift der endügltigen Antwort des Einfuhrstaats wird den zuständigen Behörden der betroffenen Staaten übersandt, die Vertragsparteien sind.

(3) Der Ausfuhrstaat erlaubt dem Erzeuger oder Exporteur erst dann, mit der grenzüberschreitenden Verbringung zu beginnen, wenn er die schriftliche Bestätigung erhalten hat, daß

a) die notifizierende Stelle die schriftliche Zustimmung des Einfuhrstaates erhalten hat und

b) die notifizierende Stelle vom Einfuhrstaat die Bestätigung erhalten hat, daß zwischen dem Exporteur und dem Entsorger ein Vertrag vorhanden ist, in dem die umweltgerechte Behandlung der fraglichen Abfälle ausdrücklich festgelegt ist.

(4) Jeder Durchfuhrstaat, der Vertragspartei ist, bestätigt der notifizierenden Stelle umgehend den Eingang der Notifikation. Er kann der notifizierenden Stelle danach binnen 60 Tagen eine schriftliche Antwort zukommen lassen, in der er seine Zustimmung zu der Verbringung mit oder ohne Vorbehalt erteilt, die Erlaubnis für die Verbringung verweigert oder zusätzliche Informationen verlangt. Der Ausfuhrstaat erlaubt erst dann, mit der grenzüberschreitenden Verbringung zu beginnen, wenn er die schriftliche Zustimmung des Durchfuhrstaats erhalten hat.
Beschließt eine Vertragspartei jedoch zu irgendeinem Zeitpunkt, im allgemeinen oder unter bestimmten Voraussetzungen die vorherige schriftliche Zustimmung zu der grenzüberschreitenden Verbringung gefährlicher Abfälle oder anderer Abfälle in der Durchfuhr nicht zu verlangen, oder ändert sie ihre Vorschriften in dieser Hinsicht, so teilt sie nach Artikel 13 den übrigen Vertragsparteien ihren Beschluß sofort mit. Geht in diesem letzteren Fall binnen 60 Tagen nach Eingang der Notifikation des Durchfuhrstaats keine Antwort bei dem Ausfuhrstaat ein, so kann dieser die Ausfuhr durch den Durchfuhrstaat erlauben.

(5) Werden bei einer grenzüberschreitenden Verbringung von Abfällen diese nicht von allen Beteiligten rechtlich als gefährliche Abfälle bezeichnet oder betrachtet, sondern nur

a) vom Ausfuhrstaat, so finden die Vorschriften des Absatzes 9, die für den Importeur oder Entsorger und den Einfuhrstaat gelten, sinngemäß auf den Exporteur beziehungsweise den Ausfuhrstaat Anwendung;

b) vom Einfuhrstaat oder von den Einfuhr- und Durchfuhrstaaten, die Vertragsparteien sind, so finden die Vorschriften der Absätze 1, 3, 4 und 6, die für den Exporteur und den Ausfuhrstaat gelten, sinngemäß auf den Importeur oder Entsorger beziehungsweise den Einfuhrstaat Anwendung oder

c) von einem Durchfuhrstaat, der Vertragspartei ist, so findet Absatz 4 auf diesen Staat Anwendung.

(6) Der Ausfuhrstaat kann, vorbehaltlich der schriftlichen Zustimmung der betroffenen Staaten, dem Erzeuger oder dem Exporteur erlauben, eine allgemeine Notifikation zu verwenden, wenn gefährliche Abfälle oder andere Abfälle mit den gleichen physikalischen und chemischen Eigenschaften regelmäßig über dasselbe Ausreisezollamt des Ausfuhrstaats und über dasselbe Einreisezollamt des Einfuhrstaats und, im Fall einer Durchfuhr, über dasselbe Einreise- und Ausreisezollamt des Durchfuhrstaats oder der Durchfuhrstaaten an denselben Entsorger versandt werden.

(7) Die betroffenen Staaten können ihre schriftliche Zustimmung zu der Verwendung der in Absatz 6 genannten allgemeinen Notifikation von der Erteilung bestimmter Informationen abhängig machen, so etwa von Angaben über die genauen Mengen oder periodischen Listen der zu versendenden gefährlichen Abfälle oder anderen Abfälle.

(8) Die in den Absätzen 6 und 7 genannte allgemeine Notifikation und die schriftliche Zustimmung können wiederholte Sendungen gefährlicher Abfälle oder anderer Abfälle für eine Zeitspanne von höchstens 12 Monaten erfassen.

(9) Die Vertragsparteien verlangen, daß jede Person, die für eine grenzüberschreitende Verbringung gefährlicher Abfälle oder anderer Abfälle die Verantwortung übernimmt, das Verbringungspapier entweder bei Lieferung oder bei Übernahme des betreffenden Abfalls unterzeichnet. Sie verlangen auch, daß der Entsorger sowohl den Exporteur als auch die zuständige Behörde des Ausfuhrstaats von der Übernahme der betreffenden Abfälle durch den Entsorger sowie zu gegebener Zeit vom Abschluß der Entsorgung entsprechend den in der Notifikation angegebenen Einzelheiten informiert. Geht eine derartige Information im Ausfuhrstaat nicht ein, so teilt die zuständige Behörde des Ausfuhrstaats oder der Exporteur dem Einfuhrstaat dies mit.

(10) Die aufgrund dieses Artikels erforderliche Notifikation und Antwort werden der zuständigen Behörde der betroffenen Vertragsparteien oder im Fall von

Nichtvertragsparteien der entsprechenden staatlichen Behörde übermittelt.

(11) Jede grenzüberschreitende Verbringung gefährlicher Abfälle oder anderer Abfälle muß je nach den Vorschriften des Einfuhr- oder Durchfuhrstaats, der Vertragspartei ist, durch eine Versicherung, Bürgschaft oder Garantieleistung abgesichert sein.

Artikel 7
Grenzüberschreitende Verbringung aus einer Vertragspartei durch Staaten, die nicht Vertragsparteien sind

Artikel 6 Absatz 2 des Übereinkommens findet sinngemäß auf die grenzüberschreitende Verbringung gefährlicher Abfälle oder anderer Abfälle aus einer Vertragspartei durch einen oder mehrere Staaten Anwendung, die nicht Vertragsparteien sind.

Artikel 8
Wiedereinfuhrpflicht

Kann eine grenzüberschreitende Verbringung gefährlicher Abfälle oder anderer Abfälle, der die betroffenen Staaten vorbehaltlich dieses Übereinkommens zugestimmt haben, nicht entsprechend den vertraglichen Bedingungen zu Ende geführt werden, so sorgt der Ausfuhrstaat dafür, daß die betreffenden Abfälle vom Exporteur in den Ausfuhrstaat zurückgeführt werden, falls binnen 90 Tagen, nachdem der Einfuhrstaat den Ausfuhrstaat und das Sekretariat unterrichtet hat, oder binnen einer anderen von den betroffenen Staaten vereinbarten Frist keine anderen Regelungen für ihre umweltgerechte Entsorgung getroffen werden können. Zu diesem Zweck werden der Ausfuhrstaat und jeder Durchfuhrstaat, der Vertragspartei ist, die Rückführung dieser Abfälle in den Ausfuhrstaat nicht ablehnen, aufhalten oder verhindern.

Artikel 9
Unerlaubter Verkehr

(1) Als unerlaubter Verkehr im Sinne dieses Übereinkommens gilt jede grenzüberschreitende Verbringung gefährlicher Abfälle oder anderer Abfälle,

a) die ohne Notifikation an alle betroffenen Staaten nach diesem Übereinkommen erfolgt,

b) die ohne Zustimmung eines betroffenen Staates nach dem Übereinkommen erfolgt,

c) die mit einer durch Fälschung, falsche Darstellung oder Betrug erlangten Zustimmung der betroffenen Staaten erfolgt,

d) die im wesentlichen nicht mit den Papieren übereinstimmt oder

e) die zu einer vorsätzlichen Beseitigung (z. B. Einbringen (dumping)) gefährlicher Abfälle oder anderer Abfälle entgegen diesem Übereinkommen und allgemeinen Grundsätzen des Völkerrechts führt.

(2) Gilt eine grenzüberschreitende Verbringung gefährlicher Abfälle oder anderer Abfälle infolge des Verhaltens des Exporteurs oder des Erzeugers als unerlaubter Verkehr, so sorgt der Ausfuhrstaat dafür, daß die betreffenden Abfälle

a) vom Exporteur oder vom Erzeuger oder, falls notwendig, von ihm selbst in den Ausfuhrstaat zurückgeführt werden oder, falls dies praktisch nicht möglich ist,

b) in Übereinstimmung mit diesem Übereinkommen anderweitig entsorgt werden, und zwar binnen 30 Tagen, nachdem der Ausfuhrstaat über den unerlaubten Verkehr unterrichtet wurde, oder binnen einer anderen von den betroffenen Staaten zu vereinbarenden Frist. Zu diesem Zweck werden die betroffenen Vertragsparteien die Rückführung dieser Abfälle in den Ausfuhrstaat nicht ablehnen, aufhalten oder verhindern.

(3) Gilt eine grenzüberschreitende Verbringung gefährlicher Abfälle oder anderer Abfälle infolge des Verhaltens des Importeurs oder des Entsorgers als unerlaubter Verkehr, so sorgt der Einfuhrstaat dafür, daß die betreffenden Abfälle vom Importeur oder vom Entsorger oder, falls notwendig, von ihm selbst binnen 30 Tagen, nachdem der Einfuhrstaat von dem unerlaubten Verkehr Kenntnis erhalten hat, oder binnen einer anderen von den betroffenen Staaten zu vereinbarenden Frist umweltgerecht entsorgt werden. Zu diesem Zweck arbeiten die betroffenen Vertragsparteien nach Bedarf bei der umweltgerechten Entsorgung der Abfälle zusammen.

(4) Kann die Verantwortung für den unerlaubten Verkehr weder dem Exporteur oder Erzeuger noch dem Importeur oder Entsorger zugewiesen werden, so arbeiten die betroffenen Vertragsparteien oder gegebenenfalls andere Vertragsparteien zusammen, um sicherzustellen, daß die betreffenden Abfälle so bald wie möglich im Ausfuhrstaat, im Einfuhrstaat oder gegebenenfalls anderswo umweltgerecht entsorgt werden.

(5) Jede Vertragspartei erläßt geeignete innerstaatliche Rechtsvorschriften zur Verhütung und Ahndung des unerlaubten Verkehrs. Die Vertragsparteien arbeiten im Hinblick auf die Verwirklichung der Ziele dieses Artikels zusammen.

Artikel 10
Internationale Zusammenarbeit

(1) die Vertragsparteien arbeiten zusammen, um die umweltgerechte Behandlung gefährlicher Abfälle und anderer Abfälle zu verbessern und zu verwirklichen.

(2) Zu diesem Zweck werden die Vertragsparteien

a) auf Anfrage Informationen auf zweiseitiger oder mehrseitiger Grundlage zur Förderung der umweltgerechten Behandlung gefährlicher Abfälle und anderer Abfälle einschließlich der Harmonisierung technischer Normen und Gepflogenheiten für die angemessene Behandlung gefährlicher Abfälle und anderer Abfälle zur Verfügung stellen;

b) bei der Überwachung der Auswirkungen der Behandlung gefährlicher Abfälle auf die menschliche Gesundheit und die Umwelt zusammenarbeiten;

c) vorbehaltlich ihrer innerstaatlichen Gesetze, sonstigen Vorschriften und Grundsatzmaßnahmen bei der

Entwicklung und Durchführung neuer umweltgerechter, abfallarmer Technologien und der Verbesserung bestehender Technologien zusammenarbeiten, um so weit wie möglich die Erzeugung gefährlicher Abfälle und anderer Abfälle zu vermeiden und wirksamere und leistungsfähigere Methoden zu verwirklichen, die ihre umweltgerechte Behandlung gewährleisten, einschließlich der Untersuchung der wirtschaftlichen, sozialen und umweltbezogenen Auswirkungen, die durch die Einführung solcher neuen oder verbesserten Technologien entstehen;

d) vorbehaltlich ihrer innerstaatlichen Gesetze, sonstigen Vorschriften und Politiken aktiv bei der Weitergabe von Technologie und Behandlungssystemen in bezug auf die umweltgerechte Behandlung gefährlicher Abfälle und anderer Abfälle zusammenarbeiten. Sie arbeiten auch bei der Entwicklung der technischen Mittel unter den Vertragsparteien zusammen, insbesondere wenn diese fachlicher Unterstützung auf diesem Gebiet bedürfen und darum ersuchen;

e) bei der Entwicklung geeigneter technischer Richtlinien und/oder Handhabungscodes zusammenarbeiten.

(3) Die Vertragsparteien wenden geeignete Mittel zur Zusammenarbeit an, um den Entwicklungsländern bei der Durchführung des Artikels 4 Absatz 2 Buchstaben a, b und c zu helfen.

(4) Unter Berücksichtigung der Bedürfnisse der Entwicklungsländer wird die Zusammenarbeit zwischen den Vertragsparteien und den zuständigen internationalen Organisationen ermutigt, um unter anderem das Bewußtsein der Öffentlichkeit, die Entwicklung umweltgerechter Behandlung gefährlicher Abfälle und anderer Abfälle und die Einführung neuer abfallarmer Technologien zu fördern.

Artikel 11
Zweiseitige, mehrseitige und regionale Übereinkünfte

(1) Unbeschadet des Artikels 4 Absatz 5 können die Vertragsparteien zweiseitige, mehrseitige und regionale Übereinkünfte oder andere Vereinbarungen über die grenzüberschreitende Verbringung gefährlicher Abfälle oder anderer Abfälle mit Vertragsparteien oder Nichtvertragsparteien schließen, sofern diese Übereinkünfte oder anderen Vereinbarungen nicht von der in diesem Übereinkommen vorgeschriebenen umweltgerechten Behandlung gefährlicher Abfälle und anderer Abfälle abweichen. Diese Übereinkünfte oder anderen Vereinbarungen müssen Bestimmungen enthalten, die nicht weniger umweltgerecht sind als die in dem Übereinkommen vorgesehenen; dabei sind die Interessen der Entwicklungsländer besonders zu berücksichtigen.

(2) Die Vertragsparteien notifizieren dem Sekretariat alle in Absatz 1 genannten zweiseitigen, mehrseitigen oder regionalen Übereinkünfte oder anderen Vereinbarungen sowie alle Übereinkünfte und anderen Vereinbarungen, die sie, bevor dieses Übereinkommen für sie in Kraft trat, zum Zweck der Kontrolle der ausschließlich zwischen den Vertragsparteien der Übereinkünfte erfolgenden grenzüberschreitenden Verbringung gefährlicher Abfälle und anderer Abfälle geschlossen haben. Das Übereinkommen berührt nicht die aufgrund solcher Übereinkünfte erfolgende grenzüberschreitende Verbringung, sofern die Übereinkünfte mit der in dem Übereinkommen vorgeschriebenen umweltgerechten Behandlung gefährlicher Abfälle und anderer Abfälle vereinbar sind.

Artikel 12
Konsultationen über Haftungsfragen

Die Vertragsparteien arbeiten zusammen, um so bald wie möglich ein Protokoll anzunehmen, das geeignete Regeln und Verfahren hinsichtlich der Haftung und des Ersatzes für Schäden festlegt, die sich aus der grenzüberschreitenden Verbringung und der Entsorgung gefährlicher Abfälle und anderer Abfälle ergeben.

Artikel 13
Übermittlung von Informationen

(1) Die Vertragsparteien sorgen dafür, daß im Fall eines ihnen bekannt werdenden Unfalls, der sich bei der grenzüberschreitenden Verbringung gefährlicher Abfälle oder anderer Abfälle oder bei deren Entsorgung ereignet und der in anderen Staaten die menschliche Gesundheit und die Umwelt gefährden könnte, diese Staaten sofort benachrichtigt werden.

(2) Die Vertragsparteien informieren einander über das Sekretariat von

a) Änderungen hinsichtlich der Bestimmung der zuständigen Behörden und/oder Anlaufstellen nach Artikel 5;

b) Änderungen ihrer innerstaatlichen Begriffsbestimmung von gefährlichen Abfällen nach Artikel 3;

und, so bald wie möglich, von

c) den von ihnen getroffenen Beschlüssen, der Einfuhr gefährlicher Abfälle oder anderer Abfälle zum Zweck der Entsorgung in dem ihrer staatlichen Hoheitsgewalt unterstehenden Gebiet ganz oder teilweise nicht zuzustimmen;

d) den von ihnen getroffenen Beschlüssen, die Ausfuhr gefährlicher Abfälle oder anderer Abfälle zu beschränken oder zu verbieten;

e) allen anderen in Absatz 4 vorgeschriebenen Informationen.

(3) Die Vertragsparteien übermitteln entsprechend ihren innerstaatlichen Gesetzen und sonstigen Vorschriften der nach Artikel 15 eingesetzten Konferenz der Vertragsparteien vor dem Ende jedes Kalenderjahres über das Sekretariat einen Bericht über das vorangegangene Kalenderjahr mit folgenden Informationen:

a) die von ihnen nach Artikel 5 bestimmten zuständigen Behörden und Anlaufstellen;

b) Informationen über die grenzüberschreitende Verbringung gefährlicher Abfälle oder anderer Abfälle, an der sie beteiligt waren, darunter:

I) die Menge der ausgeführten gefährlichen Abfälle und anderen Abfällen, ihre Gruppe, ihre Eigenschaften, ihren Bestimmungsort, einen etwaigen Durchfuhrstaat und die Entsorgungsmethode entsprechend den Angaben in der Antwort auf die Notifikation;

II) die Menge der eingeführten gefährlichen Abfälle und anderen Abfälle, ihre Gruppe, Eigenschaften, Herkunft und Entsorgungsmethoden;

III) Entsorgungen, die nicht planmäßig verliefen;

IV) Bemühungen zur Verringerung der Menge der gefährlichen Abfälle oder anderen Abfälle, die grenzüberschreitend verbracht werden sollen;

c) Informationen über die von ihnen getroffenen Maßnahmen zur Durchführung dieses Übereinkommens;

d) Informationen über die von ihnen zusammengestellten verfügbaren aussagefähigen Statistiken über die Auswirkungen der Erzeugung, Beförderung und Entsorgung gefährlicher Abfälle oder anderer Abfälle auf die menschliche Gesundheit und die Umwelt;

e) Informationen über die nach Artikel 11 dieses Übereinkommens geschlossenen zweiseitigen, mehrseitigen und regionalen Übereinkünfte und anderen Vereinbarungen;

f) Informationen über Unfälle, die sich bei der grenzüberschreitenden Verbringung und bei der Entsorgung gefährlicher Abfälle und anderer Abfälle ereignet haben, sowie über die zu ihrer Bewältigung getroffenen Maßnahmen;

g) Informationen über die in dem ihrer innerstaatlichen Hoheitsgewalt unterstehenden Gebiet angewandten Entsorgungsverfahren;

h) Informationen über Maßnahmen zur Entwicklung von Technologien zur Verringerung und/oder Vermeidung der Erzeugung gefährlicher Abfälle und anderer Abfälle und

i) alle weiteren Informationen, die von der Konferenz der Vertragsparteien als sachdienlich erachtet werden.

(4) Die Vertragsparteien sorgen in Übereinstimmung mit ihren innerstaatlichen Gesetzen und sonstigen Vorschriften dafür, daß Abschriften jeder Notifikation über eine bestimmte grenzüberschreitende Verbringung gefährlicher Abfälle oder anderer Abfälle und der Antwort darauf an das Sekretariat gesandt werden, wenn eine Vertragspartei, die der Ansicht ist, daß ihre Umwelt durch diese grenzüberschreitende Verbringung beeinträchtigt werden könnte, darum ersucht.

Artikel 14
Finanzielle Fragen

(1) Die Vertragsparteien kommen überein, daß entsprechend den besonderen Bedürfnissen verschiedener Regionen und Subregionen regionale oder subregionale Zentren für Ausbildung und für die Weitergabe von Technologie in bezug auf die Behandlung gefährlicher Abfälle und anderer Abfälle und der möglichst weitgehenden Vermeidung ihrer Erzeugung errichtet werden sollen. Die Vertragsparteien beschließen die Schaffung angemessener und freiwilliger Finanzierungsmechanismen.

(2) Die Vertragsparteien erwägen die Errichtung eines revolvierenden Fonds, der als Übergangslösung in Notfällen helfen kann, die durch die grenzüberschreitende Verbringung gefährlicher Abfälle und anderer Abfälle oder die Entsorgung dieser Abfälle entstehenden Schäden auf ein Mindestmaß zu beschränken.

Artikel 15
Konferenz der Vertragsparteien

(1) Hiermit wird eine Konferenz der Vertragsparteien eingesetzt. Die erste Tagung der Konferenz der Vertragsparteien wird vom Exekutivdirektor des UNEP spätestens ein Jahr nach Inkrafttreten dieses Übereinkommens einberufen. Danach finden ordentliche Tagungen der Konferenz der Vertragsparteien in regelmäßigen Abständen statt, die von der Konferenz auf ihrer ersten Sitzung festgelegt werden.

(2) Außerordentliche Tagungen der Konferenz der Vertragsparteien finden statt, wenn es die Konferenz für notwendig erachtet oder eine Vertragspartei schriftlich beantragt, sofern dieser Antrag binnen sechs Monaten nach seiner Übermittlung durch das Sekretariat von mindestens einem Drittel der Vertragsparteien unterstützt wird.

(3) Die Konferenz der Vertragsparteien vereinbart und beschließt durch Konsens für sich selbst und für gegebenenfalls von ihr einzusetzende Nebenorgane eine Geschäftsordnung sowie eine Finanzordnung, die insbesondere die finanzielle Beteiligung der Vertragsparteien dieses Übereinkommens regelt.

(4) Die Vertragsparteien prüfen auf ihrer ersten Tagung gegebenenfalls erforderliche zusätzliche Maßnahmen, die ihnen bei der Erfüllung ihrer Verantwortlichkeiten für den Schutz und die Bewahrung der Meeresumwelt im Rahmen dieses Übereinkommens helfen können.

(5) Die Konferenz der Vertragsparteien prüft und bewertet laufend die wirksame Durchführung dieses Übereinkommens; außerdem

a) fördert sie die Angleichung geeigneter Politiken, Strategien und Maßnahmen zur Verringerung der Schädigung der menschlichen Gesundheit und der Umwelt durch gefährliche Abfälle und andere Abfälle;

b) prüft sie und beschließt gegebenenfalls Änderungen des Übereinkommens und seiner Anlagen, unter anderem unter Berücksichtigung verfügbarer wissenschaftlicher, technischer, wirtschaftlicher und ökologischer Informationen;

c) prüft und ergreift sie weitere Maßnahmen, die zur Erreichung der Zwecke des Übereinkommens aufgrund der durch die Wirkungsweise des Übereinkommens und der in Artikel 11 vorgesehenen Übereinkünfte und anderen Vereinbarungen gewonnenen Erfahrungen erforderlich sind;

d) prüft sie und beschließt gegebenenfalls Protokolle und

e) setzt sie die für die Durchführung des Übereinkommens für notwendig erachteten Nebenorgane ein.

(6) Die Vereinten Nationen, ihre Sonderorganisationen sowie jeder Staat, der nicht Vertragspartei dieses Übereinkommens ist, können sich auf den Tagungen der Konferenz der Vertragsparteien durch Beobachter

vertreten lassen. Andere nationale oder internationale, staatliche oder nichtstaatliche Organe oder Einrichtungen, die auf Gebieten im Zusammenhang mit gefährlichen Abfällen und anderen Abfällen fachlich befähigt sind und dem Sekretariat ihren Wunsch mitgeteilt haben, sich auf einer Tagung der Konferenz der Vertragsparteien als Beobachter vertreten zu lassen, können zugelassen werden, sofern nicht mindestens ein Drittel der anwesenden Vertragsparteien widerspricht. Die Zulassung und Teilnahme von Beobachtern unterliegen der von der Konferenz der Vertragsparteien beschlosssenen Geschäftsordnung.

(7) Die Konferenz der Vertragsparteien nimmt drei Jahre nach Inkrafttreten dieses Übereinkommens und mindestens alle sechs Jahre danach eine Bewertung ihrer Wirksamkeit vor und prüft, wenn sie es für notwendig erachtet, die Annahme eines vollständigen oder teilweisen Verbots der grenzüberschreitenden Verbringung gefährlicher Abfälle und anderer Abfälle im Licht der jüngsten wissenschaftlichen, ökologischen, technischen und wirtschaftlichen Informationen.

Artikel 16 Sekretariat

(1) Das Sekretariat hat folgende Aufgaben:

a) Es veranstaltet die in den Artikeln 15 und 17 vorgesehenen Tagungen und stellt die entsprechenden Dienste bereit;

b) es erarbeitet und übermittelt Berichte aufgrund der nach den Artikeln 3, 4, 6, 11 und 13 erhaltenen Informationen, der Informationen, die von den Tagungen der nach Artikel 15 eingesetzten Nebenorgane stammen, sowie gegebenenfalls der Informationen, die von einschlägigen zwischenstaatlichen und nichtstaatlichen Stellen zur Verfügung gestellt werden;

c) es erarbeitet Berichte über seine Tätigkeiten bei der Durchführung seiner Aufgaben im Rahmen dieses Übereinkommens und legt sie der Konferenz der Vertragsparteien vor;

d) es sorgt für die notwendige Koordinierung mit einschlägigen internationalen Stellen und schließt insbesondere die für die wirksame Erfüllung seiner Aufgaben notwendigen verwaltungsmäßigen und vertraglichen Vereinbarungen;

e) es steht mit den nach Artikel 5 dieses Übereinkommens von den Vertragsparteien eingerichteten Anlaufstellen und zuständigen Behörden in Verbindung;

f) es sammelt Informationen über genehmigte nationale Deponien und Anlagen von Vertragsparteien, die für die Entsorgung gefährlicher Abfälle und anderer Abfälle zur Verfügung stehen, und leitet diese Informationen an die Vertragsparteien weiter;

g) es nimmt Informationen von Vertragsparteien entgegen und übermittelt ihnen Informationen darüber, wo
- die Herkunft technischer Hilfe und Ausbildung zu erhalten sind;
- technische und wissenschaftliche Fachkenntnisse verfügbar sind;
- Beratung und Sachkenntnis zu erhalten sind;
- Ressourcen verfügbar sind,

um ihnen auf Ersuchen auf Gebieten wie etwa den folgenden zu helfen:
- Handhabung des in diesem Übereinkommen vorgesehenen Notifikationssystems;
- Behandlung gefährlicher Abfälle und anderer Abfälle;
- umweltgerechte Technologien in bezug auf gefährliche Abfälle und andere Abfälle wie etwa abfallarme und abfallfreie Technologien;
- Bewertung der Entsorgungsmöglichkeiten und Deponien;
- Überwachung gefährlicher Abfälle und anderer Abfälle und
- Gegenmaßnahmen in Notfällen;

h) es stellt den Vertragsparteien auf Ersuchen Informationen über Berater oder Beratungsfirmen mit der erforderlichen technischen Eignung zur Verfügung, die ihnen helfen können, die Notifikation über eine grenzüberschreitende Verbringung, die Übereinstimmung einer Sendung gefährlicher Abfälle und anderer Abfälle mit der betreffenden Notifikation und/oder die Tatsache zu prüfen, ob die vorgeschlagenen Entsorgungsanlagen für gefährliche Abfälle oder andere Abfälle umweltgerecht sind, wenn sie Grund zu der Annahme haben, daß die betreffenden Abfälle nicht umweltgerecht behandelt werden. Eine Prüfung dieser Art ginge nicht zu Lasten des Sekretariats;

i) es hilft den Vertragsparteien auf Ersuchen bei der Ermittlung von Fällen des unerlaubten Verkehrs und leitet den betreffenden Vertragsparteien sofort jede Information zu, die es über unerlaubten Verkehr erhalten hat;

j) es arbeitet mit den Vertragsparteien und mit einschlägigen und zuständigen internationalen Organisationen und Einrichtungen zusammen, um den Staaten in einem Notfall Sachverständige und Ausrüstung zum Zweck der raschen Hilfeleistung zur Verfügung zu stellen, und

k) es nimmt sonstige Aufgaben im Rahmen des Übereinkommens wahr, die von der Konferenz der Vertragsparteien bestimmt werden.

(2) Die Sekretariatsaufgaben werden bis zum Abschluß der ersten Tagung der Konferenz der Vertragsparteien, die nach Artikel 15 abgehalten wird, vorläufig vom UNEP wahrgenommen.

(3) Auf ihrer ersten Tagung bestimmt die Konferenz der Vertragsparteien das Sekretariat aus der Reihe der bestehenden zuständigen zwischenstaatlichen Organisationen, welche ihre Bereitschaft bekundet haben, die in diesem Übereinkommen vorgesehenen Sekretariatsaufgaben wahrzunehmen. Auf dieser Tagung nimmt die Konferenz der Vertragsparteien auch eine Bewertung der Art und Weise vor, in der das vorläufige Sekretariat die ihm insbesondere in Absatz 1 übertragenen Aufgaben erfüllt hat, und beschließt die für die Wahrnehmung dieser Aufgaben am besten geeigneten Strukturen.

Artikel 17 Änderung des Übereinkommens

(1) Jede Vertragspartei kann Änderungen dieses Übereinkommens und jede Vertragspartei eines Protokolls

kann Änderungen des betreffenden Protokolls vorschlagen. In diesen Änderungen werden unter anderem einschlägige wissenschaftliche und technische Erwägungen gebührend berücksichtigt.

(2) Änderungen dieses Übereinkommens werden auf einer Tagung der Konferenz der Vertragsparteien beschlossen. Änderungen eines Protokolls werden auf einer Tagung der Vertragsparteien des betreffenden Protokolls beschlossen. Der Wortlaut einer vorgeschlagenen Änderung des Übereinkommens oder, sofern in einem Protokoll nichts anderes vorgesehen ist, des betreffenden Protokolls wird den Vertragsparteien mindestens sechs Monate vor der Tagung, auf der die Änderung zur Beschlußfassung vorgeschlagen wird, vom Sekretariat übermittelt. Das Sekretariat übermittelt vorgeschlagene Änderungen auch den Unterzeichnern des Übereinkommens zur Kenntnisnahme.

(3) Die Vertragsparteien bemühen sich nach Kräften um eine Einigung durch Konsens über eine vorgeschlagene Änderung dieses Übereinkommens. Sind alle Bemühungen um einen Konsens erschöpft und wird keine Einigung erzielt, so wird als letztes Mittel die Änderung mit Dreiviertelmehrheit der auf der Tagung anwesenden und abstimmenden Vertragsparteien beschlossen und vom Verwahrer allen Vertragsparteien zur Ratifikation, Genehmigung, förmlichen Bestätigung oder Annahme vorgelegt.

(4) Das Verfahren nach Absatz 3 gilt für Änderungen von Protokollen; jedoch reicht für die Beschlußfassung darüber eine Zweidrittelmehrheit der auf der Tagung anwesenden und abstimmenden Vertragsparteien des Protokolls aus.

(5) Die Urkunde über die Ratifikation, Genehmigung, förmliche Bestätigung oder Annahme von Änderungen wird beim Verwahrer hinterlegt. Nach Absatz 3 oder 4 beschlossene Änderungen treten zwischen den Vertragsparteien, die sie angenommen haben, am neunzigsten Tag nach dem Zeitpunkt in Kraft, zu dem der Verwahrer die Urkunde über die Ratifikation, Genehmigung, förmliche Bestätigung oder Annahme von mindestens drei Viertel der Vertragsparteien, welche die Änderungen des betreffenden Protokolls angenommen haben, sofern in dem Protokoll nichts anderes vorgesehen ist, empfangen hat. Danach treten die Änderungen für jede andere Vertragspartei am neunzigsten Tag nach dem Zeitpunkt in Kraft, zu dem die betreffende Vertragspartei ihre Urkunde über die Ratifikation, Genehmigung, förmliche Bestätigung oder Annahme der Änderungen hinterlegt hat.

(6) Im Sinne dieses Artikels bedeutet „anwesende und abstimmende Vertragsparteien" die anwesenden Vertragsparteien, die eine Ja-Stimme oder eine Nein-Stimme abgeben.

Artikel 18
Beschlußfassung über Anlagen und Änderungen von Anlagen

(1) Die Anlagen dieses Übereinkommens oder eines Protokolls sind Bestandteil des Übereinkommens beziehungsweise des betreffenden Protokolls; sofern nicht ausdrücklich etwas anderes vorgesehen ist, stellt eine Bezugnahme auf das Übereinkommen oder seine Protokolle gleichzeitig eine Bezugnahme auf die Anlagen dar. Diese Anlagen beschränken sich auf wissenschaftliche, technische und verwaltungsmäßige Angelegenheiten.

(2) Sofern in einem Protokoll in bezug auf seine Anlagen nichts anderes vorgesehen ist, findet folgendes Verfahren auf den Vorschlag weiterer Anlagen des Übereinkommens oder von Anlagen eines Protokolls, die Beschlußfassung darüber und das Inkrafttreten derselben Anwendung:

a) Anlagen dieses Übereinkommens und seiner Protokolle werden nach dem in Artikel 17 Absätze 2, 3 und 4 festgelegten Verfahren vorgeschlagen und beschlossen;

b) eine Vertragspartei, die eine weitere Anlage dieses Übereinkommens oder eine Anlage eines Protokolls, dessen Vertragspartei sie ist, nicht anzunehmen vermag, notifiziert dies schriftlich dem Verwahrer binnen sechs Monaten nach dem Zeitpunkt, zu dem dieser mitgeteilt hat, daß die Anlage beschlossen worden ist. Der Verwahrer verständigt unverzüglich alle Vertragsparteien vom Empfang jeder derartigen Notifikation. Eine Vertragspartei kann jederzeit eine anlage annehmen, gegen die sie zuvor Einspruch eingelegt hatte; diese Anlage tritt daraufhin für die betreffende Vertragspartei in Kraft;

c) nach Ablauf von sechs Monaten nach dem Zeitpunkt, zu dem der Verwahrer die Mitteilung versandt hat, wird die Anlage für alle Vertragsparteien dieses Übereinkommens oder des betreffenden Protokolls, die keine Notifikation nach Buchstabe b vorgelegt haben, wirksam.

(3) Der Vorschlag von Änderungen von Anlagen dieses Übereinkommens oder eines Protokolls, die Beschlußfassung darüber und das Inkrafttreten derselben unterliegen demselben Verfahren wie der Vorschlag von Anlagen des Übereinkommens oder von Anlagen eines Protokolls, die Beschlußfassung darüber und das Inkrafttreten derselben. In den Anlagen und ihren Änderungen werden unter anderem einschlägige wissenschaftliche und technische Erwägungen gebührend berücksichtigt.

(4) Hat eine weitere Anlage oder eine Änderung einer Anlage eine Änderung dieses Übereinkommens oder eines Protokolls zur Folge, so tritt die weitere oder die geänderte Anlage erst in Kraft, wenn die Änderung des Übereinkommens oder des betreffenden Protokolls in Kraft tritt.

Artikel 19
Nachprüfung

Jede Vertragspartei, die Grund zu der Annahme hat, daß eine andere Vertragspartei ihren Pflichten aus diesem Übereinkommen zuwiderhandelt oder zuwidergehandelt hat, kann das Sekretariat davon in Kenntnis setzen; in diesem Fall unterrichtet sie gleichzeitig und sofort unmittelbar oder über das Sekretariat die Vertragspartei, gegen welche die Behauptung vorgebracht wird. Alle diesbezüglichen Informationen sollen den Vertragsparteien vom Sekretariat übermittelt werden.

Artikel 20
Beilegung von Streitigkeiten

(1) Im Fall einer Streitigkeit zwischen Vertragsparteien über die Auslegung, Anwendung oder Einhaltung

dieses Übereinkommens oder eines dazugehörigen Protokolls bemühen sich diese Vertragsparteien, die Streitigkeit durch Verhandlung oder andere friedliche Mittel eigener Wahl beizulegen.

(2) Können die betroffenen Vertragsparteien ihre Streitigkeit nicht durch die in Absatz 1 bezeichneten Mittel beilegen, so wird die Streitigkeit, falls die Streitparteien dies vereinbaren, dem Internationalen Gerichtshof oder einem Schiedsverfahren unter den in Anlage VI über das Schiedsverfahren festgelegten Bedingungen unterbreitet. Können sich die Vertragsparteien nicht darüber einigen, die Streitigkeit dem Internationalen Gerichtshof vorzulegen oder einem Schiedsverfahren zu unterwerfen, so sind sie dadurch nicht der Verantwortung enthoben, sich weiterhin um eine Lösung durch die in Absatz 1 bezeichneten Mittel zu bemühen.

(3) Bei der Ratifikation, der Annahme, der Genehmigung, der förmlichen Bestätigung oder beim Beitritt zu diesem Übereinkommen oder jederzeit danach können ein Staat oder eine Organisation der wirtschaftlichen und/oder politischen Integration erklären, daß sie von Rechts wegen und ohne besondere Übereinkunft gegenüber jeder Vertragspartei, welche dieselbe Verpflichtung übernimmt, folgendes als obligatorisch anerkennen:

a) die Vorlage der Streitigkeit an den Internationalen Gerichtshof und/oder

b) die Unterwerfung der Streitigkeit unter ein Schiedsverfahren in Übereinstimmung mit den in Anlage VI festgelegten Verfahren.

Diese Erklärung wird dem Sekretariat schriftlich notifiziert, das sie an die Vertragsparteien weiterleitet.

Artikel 21
Unterzeichnung

Dieses Übereinkommen liegt für Staaten, für Namibia, vertreten durch den Rat der Vereinten Nationen für Namibia, und für Organisationen der wirtschaftlichen und/oder politischen Integration am 22. März 1989 in Basel, vom 23. März 1989 bis zum 30. Juni 1989 im Eidgenössischen Departement für auswärtige Angelegenheiten der Schweiz in Bern und vom 1. Juli 1989 bis zum 22. März 1990 am Sitz der Vereinten Nationen in New York zur Unterzeichnung auf.

Artikel 22
Ratifikation, Annahme, förmliche Bestätigung oder Genehmigung

(1) Dieses Übereinkommen bedarf der Ratifikation, Annahme oder Genehmigung durch die Staaten und Namibia, vertreten durch den Rat der Vereinten Nationen für Namibia, sowie der förmlichen Bestätigung oder Genehmigung durch die Organisationen der wirtschaftlichen und/oder politischen Integration. Die Ratifikations- und Annahmeurkunden, die Urkunden der förmlichen Bestätigung oder die Genehmigungsurkunden werden beim Verwahrer hinterlegt.

(2) Jede in Absatz 1 bezeichnete Organisation, die Vertragspartei dieses Übereinkommens wird, ohne daß einer ihrer Mitgliedstaaten Vertragspartei ist, ist durch alle Verpflichtungen aus dem Übereinkommen gebunden. Sind ein oder mehrere Mitgliedstaaten einer solchen Organisation Vertragspartei des Übereinkommens, so entscheiden die Organisationen und ihre Mitgliedstaaten über ihre jeweiligen Verantwortlichkeiten hinsichtlich der Erfüllung ihrer Verpflichtungen aus dem Übereinkommen. In diesen Fällen sind die Organisation und die Mitgliedstaaten nicht berechtigt, die Rechte aufgrund des Übereinkommens gleichzeitig auszuüben.

(3) In ihren Urkunden der förmlichen Bestätigung oder Genehmigungsurkunden erklären die in Absatz 1 bezeichneten Organisationen den Umfang ihrer Zuständigkeiten in bezug auf die durch dieses Übereinkommen erfaßten Angelegenheiten. Diese Organisationen teilen dem Verwahrer auch jede wesentliche Änderung des Umfangs ihrer Zuständigkeiten mit, der diese Mitteilung an die Vertragsparteien weiterleitet.

Artikel 23
Beitritt

(1) Dieses Übereinkommen steht von dem Tag an, an dem es nicht mehr zur Unterzeichnung aufliegt, Staaten, Namibia, vertreten durch den Rat der Vereinten Nationen für Namibia, und Organisationen der wirtschaftlichen und/oder politischen Integration zum Beitritt offen. Die Beitrittsurkunden werden beim Verwahrer hinterlegt.

(2) In ihren Beitrittsurkunden erklären die in Absatz 1 bezeichneten Organisationen den Umfang ihrer Zuständigkeiten in bezug auf die durch dieses Übereinkommen erfaßten Angelegenheiten. Diese Organisationen teilen dem Verwahrer auch jede wesentliche Änderung des Umfangs ihrer Zuständigkeiten mit.

(3) Artikel 22 Absatz 2 findet auf Organisationen der wirtschaftlichen und/oder politischen Integration Anwendung, die diesem Übereinkommen beitreten.

Artikel 24
Stimmrecht

(1) Unbeschadet des Absatzes 2 hat jede Vertragspartei dieses Übereinkommens eine Stimme.

(2) Die Organisationen der wirtschaftlichen und/oder politischen Integration üben in Angelegenheiten, die nach Artikel 22 Absatz 3 und Artikel 23 Absatz 2 in ihre Zuständigkeit fallen, ihr Stimmrecht mit der Anzahl der Stimmen aus, die der Anzahl ihrer Mitgliedstaaten entspricht, die Vertragsparteien dieses Übereinkommens oder des betreffenden Protokolls sind. Diese Organisationen üben ihr Stimmrecht nicht aus, wenn ihre Mitgliedstaaten ihr Stimmrecht ausüben, und umgekehrt.

Artikel 25
Inkrafttreten

(1) Dieses Übereinkommen tritt am neunzigsten Tag nach dem Zeitpunkt der Hinterlegung der zwanzigsten Ratifikations- oder Annahmeurkunde, Urkunde der förmlichen Bestätigung, Genehmigungs- oder Beitrittsurkunde in Kraft.

(2) Für jeden Staat oder jede Organisation der wirtschaftlichen und/oder politischen Integration, die nach dem Zeitpunkt der Hinterlegung der zwanzigsten Ra-

tifikations-, Annahme- oder Genehmigungsurkunde, Urkunde der förmlichen Bestätigung oder Beitrittsurkunde dieses Übereinkommen ratifiziert, annimmt, genehmigt oder förmlich bestätigt oder ihm beitritt, tritt das Übereinkommen am neunzigsten Tag nach dem Zeitpunkt der Hinterlegung der Ratifikations-, Annahme- oder Genehmigungsurkunde, der Urkunde der förmlichen Bestätigung oder der Beitrittsurkunde durch den betreffenden Staat oder die betreffende Organisation der wirtschaftlichen und/oder politischen Integration in Kraft.

(3) Für die Zwecke der Absätze 1 und 2 zählt eine von einer Organisation der wirtschaftlichen und/oder politischen Urkunde zu den von Mitgliedstaaten der betreffenden Organisation hinterlegten Urkunden.

Artikel 26
Vorbehalte und Erklärungen

(1) Vorbehalte oder Ausnahmen zu diesem Übereinkommen sind nicht zulässig.

(2) Absatz 1 schließt nicht aus, daß ein Staat oder eine Organisation der wirtschaftlichen und/oder politischen Integration bei der Unterzeichnung, Ratifikation, Annahme, Genehmigung oder förmlichen Bestätigung dieses Übereinkommens oder beim Beitritt dazu Erklärungen gleich welchen Wortlauts oder welcher Bezeichnung abgibt, um unter anderem die anwendbaren Gesetze und sonstigen Vorschriften mit den Bestimmungen des Übereinkommens in Einklang zu bringen, vorausgesetzt, daß diese Erklärungen nicht darauf abzielen, die Rechtswirkungen der Bestimmungen des Übereinkommens in ihrer Anwendung auf diesen Staat auszuschließen oder zu ändern.

Artikel 27
Rücktritt

(1) Eine Vertragspartei kann jederzeit nach Ablauf von drei Jahren nach dem Zeitpunkt, zu dem dieses Übereinkommen für sie in Kraft getreten ist, durch eine an den Verwahrer gerichtete schriftliche Notifikation vom Übereinkommen zurücktreten.

(2) Der Rücktritt wird ein Jahr nach dem Eingang der Notifikation beim Verwahrer oder zu einem gegebenenfalls in der Notifikation genannten späteren Zeitpunkt wirksam.

Artikel 28
Verwahrer

Der Generalsekretär der Vereinten Nationen ist Verwahrer dieses Übereinkommens und jedes dazugehörigen Protokolls.

Artikel 29
Verbindliche Wortlaute

Der urschriftliche arabische, chinesische, englische, französische, russische und spanische Wortlaut dieses Übereinkommens ist gleichermaßen verbindlich.

Zu Urkund dessen haben die hierzu gehörig befugten Unterzeichneten dieses Übereinkommen unterschrieben.

Anlage I
Gruppen der zu kontrollierenden Abfälle

Abfallart

Y1 Klinischer Abfall, der bei der ärztlichen Versorgung in Krankenhäusern, medizinischen Zentren und Kliniken anfällt
Y2 Abfälle aus der Herstellung und Zubereitung pharmazeutischer Erzeugnisse
Y3 Altmedikamente, Abfälle von Arzneimitteln und Heilmitteln
Y4 Abfälle aus der Herstellung, Zubereitung und Anwendung von Bioziden und Phytopharmaka
Y5 Abfälle aus der Herstellung, Zubereitung und Anwendung chemischer Holzschutzmittel
Y6 Abfälle aus der Herstellung, Zubereitung und Verwendung organischer Lösemittel
Y7 Cyanidhaltige Abfälle aus der Oberflächenvergütung und -härtung
Y8 Altöl und Abfallmineralöl, die für den ursprünglichen Verwendungszweck nicht geeignet sind
Y9 Abfälle von Öl/Wasser- und Kohlenwasserstoff/Wassergemischen und Emulsionen
Y10 Abfallstoffe und Erzeugnisse, die polychlorierte Biphenyle (PCB) und/oder polychlorierte terphenyle (PCT) und/oder polybromierte Biphenyle (PBB) enthalten oder damit verunreinigt sind
Y11 Teerhaltige Abfälle, die bei der Raffination, Destillation und bei pyrolytischen Prozessen anfallen
Y12 Abfälle aus der Herstellung, Zubereitung und Verwendung von Tinten, Farbstoffen, Pigmenten, Farben, Lacken und Firnissen
Y13 Abfälle aus der Herstellung, Zubereitung und Verwendung von Harzen, Latex, Weichmachern, Klebstoffen/Adhäsiva
Y14 Abfälle chemischer Stoffe, die bei Forschungs-, Entwicklungs- oder Lehrtätigkeit anfallen und nicht identifiziert und/oder neu sind und deren Auswirkungen auf den Menschen und/oder die Umwelt unbekannt ist
Y15 Abfälle explosiver Art, die keiner sonstigen Rechtsvorschrift unterliegen
Y16 Abfälle aus der Herstellung, Zubereitung und Verwendung von Fotochemikalien und -materialien
Y17 Abfälle aus der Oberflächenbehandlung von Metallen und Kunststoffen
Y18 Rückstände der industriellen Abfallentsorgung

Abfälle, die folgende Bestandteile enthalten:

Y19 Metallkarbonyle
Y20 Beryllium; Berylliumverbindungen
Y21 Chrom-VI-Verbindungen
Y22 Kupferverbindungen
Y23 Zinkverbindungen
Y24 Arsen; Arsenverbindungen
Y25 Selen; Selenverbindungen
Y26 Cadmium; Cadmiumverbindungen
Y27 Antimon; Antimonverbindungen
Y28 Tellur; Tellurverbindungen
Y29 Quecksilber; Quecksilberverbindungen
Y30 Thallium; Thalliumverbindungen
Y31 Blei; Bleiverbindungen
Y32 Anorganische Fluorverbindungen mit Ausnahme von Kalziumfluorid
Y33 Anorganische Cyanide
Y34 Saure Lösungen oder Säuren in fester Form
Y35 Basische Lösungen oder Basen in fester Form
Y36 Asbest (Staub und Fasern)
Y37 Organische Phosphorverbindungen
Y38 Organische Cyanide
Y39 Phenole, Phenolverbindungen einschließlich Chlorphenole

Y40 Äther
Y41 Halogenierte organische Lösemittel
Y42 Organische Lösemittel mit Ausnahme von halogenierten Lösemitteln
Y43 Polychlorierte Dibenzofurane und alle artverwandten Verbindungen
Y44 Polychlorierte Dibenzo-p-dioxine und alle artverwandten Verbindungen
Y45 Andere organische Halogenverbindungen als die in dieser Anlage aufgeführten Stoffe (z. B. Y39, Y41, Y42, Y43, Y44)

Anlage II
Gruppen von Abfällen, die besonderer Prüfung bedürfen

Y46 Haushaltsabfälle
Y47 Rückstände aus der Verbrennung von Haushaltsabfällen

Anlage III
Liste der gefährlichen Eigenschaften

UN-Klasse*, Codenummer, Eigenschaften

1, H1, Explosivstoffe
Ein explosiver Stoff oder Abfall ist ein fester oder flüssiger Stoff oder Abfall (oder ein Gemisch aus Stoffen oder Abfällen), der selbständig durch chemische Reaktion Gas mit einer Temperatur, einem Druck und einer Geschwindigkeit erzeugen kann, daß Schäden in der Umgebung entstehen.

3, H3, Entzündbare Flüssigkeiten
Entzündbare Flüssigkeiten sind Flüssigkeiten oder Flüssigkeitsgemische oder Flüssigkeiten, die Feststoffe in Lösung oder Suspension enthalten (z. B. Farben, Firnisse, Lacke usw., jedoch keine Stoffe der Abfälle, die aufgrund ihrer Gefahreneigenschaften unter eine andere Gruppe fallen) und bei einer Temperatur von nicht mehr als 60, 5 °C, Versuch im geschlossenen Tiegel, oder bei nicht mehr als 65,6 °C, Versuch im offenen Tiegel, entzündbare Dämpfe entwickeln. (Da die Ergebnisse der Versuche im offenen und im geschlossenen Tiegel nicht streng vergleichbar sind und sogar bei gleichem Versuch die einzelnen Ergebnisse oft unterschiedlich sind, würden von den vorstehenden Werten abweichende Vorschriften, die diese Unterschiede berücksichtigen, dem Geist dieser Begriffsbestimmung entsprechen.)

4.1, H4.1, Entzündbare Feststoffe
Feststoffe oder Feststoffabfälle, die nicht als explosive Stoffe oder Abfälle eingeteilt und unter Beförderungsbedingungen leicht brennbar sind oder durch Reibung einen Brand auslösen oder zu seiner Entstehung beitragen können.

4.2, H4.2, Selbstentzündbare Stoffe oder Abfälle
Stoffe oder Abfälle, die sich unter den üblichen Beförderungsbedingungen von selbst oder bei Luftzutritt erhitzen und sich dann entzünden können.

4.3, H4.3, Stoffe oder Abfälle, die in Berührung mit Wasser entzündbare Gase entwickeln
Stoffe oder Abfälle, die sich durch Reaktion mit Wasser selbst entzünden oder gefährliche Mengen entzündbarer Gase freisetzen können.

5.1, H5.1, Oxidierende Stoffe
Stoffe oder Abfälle, die zwar selbst nicht zwangsläufig entzündbar sind, die jedoch im allgemeinen durch Freisetzen von Sauerstoff das Entzünden anderer Stoffe auslösen oder dazu beitragen können.

5.2, H5.2, Organische Peroxide
Organische Stoffe oder Abfälle, welche die bivalente O-O-Struktur enthalten, sind wärmeinstabile Stoffe, bei denen eine exotherme Zersetzung unter Selbstbeschleunigung eintreten kann.

6.1, H6.1, Giftige Stoffe (mit akuter Wirkung)
Stoffe oder Abfälle, die durch Einnahme, Einatmen oder Druchdringen der Haut beim Menschen den Tod oder schwere Verletzungen herbeiführen oder die menschliche Gesundheit gefährden können.

6.2, H6.2, Infektiöse Stoffe
Stoffe oder Abfälle, die lebensfähige Mikroorganismen oder deren Toxine enthalten, die erwiesenermaßen oder vermutlich bei Tieren oder Menschen Erkrankungen hervorrufen.

8, H8, Ätzende Stoffe
Stoffe oder Abfälle, die durch chemische Reaktion bei Berührung durch chemische Reaktion schwere Schäden an lebendem Gewebe hervorrufen oder im Leckfall andere beförderte Güter oder das Beförderungsmittel selbst erheblich beschädigen oder sogar zerstören können; sie können auch andere Gefahren verursachen.

9, H10, Freisetzen toxischer Gase bei Berührung mit Luft oder Wasser
Stoffe oder Abfälle, die durch Reaktion mit Luft oder Wasser toxische Gase in gefährlichen Mengen freisetzen können.

9, H11, Toxische Stoffe (mit verzögerter oder chronischer Wirkung)
Stoffe oder Abfälle, die durch Einatmen, Einnahme oder Durchdringen der Haut eine verzögerte oder chronische Wirkung, einschließlich Karzinogenität, zur Folge haben können.

9, H12, Ökotoxische Stoffe
Stoffe oder Abfälle, die nach Freisetzen durch Bioakkumulation und/oder toxische Wirkung auf Lebenssysteme sofort oder später nachteilige Auswirkungen auf die Umwelt haben oder haben können.

9, H13, Stoffe,
die auf irgendeine Weise nach der Entsorgung andere Substanzen erzeugen können, wie etwa Sickerstoffe, die eine der vorstehend aufgeführten Eigenschaften besitzen.

Prüfungen
Die Gefahren, die von bestimmten Abfallarten ausgehen können, sind noch nicht völlig geklärt; es gibt keine Prüfungen zur mengenmäßigen Bestimmung dieser Gefahren. Weitere Forschung ist erforderlich, um Methoden zur Kennzeichnung der möglichen Gefahren dieser Stoffe für den Menschen und/oder die Umwelt zu entwickeln. Für reine Substanzen und Stoffe sind genormte Prüfungen ausgearbeitet worden. Zahlreiche Staaten haben eigene Prüfungen entwickelt, die auf die in Anlage I aufgeführten Stoffe angewandt werden können, um festzustellen, ob diese Stoffe eine der in dieser Anlage aufgeführten Eigenschaften besitzen.

* Entspricht der Einteilung in Gefahrenklassen, die in den Empfehlungen der Vereinten Nationen über die Beförderung gefährlicher Güter (ST/SG/AC.10/1/Rev.5. Vereinte Nationen, New York, 1988) enthalten ist.

Anlage IV
Entsorgungsverfahren

A. **Verfahren, bei denen Wiedergewinnung, Verwertung, Rückgewinnung und unmittelbare Wiederverwendung oder andere Weiterverwendung der Abfälle nicht möglich ist**
Abschnitt A enthält sämtliche Entsorgungsverfahren, die in der Praxis angewandt werden.

D1 Ablagerungen in oder auf dem Boden (d. h. in Deponien usw.)

D2 Behandlung im Boden (z. B. biologischer Abbau von flüssigen oder schlammigen Abfällen im Erdreich usw.)

D3 Verpressung (z. B. Verpressung pumpfähiger Abfälle in Bohrlöcher, Salzdome oder natürliche Hohlräume usw.)

D4 Oberflächenaufbringung (z. B. Ableitung flüssiger oder schlammiger Abfälle in Erdbecken, Teiche oder Lagunen usw.)

D5 Speziell angelegte Deponien (z. B. Ablagerung in abgedichteten, getrennten Räumen, die verschlossen und gegeneinander und gegen die Umwelt isoliert werden usw.)

D6 Einleitung in ein Gewässer mit Ausnahme von Meeren/Ozeanen

D7 Einleitung in Meere/Ozeane einschließlich Einbringung in den Meeresboden

D8 Biologische Behandlung, die nicht an anderer Stelle in dieser Anlage beschrieben ist und durch die letztlich Verbindungen oder Gemische entstehen, die mit einem der in Abschnitt A aufgeführten Verfahren entsorgt werden

D9 Chemisch/physikalische Behandlung, die nicht an anderer Stelle in dieser Anlage beschrieben ist und durch die Endverbindungen oder -gemische entstehen, die mit einem der in Abschnitt A beschriebenen Verfahren entsorgt werden (z. B. Verdampfen, Trocknen, Kalzinieren, Neutralisieren, Ausfällen usw.)

D10 Verbrennung an Land

D11 Verbrennung auf See

D12 Dauerlagerung (z. B. Lagerung von Behältern in einem Bergwerk usw.)

D13 Vermengung oder Vermischung vor Anwendung eines der in Abschnitt A beschriebenen Verfahren

D14 Rekonditionierung vor Anwendung eines der in Abschnitt A beschriebenen Verfahren

D15 Lagerung bis zur Anwendung eines der in Abschnitt A beschriebenen Verfahren (Zwischenlagerung)

B. **Verfahren, bei denen Wiedergewinnung, Verwertung, Rückgewinnung und unmittelbare oder andere Wiederverwendung der Abfälle möglich ist**
Abschnitt B enthält sämtliche derartigen Verfahren in bezug auf Stoffe, die gesetzlich als gefährliche Abfälle bezeichnet werden oder als solche gelten und die andernfalls den in Abschnitt A beschriebenen Verfahren unterzogen würden

R1 Verwendung als Brennstoff (außer bei Direktverbrennung) oder andere Mittel der Energieerzeugung

R2 Rückgewinnung/Regenerierung von Lösemitteln

R3 Verwertung/Rückgewinnung organischer Stoffe, die nicht als Lösemittel verwendet werden

R4 Verwertung/Rückgewinnung von Metallen und Metallverbindungen

R5 Verwertung/Rückgewinnung anderer anorganischer Stoffe

R6 Regenerierung von Säuren oder Basen

R7 Wiedergewinnung von Bestandteilen, die der Bekämpfung der Verunreinigung dienen

R8 Wiedergewinnung von Katalysatorbestandteilen

R9 Altölraffination oder andere Wiederverwendungsmöglichkeiten von Altöl

R10 Aufbringung auf den Boden zum Nutzen der Landwirtschaft oder der Ökologie

R11 Verwendung von Rückständen, die bei einem der unter R1-R10 aufgezählten Verfahren gewonnen werden

R12 Austausch von Abfällen, um sie einem der unter R1-R11 aufgezählten Verfahren zu unterziehen

R13 Ansammlung von Stoffen, die für ein der in Abschnitt B beschriebenen Verfahren vorgesehen sind.

Anlage V A
Bei der Notifikation anzugebende Informationen

1. Begründung für die Ausfuhr der Abfälle
2. Abfallexporteur[1]
3. Abfallerzeuger und Entstehungsort[1]
4. Abfallentsorger und tatsächlicher Ort der Entsorgung[1]
5. Vorgesehene(r) Abfallbeförderer oder, sofern bekannt, ihre Beauftragten[1]
6. Abfallausfuhrland
Zuständige Behörde[2]
7. Voraussichtliche Durchfuhrländer
Zuständige Behörde[2]
8. Abfalleinfuhrland
Zuständige Behörde[2]
9. Allgemeine Notifikation oder Einzelnotifikation
10. Voraussichtliche(r) Versandtermin(e) und Dauer der Abfallausfuhr sowie vorgesehener Weg (einschließlich Ort der Einfuhr und der Ausfuhr)[3]
11. Vorgesehenes Beförderungsmittel (Straße, Schiene, Seeweg, Luftweg, Binnengewässer)
12. Informationen über die Versicherung[4]
13. Bezeichnung und Beschreibung der Beschaffenheit des Abfalls, einschließlich der Y-Nummer und der UN-Nummer, und seiner Zusammensetzung[5] sowie Angaben über etwaige besondere Handhabungsvorschriften, einschließlich der bei Unfällen zu ergreifenden Sofortmaßnahmen
14. Art der vorgesehenen Verpackung (z. B. als Schüttgut, in Fässern oder in Tanks)

15. Geschätzte Menge nach Gewicht/Volumen[6]
16. Verfahren, bei dem der Abfall anfällt[7]
17. Für die in Anlage I aufgeführten Abfälle Einteilungen nach Anlage III: Gefahreneigenschaft, H-Nummer und UN-Klasse
18. Entsorgungsverfahren nach Anlage IV
19. Erklärung des Erzeugers und des Exporteurs, daß die Informationen zutreffend sind
20. Informationen (einschließlich einer technischen Beschreibung der Anlage) des Abfallentsorgers an den Exporteur oder Erzeuger, auf die der Entsorger seine Feststellung gestütz hat, daß kein Grund zu der Annahme vorliegt, die Abfälle würden nicht umweltgerecht in Übereinstimmung mit den Gesetzen und sonstigen Vorschriften des Einfuhrlands behandelt werden
21. Informationen über den Vertrag zwischen dem Exporteur und dem Entsorger.

Anmerkungen

[1] Vollständiger Name und vollständige Anschrift, Telefon-, Telex- oder Telefaxnummer sowie Name, Anschrift, Telefon-, Telex- und Telefaxnummer der Kontaktperson.

[2] Vollständiger Name und vollständige Anschrift, Telefon-, Telex- oder Telefaxnummer.

[3] Bei einer allgemeinen Notifikation, die mehrere Sendungen betrifft, sind entweder die voraussichtlichen Versandtermine jeder einzelnen Sendung oder, falls diese nicht bekannt sind, die voraussichtliche Häufigkeit der Sendungen anzugeben.

[4] Informationen über einschlägige Versicherungsvorschriften und über ihre Einhaltung durch den Exporteur, den Beförderer und den Entsorger.

[5] Art und Konzentration der gefährlichsten Bestandteile hinsichtlich ihrer Toxizität und anderer sowohl mit der Behandlung als auch mit dem vorgesehenen Entsorgungsverfahren des Abfalls verbundenen Gefahren.

[6] Bei einer allgemeinen Notifikation, die mehrere Sendungen betrifft, sind sowohl die geschätzte Gesamtmenge als auch die geschätzten Mengen jeder einzelnen Sendung anzugeben.

[7] Soweit diese Angaben zur Einschätzung der Gefahr und zur Feststellung der Anwendbarkeit des vorgesehenen Entsorgungsverfahrens erforderlich sind.

Anlage V B
Im Begleitpapier anzugebende Informationen

1. Abfallexporteur[1]
2. Abfallerzeuger und Entstehungsort[1]
3. Abfallerzeuger und tatsächlicher Ort der Entsorgung[1]
4. Beförderer des Abfalls[1] oder seine Beauftragten
5. Gegenstand einer allgemeinen oder einer Einzelnotifikation
6. Tag, an dem die grenzüberschreitende Verbringung begonnen hat, sowie Tag(e) des Eingangs und Unterschrift jeder Person, die den Abfall übernimmt
7. Beförderungsmittel (Straße, Schiene, Binnengewässer, Seeweg, Luftweg) einschließlich Ausfuhr-, Durchfuhr- und Einfuhrländer sowie Ort der Einfuhr und der Ausfuhr, sofern diese bekannt sind
8. Allgemeine Beschreibung des Abfalls (physische Beschaffenheit, genaue UN-Versandbezeichnung und -klasse, UN-Nummer, Y-Nummer und H-Nummer, soweit zutreffend)
9. Informationen über besondere Vorschriften für die Behandlung, einschließlich der bei Unfällen zu ergreifenden Sofortmaßnahmen
10. Art und Zahl der Versandstücke
11. Menge nach Gewicht/Volumen
12. Erklärung des Erzeugers oder Exporteurs, daß die Informationen zutreffend sind
13. Erklärung des Erzeugers oder Exporteurs, in der er bestätigt, daß von seiten der zuständigen Behörden aller betroffenen Staaten, die Vertragsparteien sind, kein Widerspruch erhoben wird
14. Bestätigung des Entsorgers über den Eingang bei der bezeichneten Entsorgungsanlage sowie Angabe des Entsorgungsverfahrens und des ungefähren Entsorgungstermins.

Anmerkungen

Die im Begleitpapier anzugebenden Informationen sind nach Möglichkeit zusammen mit den nach den Beförderungsregeln vorgeschriebenen Angaben in einem einzigen Dokument zusammenzufassen. Ist dies nicht möglich, so sollen diese Informationen die nach den Beförderungsregeln vorgeschriebenen Angaben nicht wiederholen, sondern ergänzen. Das Begleitpapier enthält Anweisungen darüber, wer die Angaben beizubringen und die Vordrucke auszufüllen hat.

[1] Vollständiger Name und vollständige Anschrift, Telefon-, Telex- oder Telefaxnummer sowie Name, Anschrift, Telefon-, Telex- und Telefaxnummer der Kontaktperson in Notfällen

Anlage VI
Schiedsverfahren

Artikel 1

Sofern die in Artikel 20 des Übereinkommens bezeichnete Vereinbarung nichts anderes vorsieht, wird das Schiedsverfahren nach den Artikeln 2 bis 10 durchgeführt.

Artikel 2

Die antragstellende Partei notifiziert dem Sekretariat, daß die Parteien sich darauf geeignet haben, die Streitigkeiten nach Artikel 20 Absatz 2 oder 3 des Übereinkommens einem Schiedsverfahren zu unterwerfen, und weist insbesondere auf die Artikel des Übereinkommens hin, deren Auslegung oder Anwendung strittig ist. Das Sekretariat leitet diese Informationen an alle Vertragsparteien des Übereinkommens weiter.

Artikel 3

Das Schiedsgericht besteht aus drei Mitgliedern. Jede der an der Streitigkeit beteiligten Vertragsparteien bestellt einen Schiedsrichter, und die beiden so bestellten Schiedsrichter ernennen einvernehmlich den dritten Schiedsrichter zum Vorsitzenden des Gerichts. Dieser darf nicht Staatsangehöriger einer der Streitparteien sein, nicht seinen ständigen Aufenthalt im Hoheitsgebiet einer dieser Parteien haben, nicht bei einer von ihnen im Dienst stehen und sich in keiner anderen Eigenschaft mit der Streitigkeit befaßt haben.

Artikel 4

(1) Ist der Vorsitzende des Schiedsgerichts nicht binnen zwei Monaten nach der Bestellung des zweiten Schiedsrichters ernannt, so ernennt ihn der Generalsekretär der Vereinten Nationen auf Ersuchen einer der Parteien binnen einer weiteren Frist von zwei Monaten.

(2) Hat eine der Streitparteien nicht binnen zwei Monaten nach Eingang des Ersuchens einen Schiedsrichter bestellt, so kann die andere Partei den Generalsekretär

der Vereinten Nationen davon in Kenntnis setzen, der den Vorsitzenden des Schiedsgerichts binnen einer Frist von weiteren zwei Monaten ernennen wird. Nach seiner Ernennung fordert der Vorsitzende des Schiedsgerichts die Partei, die noch keinen Schiedsrichter bestellt hat, auf, diese Bestellung binnen zwei Monaten vorzunehmen. Nach Ablauf dieser Frist unterrichtet er den Generalsekretär der Vereinten Nationen, der diese Ernennung binnen einer Frist von weiteren zwei Monaten vornimmt.

Artikel 5

(1) Das Schiedsgericht trifft seine Entscheidungen nach Maßgabe des Völkerrechts und in Übereinstimmung mit dem Übereinkommen.

(2) Ein nach dieser Anlage gebildetes Schiedsgericht legt seine Verfahrensordnung fest.

Artikel 6

(1) Das Schiedsgericht entscheidet über Verfahren und Inhalt mit der Mehrheit seiner Mitglieder.

(2) Das Gericht kann zur Feststellung der Tatsachen alle geeigneten Maßnahmen ergreifen. Auf Ersuchen einer der Parteien kann es dringende einstweilige Schutzmaßnahmen empfehlen.

(3) Die Streitparteien schaffen alle für den reibungslosen Verlauf des Verfahrens notwendigen Erleichterungen.

(4) Abwesenheit oder Versäumnis einer Partei stellt kein Hindernis für das Verfahren dar.

Artikel 7

Das Gericht kann über Gegenklagen, die mit dem Streitgegenstand unmittelbar in Zusammenhang stehen, verhandeln und entscheiden.

Artikel 8

Sofern das Schiedsgericht nicht wegen der besonderen Umstände des Einzelfalls etwas anderes beschließt, werden die Kosten des Gerichts, einschließlich der Vergütung seiner Mitglieder, von den Streitparteien zu gleichen Teilen getragen. Das Gericht verzeichnet alle seine Kosten und legt den Parteien eine Schlußabrechnung vor.

Artikel 9

Hat eine Vertragspartei ein rechtliches Interesse an dem Streitgegenstand, das durch die Entscheidung des Falles berührt werden könnte, so kann sie mit Zustimmung des Gerichts dem Verfahren beitreten.

Artikel 10

(1) Das Gericht fällt seinen Schiedsspruch binnen fünf Monaten nach dem Zeitpunkt, in dem es gebildet wurde; hält es jedoch eine Verlängerung dieser Frist für notwendig, so darf diese fünf Monate nicht überschreiten.

(2) Der Spruch des Schiedsgerichts ist mit einer Begründung zu versehen. Er ist endgültig und für die Streitparteien bindend.

(3) Streitigkeiten zwischen den Parteien über die Auslegung oder die Vollstreckung des Schiedsspruchs können von jeder Partei dem Schiedsgericht, das den Spruch gefällt hat, oder, falls dieses Gericht nicht befaßt werden kann, einem anderen Gericht unterbreitet werden, das zu diesem Zweck auf die gleiche Weise gebildet wird wie das erste.

VIERTES
AKP—EWG-ABKOMMEN
unterzeichnet am 15. Dezember 1989 in Lome

Artikel 39

(1) Die Vertragsparteien verpflichten sich, jeweils in ihrem Zuständigkeitsbereich alles zu unternehmen, damit der internationale Verkehr mit gefährlichen Abfällen und radioaktiven Abfällen allgemein unter Kontrolle gebracht wird, und weisen auf die Bedeutung hin, die einer wirksamen internationalen Zusammenarbeit auf diesem Gebiet zukommt.

Unbeschadet der spezifischen internationalen Verpflichtungen, die die Vertragsparteien in diesen beiden Bereichen in den zuständigen internationalen Gremien eingegangen sind oder in Zukunft möglicherweise noch eingehen werden, untersagt die Gemeinschaft in diesem Zusammenhang jegliche direkte oder indirekte Ausfuhr solcher Abfälle in die AKP-Staaten, während die AKP-Staaten gleichzeitig die direkte oder indirekte Einfuhr dieser Abfälle aus der Gemeinschaft oder aus anderen Ländern in ihr Hoheitsgebiet untersagen.

Diese Bestimmungen hindern einen Mitgliedstaat, in den auf Beschluß eines AKP-Staats Abfälle zur Aufbereitung ausgeführt werden, nicht daran, die aufbereiteten Abfälle wieder in den betreffenden AKP-Ursprungsstaat auszuführen.

Die Vertragsparteien treffen so bald wie möglich die internen rechtlichen und administrativen Maßnahmen, die zur Durchführung dieser Verpflichtung erforderlich sind. Im Falle von diesbezüglichen Verzögerungen können auf Antrag einer der Parteien Konsultationen eingeleitet werden. Nach Abschluß dieser Konsultationen kann jede Partei die der jeweiligen Lage angemessenen Maßnahmen ergreifen.

(2) Die Parteien verpflichten sich, eine strenge Kontrolle der Anwendung der Verbotsmaßnahmen gemäß Absatz 1 Unterabsatz 2 zu gewährleisten. Bei diesbezüglichen Schwierigkeiten können Konsultationen unter den gleichen Bedingungen wie in Absatz 1 Unterabsatz 2 und mit der gleichen Wirkung eingeleitet werden.

(3) Im Rahmen dieses Artikels gelten als „gefährliche Abfälle" die Abfallkategorien, die in den Anhängen 1 und 2 des Baseler Übereinkommens über die Kontrolle der grenzüberschreitenden Verbringung gefährlicher Abfälle und ihrer Beseitigung aufgeführt sind.

Für radioaktive Abfälle gelten die Definitionen und Schwellen, die künftig im Rahmen der IAEO festgelegt werden. Bis zu dieser Festlegung gelten die in der Erklärung in Anhang VIII dieses Abkommens enthaltenen Definitionen und Schwellen.

Decision of the Council

Concerning the control of transfrontier movements of wastes destined of recovery operations* (adopted by the Council at its 778th Session on 30th March 1992)

The council

Having regard to Article 5a) of the Convention on the Organisation for Economic Co-operation and Development of 14 December 1960;

Having regard to the Decision and Recommendation of the Council of 1 February 1984 on Transfrontier Movements of Hazardous Waste [C(83)180(Final)] which requires Member countries to control transfrontier movements of hazardous wastes;

Having regard to the Decision of the Council of 27 May 1988 on Transfrontier Movements of Hazardous Wastes [C(88)90(Final)] which defines „wastes", identifies those wastes referred to as hazardous wastes in relevant Council Acts, and sets out a classification system for wastes subject to transfrontier movements;

Having regard to the Decision-Recommendation of the Council of 31 January 1993 on the Reduction of Transfrontier Movements of Wastes [C(90)178/Final] which, inter alia, calls for delineation of such controls as may be appropriate for the transfrontier movement of wastes destined for recovery operations, clarification of the definition of such wastes and characterization of those wastes which may require differing levels of control;

Having regard to the Basel Convention on the Control of Transboundary Movements of Hazardous Wastes and their Disposal, adopted on 22 March 1989, and noting that most Member countries and the European Economic Community have become signatories to this Convention;

Desiring to conclude an arrangement or agreement under Article 11 of that Convention;

Noting that recovery of valuable raw materials from wastes has been an integral part of the international economic system and that well established international markets exist for the collection and processing of such wastes;

Noting further that many industrial sectors are already implementing waste recovery techniques in an economically and environmentally satisfactory manner, thus protecting limited virgin sources of raw materials, and convinced that further efforts in this direction are necessary and should be encouraged;

Recognising that efficient and environmentally sound management of wastes may justify some transfrontier movements of such wastes in order to make use of adequate recovery facilities in other countries;

Convinced however that, pursuant to the obligations set forth in the relevant Council Acts and compatible with the provisions of the Basel Convention, an appropriate system should be implemented to control transfrontier movements of those wastes destined for recovery operations;

Convinced that all persons involved in any contracts or arrangements for transfrontier movements of wastes destined for recovery operations must have the appropriate legal status to ensure environmentally sound management of these wastes; and

Recognizing that work is now in progress within the United Nations Environment Programme concerning the environmentally sound management of hazardous wastes.

On the proposal of the Environment Committee:

I. **Decides** that Member countries shall control transfrontier movements of wastes destined for recovery operations within the OECD area as specified in Annex 1 which is an integral part of this Decision.

II. **Instructs** the Environment Committee in co-operation with other relevant OECD bodies, in particular the Trade Committee, to review periodically the control system and the lists of wastes set out in Annex 1, taking into account the criteria listed in Annex 2, and to make any proposals it deems necessary for revisions of Annex 1.

III. **Instructs** the Environment Committee in co-operation with other relevant OECD bodies to review annually action taken by Member countries in pursuance of this Decision.

IV. **Requests** the Secretary General to transmit this Decision to the Executive Director of the United Nations Environment Programme and the Interim Secretariat of the Basel Convention.

Annex 1

I. Definitions

For the purposes of this Decision:

Wastes are defined in OECD Council Decision C(88)90(Final) of 27 May 1988.

Recovery Operations mean activities leading to resource recovery, recycling, reclamation, direct re-use or alternative uses as listed in Table 2B of the Annex of OECD Council Decision C(88)90(Final) of 27 May 1988.

Transfrontier movement means any shipment of wastes destined for recovery operations from an area

* Japan abstained.

under the national jurisdiction of one OECD Member country to an area under the national jurisdiction of another OECD Member country.

Recovery facility means an entity which, under applicable domestic law, is operating or is authorized to operate in the importing country to receive wastes and to perform recovery operations on them.

International Waste Identification Code („IWIC") is the classification system specified and described in OECD Council Decision C(88)90(Final) of 27 May 1988.

Exporting country means any OECD Member country from which a transfrontier movement of wastes is planned or has commenced.

Importing country means an OECD Member country to which a transfrontier movement of wastes is planned or takes place for the purpose of submitting the wastes to recovery operations therein.

Country of transit means any OECD Member country other than the exporting or importing country across which a transfrontier movement of wastes is planned or takes place.

Concerned countries means the exporting and importing OECD Member countries and any OECD Member countries of transit.

OECD area means all land or marine areas under the national jurisdiction of any OECD Member country.

Competent authorities means the regulatory authorities concerned countries having jurisdiction over transfrontier movements of wastes destined for recovery operations.

Person means any natural or legal person whether public or private.

Notifier means the person under the jurisdiction of the exporting country who has, or will have at the time the planned transfrontier movement commences, possession or other forms of legal control of the wastes and who proposes their transfrontier movement for the ultimate purpose of submitting them to recovery operations.

Consignee means the person to whom possession or other form of legal control of the waste is assigned at the time the waste is received in the importing country.

Recognised trader means a person who, with appropriate authorisation of concerned countries, acts in the role of principal to purchase and subsequently sell wastes; this person has legal control of such wastes from time of purchase to time of sale; such a person may act to arrange and facilitate transfrontier movements of wastes destined for recovery operations.

Generator means a person whose activities create wastes.

II. General Provisions

(1) All of the following conditions shall apply to transfrontier movements of wastes subject to this Decision:

(a) The wastes shall be destined for recovery operations within a facility which, under applicable domestic law, is operating or is authorized to operate in the importing country;

(b) The transfrontier movements shall be carried out under terms of applicable international transport agreements. (Appendix 1 contains an illustrative list of such agreements);

(c) Any transit of wastes through a non-member country shall be subject to all applicable international and national laws and regulations.

(2) A three-tiered system serves to delineate controls to be applied to such transfrontier movements:

(a) **„Green" tier**
Wastes destined for recovery operations included on the green list shall move among OECD Member countries toward recovery operations subject to all existing controls normally applied in commercial transactions. These provisions shall not apply to wastes on this list which are contaminated by other materials to an extent which encreases the risks associated with the wastes sufficiently to render them appropriate for inclusion in the amber or red lists, when taking into account the criteria in Annex 2.

(b) **„Amber" tier**
Wastes destined for recovery operations included in the amber list shall be subject to the control system set out in Section IV of this Annex.

(c) **„Red" tier**
Wastes destined for recovery operations included in the red list shall be subject to the controls indicated in Section V of this Annex.

(3) The criteria listed in Annex 2 must be taken into account for evaluating wastes for inclusion on the green, amber or red lists. In accord with provisions of this Decision, items may be added, altered or deleted periodically. Subject to Section III (2) no single criterion shall be used in isolation in assigning wastes to the lists.

(4) While the lists are intended to be exclusive, a specific waste included in either the amber or red lists might not be legally defined or considered to be a hazardous waste in the exporting country because the competent authorities of that country are satisfied that it does not exhibit any of the hazardous characteristics listed in Table 5 of OECD Council Decision C(88)90(Final) as determined using national procedures*. If, however, this waste is legally defined or considered to be a hazardous waste by the importing country, then all of the requirements set forth in Section IV or Section V – whichever is applicable – shall apply as follows: the importing country shall assume the obligations of the exporting country under these Sections, in particular

* The potential hazards posed by certain types of wastes are not yet fully documented; tests to define quantitatively these hazards do not exist. Further research is necessary in order to develop means to characterise potential hazards posed to man and/or the environment by these wastes. Standardized tests have been derived with respect to pure substances and materials. Many Member countries have developed tests which can be applied to materials destined for disposal by means of operations listed in Table 2 of OECD Council Decision C(88)90(Final) in order to decide if these meaterials exhibit any of the hazardous characteristics listed in Table 5 of that Decision.

as regards the notification requirements. A copy of the notification form must be transmitted to the competent authorities of the exporting country. Member countries operating under provisions of this paragraph shall promptly inform the OECD Secretariat of the waste(s) involved and applicable legislative requirements.

(5) Member countries who prescribe the use of certain tests and testing procedures in order to determine whether a waste exhibits one or more of the hazardous characteristics listed in Table 5 of OECD Council Decision C(88)90(Final) shall inform the OECD Secretariat concerning which tests and testing procedures are being so utilized; and, if possible, which wastes would or would not bi legally defined or considered to be hazardous wastes based upon application of these national procedures.

(6) This Decision does not prejudice the right of Member countries to control certain wastes which have been assigned to the green list as if those wastes had been assigned to one of the other lists, in conformity with domestic legislation and the rules of international law, in order to protect human health and the environment. In such cases, Member countries exercising this right shall immediately inform the OECD secretariat citing the specific waste(s) and applicable legislative requirements.

(7) Wastes which are destined for recovery operations but have not yet been assigned to the green, amber or red lists shall be eligible for transfrontier movements pursuant to this Decision subject to the following conditions:

i) Member countries shall identify such wastes and bring them to the attention of the review mechanism established by operative paragraphs II and III of this Decision;

ii) such wastes shall be promptly examined by the Review Mechanism in order to assign them to the appropriate list;

iii) pending assignment to a list, such wastes shall be subject to the controls required for the transfrontier movements of wastes by the domestic legislation of the concerned countries in order that no country is obliged to enforce laws other than its own;

iv) however, if such wastes exhibit a hazardous characteristic listed in Table 5 of OECD Council Decision C(88)90(Final) as determined using national procedures and any applicable international agreements, such wastes shall be subject to controls applicable to the red tier.

(8) If two or more lots of wastes are mixed and/or otherwise subjected to physical or chemical transformation operations, the person who performs these operations shall be deemed to be the generator of the new wastes resulting from these operations.

III. Green Tier

(1) Specific items included in the green list are shown under their corresponding main categories. Only the items specified under a main category and not the main categories themselves are part of the green list.

(2) Wastes may not be included in the green list if they exhibit any of the hazardous characteristics listed in Table 5 of OECD Council Decision C(88)90(Final). The procedures in force in each Member country for determining whether a specific waste does or does not exhibit one or more of these characteristics are taken into account in placing or not placing a waste onto the green list.

(3) If green list wastes are re-exported, responsibilities of the exporting country under other relevant agreements or conventions shall transfer to the country initiating the re-export, and shall not apply to the original exporting country.

(4) **Green list of wastes**
The green list of wastes is set out at Appendix 3.

IV. Amber Tier

(1) **Conditions**
Transfrontier movements of wastes under the amber control system may only occur under the terms of a valid written contract, or chain of contracts, or equivalent arrangements between facilities controlled by the same legal entity, starting with the notifier and terminating at the recovery facility. All persons involved in the contracts, or arrangements shall have appropriate legal status.
Such contracts shall include provisions for financial guarantees in accordance with applicable national or international law requirements. Financial guarantees so required are intended to provide for alternate recycling, disposal or other means of sound management of the wastes in cases where arrangements for the shipment and the recovery operations cannot be carried out as foreseen. These contracts shall also specify which party to the contract shall assume responsibility for alternate management of the wastes. These contracts shall also specify and, as the case may be, require from the consignee the notification required in 3(a) below (Re-export to a Third Country).

In such cases:

i) the person having actual possession or physical control over the waste shall immediately inform the notifier and the competent authorities of the exporting and importing countries and, if the wastes are located in a country of transit, the competent authorities of that country;

ii) the person specified in the contract shall assume responsibility for the adequate management of the wastes in compliance with applicable laws and regulations including, if necessary, their return. The competent authorities of the concerned countries shall require that the necessary actions are carried out within a limited period of time, and shall not oppose, hinder or prevent the return of those wastes to the exporting country.

(2) **Control System**
Procedures are provided under the amber control system for the following two cases:

i) transaction which require consent for specific shipments to a recovery facility; and

ii) transactions involving specific recovery facilities to which the competent authorities having jurisdiction over such recovery facilities have granted general preconsent concerning the reception of certain wastes.

Case (1): Provisions concerning transactions requiring specific consent.

(a) Prior to commencement of the transfrontier movement, the notifier shall provide written notification to the competent authorities of the concerned countries; this notification shall include all of the information listed in Appendix 2.A. The competent authorities of the exporting country may, in accord with domestic laws, decide to transmit this notification instead of the notifier.

(b) The competent authorities of the importing country, upon receipt of the completed notification referred to in paragraph (a) above, shall transmit an acknowledgement to the notifier with a copy to the competent authorities of other concerned countries within three (3) working days of their receiving the notification.

(c) The competent authorities of the exporting and importing countries shall have thirty (30) days to object in accord with their respective domestic laws to the proposed transfrontier movement. The 30-day period shall commence upon issuance of the acknowledgement referred at paragraph (b) above.

(d) Countries of transit may, in accord with domestic laws, object to the transfrontier movement entering their territory.

(e) Any objection by any of the concerned countries must be provided in writing to the notifier and to the competent authorities of other concerned countries within the 30-day period.

(f) If no objection has been lodged, the transfrontier movement may commence after the 30-day period has passed. Tacit consent, however, expires within one (1) calendar year from that date.

(g) The competent authorities of the concerned countries may decide to provide written consent in a period lesss than the 30 days. The transfrontier movement may commence immediately after all necessary consents are received.

(h) Written consent or objection may be provided by post, or by telefax followed by post. Such consent shall expire within one (1) calendar year unless otherwise specified.

(i) Each transfrontier movement shall be accompanied by a tracking document which includes the information listed in Appendix 2.

(j) Within three (3) days of the receipt of the wastes by the recovery facility, the recovery facility shall provide a signed copy of the tracking document to the notifier and to the competent authorities of the concerned countries. The recovery facility shall retain the original of the tracking document for three (3) years.

(k) In cases where essentially similar wastes (e.g. those having essentially similar physical and chemical characteristics) are to be sent periodically to the same recovery facility by the same notifier, the competent authorities of the concerned countries may elect to accept one notification for these wastes for a period of up to one year:

i) Such acceptance may be renewed for further periods of up to one year each;

ii) Revocation of this acceptance may be accomplished by means of official notice to the notifier from any of the competent authorities of the concerned countries. Notice of revocation of acceptance for shipments previously granted under this provision shall be given to the competent authorities of all concerned countries by the competent authorities of the country that revokes such acceptance.

Case (2): Provisions relating to pre-consent by competent authorities for shipments to specific recovery facilities.

(a) Competent authorities having jurisdiction over specific recovery facilities may decide not to raise objections concerning shipments of certain types of wastes to a specific recovery facility. Such decisions can be limited to a specified period of time; however, they may be revoked at any time.

(b) Competent authorities who elect his option shall inform the OECD Secretariat of the recovery facility name, address, technologies employed, waste types to which the pre-consent applies, and the period covered. Any revocations must also be notified to the OECD Secretariat.

(c) All proposed transfrontier movements to such facilities shall require notification; the notifier shall provide to the competent authorities of the concerned countries the information listed in Appendix 2.A. Such notification shall arrive prior to the time the shipment is dispatched.

(d) The competent authorities of the exporting and transit country may, in accord with their domestic laws, prohibit or otherwise restrict any such transfrontier movement.

(e) In instances where competent authorities acting under terms of their domestic laws are required to review the contracts referred to in (1) above (Conditions), these authorities shall so inform the OECD Secretariat. In such cases, the notification information plus the contract(s) or portions thereof to be reviewed must arrive seven (7) days prior to the time the shipment is dispatched in order that such review may be appropriately performed.

(f) Paragraphs (i), (j) and (k) of Case (1) shall apply.

(3) **Additional provisions relating to re-export to a third country**

(a) Re-export from an importing country of wastes subject to the amber control system may only occur following notification by a notifier in the importing country to the competent authorities of the initial exporting country, which shall be acknowledged within three (3) working day of receipt. The competent authorities of the initial exporting country shall have thirty (30) days to object to the proposed movement. The 30-day period shall commence upon issue of the acknowledgement referred to above. If no objection has been lodged, the transfrontier movement may commence after the 30-day period has passed. The competent authorities may decide to provide written condent in a period of less than 30 days. The transfrontier movement may commence immediately after such consent is received. Written consent may be provided by telefax in the first instance, followed by post if required.

(b) Re-export to a country outside the OECD area shall be fully subject to, and in accord with, all international agreements and arrangements to which the importing OECD Member country is a party.

(4) **Provisions relating to recognised traders**

(a) A recognised trader who takes physical custody of the wastes and intends to perform any of the operations in Table 2 B of OECD Council Decision C(88)90(final) shall require appropriate authorisation from its competent authorities to act as a recovery facility.

(b) A recognised trader may act as a notifier or consignee for wastes with all the responsibilities associated with being a notifier or consignee.

(c) The contracts referred to in (1) above (Conditions) shall:

i) clearly identify: the generator of each type of waste; each person who shall have physical custody of the wastes; each person who shall have legal control of the wastes; and the recovery facility;

ii) provide that all requirements of this Decision are taken into account and are legally binding on all parties to the contracts.

(d) The notification information called for at Appendix 2A shall include a signed declaration by the notifier that the appropriate contracts are in place and are legally enforceable in all concerned countries.

(e) Competent authorities of the exporting and importing countries may under terms of their domestic laws require the notifier to provide copies of such contracts or portions thereof.

(f) Any information contained in the contracts provided under terms of paragraph (e) above shall be held as strictly confidential in accordance with, and to the extent allowable by, domestic laws.

(5) **Provisions relating to wastes designated for exchange or accumulation prior to submission to recovery operations designated R1-R11 in Table 2B of OECD Council Decision C(88)90(Final)**

(a) The notification information included in Appendix 2A shall also indicate that exchange or storage is foreseen for the wastes covered by the notification.

(b) The competent authorities of concerned countries may request that the recovery facility where operations designated R1-R11 in Table 2B of Council Decision C(88)90(Final) will occur be identified.

(c) The tracking document referred to in Appendix 2B shall accompany the wastes to the recovery facility noted in paragraph (b) above which shall then comply with paragraph (j) of (2) above (Control System).

(6) **Amber list of wastes**
The amber list of wastes is set out at Appendix 4.

V. Red Tier

(1) The red list represents certain specific substances which, even moved in an adequately managed way, nevertheless mus be controlled in a more stringent way than provided for by the amber control system. Wastes included in the red list shall be subject to the same controls as applied to wastes included in the amber list (see Section IV), and shall move in accord with Case (1), except that the importing and any transit countries must provide written consent prior to commencement of the transfrontier movement.

(2) **Red list of wastes**
The red list of wastes is set out at Appendix 5.

VI. Actions to Promote Harmonised Implementation

(1) Member countries individually, and as a group acting through the Review Mechanism established in this Decision, shall take appropriate steps toward improving the green, amber and red lists of wastes and toward uniform application of this Decision.

(2) Member countries shall cooperate in efforts aimed at:

i) developing procedures for evaluating the criteria in Annex 2 to determine to which list a waste should be assigned; and

ii) harmonising procedures for determining whether a waste exhibits any of the hazardous characteristics listed in Table 5 of OECD Council Decision C(88)90(Final).

(3) Member countries shall cooperate to identify and assess steps taken toward optimization of environmentally sound and economically efficient practices for recovery operations of each waste.

(4) When Sections II(4), II(6) and II(7) must be resorted to, Member countries shall cooperate to ensure that the provisions of this Decision are fully complied with.

(5) The OECD Secretariat shall circulate to all Member countries the information provided in accordance with this Decision, in particular under Sections II(4), II(5), II(6) and II(7).

Appendix 1 International Transport Agreements

1. **Chicago Convention:**
Convention on International Civil Aviation (1944) Annex 18 which deals with the carriage of dangerous goods by air (T. I.: Technical Instructions for the Safe Transport of Dangerous Goods by Air);

2. **ADR:**
European Agreement concerning the International Carriage of Dangerous Goods by Road (1957);

3. **ADNR:**
Regulations of the Carriage of Dangerous Substances on the Rhine (1970).

4. **MARPOL Convention:**
International Convention for the Prevention of Pollution from Ships (1973/1978):

5. **SOLAS Convention:**
International Convention for the Safety of Life at Sea (1974);

6. **IMDG Code:**
International Maritime Dangerous Goods Code; (incorporated into SOLAS since 1985)

7. **COTIF:**
Convention concerning the International Carriage of Goods by Rail (1985);

8. **RID:**
Regulations of the International Carriage by Rail of Dangerous Goods (1985) (Annex I to COTIF);

Appendix 2
Notification and Tracking Information

A. Information to be submitted upon notification

1) Serial number or other accepted identifier of notification form.
2) Notifier name, address, telephone, telefax.
3) Recovery facility name, address, telephone, telefax, and technologies employed
4) Consignee if not the recovery facility, address, telephone, telefax
5) Intended carrier(s) and/or their agents.
6) Country of export and relevant competent authority
7) Countries of transit and relevant competent authorities.
8) Country of import and relevant competent authority.
9) Is this a single notification or a general notification? If general, period of validity requested.
10) Date foreseen for commencement of transfrontier movement.
11) Certification that any applicable insurance or other financial guarantee is or shall be in force covering the transfrontier movement.
12) Designation of waste type(s) on the appropriate list (amber or red) and their description(s), probable total quantity of each, and an accepted uniform classification code (such as the IWIC) for each.
13) Certification of the existence of written contract or chain of contracts or equivalent arrangement as required by this Decision.
14) Certification by notifier that the information is complete and correct to the best of his knowledge.

B. Tracking Document
Include all information at A. above plus

(a) Date shipment was dispatched
(b) Shipper (if not notifier), address, telephone, telefax
(c) Actual carrier(s)
(d) Means and mode of transport including types of packaging
(e) Any special precautions to be taken by carrier(s)
(f) Declaration by notifier that no objection has been lodged by the competent authorities of all concerned countries. This declaration requires signature of the notifier.
(g) Appropriate signatures for each custody transfer.

C. All of this information shall be provided on a form to be developped for use within the OECD area

D. Note:
Under terms of domestic legislation, some Member countries require information in addition to that included in A and B above in order to assess aspects of the environmentally sound management of wastes. Affected countries shall inform the OECD Secretariat and provide a list of the additional information needed.

Appendix 3
Green List of Wastes*

Regardless of whether or not wastes are included on this list, they may not be moved as Green Tier wastes if they are contaminated by other materials to an extent which (a) increases the risks associated with the waste sufficiently to render it appropriate for inclusion in the amber or red lists, when taking into account the criteria in Annex 2, or (b) prevents the recovery of the waste in an environmentally sound manner.

A. Metal and metal-alloy wastes in metallic, non dispersible form**

The following waste and scrap of precious metals and their alloys:

711210 - of gold
711220 - of platinum (the expression „platinum" includes platinum, iridium, osmium, palladium, rhodium and ruthenium)
711290 - of other precious metal, e.g., silver
N.B. (1) Mercury is specifically excluded as a component of these metals
(2) Electrical assemblies wastes shall consist only of metals or alloys
(3) Electronic scrap (subject to specifications, these to be reviewed by the Review Mechanism)

The following ferrous waste and scrap; remelting scrap ingots of iron or steel:

720410 - Waste and scrap of cast iron
720421 - Waste and scrap of stainless steel
720429 - Waste and scrap of other alloy steels
720430 - Waste and scrap of tinned iron or steel
720441 - Turnings, shavings, chips, milling waste, filings, trimmings and stampings, whether or not in bundles
720449 - Other ferrous waste and scrap
720450 - Remelting scrap ingots
ex 730210 - Used iron and steel rails

* Whenever possible, the Harmonized Commodity Description and Coding System, established by the Brussels Convention of 14th June 1983 under the auspices of the Customs Co-operation Council (hereinafter Harmonized Customs Code) is listed opposite an entry. This code may apply to both wastes and products. This Decision does not include items which are not wastes. Therefore, the code - used by customs officials in order to facilitate their procedures as well as by others - is only provided here to help in identifying wastes that are listed and subject to this Decision. However, corresponding official explanatory notes as issued by the Customs Co-operation Council should be used as interpretative guidance to identify wastes covered by generic headings. The indicative „ex" identifies a specific item contained within the Harmonized Customs Code heading.

** „Non-dispersible" does not include any wastes in the form of powder, sludge, dust or solid items containing encased hazardous waste liquids.

The following waste and scrap of non-ferrous metals and their alloys:

740400 Copper wastes and scrap
750300 Nickel waste and scrap
760200 Aluminium waste and scrap
ex 780200 Lead waste and scrap
790200 Zinc waste and scrap
800200 Tin waste and scrap
ex 810191 Tungsten waste and scrap
ex 810291 Molybdenum waste and scrap
ex 810310 Tantalum waste and scrap
810420 Magnesium waste and scrap
ex 810510 Cobalt waste and scrap
ex 810600 Bismuth waste and scrap
ex 810710 Cadmium waste and scrap
ex 810810 Titanium waste and scrap
ex 810910 Zirconium waste and scrap
ex 811000 Antimony waste and scrap
ex 811100 Manganese waste and scrap
ex 811211 Beryllium waste and scrap
ex 811220 Chromium waste and scrap
ex 811230 Germanium waste and scrap
ex 811240 Vanadium waste and scrap
ex 811291 Wastes and scrap of
- Hafnium
- Indium
- Niobium
- Rhenium
- Gallium
- Thallium

ex 280530 Thorium and rare earths waste and scrap
ex 280490 Selenium waste and scrap
ex 280450 Tellurium waste and scrap

B. Other metal bearing wastes arising from melting, smelting and refining of metals

262011 Hard zinc spelter
Zinc containing drosses:
- Galvanizing slab zinc top dross (> 90 % Zn)
- Galvanizing slab zinc bottom dross (> 92 % Zn)
- Zinc die cast dross (> 85 % Zn)
- Hot dip galvanizers slab zinc dross (batch) (> 92 % Zn)
- Zinc skimmings

Aluminium skimmings

ex 262090 Slags from precious metals and copper processing for further refining

C. Wastes from mining operations: These wastes to be in Non-Dispersible form

ex 250490 Natural graphite waste
ex 251400 Slate waste, whether or not roughly trimmed or merely cut, by sawing or otherwise
252530 Mica waste
ex 252921 Feldspar; leucite; nepheline and nepheline syenite; flourspar containing by weight 97 % or less of calcium fluoride
ex 280461 silica wastes in Solid form excluding those used in foundry
ex 280469 operations

D. Solid Plastic Wastes:

Including, but not limited to:

3915 Waste, parings and scrap of plastics
391510 - of polymers of ethylene
391520 - of polymers of styrene
391530 - of polymers of vinyl chloride
391590 polymerized or co-polymerized
- polyprophylene
- polyethylene terephthalate
- acrylonitrile copolymer
- butadiene copolymer
- styrene copolymer
- polyamides
- polybutylene terephthalates
- polycarbonates
- polyphenylene sulphides
- acrylic polymers
- paraffins (C10-C13)
- polyurethane (not containing chlorofluorocarbons)
- polysiloxalanes (silicones)
- polymethyl methacrylate
- polyvinyl alcohol
- polyvinyl butyral
- polyvinyl acetate
- fluorinated polytetrafluoroethylene (Teflon, PTFE)

391590 resins or condensation products of
- urea formaldehyde resins
- phenol formaldehyde resins
- melamine formaldehyde resins
- epoxy resins
- alkyd resins
- polyamides

E. Paper, Paperboard and Paper Product Wastes:

470700 Waste and scrap of paper or paperboard:
470710 - of unbleached kraft paper or paperboard or of corrugated paper or paperboard
470720 - of other paper or paperboard, made mainly of bleached chemical pulp, not colored in the mass
470730 - of paper or paperboard made mainly of mechanical pulp (for example, newspapers, journals and similar printed matter)
470790 - other, including but not limited to:
1) laminated paperboard
2) unsorted waste and scrap

F. Glass Waste in Non-Dispersible Form

ex 700100 Cullet and other waste and scrap of glass except for glass from cathode-ray tubes and other activated glasses
Fibre glass wastes

G. Ceramic Wastes in Non-Dispersible Form

ex 690000 Wastes of ceramic which have been fired after shaping, including ceramic vessels
ex 811300 Cermets waste and scrap
Ceramic based fibres not otherwise specified

H. Textile Wastes:

5003 Silk waste (including cocoons unsuitable for reeling, yarn waste and garnetted stock)
500310 - not carded or combed
500390 - other

5103 Waste of wool or of fine or coarse animal hair, including yarn waste but excluding garnetted stock
510310 - noils of wool or of fine animal hair

510320 - other waste of wool or of fine animal hair
510330 - waste of coarse animal hair

5202 Cotton waste (including yarn waste and garnetted stock)
520210 - yarn waste (including thread waste)
520291 - garnetted stock
520299 - other

530130 Flax tow and waste
ex 530290 Tow and waste (including yarn waste and garnetted stock) of true hemp (Cannabis sativa L.)
ex 530390 Tow and waste (including yarn waste and garnetted stock) of jute and other textile bast fibres (excluding flax, true hemp and ramie)
ex 530490 Tow and waste (including yarn waste and garnetted stock) of sisal and other texitile fibres of the genus Agave
ex 530519 Tow, noils and waste (including yarn waste and garnetted stock) of coconut
ex 530529 Tow, noils and waste (including yarn waste and garnetted stock) of abaca (Manila hemp or Musa textils Nee)
ex 530599 Tow, noils and waste (including yarn waste and garnetted stock) of ramie and other vegetable textile fibres, not elsewhere specified or included

5505 Waste (including noils, yarn waste and garnetted stock) of man-made fibres
550510 - of synthetic fibres
550520 - of artificial fibres

630900 Worn clothing and other worn textile articles

6310 Used rags, scrap twine, cordage, rope and cables and worn out articles of twine, cordage, rope or cables of textile materials
631010 - sorted
631090 - other

I. Rubber Wastes:

400400 Waste, parings and scrap of rubber (other than hard rubber) and granules obtained there from

401220 Used pneumatic tyres
ex 401700 Waste and scrap of hard rubber (for example, ebonite)

J. Untreated Cork and Wood Wastes:

440130 Wood waste and scrap, whether or not agglomerated in logs, briquettes, pellets or similar forms

450190 Cork waste; crushed, granulated or ground cork

K. Wastes Arising from Agro-Food Industries

230100 Dried, sterilized and stabilized flours, meals and pellets, of meat or meat offal, of fish or of crustaceans, molluscs or other aquatic invertebrates, unfit for human consumption but fit for animal feed or other purposes; greaves
230200 Bran, sharps and other residues, whether or not in the form of pellets derived from the shifting, milling or other working of cereals or of leguminous plants
230300 Residues of starch manufacture and similar residues, beet-pulp, bagasse and other waste of sugar manufacture, brewing or distilling dregs and waste, whether or not in the form of pellets
230400 Oil-cake and other solid residues, whether or not ground or in the form of pellets, resulting from the extraction of soya-bean oil, used for animal feed
230500 Oil-cake and other solid residues, whether or not ground or in the form of pellets, resulting from the extraction of ground-nut (peanut) oil, used for animal feed
230600 Oil-cake and other solid residues, whether or not ground or in the form of pellets, resulting from the extraction of vegetable oil, used for animal feed
ex 230700 Wine lees
ex 230800 Dried and sterilized vegetable waste, residues and byproducts, whether or not in the form of pellets, of a kind used in animal feeding, not elsewhere specified or included

152200 Degras; residues resulting from the treatement of fatty substances or animal or vegetable waxes

180200 Cocoa shells, husks, skins and other cocoa waste

L. Wastes arising from tanning and fellmongery operations and leather use

050200 Waste of pigs', hogs' or boars' bristles and hair or of badger hair and other brush making hair
050300 Horsehair waste, whether or not put up as a layer with or without supporting material
050590 Waste of skins and other parts of birds, with their feathers or down, of feathers and parts of feathers (whether or not with trimmed edges) and down, not further worked than cleaned, disinfected or treated for preservation
050690 Waste of bones and horn-cores, unworked, defatted, simply prepared (but not cut to shape), treated with acid or degelatinised

411000 Parings and other waste of leather or of composition leather, not suitable for the manufacture of leather articles, excluding leather sludges

M. Other wastes

890800 Vessels and other floating structures for breaking up, properly emptied of any cargo which may have been classified as a dangerous substance or waste

Motor vehicle wrecks, drained of liquids

050100 Waste of human hair

ex 051191 Fish waste

Anode butts of petroleum coke and/or bitumen

Flue gas desulphurisation (FGD) gypsum

Waste gypsum wallboard or plasterboard arising from the demolition of buildings ex 2621 Coal fired power station fly ash, bottom ash and slag tap*.

Waste straw

Broken concrete

Spent catalysts:
- fluid catalytic cracking (FCC) catalysts
- precious metal bearing catalysts
- transition metal catalysts

Deactivated fungus mycelium from peicillin production to be used as animal feed

261800 Granulated slag arising from the manufacture of iron and steel
ex 261900 Slag arising from the manufacture of iron or steel**

310320 Basic slag arising from the manufacture of iron or steel for phosphate fertilizer and other use

ex 262100 Slag from copper production, chemically stabilized, having a high iron content (above 20 %) and processed according to industrial specifications (e.g. DIN 4301 and DIN 8201) mainly for construction and abrasive applications
ex 262100 Neutralized red mud from alumina production
ex 262100 Spent activated carbon

Sulphur in solid form

ex 283650 Limestone from the production of calcium cyanamide (having a pH less than 9)

Sodium, calcium, potassium chlorides

Wast photographic film base and waste photographic film not containing silver

Single use cameras without batteries

ex 281810 Carborundum

Appendix 4
Amber List of wastes***

Regardless of whether or not wastes are included on this list, they may not be moved as Amber Tier wastes if they are contaminated by other materials to an extent which (a) increases the risks associated with the waste sufficiently to render it appropriate for inclusion in the red list, when taking into account the criteria in Annex 2, or (b) prevents the recovery of the waste in an environmentally sound manner.

ex 261900 Dross, scalings and other wastes from the manufacture of iron and steel****

262019 Zinc ash and residues****
262020 Lead ash and residues****
262030 Copper ash and residues****
262040 Aluminium ash and residues****
262050 Vanadium ash and residues****
262090 Ash and residues**** containing metals or metal compounds not specified otherwise
Residues from alumina production not otherwise specified
262100 Other ash and residues, not otherwise specified
Residues arising from the combustion of municipal wastes

271390 Waste from the production/processing of petroleum coke and bitumen, excluding anode butts
Lead-acid batteries, whole or crushed
Waste oils unfit for their originally intended use
Waste oils/water, hydrocarbons/water mixtures, emulsions
Wastes from production, formulation and use of inks, dyes, pigments, paints, lacquers, varnish
Wastes from production, formulation and use of resins, latex, plasticizers, glues and adhesives
Wastes from production, formulation and use of reprographic and photographic chemicals and processing materials not otherwise specified
Single use cameras with batteries
Wastes from non-cyanide based systems which arise from surface treatment of metals and plastics
Asphalt cement wastes
Phenols, phenol compounds including chlorophenol in the from of liquids or sludges
Treated cork and wood wastes
Unsed batteries or accumulators, whole or crushed, other than lead-acid batteries, and waste and scrap arising from the production of batteries and accumulators, not otherwise specified

ex 391590 Nitrocellulose

ex 700100 Glass from cathode-ray tubes and other activated glasses

ex 411000 Leather dust, ash, sludges and flours

ex 252921 Calcium fluoride sludge
Other inorganic fluorine compounds in the form of liquids or sludges
Zinc slags containing up to 18 weight percent zinc
Galvanic sludges
Liquors from the pickling of metals
Sands used in foundry operations
Thallium compounds

* This entry is subject to certain specifications, these to be reviewed by the Review Mechanism
** This entry covers the use of such slags as a source of titanium dioxide and vanadium.
*** Whenever possible, the Harmonized Commodity Description and Coding System, established by the Brussels Convention of 14th June 1983 under the auspices of the Customs Co-operation Council (hereinafter Harmonized Customs Code) is listed opposite and entry. This code may apply to both wastes and products. This Decision does not include items which are not wastes. Therefore, the code - used by customs officials in order to facilitate their procedures as well as by others - is only provided here to help in identifying wastes that are listed and subject to this Decision. However, corresponding official explanatory notes as issued by the Customs Co-operation Council should be used as interpretative guidance to identify wastes covered by generic headings. The indicative „ex" identifies a specific item contained within the Harmonized Customs Code heading.
**** This listing includes ash, residue, slag, dross, skimming, scaling, dust, sludge and cake, unless a material is expressly listed elsewhere.

Polychlorinated naphthalenes
Ethers
Precious metal bearing residues in solid form which contain traces of inorganic cyanides
Hydrogen peroxide solutions
Triethylamine catalyst for setting foundry sands

ex 280480 Arsenic waste and residue

ex 280540 Mercury waste and residue
Precious metal as, sludge, dust and other residues such as:
- ash from incineration of printed circuit boards
- film ash

Waste catalysts not on the green list
Leaching residues from zinc processing, dusts and sludges such as jarosite, hematite, goethite, etc.
Waste hydrates of aluminium
Waste alumina
Wastes that contain, consist of or are contaminated with any of the following:
- inorganic cyanides, excepting precious metal-bearing residues in solid form containing traces of inorganic cyanides
- organic cyanides

Wastes of an explosible nature, when not subject to specific other legislation
Wastes from the manufacture, formulation and use of wood preserving chemicals
Leaded petrol (gasoline) sludges
Used blasting grit
Chlorofluorocarbons
Halons
Fluff - light fraction from automobile shredding
Thermal (heat transfer) fluids
Hydraulic fluids
Brake fluids
Antifreeze fluids
Ion exchange resins

Wastes on the Amber List which will be re-examined as a priority matter by the Review Mechanism
Organic phosphorous compounds
Non-halogenated solvents
Halogenated solvents
Halogenated or unhalogenated non-aqueous distillation residues arising from organic solvent recovery operations
Liquid pig manure; feces
Sewage sludge
Household wastes*
Wastes from the production, formulation and use of biocided and phytopharmaceuticals
Wastes from the production and preparation of pharmaceutical products
Acidic solutions
Basic solutions
Surface active agents (surfactants)
Inorganic halide compounds, not otherwise specified
Wastes from industrial pollution control devices for cleaning of industrial off-gases, not otherwise specified
Gypsum arising from chemical industry processes

Appendix 5
Red List of wastes

„Containing" or „contamindes with", when used in this list, mean that the substance referred to is present to an extent which (a) renders the waste hazardous when taking into account the criteria in Annex 2, or (b) renders it not suitable for submission to a recovery operation.

Wastes, substances and articles containing, consisting of or contaminated with polychlorinated biphenyl (PCB) and/or polychlorinated terphenyl (PCT) and/or polybrominated biphenyl (PBB), including any other polybrominated analogues of these compounds, at a concentration level of 50 mg/kg or more

Wastes that contain, consist of or are contaminated with any of the following:
- any congenor of polychlorinated dibenzo-furan
- any congenor of polychlorinated dibenzo-dioxin

Asbestos (dusts and fibres)

Ceramic based fibres similar to those of asbestos

Leaded anti-knock compound sludges

Wastes on the Red List which will be re-examined as a priority matter by the Review Mechanism

Waste tarry residues (excluding asphalt cements) arising from refining, distillation and any pyrolitic treatment

Peroxides other than hydrogen peroxide

Annex 2
Criteria

A) Properties

1) Does the waste normally exhibit any of the hazardous characteristics listed in Table 5 of OECD Council Decision C(88)90(Final)? Furthermore, it is useful to know if the waste is legally defined as or considered to be hazardous waste in one or more Member countries.
2) Is the waste typically contaminated?
3) What is the physical state of the waste?
4) What is the degree of difficulty of cleanup in the case of accidental spillage or mismanagement?
5) What is the economic value of the waste bearing in mind historical price fluctuations?

B) Management

6) Is there technological capability to recover the waste?
7) Is there a history of adverse environmental incidents arising from transfrontier movements of the waste or associated recovery operations?
8) Is the waste routinely traded through established channels and is that evidenced by commercial classification?
9) Is the waste usually moved internationally under the terms of a valid contract or chain of contracts?
10) What is the extent of reuse and recovery of the waste hand how is any portion separated from the waste but not subject to recovery managed?
11) What are the overall environmental benefits arising from the recovery operations?

* In the Basel Convention household wastes – defined as an „other waste" – are controlled when they are subject to transfrontier movements. Therefore under this Decision all household wastes (and not just which exhibit a hazardous characteristic) will be subject to the procedures in Section IV (Amber Tier). Until exporting countries have the legal authority to control transfrontier movements of household wastes, the provisions in Section II (4) will be applied.

B EG-Rechtsquellen

EG-Abfallverbringungsverordnung 259/93
Verordnung (EWG) Nr. 259/93 des Rates vom 01. Februar 1993 zur Überwachung und Kontrolle der Verbringung von Abfällen in der, in die und aus der Europäischen Gemeinschaft
Abl. Nr. L 30 vom 06. Februar 1993, S. 1

Berichtigung der Verordnung (EWG) Nr. 259/93 des Rates vom 01. Februar 1993 zur Überwachung und Kontrolle der Verbringung von Abfällen in der, in die und aus der Europäischen Gemeinschaft, Abl. Nr. L 18 vom 16. Januar 1995, S. 38

Entscheidung der Kommission 94/721/EG zur Anpassung der Anhänge der Verordnung (EWG Nr. 259/93)
Entscheidung der Kommission vom 21. Oktober 1994 zur Anpassung der Anhänge II, III und IV der Verordnung (EWG) Nr. 259/93 des Rates zur Überwachung und Kontrolle der Verbringung von Abfällen in der, in die und aus der Europäischen Gemeinschaft nach Art. 42 Ziffer 3 dieser Verordnung
94/721/EG; ABl. Nr. L 288 vom 09. November 1994, S. 36

Entscheidung der Kommission 94/3/EG über ein Abfallverzeichnis (EWC)
Entscheidung der Kommission vom 20. Dezember 1993 über ein Abfallverzeichnis gem. Art. 1 Buchstabe a) der Richtlinie 75/442/EWG des Rates über Abfälle
94/3/EG; ABl. Nr. L 5 vom 07. Januar 1994, S. 15

Entscheidung der Kommission 94/575/EG zur Festlegung des Kontrollverfahrens für die Verbringung bestimmter Abfälle in bestimmte Nicht-OECD-Länder[4]
Entscheidung der Kommission vom 20. Juli 1994 zur Festlegung des Kontrollverfahrens gem. der Verordnung (EWG) Nr. 259/93 des Rates betreffend die Verbringung bestimmter Abfälle in bestimmte nicht der OECD angehörende Länder
94/575/EG; ABl. Nr. L 220 vom 28. August 1994, S. 15

Entscheidung der Kommission 94/774/EG über den einheitlichen Begleitschein
Entscheidung der Kommission vom 24. November 1994 über den einheitlichen Begleitschein gem. der Verordnung (EWG) 259/93 des Rates zur Überwachung und Kontrolle der Verbringung von Abfällen in der, in die und aus der Europäischen Gemeinschaft
94/774/EG; ABl. Nr. L 310 vom 03. Dezember 1994, S. 70

[4]Bestimmungen in die Staatentabelle impliziert

Entscheidung der Kommission 94/904/EG über ein Verzeichnis gefährlicher Abfälle
Entscheidung des Rates vom 22. Dezember 1994 über ein Verzeichnis gefährlicher Abfälle im Sinne von Art. 1 Abs. 4 der Richtlinie 91/689/EWG über gefährliche Abfälle
94/904/EG; ABl. Nr. L 356 vom 31. Dezember 1994, S. 14

Richtlinie des Rates 75/442/EWG über Abfälle
Richtlinie des Rates vom 15. Juli 1975 über Abfälle
75/442/EWG; ABl. Nr. L 194 vom 25. Juli 1975, S. 47

Richtlinie des Rates 91/156/EWG zur Änderung der Richtlinie 75/442/EWG über Abfälle
Richtlinie des Rates vom 18. März 1991 zur Änderung der Richtlinie 75/442/EWG über Abfälle
91/156/EWG; ABl. Nr. L 78 vom 26. März 1991, S. 32

Richtlinie des Rates 91/689/EWG über gefährliche Abfälle
Richtlinie des Rates vom 12. Dezember 1991 über gefährliche Abfälle
91/689/EWG; ABl. Nr. L 377 vom 31. Dezember 1991, S. 20

Richtlinie des Rates 94/31/EG zur Änderung der Richtlinie 91/689/EWG über gefährliche Abfälle
Richtlinie des Rates vom 27. Juni 1994 zur Änderung der Richtlinie 91/689/EWG über gefährliche Abfälle
94/31/EG; ABl. Nr. L 168 vom 02. Juli 1994, S. 28

Auszug aus dem EG-Vertrag

I

(Veröffentlichungsbedürftige Rechtsakte)

VERORDNUNG (EWG) Nr. 259/93 DES RATES

vom 1. Februar 1993

zur Überwachung und Kontrolle der Verbringung von Abfällen in der, in die und aus der Europäischen Gemeinschaft

DER RAT DER EUROPÄISCHEN GEMEINSCHAFTEN —

gestützt auf den Vertrag zur Gründung der Europäischen Wirtschaftsgemeinschaft, insbesondere auf Artikel 130s,

auf Vorschlag der Kommission (1),

nach Stellungnahme des Europäischen Parlaments (2),

nach Stellungnahme des Wirtschafts- und Sozialausschusses (3),

in Erwägung nachstehender Gründe:

Die Gemeinschaft hat das Basler Übereinkommen vom 22. März 1989 über die Kontrolle der grenzüberschreitenden Verbringung gefährlicher Abfälle und ihrer Entsorgung unterzeichnet.

Artikel 39 des AKP—EWG-Abkommens vom 15. Dezember 1989 enthält Bestimmungen über Abfälle.

Die Gemeinschaft hat dem Beschluß des OECD-Rates vom 30. März 1992 über die Überwachung der grenzüberschreitenden Verbringung von Abfällen zur Verwertung zugestimmt.

Im Lichte der vorangegangenen Erwägungsgründe muß die Richtlinie 84/631/EWG (4), die die Überwachung und Kontrolle der grenzüberschreitenden Verbringung gefährlicher Abfälle regelt, durch eine Verordnung ersetzt werden.

Die Überwachung und Kontrolle der Verbringung von Abfällen innerhalb eines Mitgliedstaats fällt zwar unter die Verantwortung des einzelnen Staates, doch müssen die einzelstaatlichen Regelungen für die Überwachung und Kontrolle der Verbringung von Abfällen innerhalb eines Mitgliedstaats bestimmten Mindestkriterien entsprechen, damit ein hohes Schutzniveau für Umwelt und menschliche Gesundheit gewährleistet ist.

(1) ABl. Nr. C 115 vom 6. 5. 1992, S. 4.

(2) ABl. Nr. C 94 vom 13. 4. 1992, S. 276 und Stellungnahme vom 20. Januar 1993 (noch nicht im Amtsblatt veröffentlicht).

(3) ABl. Nr. C 269 vom 14. 10. 1991, S. 10.

(4) ABl. Nr. L 326 vom 13. 12. 1984, S. 31. Richtlinie zuletzt geändert durch die Richtlinie 91/692/EWG (ABl. Nr. L 377 vom 31. 12. 1991, S. 48).

Bei der Überwachung und Kontrolle der Verbringung von Abfällen muß der Notwendigkeit, die Umwelt zu erhalten, zu schützen und ihre Qualität zu verbessern, Rechnung getragen werden.

Nach Artikel 5 Absatz 1 der Richtlinie 75/442/EWG des Rates vom 15. Juli 1975 über Abfälle (5) haben die Mitgliedstaaten — in Zusammenarbeit mit anderen Mitgliedstaaten, wenn sich dies als notwendig oder zweckmäßig erweist — ein angemessenes integriertes Netz von Abfallbeseitigungsanlagen zu errichten, das es der Gemeinschaft insgesamt erlaubt, die Entsorgungsautarkie zu erreichen, und es jedem einzelnen Mitgliedstaat ermöglicht, diese Autarkie anzustreben, wobei die geographischen Gegebenheiten oder der Bedarf an besonderen Anlagen für bestimmte Abfallarten berücksichtigt werden. Nach Artikel 7 der genannten Richtlinie haben die Mitgliedstaaten — gegebenenfalls in Zusammenarbeit mit anderen Mitgliedstaaten — Abfallbewirtschaftungspläne aufzustellen, die der Kommission mitgeteilt werden müssen. Nach diesem Artikel können die Mitgliedstaaten ferner die erforderlichen Maßnahmen ergreifen, um das Verbringen von Abfällen, das ihren Abfallbewirtschaftungsplänen nicht entspricht, zu unterbinden; sie teilen der Kommission und den anderen Mitgliedstaaten derartige Maßnahmen mit.

Je nach Art der Abfälle und ihrem Bestimmungsort, einschließlich der Frage, ob die Abfälle beseitigt oder verwertet werden sollen, müssen unterschiedliche Verfahren angewandt werden.

Die Verbringung von Abfällen muß vorher den zuständigen Behörden notifiziert werden, damit diese angemessen insbesondere über Art, Beförderung und Beseitigung oder Verwertung der Abfälle informiert sind und alle für den Schutz der menschlichen Gesundheit und der Umwelt erforderlichen Maßnahmen treffen können; hierzu gehört auch die Möglichkeit, mit Gründen zu versehende Einwände gegen die Abfallverringerung erheben zu können.

(5) ABl. Nr. L 194 vom 25. 7. 1975, S. 39. Richtlinie geändert durch die Richtlinie 91/156/EWG (ABl. Nr. L 78 vom 26. 3. 1991, S. 32).

Zur Anwendung des Prinzips der Nähe, des Vorrangs für die Verwertung und des Grundsatzes der Entsorgungsautarkie auf gemeinschaftlicher und einzelstaatlicher Ebene gemäß der Richtlinie 75/442/EWG müssen die Mitgliedstaaten die Möglichkeiten erhalten, durch Maßnahmen im Einklang mit dem Vertrag, die Verbringung von zur Beseitigung bestimmten Abfällen allgemein oder teilweise zu verbieten oder gegen jede Verbringung solcher Abfälle Einwand zu erheben, es sei denn, es fallen im Versandmitgliedstaat gefährliche Abfälle in so geringen Mengen an, daß die Einrichtung neuer Spezialbeseitigungsanlagen in diesem Staat unrentabel wäre. Das spezifische Problem der Beseitigung solcher geringen Mengen erfordert die Zusammenarbeit zwischen den betreffenden Mitgliedstaaten und die Möglichkeit der Inanspruchnahme eines Gemeinschaftsverfahrens.

Die Ausfuhr von zur Beseitigung bestimmten Abfällen in Drittländer muß untersagt werden, um die Umwelt in diesen Ländern zu schützen. Für Ausfuhren in EFTA-Länder, die auch Vertragspartei der Basler Übereinkommen sind, müssen Ausnahmeregelungen gelten.

Die Ausfuhr von zur Verwertung bestimmten Abfällen in Länder, für die die OECD-Entscheidung nicht gilt, muß Bestimmungen unterliegen, die eine umweltverträgliche Abfallentsorgung gewährleisten.

Übereinkünfte oder Vereinbarungen über die Ausfuhr von zur Verwertung bestimmten Abfällen mit Ländern, für die die OECD-Entscheidung nicht gilt, müssen von der Kommission regelmäßig überprüft werden ; die Kommission schlägt gegebenenfalls vor, die Bedingungen, unter denen solche Ausfuhren stattfinden, zu überprüfen und möglicherweise auch ein Verbot zu erlassen.

Die Verbringung von zur Verwertung bestimmten Abfällen, die in der grünen Liste des OECD-Beschlusses enthalten sind, ist allgemein von den in dieser Verordnung vorgesehenen Kontrollverfahren ausgenommen, da diese Abfälle bei sachgemäßer Verwertung im Bestimmungsland normalerweise keinerlei Risiken für die Umwelt bergen dürften. Von dieser Ausklammerung aus dem Geltungsbereich müssen jedoch in Übereinstimmung mit den gemeinschaftlichen Rechtsvorschriften um dem OECD-Beschluß Ausnahmen gemacht werden. Zudem sind Ausnahmen erforderlich, um eine solche Verbringung besser zurückverfolgen und Sonderfälle berücksichtigen zu können. Für solche Abfälle müssen die Vorschriften der Richtlinie 75/442/EWG gelten.

Über die Ausfuhr von in der grünen OECD-Liste enthaltenem und zur Verwertung bestimmtem Abfall in solche Länder, für die der OECD-Beschluß nicht gilt, muß die Kommission Konsultationen mit dem Bestimmungsland führen. Im Lichte solcher Konsultationen ist es gegebenenfalls angezeigt, daß die Kommission dem Rat Vorschläge unterbreitet.

Die Ausfuhr von zur Verwertung bestimmten Abfällen in Länder, die nicht Vertragspartei des Basler Übereinkommens sind, muß in besonderen Vereinbarungen zwischen diesen Ländern und der Gemeinschaft geregelt werden. In Ausnahmefällen müssen die Mitgliedstaaten die Möglichkeit haben, nach Beginn der Anwendung dieser Verordnung bilaterale Vereinbarungen über die Einfuhr bestimmter Abfälle zu schließen, bevor entsprechende Vereinbarungen von der Gemeinschaft geschlossen werden, um im Falle von zur Verwertung bestimmten Abfällen eine Unterbrechung der Abfallentsorgung zu vermeiden und wenn im Falle von zur Beseitigung bestimmten Abfällen der Versandstaat die für eine umweltverträgliche Beseitigung der Abfälle erforderlichen technischen Kapazitäten und Anlagen nicht besitzt oder billigerweise nicht erwerben kann.

Eine Rücknahme bzw. Beseitigung oder Verwertung der Abfälle auf eine andere, umweltverträgliche Weise ist für den Fall vorzusehen, daß die Verbringung nicht entsprechend dem Inhalt des Begleitscheins oder Vertrags erfolgen kann.

Bei einer illegalen Abfallverbringung hat die Person, die die Verbringung veranlaßt hat, die Abfälle zurückzunehmen und/oder auf eine andere, umweltverträgliche Weise zu beseitigen oder zu verwerten ; tut er dies nicht, müssen die zuständigen Behörden des Herkunfts- oder Bestimmungsorts selbst einschreiten.

Es sollte ein System von Sicherheitsleistungen oder gleichwertigen Versicherungen geschaffen werden.

Die Kommission muß von den Mitgliedstaaten über die Durchführung dieser Verordnung unterrichtet werden.

Die Erstellung der in dieser Verordnung vorgesehenen Dokumente und die Anpassung der Anhänge müssen im Rahmen eines Gemeinschaftsverfahrens vorgenommen werden —

HAT FOLGENDE VERORDNUNG ERLASSEN :

TITEL I

GELTUNGSBEREICH UND BEGRIFFSBESTIMMUNGEN

Artikel 1

(1) Diese Verordnung gilt für die Verbringung von Abfällen in der, in die und aus der Gemeinschaft.

(2) Diese Verordnung gilt nicht für

a) die Ablagerung von Abfällen aus dem normalen Betrieb von Schiffen und Offshore-Bohrinseln, einschließlich Abwässer und Rückständen, an Land, sofern diese Abfälle unter eine spezifische und bindende internationale Übereinkunft fallen ;

b) die Verbringung von Abfällen aus der Zivilluftfahrt ;

c) die Verbringung radioaktiver Abfälle im Sinne von Artikel 2 der Richtlinie 92/3/Euratom vom 3. Februar 1992 zur Überwachung und Kontrolle der Verbringungen radioaktiver Abfälle von einem Mitgliedstaat in einen anderen, in die Gemeinschaft und aus der Gemeinschaft (¹) ;

d) die Verbringung von in Artikel 2 Absatz 1 Buchstabe b) der Richtlinie 75/442/EWG genannten Abfällen, sofern für diese bereits andere einschlägige Rechtsvorschriften gelten ;

e) die Verbringung von Abfällen in die Gemeinschaft im Einklang mit dem Protokoll zum Antarktis-Vertrag betreffend den Umweltschutz.

(3) a) Mit Ausnahme der Buchstaben b), c), d) und e) sowie des Artikels 11 und des Artikels 17 Absätze 1, 2 und 3 gilt diese Verordnung nicht für die Verbringung von ausschließlich zur Verwertung bestimmten und in Anhang II aufgeführten Abfällen.

b) Für solche Abfälle gelten alle Bestimmungen der Richtlinie 75/442/EWG. Insbesondere gilt :

— die Verbringung erfolgt nur zu Anlagen, die nach den Artikeln 10 und 11 der Richtlinie 75/442/EWG vorschriftsmäßig genehmigt worden sind ;

— für diese Abfälle gelten alle Bestimmungen der Artikel 8, 12, 13 und 14 der Richtlinie 75/442/EWG.

c) Bestimmte in Anhang II aufgeführte Abfälle können jetzt wie die in den Anhängen III und IV aufgeführten Abfälle überwacht werden, wenn sie unter anderem eine der in Anhang III der Richtlinie 91/689/EWG des Rates vom 12. Dezember 1991 über gefährliche Abfälle (²) aufgeführten gefährlichen Eigenschaften aufweisen.

Die Bestimmung dieser Abfälle und die Entscheidung, welches der beiden Verfahren auf sie anzuwenden ist, erfolgen gemäß dem Verfahren des Artikels 18 der Richtlinie 75/442/EWG. Diese Abfälle werden in Anhang IIa aufgeführt.

d) In Ausnahmefällen können die Mitgliedstaaten die Verbindung von in Anhang II aufgeführten Abfällen aus Gründen des Umweltschutzes oder der öffentlichen Gesundheit wie bei den in den Anhängen III oder IV aufgeführten Abfällen überwachen.

Mitgliedstaaten, die von dieser Möglichkeit Gebrauch machen, teilen dies der Kommission unverzüglich mit, unterrichten die übrigen Mitgliedstaaten auf geeignete Weise und begründen ihren Beschluß. Die Kommission kann nach dem Verfahren des Artikels 18 der Richtlinie 75/442/EWG eine solche Maßnahme bestätigen, gegebenenfalls auch in der Weise, daß sie solche Abfälle in Anhang IIa aufnimmt.

e) Werden in Anhang II aufgeführte Abfälle entgegen dieser Verordnung oder der Richtlinie 75/442/EWG verbracht, so können die Mitgliedstaaten die entsprechenden Vorschriften der Artikel 25 und 26 dieser Verordnung anwenden.

Artikel 2

Im Sinne dieser Verordnung sind

a) *„Abfälle“:* Abfälle im Sinne des Artikels 1 Buchstabe a) der Richtlinie 75/442/EWG ;

b) *„zuständige Behörden“:* die entweder von den Mitgliedstaaten gemäß Artikel 36 oder von Drittländern benannter zuständigen Behörden ;

c) *„zuständige Behörde am Versandort“:* von den Mitgliedstaaten gemäß Artikel 36 benannte Behörde, die für das Gebiet zuständig ist, von dem aus die Verbringung erfolgt, oder eine von Drittländern benannte Behörde ;

d) *„zuständige Behörde am Bestimmungsort“:* von den Mitgliedstaaten gemäß Artikel 36 benannten Behörde, die für das Gebiet zuständig ist, in dem die Verbringung endet oder die Verladung von Abfällen vor der Beseitigung auf See — unbeschadet der bestehenden Übereinkommen über die Beseitigung auf See — stattfindet, oder eine von Drittländern benannte Behörde ;

e) *„für die Durchfuhr zuständige Behörde“:* die gemäß Artikel 36 von jedem Mitgliedstaat für den Staat, durch den die Durchfuhr erfolgt, bestimmte einzige Behörde ;

f) *„Anlaufstelle“:* die gemäß Artikel 37 von jedem Mitgliedstaat und der Kommission bestimmte zentrale Stelle ;

g) *„notifizierende Person“:* alle Personen, die zur Notifizierung verpflichtet sind, d. h. eine der nachstehend genannten Personen, die beabsichtigt, Abfälle zu verbringen oder verbringen zu lassen :

i) die Person, durch deren Tätigkeit Abfälle angefallen sind (Abfallerzeuger) ; oder

ii) wenn dies nicht möglich ist : ein von einem Mitgliedstaat zugelassener Einsammler oder eingetragener oder zugelassener Händler oder Makler, der für die Beseitigung oder Verwertung von Abfällen sorgt ; oder

(¹) ABl. Nr. L 35 vom 12. 2. 1992, S. 24.
(²) ABl. Nr. L 377 vom 31. 12. 1991, S. 20.

iii) wenn diese Personen unbekannt oder nicht zugelassen sind: die Person, die im Besitz der Abfälle ist oder über sie verfügt (Besitzer); oder

iv) im Falle der Einfuhr der Abfälle in oder ihrer Durchfuhr durch die Gemeinschaft: die in den Rechtsvorschriften des Versandstaats bestimmte Person oder, wenn eine solche Person nicht bestimmt wurde, die Person, die im Besitz der Abfälle ist oder über sie verfügt (Besitzer).

h) *„Empfänger"*: die Person oder das Unternehmen zu der/dem die Abfälle zur Verwertung oder Beseitigung verbracht werden;

i) *„Beseitigung"*: Beseitigung im Sinne des Artikels 1 Buchstabe e) der Richtlinie 75/442/EWG;

j) *„genehmigte Anlage"*: jede der gemäß Artikel 6 der Richtlinie 75/439/EWG ([1]), den Artikeln 9, 10 und 11 der Richtlinie 75/442/EWG oder Artikel 6 der Richtlinie 76/403/EWG ([2]) genehmigten oder zugelassenen Anlagen oder Unternehmen;

k) *„Verwertung"*: Verwertung im Sinne des Artikels 1 Buichstabe f) der Richtlinie 75/442/EWG;

l) *„Versandstaat"*: jeder Staat, von dem aus eine Verbringung von Abfällen geplant ist oder tatsächlich erfolgt;

m) *„Empfängerstaat"*: jeder Staat, in den Abfälle zur Beseitigung oder Verwertung oder zur Verladung für die Beseitigung auf See unbeschadet der bestehenden Übereinkommen über die Beseitigung auf See verbracht werden sollen oder tatsächlich verbracht werden;

n) *„Durchfuhrstaat"*: jeder Staat mit Ausnahme des Versand- und des Empfängerstaats, durch den Abfälle befördert werden sollen oder tatsächlich befördert werden;

o) *„Begleitschein"*: der gemäß Artikel 42 zu erstellende einheitliche Begleitschein;

p) *„Basler Übereinkommen"*: das Übereinkommen von Basel vom 22. März 1989 über die Kontrolle der grenzüberschreitenden Verbringung gefährlicher Abfälle und ihrer Entsorgung;

q) *„Viertes Abkommen von Lomé"*: das Abkommen von Lomé vom 15. Dezember 1989;

r) *„OECD-Beschluß"*: der Beschluß des OECD-Rates vom 30. März 1992 über die Überwachung der grenzüberschreitenden Verbringung von Abfällen zur Verwertung.

([1]) ABl. Nr. L 194 vom 25. 7. 1975, S. 23. Richtlinie zuletzt geändert durch die Richtlinie 91/692/EWG (ABl. Nr. L 377 vom 31. 12. 1991, S. 48)
([2]) ABl. Nr. L 108 vom 26. 4. 1976, S. 41.

TITEL II

VERBRINGUNG VON ABFÄLLEN ZWISCHEN MITGLIEDSTAATEN

Abschnitt A

Verbringung von zur Beseitigung bestimmten Abfällen

Artikel 3

(1) Beabsichtigt die notifizierende Person, unbeschadet des Artikels 25 Absatz 2 und des Artikels 26 Absatz 2 zur Beseitigung bestimmte Abfälle von einem Mitgliedstaat in einen anderen Mitgliedstaat zu verbringen und/oder sie durch einen oder mehrere andere Mitgliedstaaten durchzuführen, so notifiziert sie dies der zuständigen Behörde am Bestimmungsort und übermittelt der zuständigen Behörde am Versandort und den zuständigen Transitbehörden sowie dem Empfänger eine Kopie des Notifizierungsschreibens.

(2) Die Notifizierung muß zwingend alle Zwischenschritte der Verbringung vom Versandort bis zum endgültigen Bestimmungsort umfassen.

(3) Die Notifizierung erfolgt mit Hilfe des Begleitscheins, der von der zuständigen Behörde am Versandort auszustellen ist.

(4) Bei der Notifizierung füllt die notifizierende Person den Begleitschein aus und reicht auf Ersuchen der zuständigen Behörden zusätzliche Angaben und Unterlagen nach.

(5) Die notifizierende Person macht auf dem Begleitschein insbesondere Angaben zu folgenden Punkten:

- Ursprung, Zusammensetzung und Menge der zur Beseitigung bestimmten Abfälle sowie, im Falle des Artikels 2 Buchstabe g) Ziffer ii), Name des Erzeugers; wenn es sich um Abfälle verschiedenen Ursprungs handelt, ausführliches Verzeichnis der Abfälle und Namen der Abfallerzeuger, wenn diese bekannt sind;
- Vorkehrungen in bezug auf Strecken und Versicherung für Schäden, die Dritten entstehen;
- Maßnahmen zur Gewährleistung der Transportsicherheit, insbesondere Beachtung der von den betroffenen Mitgliedstaaten für die Ausübung der Transporttätigkeit festgelegten Bedingungen durch das Transportunternehmen;
- Name des Empfängers der Abfälle, Standort der Beseitigungsanlage sowie Art und Geltungsdauer der Genehmigung für den Betrieb der Anlage. Die Anlage muß über eine angemessene technische Kapazität verfügen, damit die betreffenden Abfälle ohne Gefährdung der menschlichen Gesundheit oder der Umwelt beseitigt werden können;
- Verfahren im Zusammenhang mit der Beseitigung gemäß Anhang II A der Richtlinie 75/442/EWG.

(6) Die notifizierende Person schließt mit dem Empfänger einen Vertrag über die Beseitigung der Abfälle.

Der Vertrag kann alle oder einige der in Absatz 5 genannten Angaben umfassen.

Der Vertrag umfaßt die Verpflichtung

— der notifizierenden Person, die Abfälle gemäß Artikel 25 und Artikel 26 Absatz 2 zurückzunehmen, falls die Verbringung nicht in der vorgesehenen Weise abgeschlossen wurde oder bei dieser Verbringung gegen die vorliegende Verordnung verstoßen wurde;

— des Empfängers, der notifizierenden Person so bald wie möglich und nicht später als 180 Tage nach Erhalt der Abfälle eine Bescheinigung darüber zukommen zu lassen, daß die Abfälle auf umweltverträgliche Weise beseitigt worden sind.

Eine Kopie dieses Vertrags ist der zuständigen Behörde auf Verlangen zuzustellen.

Erfolgt die Beförderung zwischen zwei Einrichtungen, die derselben juristischen Person zuzurechnen sind, so kann der genannte Vertrag durch eine Erklärung der juristischen Person ersetzt werden, in der diese sich zur Beseitigung der Abfälle verpflichtet.

(7) Die nach den Absätzen 4 bis 6 gemachten Angaben sind nach Maßgabe der bestehenden einzelstaatlichen Rechtsvorschriften vertraulich zu behandeln.

(8) Eine zuständige Behörde am Versandort kann nach Maßgabe der einzelstaatlichen Vorschriften beschließen, anstelle der notifizierenden Person die Notifizierung gegenüber der zuständigen Behörde am Bestimmungsort selbst vorzunehmen; sie übermittelt dann eine Kopie des Notifizierungsschreibens an den Empfänger und an die für die Durchfuhr zuständige Behörde.

Die zuständige Behörde am Versandort kann beschließen, daß sie keine Notifizierung vornimmt, falls sie selbst unmittelbar Einwände gegen die Verbringung gemäß Artikel 4 Absatz 3 zu erheben hat. Sie hat die notifizierende Person unverzüglich von diesen Einwänden in Kenntnis zu setzen.

Artikel 4

(1) Innerhalb von drei Arbeitstagen nach Erhalt der Notifizierung übermittelt die zuständige Behörde am Bestimmungsort der notifizierenden Person eine Empfangsbestätigung; eine Kopie derselben übersendet diese Behörde den anderen betroffenen zuständigen Behörden sowie dem Empfänger.

(2) a) Die zuständige Behörde am Bestimmungsort muß innerhalb einer Frist von 30 Tagen nach der Absendung der Empfangsbestätigung entscheiden, ob sie die Verbringung mit oder ohne Auflagen genehmigt oder die Genehmigung verweigert. Sie kann auch zusätzliche Angaben verlangen.

Sie erteilt die Genehmigung nur, sofern keine Einwände ihrerseits oder von seiten der anderen zuständigen Behörden bestehen. Die Genehmigung unterliegt den in Buchstaben d) erwähnten Auflagen für die Beförderung.

Die zuständige Behörde am Bestimmungsort fällt ihrer Entscheidung nicht vor Ablauf von 21 Tagen nach Absendung der Empfangsbestätigung. Sie kann jedoch bereits früher ihre Entscheidung treffen, sofern ihr die schriftliche Zustimmung der anderen betroffenen zuständigen Behörden vorliegt.

Die zuständige Behörde am Bestimmungsort teilt der notifizierenden Person ihre Entscheidung schriftlich mit; eine Kopie des Schreibens wird den anderen betroffenen zuständigen Behörden übersandt.

b) Die zuständige Behörde am Versandort und die für die Durchfuhr zuständige Behörde können innerhalb von 20 Tagen nach Absendung der Empfangsbestätigung Einwände erheben. Sie können auch zusätzliche Angaben verlangen. Diese Einwände werden der notifizierenden Person schriftlich mitgeteilt; eine Kopie des Schreibens geht an die übrigen betroffenen zuständigen Behörden.

c) Die unter den Buchstaben a) und b) erwähnten Einwände und Auflagen müssen sich auf Absatz 3 stützen.

d) Die zuständigen Behörden am Versandort und die für die Durchfuhr zuständigen Behörden können binnen 20 Tagen nach Absendung der Empfangsbestätigung Auflagen für die Beförderung der Abfälle in ihrem Zuständigkeitsbereich festlegen.

Diese Auflagen sind der notifizierenden Person unter Zusendung einer Kopie an die betroffenen zuständigen Behörden schriftlich mitzuteilen und in den Begleitschein einzutragen. Sie dürfen nicht strenger sein als die Auflagen für ähnliche Verbringungen, die ausschließlich im Zuständigkeitsbereich dieser Behörden durchgeführt werden, und müssen unter Beachtung der geltenden Vereinbarungen, insbesondere der einschlägigen internationalen Übereinkommen, erfolgen.

(3) a) i) Um das Prinzip der Nähe, den Vorrang für die Verwertung und den Grundsatz der Entsorgungsautarkie auf gemeinschaftlicher und einzelstaatlicher Ebene gemäß der Richtlinie 75/442/EWG zur Anwendung zu bringen, können die Mitgliedstaaten im Einklang mit dem Vertrag Maßnahmen ergreifen, um die Verbringung von Abfällen allgemein oder teilweise zu verbieten oder um gegen jede Verbringung Einwand zu erheben. Diese Maßnahmen werden unverzüglich der Kommission mitgeteilt, die die anderen Mitgliedstaaten unterrichtet.

ii) Ziffer i) findet keine Anwendung, wenn gefährliche Abfälle (wie in Artikel 1 Absatz 4 der Richtlinie 91/689/EWG definiert) insgesamt pro Jahr im Versandmitgliedstaat in so geringen Mengen anfallen, daß die Einrichtung neuer Spezial-Beseitigungsanlagen in diesem Staat unrentabel wäre.

iii) Der Empfängermitgliedstaat arbeitet mit dem Versandmitgliedstaat, der der Auffassung ist, daß Ziffer ii) Anwendung findet, zusammen, um das Problem bilateral zu lösen. Wird keine zufriedenstellende Lösung gefunden, können beide Mitgliedstaaten die Angelegenheit der Kommission unterbreiten, die nach dem Verfahren des Artikels 18 der Richtlinie 75/442/EWG entscheidet.

b) Die zuständigen Behörden am Versand- und am Bestimmungsort können gegen die geplante Verbringung mit Gründen zu versehene Einwände erheben — wobei die geographischen Gegebenheiten oder der Bedarf an besonderen Anlagen für bestimmte Abfallarten berücksichtigt werden — wenn diese Verbringung nicht gemäß der Richtlinie 75/442/EWG, insbesondere den Artikeln 5 und 7, erfolgt,

i) um den Grundsatz der Entsorgungsautarkie auf gemeinschaftlicher und einzelstaatlicher Ebene anzuwenden;

ii) wenn die Beseitigungsanlage zur Beseitigung von Abfällen benötigt wird, die an einem näher gelegenen Ort angefallen sind, und wenn die zuständige Behörde solchen Abfällen Vorrang einräumt;

iii) um sicherzustellen, daß die Verbringung im Einklang mit den Abfallbewirtschaftungsplänen steht.

c) Ferner können die zuständige Behörde am Versandort und am Bestimmungsort und die für die Durchfuhr zuständige Behörde gegen die geplante Verbringung mit Gründen zu versehende Einwände erheben,

— wenn die Verbringung nicht gemäß den einzelstaatlichen Rechts- und Verwaltungsvorschriften zum Schutz der Umwelt, zur Wahrung der öffentlichen Sicherheit und Ordnung oder zum Schutz der Gesundheit erfolgt;

— wenn die notifizierende Person oder der Empfänger sich in der Vergangenheit illegale Transporte hat zuschulden kommen lassen.

In diesem Fall kann die zuständige Behörde am Versandort jede Verbringung im Zusammenhang mit der betreffenden Person nach einzelstaatlicher Rechtsvorschriften ablehnen; oder

— wenn die Verbringung gegen Verpflichtungen aus internationalen Übereinkommen verstößt, die der betroffene Mitgliedstaat geschlossen hat bzw. die die betroffenen Mitgliedstaaten geschlossen haben.

(4) Wird den zuständigen Behörden innerhalb der Frist nach Absatz 2 nachgewiesen, daß die Probleme, die zu den Einwänden geführt hatten, gelöst sind und daß die Auflagen für die Beförderung erfüllt werden, so teilen sie dies unverzüglich der notifizierenden Person schriftlich mit und senden eine Kopie des Schreibens an den Empfänger sowie den anderen betroffenen zuständigen Behörden.

Ergibt sich bei den Modalitäten der Verbringung in der Folge eine wesentliche Änderung, so muß eine erneute Notifizierung erfolgen.

(5) Die zuständige Behörde am Bestimmungsort erteilt ihre Genehmigung durch einen entsprechenden Stempel auf dem Begleitschein.

Artikel 5

(1) Die Verbringung kann erst erfolgen, nachdem der notifizierenden Person von der zuständigen Behörde am Bestimmungsort die Genehmigung dazu erteilt wurde.

(2) Hat die notifizierende Person die Genehmigung erhalten, so trägt sie das Datum der Verbringung sowie die sonstigen Angaben in den Begleitschein ein und übermittelt den betroffenen zuständigen Behörden drei Arbeitstage, bevor die Verbringung erfolgt, eine Kopie.

(3) Jede Sendung ist mit einer Kopie oder auf Ersuchen der zuständigen Behörden mit einer beglaubigten Kopie des Begleitscheins einschließlich des Genehmigungsstempels zu versehen.

(4) Alle Unternehmen, die an der Verbringung beteiligt sind, füllen den Begleitschein an den entsprechenden Stellen aus, unterzeichnen ihn und behalten selbst eine Kopie hiervon.

(5) Innerhalb von drei Arbeitstagen nach Erhalt der zur Beseitigung bestimmten Abfälle übermittelt der Empfänger der notifizierenden Person und den betroffenen zuständigen Behörden eine Kopie des ausgefüllten Begleitscheins; dies gilt nicht für die in Absatz 6 genannte Bescheinigung.

(6) So bald wie möglich und nicht später als 180 Tage nach Erhalt der Abfälle übermittelt der Empfänger der notifizierenden Person und den übrigen betroffenen zuständigen Behörden eine Bescheinigung über die Beseitigung der Abfälle unter seiner Verantwortung. Diese Bescheinigung ist in dem Begleitschein, der den Abfällen bei der Verbringung beigegeben ist, enthalten oder diesem angeheftet.

Abschnitt B

Verbringung von zur Verwertung bestimmten Abfällen

Artikel 6

(1) Beabsichtigt die notifizierende Person unbeschadet des Artikels 25 Absatz 2 und des Artikels 26 Absatz 2, zur Verwertung bestimmte Abfälle des Anhangs III von einem Mitgliedstaat in einen anderen Mitgliedstaat zu verbringen und/oder sie durch einen oder mehrere andere Mitgliedstaaten durchzuführen, so notifiziert sie dies der zuständigen Behörde am Bestimmungsort und übermittelt den zuständigen Behörden am Versandort und den zuständigen Transitbehörden sowie dem Empfänger eine Kopie des Notifizierungsschreibens.

(2) Die Notifizierung muß zwingend alle Zwischenschritte der Verbringung vom Versandort bis zum endgültigen Bestimmungsort umfassen.

(3) Die Notifizierung erfolgt mit Hilfe des Begleitscheins, der von der zuständigen Behörde am Versandort ausgestellt wird.

(4) Bei dieser Notifizierung füllt die notifizierende Person den Begleitschein aus und reicht auf Ersuchen der zuständigen Behörden zusätzliche Angaben und Unterlagen nach.

(5) Die notifizierende Person macht auf dem Begleitschein insbesondere Angaben zu folgenden Punkten:

— Ursprung, Zusammensetzung und Menge der zur Verwertung bestimmten Abfälle sowie Name des Erzeugers; wenn es sich um Abfälle verschiedenen Ursprungs handelt, ausführliches Verzeichnis der Abfälle und Namen der Abfallerzeuger, wenn diese bekannt sind;

— Vorkehrungen in bezug auf Strecken und Haftpflichtversicherung;

— Maßnahmen zur Gewährleistung der Transportsicherheit, insbesondere Beachtung der von den betroffenen Mitgliedstaaten für die Ausübung dieser Transporttätigkeit festgelegten Bedingungen durch das Transportunternehmen;

— Name des Empfängers der Abfälle, Standort seiner Verwertungsanlage sowie Art und Geltungsdauer der Genehmigung für den Betrieb der Anlage. Die Anlage muß über eine angemessene technische Kapazität verfügen, damit die betreffenden Abfälle ohne Gefährdung der menschlichen Gesundheit oder der Umwelt verwertet werden können;

— Verwertungsverfahren gemäß Anhang II B der Richtlinie 75/442/EWG;

— das vorgesehene Entsorgungsverfahren für den Restabfall nach stattgefundener Verwertung;

— Menge des verwerteten Materials im Verhältnis zur Restabfallmenge;

— Schätzwert des verwerteten Materials.

(6) Die notifizierende Person schließt mit dem Empfänger einen Vertrag über die Verwertung der Abfälle.

Der Vertrag kann alle oder einige der im Absatz 5 genannten Angaben umfassen.

Der Vertrag umfaßt die Verpflichtung

— der notifizierenden Person, die Abfälle gemäß Artikel 25 und Artikel 26 Absatz 2 zurückzunehmen, falls die Verbringung nicht in der vorgesehenen Weise abgeschlossen wurde oder bei dieser Verbringung gegen die vorliegende Verordnung verstoßen wurde;

— des Empfängers, die Weiterverbringung der zur Verwertung bestimmten Abfälle in einen anderen Mitgliedstaat oder ein Drittland dem ursprünglichen Versandland zu notifizieren;

— des Empfängers, der notifizierenden Person so bald wie möglich und nicht später als 180 Tage nach Erhalt der Abfälle eine Bescheinigung darüber zukommen zu lassen, daß die Abfälle auf umweltverträgliche Weise verwertet worden sind.

Eine Kopie dieses Vertrages ist der zuständigen Behörde auf Verlangen zuzustellen.

Erfolgt die Beförderung zwischen zwei Einrichtung, die derselben juristischen Person zuzurechnen sind, so kann der obengenannte Vertrag durch eine Erklärung der juristischen Person ersetzt werden, in der diese sich zur Verwertung der Abfälle verpflichtet.

(7) Die nach den Absätzen 4 bis 6 gemachten Angaben sind nach Maßgabe der bestehenden einzelstaatlichen Rechtsvorschriften vertraulich zu behandeln.

(8) Eine zuständige Behörde am Versandort kann nach Maßgabe der einzelstaatlichen Vorschriften beschließen, anstelle der notifizierenden Person die Notifizierung gegenüber der zuständigen Behörde am Bestimmungsort selbst vorzunehmen; sie übermittelt dann eine Kopie des Notifizierungsschreibens an den Empfänger und an die für die Durchfuhr zuständige Behörde.

Artikel 7

(1) Innerhalb von drei Arbeitstagen nach Erhalt der Notifizierung übermittelt die zuständige Behörde am Bestimmungsort der notifizierenden Person eine Empfangsbestätigung; eine Kopie derselben übersendet diese Behörde den anderen zuständigen Behörden sowie dem Empfänger.

(2) Die zuständige Behörde am Bestimmungsort und am Versandort und die für die Durchfuhr zuständige Behörde können innerhalb einer Frist von 30 Tagen nach der Absendung der Empfangsbestätigung Einwände gegen die Verbringung erheben. Derartige Einwände sind auf Absatz 4 zu stützen. Einwände sind der notifizierenden Person und den übrigen betroffenen zuständigen Behörden innerhalb der 30tägigen Frist schriftlich mitzuteilen.

Die betroffenen zuständigen Behörden können auch vor Ablauf der 30tägigen Frist ihre Zustimmung schriftlich erteilen.

Die schriftliche Zustimmung oder die Einwände können auf dem Postweg oder per Fernkopie mit anschließender postalischer Bestätigung übermittelt werden. Sofern nichts anderes bestimmt ist, läuft die Genehmigung nach einem Kalenderjahr ab.

(3) Die zuständige Behörde am Versandort und am Bestimmungsort und die für die Durchfuhr zuständige Behörde können binnen 20 Tagen nach Absendung der Empfangsbestätigung Auflagen für die Beförderung der Abfälle in ihrem Zuständigkeitsbereich festlegen.

Diese Auflagen sind der notifizierenden Person unter Zusendung einer Kopie an die betroffenen zuständigen Behörden schriftlich mitzuteilen und in den Begleitschein einzutragen. Sie dürfen nicht strenger sein als die Auflagen für ähnliche Verbringungen, die ausschließlich im Zuständigkeitsbereich dieser Behörden durchgeführt werden, und müssen unter Beachtung der geltenden Vereinbarungen, insbesondere der einschlägigen internationalen Übereinkommen, erfolgen.

(4) a) Die zuständigen Behörden am Versandort und am Bestimmungsort können gegen die geplante Verbringung mit Gründen zu versehende Einwände erheben, und zwar

— gemäß der Richtlinie 75/442/EWG, insbesondere auf Artikel 7; oder

— wenn die Verbringung nicht gemäß den einzelstaatlichen Rechts- und Verwaltungsvorschriften zum Schutz der Umwelt, zur Wahrung der öffentlichen Sicherheit und Ordnung oder zum Schutz der Gesundheit erfolgt; oder

— wenn die notifizierende Person oder der Empfänger sich in der Vergangenheit illegale Transporte hat zuschulden kommen lassen. In diesem Fall kann die zuständige Behörde am Versandort jede Verbringung im Zusammenhang mit der betreffenden Person nach einzelstaatlichen Rechtsvorschriften ablehnen; oder

— wenn die Verbringung gegen Verpflichtungen aus internationalen Übereinkommen verstößt, die der betroffene Mitgliedstaat geschlossen hat bzw. die die betroffenen Mitgliedstaaten geschlossen haben; oder

— wenn der Anteil an verwertbarem und nicht verwertbarem Abfall, der geschätzte Wert der letztlich verwertbaren Stoffe oder die Kosten der Verwertung und die Kosten der Beseitigung des nicht verwertbaren Anteils eine Verwertung unter wirtschaftlichen und ökologischen Gesichtspunkten nicht rechtfertigen.

b) Die für die Durchfuhr zuständigen Behörden können mit Gründen zu versehende Einwände gegen die geplante Verbringung aufgrund von Buchstabe a) zweiter, dritter und vierter Gedankenstrich erheben.

(5) Wird den zuständigen Behörden innerhalb der Frist nach Absatz 2 nachgewiesen, daß die Probleme, die zu den Einwänden geführt hatten, gelöst sind und daß die Auflagen für die Beförderung erfüllt werden, so teilen sie dies unverzüglich der notifizierenden Person schriftlich mit und senden eine Kopie des Schreibens dem Empfänger sowie den anderen betroffenen zuständigen Behörden.

Ergibt sich bei den Modalitäten der Verbringung in der Folge eine wesentliche Änderung, so muß eine erneute Notifizierung erfolgen.

(6) Im Falle einer vorangegangenen schriftlichen Zustimmung erteilt die zuständige Behörde ihre Genehmigung durch einen entsprechenden Stempel auf dem Begleitschein.

Artikel 8

(1) Die Verbringung darf nach Ablauf der 30tägigen Frist erfolgen, wenn keine Einwände erhoben worden sind. Die stillschweigende Zustimmung gilt jedoch nur für ein Kalenderjahr nach diesem Zeitpunkt.

Beschließen die zuständigen Behörden die Erteilung einer schriftlichen Zustimmung, so kann die Verbringung erfolgen, sobald alle erforderlichen Zustimmungen eingegangen sind.

(2) Die notifizierende Person trägt den Zeitpunkt der Verbringung und alle übrigen geforderten Angaben in den Begleitschein ein und übermittelt den betroffenen zuständigen Behörden drei Arbeitstage, bevor die Verbringung erfolgt, eine Kopie.

(3) Jede Sendung ist mit einer Kopie oder auf Ersuchen der zuständigen Behörden mit einer beglaubigten Kopie des Begleitscheins zu versehen.

(4) Alle Unternehmen, die an der Verbringung beteiligt sind, füllen den Begleitschein an den entsprechenden Stellen aus, unterzeichnen ihn und behalten selbst eine Kopie hiervon.

(5) Innerhalb von drei Arbeitstagen nach Erhalt der zur Verwertung bestimmten Abfälle übermittelt der Empfänger der notifizierenden Person und den betroffenen zuständigen Behörden eine Kopie des ausgefüllten Begleitscheins; dies gilt nicht für die in Absatz 6 genannte Bescheinigung.

(6) So bald wie möglich und spätestens 180 Tage nach Eingang der Abfälle übermittelt der Empfänger der notifizierenden Person und den übrigen betroffenen zuständigen Behörden eine Bescheinigung über die Verwertung der Abfälle unter seiner Verantwortung. Diese Bescheinigung ist in dem Begleitschein, der den Abfällen bei ihrer Verbringung beigegeben wird, enthalten oder diesem angeheftet.

Artikel 9

(1) Die zuständigen Behörden, in deren Zuständigkeitsbereich bestimmte Verwertungsanlagen liegen, können unbeschadet des Artikels 7 beschließen, keine Einwände gegen die Verbringung bestimmter Abfallarten zu einer bestimmten Verwertungsanlage zu erheben. Solche Beschlüsse können auf einen bestimmten Zeitraum begrenzt, jedoch jederzeit widerrufen werden.

(2) Die zuständigen Behörden, die von dieser Möglichkeit Gebrauch machen, teilen der Kommission Name und Anschrift der Verwertungsanlage, die dort eingesetzten Technologien, die von dem Beschluß betroffenen Abfallarten und den betreffenden Zeitraum mit. Auch Widerrufe sind der Kommission mitzuteilen.

Die Kommission übermittelt diese Informationen unverzüglich den anderen zuständigen Behörden in der Gemeinschaft und dem OECD-Sekretariat.

(3) Jede geplante Verbringung zu solchen Anlagen ist den zuständigen Behörden gemäß Artikel 6 zu notifizieren. Diese Notifizierung hat vor Beginn der Verbringung einzugehen.

Die zuständigen Behörden der Mitgliedstaaten am Versandort und ihre für die Durchfuhr zuständigen Behörden können gegen jede derartige Verbringung Einwände aufgrund des Artikels 7 Absatz 4 erheben oder Auflagen für die Beförderung festlegen.

(4) Haben die zuständigen Behörden nach den für sie geltenden einzelstaatlichen Rechtsvorschriften den in Artikel 6 Absatz 6 genannten Vertrag zu überprüfen, so teilen sie dies der Kommission mit. In diesen Fällen müssen die im Rahmen der Notifizierung übermittelten Angaben sowie die zu überprüfenden Verträge oder Vertragsteile sieben Tage vor Beginn der Verbringung eingehen, damit diese Überprüfung ordnungsgemäß erfolgen kann.

(5) Für die eigentliche Verbringung ist Artikel 8 Absätze 2 bis 6 anwendbar.

Artikel 10

Für die Verbringung von zur Verwertung bestimmten Abfällen des Anhangs IV sowie von zur Verwertung bestimmten Abfällen, die noch keinem der Anhänge II, III oder IV zugeordnet worden sind, gelten die Verfahren der Artikel 6 bis 8 mit der Ausnahme, daß die betroffenen zuständigen Behörden ihre Zustimmung schriftlich vor dem Beginn der Verbringung zu erteilen haben.

Artikel 11

(1) Damit die Verbringung der in Anhang II aufgeführten und zur Verwertung bestimmten Abfälle besser verfolgt werden kann, sind diesen Abfällen folgende vom Besitzer unterzeichnete Angaben beizugeben:

a) Name und Anschrift des Besitzers;

b) handelsübliche Bezeichnung der Abfälle;

c) Menge der Abfälle;

d) Name und Anschrift des Empfängers;

e) Art des Verwertungsverfahrens entsprechend der Liste in Anhang II B der Richtlinie 75/442/EWG;

f) voraussichtlicher Zeitpunkt der Verbringung.

(2) Die nach Absatz 1 gemachten Angaben sind nach Maßgabe der bestehenden einzelstaatlichen Rechtsvorschriften vertraulich zu behandeln.

Abschnitt C

Verbringung von zur Beseitigung und zur Verwertung bestimmten Abfällen zwischen Mitgliedstaaten mit Durchfuhr durch Drittländer

Artikel 12

Bei einer Verbringung von Abfällen zwischen Mitgliedstaaten, bei der eine Durchfuhr durch ein oder mehrere Drittländer erforderlich ist, gilt unbeschadet der Artikel 3 bis 10 folgendes:

a) die notifizierende Person übermittelt der bzw. den zuständigen Behörde(n) des Drittlandes bzw. der Drittländer eine Kopie der Notifizierung;

b) die zuständige Behörde am Bestimmungsort fragt bei der zuständigen Behörde des Drittlandes bzw. der Drittländer an, ob sie ihre schriftliche Zustimmung zu der geplanten Verbringung erteilen möchte, und zwar innerhalb folgender Fristen:

— für Vertragsparteien des Basler Übereinkommens innerhalb von 60 Tagen, sofern sie auf dieses Recht nicht nach den Bestimmungen dieser Konvention verzichtet haben, oder

— für Länder, die nicht Vertragsparteien des Basler Übereinkommens sind, innerhalb einer Frist, auf die sich die zuständigen Behörden geeinigt haben.

In beiden Fällen wartet die zuständige Behörde am Bestimmungsort gegebenenfalls die erwähnte Zustimmung ab, bevor sie ihre Genehmigung erteilt.

TITEL III

VERBRINGUNG VON ABFÄLLEN INNERHALB DER MITGLIEDSTAATEN

Artikel 13

(1) Die Titel II, VII und VIII gelten nicht für die Verbringung von Abfällen innerhalb eines Mitgliedstaats.

(2) Die Mitgliedstaaten legen jedoch eine geeignete Regelung für die Überwachung und Kontrolle der Verbringung von Abfällen in ihrem Zuständigkeitsbereich fest. Hierbei sollte der erforderlichen Kohärenz zwischen dieser Regelung und der gemeinschaftlichen Regelung nach dieser Verordnung Rechnung getragen werden.

(3) Die Mitgliedstaaten teilen der Kommission die von ihnen festgelegten Regelungen für die Überwachung und Kontrolle der Verbringung von Abfällen mit. Die Kommission unterrichtet die Mitgliedstaaten über die jeweiligen einzelstaatlichen Regelungen.

(4) Die Mitgliedstaaten können die Regelung nach den Titeln II, VII und VIII in ihrem Zuständigkeitsbereich anwenden.

TITEL IV

AUSFUHR VON ABFÄLLEN

Abschnitt A

Ausfuhr von zur Beseitigung bestimmten Abfällen

Artikel 14

(1) Die Ausfuhr von zur Beseitigung bestimmten Abfällen ist mit Ausnahme der Ausfuhr in EFTA-Länder, die auch Vertragsparteien des Basler Übereinkommens sind, verboten.

(2) Unbeschadet des Artikels 25 Absatz 2 und des Artikels 26 Absatz 2 ist jedoch jede Ausfuhr von zur Beseitigung bestimmten Abfällen in ein EFTA-Land verboten, wenn

a) das EFTA-Land die Einfuhr solcher Abfälle generell verbietet oder nicht schriftlich seine Zustimmung zu der jeweiligen Einfuhr dieser Abfälle erteilt hat;

b) die zuständige Behörde am Versandort in der Gemeinschaft Grund zu der Annahme hat, daß die Abfälle in dem betreffenden EFTA-Land nicht nach umweltverträglichen Verfahren gehandhabt werden.

(3) Die zuständige Behörde am Versandort verlangt, daß die zur Beseitigung bestimmten Abfälle, deren Ausfuhr in EFTA-Länder genehmigt wird, während der Verbringung sowie im Bestimmungsland auf umweltverträgliche Weise gehandhabt werden.

Artikel 15

(1) Die notifizierende Person richtet die Notifizierung mittels des Begleitscheins nach Artikel 3 Absatz 5 an die zuständige Behörde am Versandort und übermittelt den anderen betroffenen zuständigen Behörden sowie dem Empfänger eine Kopie. Der Begleitschein ist von der zuständigen Behörde am Versandort auszustellen.

Innerhalb von drei Arbeitstagen nach Erhalt der Notifizierung bestätigt die zuständige Behörde am Versandort der notifizierenden Person schriftlich den Empfang der Notifizierung; sie sendet den anderen betroffenen zuständigen Behörden eine Kopie davon.

(2) Die zuständige Behörde am Versandort muß innerhalb einer Frist von 70 Tagen nach Absendung der Empfangsbestätigung entscheiden, ob sie die Verbringung mit oder ohne Auflagen genehmigt oder die Genehmigung verweigert. Sie kann auch zusätzliche Angaben verlangen.

Sie erteilt ihre Genehmigung nur, sofern keine Einwände ihrerseits oder von seiten der anderen zuständigen Behörden bestehen und wenn sie von der notifizierenden Person die in Absatz 4 genannten Kopien erhalten hat. Die Genehmigung ist gegebenenfalls mit Beförderungsauflagen nach Absatz 5 verbunden.

Die zuständige Behörde am Versandort fällt ihre Entscheidung nicht vor Ablauf von 61 Tagen nach Absendung der Empfangsbestätigung.

Sie kann ihre Entscheidung allerdings früher treffen, wenn die schriftliche Zustimmung der anderen betroffenen zuständigen Behörden vorliegt.

Sie übermittelt den anderen betroffenen zuständigen Behörden, der Abgangszollstelle der Gemeinschaft sowie dem Empfänger eine beglaubigte Kopie der Entscheidung.

(3) Die zuständige Behörde am Versandort und die für die Durchfuhr zuständigen Behörden in der Gemeinschaft können innerhalb von 60 Tagen nach Absendung der Empfangsbestätigung Einwände aufgrund von Artikel 4 Absatz 3 erheben. Sie können auch zusätzliche Angaben verlangen. Alle Einwände müssen der notifizierenden Person schriftlich mitgeteilt werden; eine Kopie des Schreibens geht an die übrigen betroffenen zuständigen Behörden.

(4) Die notifizierende Person übermittelt der zuständigen Behörde am Versandort Kopien folgender Unterlagen:

a) die schriftliche Zustimmung des EFTA-Bestimmungslandes zu der geplanten Verbringung;

b) die Bestätigung des EFTA-Bestimmungslandes über das Bestehen eines Vertrages zwischen der notifizierenden Person und dem Empfänger, in dem eine umweltverträgliche Entsorgung der betreffenden Abfälle zugesichert wird; auf Verlangen ist eine Kopie des Vertrages vorzulegen.

   Im Vertrag ist ferner festzulegen, daß der Empfänger der notifizierenden Person und der betroffenen zuständigen Behörde folgende Unterlagen zu übermitteln hat:

   — binnen drei Arbeitstagen nach Eingang der zur Beseitigung bestimmten Abfälle eine Kopie des vollständig ausgefüllten Begleitscheins, mit Ausnahme der Bescheinigung gemäß dem zweiten Gedankenstrich;

   — so früh wie möglich und spätestens 180 Tage nach Eingang der Abfälle eine Bescheinigung über die unter seiner Verantwortung durchgeführte Beseitigung. Der Vordruck dieser Bescheinigung ist in dem Begleitschein enthalten, der den Abfällen bei der Verbringung beigegeben wird.

   Weiter ist im Vertrag festzulegen, daß der Empfänger, wenn er eine unrichtige Bescheinigung ausstellt, in deren Folge die Sicherheitsleistung freigegeben wird, die Kosten zu tragen hat, die sich aus einer Verpflichtung zur Rückverbringung der Abfälle in den Zuständigkeitsbereich der zuständigen Behörde am Versandort und zu ihrer Beseitigung auf eine andere, umweltverträgliche Weise ergeben;

c) der schriftlichen Zustimmung eines anderen (anderer) Durchfuhrstaats(staaten) zu der geplanten Verbringung, es sei denn, dieser Staat (diese Staaten) ist (sind) Partei(en) des Basler Übereinkommens und hat (haben) gemäß diesem Übereinkommen darauf verzichtet.

(5) Die für die Durchfuhr zuständigen Behörden in der Gemeinschaft können binnen 60 Tagen nach Absendung der Empfangsbestätigung Auflagen für die Beförderung der Abfälle in ihrem Zuständigkeitsbereich erteilen.

Diese Auflagen, die der notifizierenden Person unter Zusendung einer Kopie an die anderen betroffenen zuständigen Behörden mitzuteilen sind, dürfen nicht strenger sein als die Auflagen für ähnliche Verbringungen, die ausschließlich im Zuständigkeitsbereich der betreffenden Behörde durchgeführt werden.

(6) Die zuständige Behörde am Versandort erteilt ihre Genehmigung durch entsprechendes Abstempeln des Begleitscheins.

(7) Die Verbringung kann erst erfolgen, nachdem die notifizierende Person die Genehmigung von der zuständigen Behörde am Versandort erhalten hat.

(8) Hat die notifizierende Person die Genehmigung erhalten, so trägt sie das Datum der Verbringung sowie die sonstigen Angaben in den Begleitschein ein und übermittelt den betroffenen zuständigen Behörden drei Arbeitstage, bevor die Verbringung erfolgt, eine Kopie. Jede Sendung ist mit einer Kopie oder auf Ersuchen der zuständigen Behörden mit einer beglaubigten Kopie des Begleitscheins einschließlich des Stempels der genehmigenden Behörde zu versehen.

Alle Unternehmen, die an der Verbringung beteiligt sind, füllen den Begleitschein an den entsprechenden Stellen aus, unterzeichnen ihn und behalten selbst eine Kopie hiervon.

Der Transporteur legt der Abgangszollstelle eine beglaubigte Kopie des Begleitscheines vor, wenn die Abfälle die Gemeinschaft verlassen.

(9) Sobald die Abfälle die Gemeinschaft verlassen haben, übermittelt die Abgangszollstelle der Gemeinschaft der zuständigen Behörde, die die Genehmigung erteilt hat, eine Kopie des Begleitscheins.

(10) Hat die zuständige Behörde, die die Genehmigung erteilt hat, 42 Tage, nachdem die Abfälle die Gemeinschaft verlassen haben, vom Empfänger noch keine Nachricht über den Eingang der Abfälle erhalten, teilt sie dies unverzüglich der zuständigen Behörde am Bestimmungsort mit.

Sie verfährt in gleicher Weise, wenn sie 180 Tage, nachdem die Abfälle die Gemeinschaft verlassen haben, noch nicht vom Empfänger die in Absatz 4 genannte Bescheinigung über die Beseitigung erhalten hat.

(11) Die zuständige Behörde am Versandort kann im Einklang mit innerstaatlichen Rechtsvorschriften entscheiden, anstelle der notifizierenden Person die Notifizierung selbst vorzunehmen, wobei sie dem Empfänger und der für die Durchfuhr zuständigen Behörde eine Kopie übermittelt.

Die zuständige Behörde am Versandort kann entscheiden, keine Notifizierung vorzunehmen, wenn sie selbst unmittelbar Einwände nach Artikel 4 Absatz 3 gegen die Verbringung zu erheben hat. Sie unterrichtet die notifizierende Person unverzüglich von diesen Einwänden.

(12) Die nach den Absätzen 1 bis 4 gemachten Angaben sind nach Maßgabe der bestehenden einzelstaatlichen Rechtsvorschriften vertraulich zu behandeln.

Abschnitt B

Ausfuhr von zur Verwertung bestimmten Abfällen

Artikel 16

(1) Die Ausfuhr von zur Verwertung bestimmten Abfällen ist verboten, ausgenommen die Ausfuhr in folgende Länder:

a) Länder, für die der OECD-Beschluß gilt;

b) andere Länder,

— die Vertragspartei des Basler Übereinkommens sind und/oder mit denen die Gemeinschaft oder die Gemeinschaft und ihre Mitgliedstaaten bilaterale oder multilaterale oder regionale Übereinkünfte oder Vereinbarungen gemäß Artikel 11 des Basler Übereinkommens und gemäß Absatz 2 geschlossen haben, oder

— mit denen einzelne Mitgliedstaaten vor dem Zeitpunkt des Beginns der Anwendung dieser Verordnung bilaterale Übereinkünfte und Vereinbarungen geschlossen haben, insoweit als diese Übereinkünfte und Vereinbarungen mit dem Gemeinschaftsrecht vereinbar sind und mit Artikel 11 des Basler Übereinkommens und mit Absatz 2 im Einklang stehen. Diese Übereinkünfte und Vereinbarungen werden der Kommission binnen drei Monaten nach Beginn der Anwendung dieser Verordnung oder nach dem Zeitpunkt des Beginns der Anwendung jener Übereinkünfte und Vereinbarungen, je nachdem welcher Zeitpunkt früher liegt, notifiziert, und sie erlöschen, wenn Übereinkünfte und Vereinbarungen gemäß dem ersten Gedankenstrich geschlossen werden.

(2) Die in Absatz 1 Buchstabe b) genannten Übereinkünfte und Vereinbarungen müssen eine umweltverträgliche Abfallentsorgung im Einklang mit Artikel 11 des Basler Übereinkommens gewährleisten und insbesondere

a) sicherstellen, daß die Verwertung in einer genehmigten Anlage durchgeführt wird, die den Anforderungen hinsichtlich einer umweltverträglichen Abfallentsorgung genügt;

b) die Bedingungen für die Behandlung der nichtverwertbaren Bestandteile der Abfälle festlegen und gegebenenfalls die notifizierende Person verpflichten, sie zurückzunehmen;

c) gegebenenfalls die Möglichkeit bieten, die Einhaltung der Übereinkünfte im Benehmen mit den betreffenden Ländern vor Ort zu überprüfen;

d) von der Kommission in regelmäßigen Abständen und erstmals spätestens am 31. Dezember 1996 überprüft werden, wobei die gewonnene Erfahrung und der Umstand zu berücksichtigen sind, inwieweit die betreffenden Länder in der Lage sind, Abfallverwertungstätigkeiten in einer Weise durchzuführen, die umfassende Garantien für eine umweltverträgliche Abfallentsorgung bietet. Die Kommission unterrichtet das Europäische Parlament und den Rat über die Ergebnisse dieser Überprüfung. Führt eine solche Überprüfung zu dem Ergebnis, daß die ökologischen Garantien unzureichend sind, ist die Fortsetzung der Abfallausfuhren unter den bis dahin geltenden Bedingungen auf Vorschlag der Kommission zu überprüfen, einschließlich der Möglichkeit, Verbote auszusprechen.

(3) Unbeschadet des Artikels 25 Absatz 2 und des Artikels 26 Absatz 2 ist jedoch jede Ausfuhr von zur Verwertung bestimmten Abfällen in die in Absatz 1 genannten Länder untersagt, wenn

a) solch ein Land die Einfuhr solcher Abfälle generell verboten oder nicht schriftlich seine Zustimmung zu der jeweiligen Einfuhr dieser Abfälle erteilt hat;

b) die zuständige Behörde am Versandort Grund zu der Annahme hat, daß die Abfälle in diesen Ländern nicht auf umweltverträgliche Weise behandelt werden.

(4) Die zuständige Behörde am Versandort verlangt, daß die zur Verwertung bestimmten Abfälle, deren Ausfuhr genehmigt wird, während der Verbringung sowie im Bestimmungsland auf umweltverträgliche Weise behandelt werden.

Artikel 17

(1) In bezug auf die in Anhang II aufgeführten Abfälle teilt die Kommission vor Beginn der Anwendung dieser Verordnung allen Ländern, für die der OECD-Beschluß nicht gilt, die Liste der Abfälle mit und ersucht um die schriftliche Bestätigung, daß diese Abfälle im Empfängerland keinen Kontrollen unterliegen und daß dieses damit einverstanden ist, daß solche Abfallkategorien ohne Inanspruchnahme der für die Anhänge III und IV geltenden Kontrollverfahren befördert werden oder um Angaben dazu, wo auf solche Abfälle entweder die genannten Verfahren oder das Verfahren des Artikels 15 angewandt werden sollten.

Ist sechs Monate vor dem Zeitpunkt des Beginns der Anwendung dieser Verordnung eine solche Bestätigung nicht eingegangen, so unterbreitet die Kommission dem Rat geeignete Vorschläge.

(2) Im Falle der Ausfuhr von in Anhang II aufgeführten Abfällen müssen diese zur Verwertung in einer Anlage bestimmt sein, die gemäß dem geltenden innerstaatlichen Recht im Einfuhrland in Betrieb ist oder dafür eine Genehmigung besitzt. Zudem wird ein Überwachungssystem auf der Grundlage einer vorherigen automatischen Ausfuhrlizenzerteilung in Fällen eingerichtet, die nach dem Verfahren des Artikels 18 der Richtlinie 75/442/EWG festzulegen sind.

Ein solches System hat in jedem Fall vorzusehen, daß den Behörden des Empfängerlandes unverzüglich eine Kopie der Ausfuhrlizenz übermittelt wird.

(3) In Fällen, in denen solche Abfälle im Empfängerland überwacht werden, oder auf Antrag eines solchen Landes gemäß Absatz 1 oder in Fällen, in denen ein Empfängerland gemäß Artikel 3 des Basler Übereinkommens notifiziert hat, daß es bestimmte in Anhang II aufgeführte Abfallarten als gefährlich ansieht, werden die Ausfuhren solcher Abfälle in dieses Land einer Kontrolle unterworfen. Der Ausfuhrmitgliedstaat oder die Kommission notifizieren diese Fälle dem Ausschuß des Artikels 18 der Richtlinie 75/442/EWG; die Kommission legt im Benehmen mit dem Empfängerland fest, welche Kontrollverfahren Anwendung finden, d. h. die für Anhang III oder Anhang IV oder das Verfahren gemäß Artikel 15.

(4) Bei der Ausfuhr zum Zwecke der Verwertung von in Anhang III aufgeführten Abfällen aus der Gemeinschaft in und durch Länder, für die der OECD-Beschluß gilt, finden die Artikel 6, 7 und 8 sowie Artikel 9 Absätze 1, 3, 4 und 5 Anwendung, wobei die Bestimmungen bezüglich der zuständigen Behörde am Versandort und den für die Durchfuhr zuständigen Behörden nur für die zuständigen Behörden in der Gemeinschaft gelten.

(5) Außerdem sind die zuständigen Behörden des Ausfuhrlandes sowie der der Gemeinschaft angehörenden Durchfuhrländer von der Entscheidung nach Artikel 9 zu unterrichten.

(6) Werden zur Verwertung bestimmte Abfälle, die in Anhang IV aufgeführt sind oder die noch keinem der Anhänge II, III oder IV zugeordnet worden sind, zum Zwecke der Verwertung in Länder ausgeführt und durch Länder befördert, für die der OECD-Beschluß gilt, so findet Artikel 10 sinngemäß Anwendung.

(7) Außerdem gilt für die Ausfuhr von Abfällen nach den Absätzen 4 bis 6 folgendes:

— Der Transporteur legt der letzten Abgangszollstelle, bevor die Abfälle die Gemeinschaft verlassen, eine beglaubigte Kopie des Begleitscheins vor.

— Sobald die Abfälle die Gemeinschaft verlassen haben, übermittelt die Abgangszollstelle der für die Ausfuhr zuständigen Behörde eine Kopie des Begleitscheins.

— Hat die für die Ausfuhr zuständige Behörde 42 Tage, nachdem die Abfälle die Gemeinschaft verlassen haben, vom Empfänger noch keine Nachricht über den Eingang der Abfälle erhalten, so teilt sie dies unverzüglich der zuständigen Behörde am Bestimmungsort mit.

— Im Vertrag ist festzulegen, daß der Empfänger, wenn er eine unrichtige Bescheinigung ausstellt, in deren Folge die Sicherheitsleistung freigegeben wird, die Kosten zu tragen hat, die sich aus der Verpflichtung zur Rückverbringung der Abfälle in den Zuständigkeitsbereich der zuständigen Behörde am Versandort und der Beseitigung oder Verwertung der Abfälle auf eine andere, umweltverträgliche Weise ergeben.

(8) Wenn zur Verwertung bestimmte Abfälle, die in den Anhängen III und IV aufgeführt oder die noch keinem der Anhänge II, III oder IV zugeordnet worden sind, in Länder ausgeführt oder durch Länder befördert werden, für die der OECD-Beschluß nicht gilt, so

— findet Artikel 15 mit Ausnahme des Absatzes 3 sinngemäß Anwendung,

— können mit Gründen versehene Einwände nur im Einklang mit Artikel 7 Absatz 4 erhoben werden,

sofern in gemäß Artikel 16 Absatz 1 Buchstabe b) geschlossenen bilateralen oder multilateralen Übereinkünften nichts anderes bestimmt ist; hierbei werden die Kontrollverfahren nach Absatz 4 oder 6 oder nach Artikel 15 zugrunde gelegt.

Abschnitt C

Ausfuhr von Abfällen in AKP-Staaten

Artikel 18

(1) Die Ausfuhr von Abfällen in AKP-Staaten ist verboten.

(2) Dieses Verbot hindert einen Mitgliedstaat, in den ein AKP-Staat Abfälle zur Aufbereitung ausgeführt hat, nicht daran, die aufbereiteten Abfälle wieder in den betreffenden AKP-Ursprungsstaat zurückzuführen.

(3) Bei der Wiederausfuhr in AKP-Staaten ist der Sendung eine beglaubigte Kopie des Begleitscheins einschließlich des Genehmigungsstempels beizufügen.

TITEL V

EINFUHR VON ABFÄLLEN IN DIE GEMEINSCHAFT

Abschnitt A

Einfuhr von zur Beseitigung bestimmten Abfällen

Artikel 19

(1) Jede Einfuhr von zur Beseitigung bestimmten Abfällen in die Gemeinschaft ist verboten, mit Ausnahme der Einfuhr aus

a) EFTA-Ländern, die Vertragsparteien des Basler Übereinkommens sind,

b) anderen Ländern,

— die Vertragsparteien des Basler Übereinkommens sind oder

— mit denen die Gemeinschaft oder die Gemeinschaft und ihre Mitgliedstaaten im Einklang mit dem Gemeinschaftsrecht stehende bilaterale oder multilaterale Übereinkünfte oder Vereinbarungen nach Artikel 11 des Basler Übereinkommens geschlossen haben, die garantieren, daß die Beseitigung in einer zugelassenen Anlage entsprechend den Anforderungen an eine umweltverträgliche Entsorgung erfolgt, oder

— mit denen einzelne Mitgliedstaaten vor Beginn der Anwendung dieser Verordnung im Einklang mit dem Gemeinschaftsrecht stehende bilaterale Übereinkünfte oder Vereinbarungen nach Artikel 11 des Basler Übereinkommens geschlossen haben, die die gleichen wie die zuvor genannten Garantien enthalten und die garantieren, daß die Abfälle im Versandland angefallen sind und daß die Beseitigung ausschließlich in dem Mitgliedstaat erfolgt, der die Übereinkunft oder Vereinbarung geschlossen hat. Diese Übereinkünfte oder Vereinbarungen werden der Kommission binnen drei Monaten nach Beginn der Anwendung dieser Verordnung oder nach Beginn der Anwendung jener Übereinkünfte oder Vereinbarungen, je nachdem, welcher Zeitpunkt früher liegt, notifiziert, und sie erlöschen, wenn Übereinkünfte und Vereinbarungen gemäß dem zweiten Gedankenstrich geschlossen werden, oder

— mit denen einzelne Mitgliedstaaten nach Beginn der Anwendung dieser Verordnung unter den Bedingungen des Absatzes 2 bilaterale Übereinkünfte oder Vereinbarungen schließen.

(2) Der Rat ermächtigt hiermit einzelne Mitgliedstaaten, nach Beginn der Anwendung dieser Verordnung in Ausnahmefällen zum Zwecke der Beseitigung besonderer Abfälle bilaterale Übereinkünfte und Vereinbarungen zu schließen, wenn die Entsorgung dieser Abfälle im Versandland nicht in umweltverträglicher Weise erfolgen würde. Diese Übereinkünfte und Vereinbarungen müssen mit den Bedingungen in Absatz 1 Buchstabe b) dritter Gedankenstrich übereinstimmen und werden der Kommission vor ihrem Abschluß notifiziert.

(3) Die in Absatz 1 Buchstabe b) genannten Länder werden ersucht, zuvor der zuständigen Behörde des Empfängermitgliedstaats einen ausreichend begründeten Antrag zu unterbreiten, der sich darauf stützt, daß sie die technische Kapazität und die erforderlichen Anlagen für die Beseitigung der Abfälle in einer umweltverträglichen Weise nicht besitzen und billigerweise nicht erwerben können.

(4) Die zuständige Behörde am Bestimmungsort untersagt die Verbringung von Abfällen in ihren Zuständigkeitsbereich, wenn sie Grund zu der Annahme hat, daß diese Abfälle dort nicht in umweltverträglicher Weise behandelt werden.

Artikel 20

(1) Die Notifizierung ist an die zuständige Behörde am Bestimmungsort zu richten, wozu der Begleitschein gemäß Artikel 3 Absatz 5 zu verwenden ist; eine Kopie ist dem Empfänger der Abfälle und den für die Durchfuhr zuständigen Behörden zu übermitteln. Der Begleitschein ist von der zuständigen Behörde am Bestimmungsort auszustellen.

Nach Erhalt der Notifizierung übermittelt die zuständige Behörde am Bestimmungsort der notifizierenden Person innerhalb von drei Arbeitstagen eine schriftliche Empfangsbestätigung, wobei die für die Durchfuhr zuständigen Behörden in der Gemeinschaft eine Kopie dieser Bestätigung erhalten.

(2) Die zuständige Behörde am Bestimmungsort genehmigt die Verbringung nur, sofern ihrerseits oder seitens der anderen betroffenen zuständigen Behörden keine Einwände bestehen.

Die Genehmigung unterliegt den in Absatz 5 erwähnten Bedingungen für die Verbringung.

(3) Die zuständige Behörde am Bestimmungsort und die für die Durchfuhr zuständigen Behörden in der Gemeinschaft können binnen 60 Tagen nach Absendung der Kopie der Empfangsbestätigung Einwände nach Artikel 4 Absatz 3 erheben.

Sie können auch zusätzliche Angaben verlangen. Diese Einwände werden der notifizierenden Person schriftlich mitgeteilt; eine Kopie des Schreibens wird den anderen betroffenen zuständigen Behörden in der Gemeinschaft übermittelt.

(4) Die zutändige Behörde am Bestimmungsort entscheidet binnen 70 Tagen nach Absendung der Empfangsbestätigung, ob sie die Verbringung mit oder ohne Auflagen genehmigt oder die Genehmigung verweigert. Sie kann auch zusätzliche Angaben verlangen.

Sie übermittelt den für die Durchfuhr durch die Gemeinschaft zuständigen Behörden, dem Empfänger sowie den Eingangszollstellen der Gemeinschaft eine beglaubigte Kopie der Entscheidung.

Die zuständige Behörde am Bestimmungsort trifft ihre Entscheidung nicht vor Ablauf von 61 Tagen nach der Absendung der Empfangsbestätigung. Sie kann diese Entscheidung jedoch früher treffen, wenn die schriftliche Zustimmung der übrigen zuständigen Behörden vorliegt.

Die zuständige Behörde am Bestimmungsort erteilt ihre Genehmigung durch entsprechendes Abstempeln des Begleitscheins.

(5) Die zuständige Behörde am Bestimmungsort und die für die Durchfuhr durch die Gemeinschaft zuständige Behörde legen binnen 60 Tagen nach Absendung der Empfangsbestätigung Bedingungen für die Verbringung der Abfälle fest. Diese Bedingungen, die der notifizierenden Person unter Übermittlung einer Kopie an die betroffenen zuständigen Behörden mitzuteilen sind, dürfen nicht strenger sein als die für vergleichbare Verbringungen ausschließlich innerhalb des Zuständigkeitsbereichs der betreffenden Behörde festgelegten Bedingungen.

(6) Die Verbringung kann erst erfolgen, wenn die notifizierende Person von der zuständigen Behörde am Bestimmungsort die Genehmigung erhalten hat.

(7) Hat die notifizierende Person die Genehmigung erhalten, so trägt sie das Datum der Verbringung sowie die sonstigen Angaben in den Begleitschein ein und übermittelt den betroffenen zuständigen Behörden drei Arbeitstage, bevor die Verbringung erfolgt, eine Kopie. Der Transporteur legt der Zollstelle, an der die Abfälle in die Gemeinschaft eingeführt werden, eine beglaubigte Kopie des Begleitscheins vor.

Jede Sendung ist mit einer Kopie oder, auf Ersuchen der zuständigen Behörden, mit einer beglaubigten Kopie des Begleitscheins einschließlich des Genehmigungsstempels zu versehen.

Alle Unternehmen, die an der Verbringung beteiligt sind, füllen den Begleitschein an den entsprechenden Stellen aus, unterzeichnen ihn und behalten selbst eine Kopie hiervon.

(8) Innerhalb von drei Arbeitstagen nach Erhalt der zur Beseitigung bestimmten Abfälle übermittelt der Empfänger der notifizierenden Person und den betroffenen zuständigen Behörden eine Kopie des ausgefüllten Begleitscheins; dies gilt nicht für die in Absatz 9 genannte Bescheinigung.

(9) So bald wie möglich und nicht später als 180 Tage nach Erhalt der Abfälle übermittelt der Empfänger der notifizierenden Person und den übrigen betroffenen zuständigen Behörden eine Bescheinigung über die Beseitigung der Abfälle unter seiner Verantwortung. Diese Bescheinigung ist in dem Begleitschein, der den Abfällen bei der Verbringung beigegeben ist, enthalten oder diesem angeheftet.

Abschnitt B

Einfuhr von zur Verwertung bestimmten Abfällen

Artikel 21

(1) Die Einfuhr von zur Verwertung bestimmten Abfällen in die Gemeinschaft ist verboten, ausgenommen die Einfuhr aus:

a) Ländern, für die der OECD-Beschluß gilt;

b) anderen Ländern,

— die Vertragsparteien des Basler Übereinkommens sind und/oder mit denen die Gemeinschaft oder die Gemeinschaft und ihre Mitgliedstaaten im Einklang mit dem Gemeinschaftsrecht stehende bilaterale oder multilaterale oder regionale Übereinkünfte oder Vereinbarungen nach Artikel 11 des Basler Übereinkommens geschlossen haben, die garantieren, daß die Verwertung in einer zugelassenen Anlage entsprechend den Anforderungen an eine umweltverträgliche Entsorgung erfolgt, oder

— mit denen einzelne Mitgliedstaaten vor Beginn der Anwendung dieser Verordnung bilaterale Übereinkünfte oder Vereinbarungen, die die gleichen wie die zuvor genannten Garantien enthalten, geschlossen haben, sofern diese Übereinkünfte und Vereinbarungen mit dem Gemeinschaftsrecht vereinbar sind und mit Artikel 11 des Basler Übereinkommens im Einklang stehen. Diese Übereinkünfte oder Vereinbarungen werden der Kommission binnen drei Monaten nach Beginn der Anwendung dieser Verordnung oder nach Beginn der Anwendung jener Übereinkünfte oder Vereinbarungen, je nachdem, welcher Zeitpunkt früher liegt, notifiziert, und sie erlöschen, wenn Übereinkünfte oder Vereinbarungen gemäß dem ersten Gedankenstrich geschlossen werden, oder

— mit denen einzelne Mitgliedstaaten nach Beginn der Anwendung dieser Verordnung unter den Bedingungen des Absatzes 2 bilaterale Übereinkünfte oder Vereinbarungen schließen.

(2) Der Rat ermächtigt hiermit einzelne Mitgliedstaaten, nach Beginn der Anwendung dieser Verordnung in Ausnahmefällen zum Zwecke der Verwertung besonderer Abfälle bilaterale Übereinkünfte und Vereinbarungen zu schließen, falls ein Mitgliedstaat solche Übereinkünfte oder Vereinbarungen für erforderlich hält, um zu vermeiden, daß es zu einer Unterbrechung bei der Abfallentsorgung kommt, bevor die Gemeinschaft diese Übereinkünfte und Vereinbarungen geschlossen hat. Solche Übereinkünfte und Vereinbarungen müssen ebenfalls mit dem Gemeinschaftsrecht vereinbar sein und mit Artikel 11 des Basler Übereinkommens in Einklang stehen; sie werden der Kommission vor ihrem Abschluß notifiziert, und sie erlöschen, wenn Übereinkünfte oder Vereinbarungen gemäß Absatz 1 Buchstabe b) erster Gedankenstrich geschlossen werden.

Artikel 22

(1) Bei der Einfuhr von zur Verwertung bestimmten Abfällen aus Ländern oder durch Länder hindurch, für die der OECD-Beschluß gilt, kommen die folgenden Kontrollverfahren sinngemäß zur Anwendung:

a) für in Anhang III aufgeführte Abfälle: Artikel 6, 7 und 8 und Artikel 9 Absätze 1, 3, 4 und 5 sowie Artikel 17 Absatz 5;

b) für in Anhang IV aufgeführte Abfälle und für Abfälle, die noch nicht dem Anhang II, Anhang III oder Anhang IV zugeordnet worden sind: Artikel 10.

(2) Wenn zur Verwertung bestimmte Abfälle, die in den Anhängen III und IV aufgeführt oder die noch nicht dem Anhang II, Anhang III oder Anhang IV zugeordnet worden sind, aus Ländern eingeführt oder durch Länder befördert werden, für die der OECD-Beschluß nicht gilt, so

— findet Artikel 20 sinngemäß Anwendung,

— können mit Gründen versehene Einwände nur im Einklang mit Artikel 7 Absatz 4 erhoben werden,

sofern in gemäß Artikel 21 Absatz 1 Buchstabe b) geschlossenen bilateralen oder multilateralen Übereinkünften nichts anderes bestimmt ist; hierbei werden die Kontrollverfahren nach Absatz 1 oder Artikel 20 zugrunde gelegt.

TITEL VI

DURCHFUHR VON ABFÄLLEN VON AUSSERHALB DER GEMEINSCHAFT DURCH DIE GEMEINSCHAFT ZUR BESEITIGUNG ODER VERWERTUNG AUSSERHALB DER GEMEINSCHAFT

Abschnitt A

Durchfuhr von zur Beseitigung und zur Verwertung bestimmten Abfällen (außer Durchfuhr nach Artikel 24)

Artikel 23

(1) Bei der Durchfuhr von zur Beseitigung oder — abgesehen von den in Artikel 24 erfaßten Fällen — zur Verwertung bestimmten Abfällen durch einen Mitgliedstaat oder mehrere Mitgliedstaaten ist die Notifizierung in Form des Begleitscheins an die letzte zuständige Transitbehörde in der Gemeinschaft zu richten, wobei dem Empfänger, den anderen betroffenen zuständigen Behörden sowie den Ein- und Ausgangszollstellen der Gemeinschaft eine Kopie zuzuleiten ist.

(2) Die letzte zuständige Transitbehörde in der Gemeinschaft bestätigt der notifizierenden Person unverzüglich den Empfang der Notifizierung. Die anderen zuständigen Behörden teilen der letzten zuständigen Transitbehörde der Gemeinschaft ihre Antworten entsprechend Absatz 5 mit; diese nimmt dann innerhalb von 60 Tagen schriftlich gegenüber der notifizierenden Person Stellung, indem sie der Verbringung mit oder ohne Vorbehalt zustimmt, gegebenenfalls die von den anderen zuständigen Transitbehörden aufgestellten Bedingungen zur Auflage macht oder die Genehmigung der Verbringung ablehnt. Sie kann zusätzliche Angaben verlangen. Jede Ablehnung und jeder Vorbehalt sind zu begründen. Die zuständige Behörde übermittelt den anderen betroffenen zuständigen Behörden sowie den Ein- und Ausgangszollstellen der Gemeinschaft eine beglaubigte Kopie ihrer Entscheidung.

(3) Unbeschadet des Artikels 25 Absatz 2 und des Artikels 26 Absatz 2 kann die Verbringung in die Gemeinschaft nur zugelassen werden, wenn die notifizierende Person die schriftliche Genehmigung der letzten zuständigen Transitbehörde in der Gemeinschaft erhalten hat. Diese Behörde erteilt ihre Genehmigung durch entsprechendes Abstempeln des Begleitscheins.

(4) Die für die Durchfuhr durch die Gemeinschaft zuständigen Behörden legen erforderlichenfalls binnen 20 Tagen nach Eingang der Notifizierung Bedingungen für die Verbringung der Abfälle fest.

Diese Bedingungen, die der notifizierenden Person unter Weiterleitung einer Kopie an die betroffenen zuständigen Behörden mitzuteilen sind, dürfen nicht strenger sein als die für vergleichbare Verbringungen ausschließlich innerhalb des Zuständigkeitsbereichs der betreffenden Behörde festgelegten Bedingungen.

(5) Der Begleitschein wird von der letzten zuständigen Transitbehörde in der Gemeinschaft ausgestellt.

(6) Hat die notifizierende Person die Genehmigung erhalten, so füllt sie den Begleitschein aus und übermittelt den betroffenen zuständigen Behörden drei Arbeitstage, bevor die Verbringung erfolgt, eine Kopie.

Jeder Sendung wird eine beglaubigte Kopie des Begleitscheins, die mit dem Genehmigungsstempel versehen ist, beigefügt.

Der Transporteur legt der Ausgangszollstelle eine beglaubigte Kopie des Begleitscheins vor, wenn die Abfälle die Gemeinschaft verlassen.

Alle Unternehmen, die an der Verbringung beteiligt sind, füllen den Begleitschein an den entsprechenden Stellen aus, unterzeichnen ihn und behalten selbst eine Kopie hiervon.

(7) Sobald die Abfälle die Gemeinschaft verlassen haben, übermittelt die Ausgangszollstelle der letzten zuständigen Transitbehörde in der Gemeinschaft eine Kopie des Begleitscheins.

Die notifizierende Person erklärt oder bestätigt dieser zuständigen Behörde mit einer Kopie für die anderen zuständigen Transitbehörden außerdem spätestens 42 Tage, nachdem die Abfälle die Gemeinschaft verlassen haben, die Ankunft der Abfälle am vorgesehenen Bestimmungsort.

Abschnitt B

Durchfuhr von zur Verwertung bestimmten Abfällen aus einem Land und in ein Land, für die der OECD-Beschluß gilt

Artikel 24

(1) Die Durchfuhr von zur Verwertung bestimmten Abfällen der Anhänge III und IV aus einem Land, für das der OECD-Beschluß gilt, durch einen oder mehrere Mitgliedstaaten zur Verwertung in einem Land, für das der OECD-Beschluß gilt, ist allen für die Durchfuhr zuständigen Behörden der betreffenden Mitgliedstaaten zu notifizieren.

(2) Die Notifizierung erfolgt mit Hilfe des Begleitscheins.

(3) Bei Erhalt der Notifizierung wird von der bzw. den für die Durchfuhr zuständigen Behörde(n) der notifizierenden Person und dem Empfänger innerhalb von drei Arbeitstagen eine Empfangsbestätigung übermittelt.

(4) Von der bzw. den für die Durchfuhr zuständigen Behörde(n) können mit Gründen zu versehende Einwände gegen die geplante Verbringung aufgrund des Artikels 7 Absatz 4 erhoben werden. Alle Einwände sind der notifizierenden Person und den für die Durchfuhr zuständigen Behörden der übrigen betroffenen Mitgliedstaaten innerhalb von 30 Tagen nach der Absendung der Empfangsbestätigung schriftlich zu übermitteln.

(5) Die für die Durchfuhr zuständige Behörde kann in einem Zeitraum von weniger als 30 Tagen über die Erteilung einer schriftlichen Genehmigung entscheiden.

Im Falle der Durchfuhr von in Anhang IV aufgeführten Abfällen und Abfällen, die noch nicht dem Anhang II, Anhang III oder Anhang IV zugeordnet worden sind, ist die Genehmigung vor dem Beginn der Verbringung schriftlich zu erteilen.

(6) Die Verbringung kann nur erfolgen, wenn keine Einwände vorliegen.

TITEL VII

GEMEINSAME BESTIMMUNGEN

Artikel 25

(1) Kann ein Abfalltransport, dem die betroffenen zuständigen Behörden zugestimmt haben, nicht rechtzeitig gemäß den Bestimmungen des in den Artikeln 3 und 6 genannten Begleitscheins bzw. Vertrages durchgeführt werden, so sorgt die zuständige Behörde am Versandort innerhalb von 90 Tagen, nachdem sie verständigt wurde, dafür, daß die notifizierende Person die Abfälle in ihren Zuständigkeitsbereich oder an einen anderen Ort im Versandstaat zurücksendet, es sei denn, es ist hinreichend sichergestellt, daß die Beseitigung oder Verwertung auf eine andere umweltverträgliche Weise erfolgen kann.

(2) In den in Absatz 1 genannten Fällen ist eine erneute Notifizierung notwendig. Der Versandmitgliedstaat und alle Transitmitgliedstaaten erheben keine Einwände gegen die Rücksendung dieser Abfälle, wenn die zuständige Behörde am Bestimmungsort einen ordnungsgemäß begründeten Antrag mit Erläuterung des Grundes für die Rücksendung stellt.

(3) Die Verpflichtung der notifizierenden Person und die ergänzende Verpflichtung des Versandstaats zur Rücknahme der Abfälle enden, wenn der Empfänger die in den Artikeln 5 und 8 genannte Bescheinigung ausgestellt hat.

Artikel 26

(1) Als illegale Verbringung gilt:

a) eine Verbringung ohne Notifizierung an alle betroffenen zuständigen Behörden gemäß dieser Verordnung,

b) eine Verbringung ohne Zustimmung der betroffenen zuständigen Behörden gemäß dieser Verordnung,

c) eine Verbringung mit einer durch Fälschung, falsche Angaben oder Betrug erlangten Zustimmung der betroffenen zuständigen Behörden,

d) eine Verbringung, die dem Begleitschein sachlich nicht entspricht,

e) eine Verbringung, die eine Beseitigung oder Verwertung unter Verletzung gemeinschaftlicher oder internationaler Bestimmungen bewirkt,

f) eine Verbringung, die nicht im Einklang mit den Artikeln 14, 16, 19 und 21 steht.

(2) Hat die notifizierende Person die illegale Verbringung zu verantworten, so sorgt die zuständige Behörde am Versandort dafür, daß die betreffenden Abfälle

a) von der notifizierenden Person oder erforderlichenfalls von der zuständigen Behörde selbst wieder in den Versandstaat verbracht werden oder, sofern dies nicht möglich ist,

b) anderweitig auf eine umweltverträgliche Weise beseitigt oder verwertet werden;

dies hat innerhalb von 30 Tagen, nachdem die zuständige Behörde von der illegalen Verbringung in Kenntnis gesetzt wurde, oder innerhalb einer anderen mit den betroffenen zuständigen Behörden vereinbarten Frist zu geschehen.

In diesem Fall ist eine erneute Notifizierung notwendig. Der Versandmitgliedstaat und alle Transitmitgliedstaaten erheben keine Einwände gegen die Rücksendung dieser Abfälle, wenn die zuständige Behörde am Bestimmungsort einen ordnungsgemäß begründeten Antrag mit Erläuterung des Grundes für die Rücksendung stellt.

(3) Hat der Empfänger der Abfälle die illegale Beförderung zu verantworten, so sorgt die zuständige Behörde am Bestimmungsort dafür, daß die betreffenden Abfälle vom Empfänger oder, sofern dies nicht möglich ist, von ihr selbst innerhalb von 30 Tagen, nachdem sie von der illegalen Beförderung Kenntnis erhalten hat, bzw. innerhalb einer anderen mit den betroffenen zuständigen Behörden vereinbarten Frist auf umweltverträgliche Weise beseitigt werden. Diese Behörden arbeiten dabei in dem Bemühen um die Beseitigung oder Verwertung der Abfälle auf umweltverträgliche Weise je nach den Erfordernissen zusammen.

(4) Kann weder die notifizierende Person noch der Empfänger für die illegale Beförderung verantwortlich gemacht werden, so arbeiten die zuständigen Behörden gemeinsam darauf hin, daß die betreffenden Abfälle auf umweltverträgliche Weise beseitigt oder verwertet werden. Leitlinien für eine derartige Zusammenarbeit werden nach dem Verfahren des Artikels 18 der Richtlinie 75/442/EWG festgelegt.

(5) Die Mitgliedstaaten verbieten und ahnden die illegale Beförderung durch geeignete rechtliche Maßnahmen.

Artikel 27

(1) Für jede Verbringung von Abfällen, die unter diese Verordnung fällt, ist die Hinterlegung einer Sicherheitsleistung oder der Nachweis einer entsprechenden Versicherung erforderlich, durch die die Kosten der Beförderung einschließlich der Rücksendung in den Fällen nach den Artikeln 25 und 26 und der Beseitigung oder Verwertung abgedeckt sind.

(2) Derartige Sicherheitsleistungen werden freigegeben, wenn

— mit der Bescheinigung über die Beseitigung oder die Verwertung der Abfälle der Nachweis erfolgt ist, daß die Abfälle am Bestimmungsort eingetroffen und auf umweltverträgliche Weise beseitigt oder verwertet worden sind;

— mit dem Dokument T 5 gemäß der Verordnung (EWG) Nr. 2823/87 der Kommission (¹) der Nachweis erfolgt ist, daß im Falle der Durchfuhr durch die Gemeinschaft die Abfälle die Gemeinschaft verlassen haben.

(¹) ABl. Nr. L 270 vom 23. 9. 1987, S. 1.

(3) Jeder Mitgliedstaat unterrichtet die Kommission über die von ihm im Rahmen dieses Artikels festgelegten innerstaatlichen Rechtsvorschriften. Die Kommission leitet diese Information an alle Mitgliedstaaten weiter.

Artikel 28

(1) Unter Einhaltung der Verpflichtungen nach den Artikeln 3, 6, 9, 15, 17, 20, 22, 23 oder 24 kann die notifizierende Person ein Verfahren der Sammelnotifizierung anwenden, wenn zur Beseitigung oder Verwertung bestimmte Abfälle mit denselben physikalischen und chemischen Eigenschaften regelmäßig auf demselben Transportweg zu demselben Empfänger verbracht werden. Kann dieser Transportweg aufgrund unvorhergesehener Umstände nicht eingehalten werden, so teilt die notifizierende Person dies den betroffenen zuständigen Behörden so rasch wie möglich oder vor Beginn der Verbringung mit, falls zu dieser Zeit die Notwendigkeit einer Änderung des Transportwegs bereits bekannt ist.

Ist die Änderung des Transportwegs vor Beginn der Verbringung bekannt und sind andere als die an der Sammelnotifizierung beteiligten zuständigen Behörden davon betroffen, so wird dieses Verfahren nicht angewandt.

(2) Im Rahmen eines Verfahrens der Sammelnotifizierung kann sich eine Einzelnotifizierung auf mehrere Abfallsendungen innerhalb eines Zeitraums von bis zu einem Jahr erstrecken. Der angegebene Zeitraum kann von den betroffenen zuständigen Behörden einvernehmlich verkürzt werden.

(3) Die betroffenen zuständigen Behörden können ihre Zustimmung zu diesem Verfahren der Sammelnotifizierung von der späteren Vorlage zusätzlicher Angaben abhängig machen. Entspricht die Zusammensetzung der Abfälle nicht den Angaben in der Notifizierung oder werden die Auflagen für die Verbringung nicht eingehalten, so ziehen die betreffenden zuständigen Behörden ihr Einverständnis zu einem solchen Verfahren durch amtliche Benachrichtigung der notifizierenden Person zurück. Den übrigen betroffenen zuständigen Behörden ist eine Ausfertigung dieser Benachrichtigung zu übermitteln.

(4) Die Sammelnotifizierung erfolgt mit Hilfe des Begleitscheins.

Artikel 29

Verschiedenen Notifizierungen unterliegende Abfälle werden während der Verbringung nicht vermischt.

Artikel 30

(1) Die Mitgliedstaaten treffen die erforderlichen Maßnahmen, um sicherzustellen, daß die Verbringung von Abfällen in Übereinstimmung mit den Vorschriften dieser Verordnung erfolgt. Diese Maßnahmen können Überprüfungen von Anlagen und Unternehmen nach Artikel 13 der Richtlinie 75/442/EWG und die stichprobenartige Überprüfung von Verbringungen umfassen.

(2) Überprüfungen können insbesondere wie folgt stattfinden:

- am Herkunftsort beim Erzeuger, Besitzer oder bei der notifizierenden Person;
- am Bestimmungsort beim Endempfänger;
- an den Außengrenzen der Gemeinschaft;
- während der Verbringung innerhalb der Gemeinschaft.

(3) Die Überprüfungen können die Einsichtnahme in Dokumente, die Bestätigung der Identität und gegebenenfalls die Kontrolle der Beschaffenheit der Abfälle umfassen.

Artikel 31

(1) Für Druck und Ausfüllen des Begleitscheins sowie alle weiteren nach den Artikeln 4 und 6 erforderlichen Unterlagen und Angaben ist eine Sprache zu verwenden, die annehmbar ist für

- die zuständige Behörde am Versandort nach den Artikeln 3, 7, 15 und 17 bei Abfallverbringung innerhalb der Gemeinschaft sowie bei der Ausfuhr von Abfällen;
- die zuständige Behörde am Bestimmungsort nach den Artikeln 20 und 22 bei der Einfuhr von Abfällen;
- die für die Durchfuhr zuständige Behörde nach den Artikeln 23 und 24.

Auf Verlangen der übrigen zuständigen Behörden hat die notifizierende Person eine Übersetzung in einer Sprache vorzulegen, die für diese Behörden annehmbar ist.

(2) Weitere Einzelheiten können nach dem Verfahren des Artikels 18 der Richtlinie 75/442/EWG geregelt werden.

TITEL VIII

SONSTIGE BESTIMMUNGEN

Artikel 32

Die Bestimmungen der internationalen Transportübereinkommen, die in Anhang I aufgeführt sind und denen die Mitgliedstaaten beigetreten sind, sind einzuhalten, soweit sie die Abfälle erfassen, für die diese Verordnung gilt.

Artikel 33

(1) Der notifizierenden Person kann die Kostentragung für angemessene Verwaltungskosten für die Durchführung des Notifizierungs- und Überwachungsverfahrens sowie die für angemessene Analysen und Kontrollen üblichen Kosten auferlegt werden.

(2) Die Kosten der Wiedereinfuhr der Abfälle einschließlich der Verbringung, Beseitigung oder Verwertung der Abfälle auf eine andere, umweltverträgliche Weise gemäß Artikel 25 Absatz 1 und Artikel 26 Absatz 2 werden der notifizierenden Person oder, sofern dies nicht möglich ist, den betreffenden Mitgliedstaaten auferlegt.

(3) Die Kosten der Beseitigung oder Verwertung auf eine andere, umweltverträgliche Weise gemäß Artikel 26 Absatz 3 werden dem Empfänger auferlegt.

(4) Die Kosten der Beseitigung oder Verwertung einschließlich der etwaigen Verbringung gemäß Artikel 26 Absatz 4 werden nach Maßgabe der Entscheidung der betroffenen zuständigen Behörden der notifizierenden Person und/oder dem Empfänger auferlegt.

Artikel 34

(1) Unbeschadet des Artikels 26 und der gemeinschaftlichen und einzelstaatlichen Bestimmungen über die zivilrechtliche Haftung und unabhängig vom Ort der Abfallbeseitigung oder -verwertung trifft der Erzeuger von Abfällen alle erforderlichen Maßnahmen, um die Abfälle so zu beseitigen oder zu verwerten oder so für ihre Beseitigung oder Verwertung zu sorgen, daß die Qualität der Umwelt im Sinne der Richtlinie 75/442/EWG und der Richtlinie 91/689/EWG gewahrt bleibt.

(2) Die Mitgliedstaaten treffen alle erforderlichen Maßnahmen, um die Erfüllung der Verpflichtungen nach Absatz 1 zu gewährleisten.

Artikel 35

Alle an die zuständigen Behörden gerichteten oder von diesen verschickten Dokumente sind von den zuständigen Behörden, der notifizierenden Person und vom Empfänger mindestens drei Jahre lang innerhalb der Gemeinschaft aufzubewahren.

Artikel 36

Die Mitgliedstaaten benennen die für die Anwendung dieser Verordnung zuständige(n) Behörde(n). Für die Durchfuhr bestimmt jeder Mitgliedstaat nur eine einzige zuständige Behörde.

Artikel 37

(1) Die Mitgliedstaaten und die Kommission benennen jeweils mindestens eine Anlaufstelle, welche Personen oder Unternehmen, die sich an sie wenden, informieren und beraten soll. Die Anlaufstelle der Kommission leitet alle an sie gerichteten Anfragen, die die Anlaufstellen der Mitgliedstaaten betreffen, an diese weiter und umgekehrt.

(2) Die Kommission hält, auf Verlangen der Mitgliedstaaten oder wenn anderweitig Bedarf hierfür besteht, regelmäßig Versammlungen von Vertretern dieser Anlaufstellen ab, um mit ihnen die Fragen im Zusammenhang mit der Durchführung dieser Verordnung zu erörtern.

Artikel 38

(1) Die Mitgliedstaaten teilen der Kommission spätestens drei Monate vor Beginn der Anwendung dieser Verordnung Name, Anschrift, Fernsprech-, Fernschreib- bzw. Faxnummern der zuständigen Behörden und Anlaufstellen mit und übermitteln ihr den Stempelabdruck der zuständigen Behörden.

Die Mitgliedstaaten teilen der Kommission alljährlich Änderungen dieser Angaben mit.

(2) Die Kommission leitet diese Angaben unverzüglich an die anderen Mitgliedstaaten und an das Sekretariat des Basler Übereinkommens weiter.

Ferner übermittelt die Kommission den Mitgliedstaaten die Abfallbewirtschaftungspläne nach Artikel 7 der Richtlinie 75/442/EWG.

Artikel 39

(1) Die Mitgliedstaaten können Eingangs- und Abgangszollstellen für die Verbringung der Abfälle in die bzw. aus der Gemeinschaft bestimmen und setzen die Kommission hiervon in Kenntnis.

Die Kommission veröffentlicht ein Verzeichnis dieser Zollstellen im *Amtsblatt der Europäischen Gemeinschaften* und aktualisiert es gegebenenfalls.

(2) Entscheiden sich die Mitgliedstaaten für die Bestimmung von Zollstellen im Sinne von Absatz 1, so dürfen bei Abfallverbringungen weder beim Eingang noch beim Verlassen der Gemeinschaft andere Grenzübergangsstellen in einem Mitgliedstaat eingeschaltet werden.

Artikel 40

Die Mitgliedstaaten arbeiten, soweit angemessen und erforderlich, im Benehmen mit der Kommission mit anderen Vertragsparteien des Basler Übereinkommens und mit zwischenstaatlichen Organisationen unmittelbar oder über das Sekretariat des Basler Übereinkommens zusammen, indem sie insbesondere Informationen austauschen, neue umweltverträgliche Techniken fördern und entsprechende Verhaltenskodizes entwickeln.

Artikel 41

(1) Zum Ende jedes Kalenderjahres erstellen die Mitgliedstaaten einen Bericht nach Artikel 13 Absatz 3 des Basler Übereinkommens und leiten diesen dem Sekretariat des Basler Übereinkommens zu ; eine Kopie erhält die Kommission.

(2) Die Kommission erstellt anhand dieser Berichte alle drei Jahre einen Bericht über die Durchführung dieser Verordnung durch die Gemeinschaft und ihre Mitgliedstaaten. Sie kann zu diesem Zweck zusätzliche Angaben gemäß Artikel 6 der Richtlinie 91/692/EWG [1] verlangen.

Artikel 42

(1) Die Kommission erstellt bis spätestens drei Monate vor Beginn der Anwendung dieser Verordnung nach dem Verfahren des Artikels 18 der Richtlinie 75/442/EWG den einheitlichen Begleitschein einschließlich des Vordrucks für die Bescheinigung über die Verwertung bzw. Beseitigung (der Vordruck ist entweder Bestandteil des Begleitscheins oder wird einstweilen dem bestehenden Begleitschein nach der Richtlinie 84/631/EWG angeheftet) und paßt ihn danach gegebenenfalls an ; dabei berücksichtigt sie insbesondere

— die einschlägigen Artikel dieser Verordnung ;
— die einschlägigen zwischenstaatlichen Übereinkommen und Vereinbarungen.

(2) Das bestehende Formblatt für den Begleitschein findet bis zur Erstellung des neuen Begleitscheins sinngemäß Anwendung. Der Vordruck für die Bescheinigung über die Beseitigung bzw. Verwertung, die dem bestehenden Begleitschein anzuheften ist, wird so bald wie möglich erstellt.

(3) Unbeschadet des Verfahrens des Artikels 1 Absatz 3 Buchstaben c) und d) betreffend Anhang II A paßt die Kommission die Anhänge II, III und IV gemäß dem Verfahren des Artikels 18 der Richtlinie 75/442/EWG an, jedoch nur insoweit, als dies Änderungen entspricht, die bereits im Rahmen des Überprüfungsverfahrens der OECD vereinbart wurden.

(4) Das Verfahren nach Absatz 1 gilt auch für die Festlegung der umweltverträglichen Entsorgung unter Berücksichtigung der einschlägigen internationalen Übereinkommen und Vereinbarungen.

Artikel 43

Die Richtlinie 84/631/EWG wird mit dem Beginn der Anwendung dieser Verordnung aufgehoben. Verbringungen gemäß den Artikeln 4 und 5 der genannten Richtlinie sind spätestens sechs Monate nach Beginn der Anwendung dieser Verordnung abzuschließen.

Artikel 44

Diese Verordnung tritt am dritten Tag nach ihrer Veröffentlichung im *Amtsblatt der Europäischen Gemeinschaften* in Kraft.

Diese Verordnung gelangt 15 Monate nach ihrer Veröffentlichung zur Anwendung.

Diese Verordnung ist in allen ihren Teilen verbindlich und gilt unmittelbar in jedem Mitgliedstaat.

Geschehen zu Brüssel am 1. Februar 1993.

Im Namen des Rates

Der Präsident

N. HELVEG PETERSEN

---

[1] ABl. Nr. L 377 vom 31. 12. 1991, S. 48.

ANHANG I

LISTE DER IN ARTIKEL 32 GENANNTEN INTERNATIONALEN VERKEHRSÜBEREINKOMMEN (¹)

1. ADR

   Europäisches Übereinkommen über die internationale Beförderung gefährlicher Güter auf der Straße (1957)

2. COTIF

   Übereinkommen über den internationalen Eisenbahnverkehr (1985), und zwar insbesondere in Anlage I:

   RID

   Internationale Ordnung für die Beförderung gefährlicher Güter mit der Eisenbahn (1985)

3. SOLAS

   Internationales Übereinkommen zum Schutz menschlichen Lebens auf See (1974)

4. IMDG-Code (²)

   Beförderung gefährlicher Güter mit Seeschiffen

5. Abkommen von Chicago

   Abkommen über die internationale Zivilluftfahrt (1944), dessen Anhang 18 die Beförderung gefährlicher Waren in der Luft betrifft (T.I. — Technical Instructions for the Safe Transport of Dangerous Goods by Air)

6. MARPOL

   Internationales Übereinkommen zur Verhütung der Meeresverschmutzung durch Schiffe (1973-1978)

7. ADNR

   Verordnung über die Beförderung gefährlicher Güter auf dem Rhein (1970)

(¹) Diese Liste enthält die zum Zeitpunkt der Annahme dieser Verordnung geltenden Übereinkommen.
(²) Der IMDG-Code ist seit 1. Januar 1985 Bestandteil des SOLAS-Übereinkommens.

BERICHTIGUNGEN

Berichtigung der Verordnung (EWG) Nr. 259/93 des Rates vom 1. Februar 1993 zur Überwachung und Kontrolle der Verbringung von Abfällen in der, in die und aus der Europäischen Gemeinschaft

(Amtsblatt der Europäischen Gemeinschaften Nr. L 30 vom 6. Februar 1993)

Seite 1, letzter Erwägungsgrund vorletzte Zeile:

anstatt: „Abfallverringerung"
muß es heißen: „Abfallverbringung".

Seite 2, zweiter Erwägungsgrund:

anstatt: „der Basler Übereinkommen"
muß es heißen: „des Basler Übereinkommens".

Seite 2, fünfter Erwägungsgrund:

anstatt: „mit den gemeinschaftlichen Rechtsvorschriften um dem OECD-Beschluß"
muß es heißen: „mit den gemeinschaftlichen Rechtsvorschriften und dem OECD-Beschluß".

Seite 2, viertletzter Erwägungsgrund:

anstatt: „tut er dies nicht"
muß es heißen: „tut sie es nicht".

Seite 3, Artikel 1 Absatz 2 Buchstabe a):

anstatt: „die Ablagerung ... an Land"
muß es heißen: „das Anlanden".

Seite 3, Artikel 1 Absatz 3 Buchstabe c):

anstatt: „können jetzt"
muß es heißen: „können jedoch".

Seite 3, Artikel 1 Absatz 3 Buchstabe d):

anstatt: „Verbindung"
muß es heißen: „Verbringung".

Seite 3, Artikel 2 Buchstabe b):

anstatt: „benannter zuständigen Behörden"
muß es heißen: „benannten zuständigen Behörden".

Seite 3, Artikel 2 Buchstabe d):

anstatt: „benannte Behörde"
muß es heißen: „benannte Behörde".

Seite 4, Artikel 3 Absatz 1:

anstatt: „den zuständigen Transitbehörden"
muß es heißen: „den für die Durchfuhr zuständigen Behörden".

Seite 4, Artikel 3 Absatz 3, und Seite 6, Artikel 6 Absatz 3:

anstatt: „auszustellen ist" bzw. „ausgestellt wird"
muß es heißen: „herausgegeben wird".

Seite 4, Artikel 3 Absatz 4, und Seite 6, Artikel 6 Absatz 4:

anstatt: „reicht ... nach"
muß es heißen: „stellt ... zur Verfügung".

Seite 4, Artikel 3 Absatz 5 erster Gedankenstrich, und Seite 7, Artikel 6 Absatz 5 erster Gedankenstrich:

anstatt: „Verzeichnis der Abfälle und Namen der Abfallerzeuger, wenn diese bekannt sind"
muß es heißen: „Verzeichnis der Abfälle und, wenn diese bekannt sind, Namen der Abfallerzeuger".

Seite 4, Artikel 3 Absatz 5 vierter Gedankenstrich, und Seite 7, Artikel 6 Absatz 5 vierter Gedankenstrich:

anstatt: „technische Kapazität"
muß es heißen: „technische Ausstattung".

Seite 4, Artikel 3 Absatz 5 letzter Gedankenstrich:
anstatt: „Verfahren im Zusammenhang mit der Beseitigung"
muß es heißen: „Beseitigungsverfahren".

Seite 6, Artikel 4 Absatz 3 Buchstabe c) Einleitungssatz:
anstatt: „die zuständige Behörde"
muß es heißen: „die zuständigen Behörden".

Seite 6, Artikel 4 Absatz 3 Buchstabe c) zweiter Gedankenstrich, und Seite 8, Artikel 7 Absatz 4 Buchstabe a) dritter Gedankenstrich:
anstatt: „illegale Transporte"
muß es heißen: „illegale Verbringungen".

Seite 6, Artikel 5 Absatz 1:
anstatt: „der notifizierenden Person ... erteilt wurde"
muß es heißen: „die notifizierende Person erhalten hat".

Seite 6, Artikel 6 Absatz 1:
anstatt: „übermittelt den zuständigen Behörden am Versandort und den zuständigen Transitbehörden"
muß es heißen: „übermittelt der zuständigen Behörde am Versandort und den für die Durchfuhr zuständigen Behörden".

Seite 7, Artikel 6 Absatz 5 vierter Gedankenstrich:
anstatt: „Standort seiner Verwertungsanlage"
muß es heißen: „Standort der Verwertungsanlage".

Seite 7, Artikel 6 Absatz 6 Unterabsatz 5:
anstatt: „zwei Einrichtung"
muß es heißen: „zwei Einrichtungen".

Seite 8, Artikel 8 Absatz 2:
anstatt: „den Zeitpunkt"
muß es heißen: „das Datum".

Seite 8, Artikel 8 Absatz 6, und Seite 10, Artikel 15 Absatz 4 Buchstabe b) erster und zweiter Gedankenstrich:
anstatt: „Eingang"
muß es heißen: „Erhalt".

Seite 8, Artikel 9 Absatz 3:
anstatt: „den zuständigen Behörden"
muß es heißen: „den betroffenen zuständigen Behörden".

Seite 9, Artikel 12 Buchstabe b) erster Gedankenstrich:
anstatt: „dieser Konvention"
muß es heißen: „dieses Übereinkommens".

Seite 9, Artikel 13 Absatz 3:
anstatt: „unterrichtet die Mitgliedstaaten"
muß es heißen: „unterrichtet die anderen Mitgliedstaaten".

Seite 10, Artikel 14 Absatz 2 Buchstabe b):
anstatt: „nach umweltverträglichen Verfahren"
muß es heißen: „auf umweltverträgliche Weise".

Seite 10, Artikel 15 Absatz 1, und Seite 13, Artikel 20 Absatz 1:
anstatt: „ist ... auszustellen"
muß es heißen: „wird ... herausgegeben".

Seite 10, Artikel 15 Absatz 4 Buchstabe b) Unterabsatz 3, und Seite 12, Artikel 17 Absatz 7 vierter Gedankenstrich:
anstatt: „Rückverbringung der Abfälle"
muß es heißen: „Rückführung der Abfälle".

Seite 11, Artikel 15 Absatz 8 Unterabsatz 1:
anstatt: „einschließlich des Stempels der genehmigenden Behörde"
muß es heißen: „einschließlich des Genehmigungsstempels".

Seite 11, Artikel 15 Absatz 9:

anstatt: „Abgangszollstelle der Gemeinschaft"
muß es heißen: „Abgangszollstelle".

Seite 12, Artikel 16 Absatz 3 Buchstabe b) und Absatz 4:

anstatt: „behandelt"
muß es heißen: „gehandhabt".

Seite 15, Artikel 23 Absatz 4:

anstatt: „Bedingungen für die Verbringung"
muß es heißen: „Auflagen für die Beförderung".

Seite 16, Artikel 25 Absatz 1:

anstatt: „ein Abfalltransport, dem ..."
muß es heißen: „eine Abfallverbringung, der ..."

Seite 16, Artikel 25 Absatz 2, Seite 17, Artikel 26 Absatz 2 Unterabsatz 2, und Seite 17, Artikel 27 Absatz 1 (insg. fünfmal):

anstatt: „Rücksendung"
muß es heißen: „Rückführung".

Seite 17, Artikel 26 Absätze 3, 4 und 5:

anstatt: „Beförderung"
muß es heißen: „Verbringung".

Seite 17, Artikel 26 Absatz 3 sechste Zeile:

anstatt: „von der illegalen Beförderung Kenntnis erhalten hat, bzw."
muß es heißen: „von der illegalen Verbringung in Kenntnis gesetzt wurde, oder".

Seite 17, Artikel 28 Absatz 2:

anstatt: „Abfallsendungen"
muß es heißen: „Abfallverbringungen".

Seite 19, Artikel 39 Absatz 1 Unterabsatz 1:

anstatt: „Verbringung der Abfälle"
muß es heißen: „Verbringung von Abfällen".

Seite 20, Anhang I Nummer 2:

anstatt: „Internationale Ordnung für die Beförderung gefährlicher Güter mit der Eisenbahn (1985)"
muß es heißen: „Ordnung für die internationale Eisenbahnbeförderung gefährlicher Güter (1985)".

Seite 20, Anhang I, Nummer 4:

anstatt: „Beförderung gefährlicher Güter mit Seeschiffen"
muß es heißen: „Internationaler Code für die Beförderung gefährlicher Güter mit Seeschiffen".

II

(Nicht veröffentlichungsbedürftige Rechtsakte)

KOMMISSION

ENTSCHEIDUNG DER KOMMISSION

vom 21. Oktober 1994

zur Anpassung der Anhänge II, III und IV der Verordnung (EWG) Nr. 259/93 des Rates zur Überwachung und Kontrolle der Verbringung von Abfällen in der, in die und aus der Europäischen Gemeinschaft nach Artikel 42 Ziffer 3 dieser Verordnung

(94/721/EG)

DIE KOMMISSION DER EUROPÄISCHEN GEMEINSCHAFTEN —

gestützt auf den Vertrag zur Gründung der Europäischen Gemeinschaft,

gestützt auf die Verordnung (EWG) Nr. 259/93 des Rates vom 1. Februar 1993 zur Überwachung und Kontrolle der Verbringung von Abfällen in der, in die und aus der Europäischen Gemeinschaft [1], insbesondere auf deren Artikel 42 Ziffer 3,

gestützt auf die Richtlinie 75/442/EWG des Rates vom 15. Juli 1975 über Abfälle [2], zuletzt geändert durch die Richtlinie 91/692/EWG [3], insbesondere auf Artikel 18,

in Erwägung nachstehender Gründe:

Nach Artikel 42 Absatz 3 der Verordnung (EWG) Nr. 259/93 müssen die Anhänge II, III und IV nur insoweit angepaßt werden, als dies Änderungen entspricht, die bereits im Rahmen des Überprüfungsverfahrens der OECD vereinbart wurden.

Der OECD-Rat [4] hat im Rahmen des Überprüfungsverfahrens die Änderungen der grünen, der gelben und der roten Abfalliste beschlossen.

Die Anhänge II, III und IV der Verordnung (EWG) Nr. 259/93 bedürfen somit einer Änderung, um diesen Änderungen Rechnung zu tragen.

Bei der Anpassung der Anhänge II, III und IV dieser Verordnung wird die Kommission durch den nach Artikel 18 der Richtlinie 75/442/EWG eingesetzten Ausschuß aus Vertretern der Mitgliedstaaten, dessen Vorsitz der Vertreter der Kommission führt, unterstützt.

Die in dieser Entscheidung vorgesehenen Maßnahmen entsprechen der Stellungnahme des obenerwähnten Ausschusses —

HAT FOLGENDE ENTSCHEIDUNG ERLASSEN:

Artikel 1

Die Anhänge II, III und IV der Verordnung (EWG) Nr. 259/93 werden durch den Anhang dieser Entscheidung ersetzt.

Artikel 2

Diese Entscheidung ist an alle Mitgliedstaaten gerichtet.

Brüssel, den 21. Oktober 1994

Für die Kommission

Yannis PALEOKRASSAS

Mitglied der Kommission

---

[1] ABl. Nr. L 30 vom 6. 2. 1993, S. 1.
[2] ABl. Nr. L 194 vom 25. 7. 1975, S. 47.
[3] ABl. Nr. L 377 vom 31. 12. 1991, S. 48.
[4] OECD-Rat vom 23. Juli 1993, Dok. Ref. C(93) 74;
OECD-Rat vom 28. Juli 1994, Dok. Ref. C(94) 153.

ANHANG

„ANHANG II

GRÜNE LISTE (*)

Unabhängig davon, ob gewisse Abfälle in dieser Liste aufgeführt sind, dürfen sie nicht als Abfälle der Grünen Liste befördert werden, falls sie mit anderen Materialien in einem Ausmaß kontaminiert sind, daß a) sie die mit dem Abfall verbundenen Risiken soweit erhöhen, daß sie auf die Gelbe oder die Rote Liste gesetzt werden müßten, oder b) die umweltverträgliche Verwertung des Abfalls unmöglich geworden ist.

GA. ABFÄLLE AUS METALLEN UND METALLEGIERUNGEN (OHNE DISPERSIONSRISIKO) (**)

Abfälle und Schrott, aus folgenden Edelmetallen und ihren Legierungen:

GA 010	ex 7112 10	— Gold
GA 020	ex 7112 20	— Platin (als ‚Platin' gelten Platin, Iridium, Osmium, Palladium, Rhodium und Ruthenium)
GA 030	ex 7112 90	— Andere Edelmetalle, z. B. Silber *NB:* Quecksilber ist als Verunreinigung dieser Metalle, ihrer Legierungen oder Amalgame ausdrücklich ausgenommen.

Nachstehende eisenhaltige Abfälle und Schrott aus Eisen und Stahl:

GA 040	7204 10	Abfälle und Schrott, aus Gußeisen
GA 050	7204 21	Abfälle und Schrott, aus nichtrostendem Stahl
GA 060	7204 29	Abfälle und Schrott, aus anderen Stahllegierungen
GA 070	7204 30	Abfälle und Schrott, aus verzinntem Eisen oder Stahl
GA 080	7204 41	Drehspäne, Frässpäne, Hobelspäne, Schleifspäne, Sägespäne, Feilspäne und Stanz- oder Schneideabfälle, auch paketiert
GA 090	7204 49	Andere Abfälle und Schrott, aus Eisen
GA 100	7204 50	Abfallblöcke
GA 110	ex 7302 10	Gebrauchte Schienen, aus Eisen und Stahl

Abfälle und Schrott aus folgenden NE-Metallen und ihren Legierungen:

GA 120	7404 00	Abfälle und Schrott, aus Kupfer
GA 130	7503 00	Abfälle und Schrott, aus Nickel
GA 140	7602 00	Abfälle und Schrott, aus Aluminium
GA 150	ex 7802 00	Abfälle und Schrott, aus Blei
GA 160	7902 00	Abfälle und Schrott, aus Zink
GA 170	8002 00	Abfälle und Schrott, aus Zinn
GA 180	ex 8101 91	Abfälle und Schrott, aus Wolfram
GA 190	ex 8102 91	Abfälle und Schrott, aus Molybdän
GA 200	ex 8103 10	Abfälle und Schrott, aus Tantal
GA 210	8104 20	Abfälle und Schrott, aus Magnesium
GA 220	ex 8105 10	Abfälle und Schrott, aus Cobalt
GA 230	ex 8106 00	Abfälle und Schrott, aus Bismut
GA 240	ex 8107 10	Abfälle und Schrott, aus Cadmium

(*) Falls möglich, wird neben dem Eintrag die Codenummer des Harmonisierten Systems zur Bezeichnung und Codierung der Waren (Code des Harmonisierten Systems) angegeben, das durch das Brüsseler Übereinkommen vom 14. Juni 1983 unter der Schirmherrschaft des Rats für die Zusammenarbeit auf dem Gebiet des Zollwesens aufgestellt wurde. Dieser Code kann sich sowohl auf Abfälle als auch auf Waren beziehen. In dieser Verordnung sind nur Abfälle aufgeführt. Deshalb wird der Code — der zur Arbeitserleichterung von Zollbehörden und von anderen Stellen verwendet wird — hier nur zur Hilfe bei der Bestimmung von Abfällen angegeben, die in dieser Verordnung aufgelistet sind und damit unter sie fallen. Dennoch sollten entsprechende offizielle Erläuterungen des Rats für die Zusammenarbeit auf dem Gebiet des Zollwesens als Anhaltspunkt für die Bestimmung von Abfällen herangezogen werden, die unter allgemeinen Positionen zusammengefaßt sind. Die Angabe ‚ex' weist darauf hin, daß es sich um einen unter einer Position des Harmonisierten Systems speziell aufgeführten Abfall handelt.

Der Code in Fettdruck in der ersten Spalte ist der OECD-Code: Er besteht aus zwei Buchstaben (einem für die Liste ‚Green' (Grün), ‚Amber' (Gelb) und ‚Red' (Rot) und einem für die Abfallkategorie A, B, C usw.) und einer Zahl.

(**) Zu den Abfällen ohne Dispersionsrisiko gehören nicht Abfälle in Form von Pulver, Schlamm oder Staub sowie feste Gegenstände, die gefährliche Abfälle in flüssiger Form enthalten.

GA 250	ex 8108 10	Abfälle und Schrott, aus Titan
GA 260	ex 8109 10	Abfälle und Schrott, aus Zirconium
GA 270	ex 8110 00	Abfälle und Schrott, aus Antimon
GA 280	ex 8111 00	Abfälle und Schrott, aus Mangan
GA 290	ex 8112 11	Abfälle und Schrott, aus Beryllium
GA 300	ex 8112 20	Abfälle und Schrott, aus Chrom
GA 310	ex 8112 30	Abfälle und Schrott, aus Germanium
GA 320	ex 8112 40	Abfälle und Schrott, aus Vanadium
	ex 8112 91	Abfälle und Schrott, aus:
GA 330		— Hafnium
GA 340		— Indium
GA 350		— Niob
GA 360		— Rhenium
GA 370		— Gallium
GA 380		— Thallium
GA 390	ex 2844 30	Abfälle und Schrott, aus Thorium
GA 400	ex 2804 90	Abfälle und Schrott, aus Selen
GA 410	ex 2804 50	Abfälle und Schrott, aus Tellur
GA 420	ex 2805 30	Abfälle und Schrott, aus Seltenerdmetallen

GB. METALLHALTIGE ABFÄLLE, DIE BEIM GIESSEN, SCHMELZEN UND AFFINIEREN VON METALLEN ANFALLEN

GB 010	2620 11	Galvanisationsplatten (Hartzink)
GB 020		Zinkrückstände:
GB 021		— Zinkrückstände im Galvanisierungsbecken oben (> 90 % Zn)
GB 022		— Zinkrückstände im Galvanisierungsbecken unten (> 92 % Zn)
GB 023		— Zinkrückstände bei Druckguß (> 85 % Zn)
GB 024		— Zinkrückstände bei Feuerverzinkung (chargenweise) (> 92 % Zn)
GB 025		— Rückstände aus der Zinkabschöpfung
GB 030		Rückstände aus der Aluminiumabschöpfung
GB 040	ex 2620 90	Schlacken, aus der Behandlung von Edelmetallen und Kupfer, zur späteren Wiederverwendung
GB 050		Tantalhaltige Zinkschlacke mit weniger als 0,5 % Zinn

GC. SONSTIGE METALLHALTIGE ABFÄLLE

GC 010		Ausschließlich aus Metallen oder Legierungen bestehende elektrische Geräte und Bauteile
GC 020		Abfälle aus elektronischen Geräten und Bauteilen (z. B. gedruckte Schaltungen auf Platten, Draht usw.) und wiederverwertete elektronische Bauteile, die sich zur Rückgewinnung von unedlen und Edelmetallen eigenen
GC 030	ex 8908 00	Schiffe und andere schwimmende Vorrichtungen, zum Abwracken, ohne Ladung, die als gefährlicher Stoff oder Abfall eingestuft werden könnten
GC 040		Fahrzeugwracks nach Entfernung aller darin enthaltenen Flüssigkeiten
GC 050		Verbrauchte Katalysatoren:
GC 051		— Katalysatoren aus katalytischem Kracken im Fließbett
GC 052		— Edelmetalle enthaltende Katalysatoren
GC 053		— Übergangsmetalle (z. B. Chrom, Cobalt, Kupfer, Eisen, Nickel, Mangan, Molybdän, Wolfram, Vanadium, Zink) enthaltende Katalysatoren
GC 060	2618 00	Granulierte Schlacke aus der Eisen- und Stahlherstellung
GC 070	ex 2619 00	Schlacken aus der Eisen- und Stahlherstellung (*)

(*) Diese Position gilt auch für die Verwendung solcher Schlacken als Ausgangsstoff für Titandioxid und Vanadium.

GD. ABFÄLLE AUS DEM BERGBAU OHNE DISPERSIONSRISIKO

GD 010	ex 2504 90	Abfälle, aus natürlichem Graphit
GD 020	ex 2514 00	Abfälle, aus Tonschiefer, auch grob behauen oder durch Sägen auf andere Weise lediglich zerteilt
GD 030	2525 30	Glimmerabfall
GD 040	ex 2529 30	Abfälle aus Leuzit, Nephelin und Nephelinsyenit
GD 050	ex 2529 10	Feldspatabfälle
GD 060	ex 2529 21 ex 2529 22	Flußspatabfälle
GD 070	ex 2911 22	Abfälle aus Silicium, in fester Form, mit Ausnahme solcher, die in Gießereien verwendet werden

GE. GLASABFÄLLE OHNE DISPERSIONSRISIKO

GE 010	ex 7001 00	Bruchglas und andere Abfälle und Scherben, ausgenommen Glas von Kathodenstrahlröhren und anderes aktiviertes Glas
GE 020		Glasfaserabfälle

GF. KERAMIKABFÄLLE OHNE DISPERSIONSRISIKO

GF 010		Abfälle von keramischen Waren, die nach vorheriger Formgebung gebrannt wurden, einschließlich Keramikbehältnisse (vor und nach Verwendung)
GF 020	ex 8113 00	Abfälle und Scherben von keramischen Waren (Metallkeramik-Verbundwerkstoffe)
GF 030		Unter keiner anderen Position erwähnte Keramikfasern

GG. ANDERE ABFÄLLE AUS VORWIEGEND ANORGANISCHEN BESTANDTEILEN, DIE METALLE UND ORGANISCHE STOFFE ENTHALTEN KÖNNEN

GG 010		Teilweise raffiniertes Calciumsulfat aus der Rauchgasentschwefelung
GG 020		Beim Abbruch von Gebäuden anfallende Gipsabfälle
GG 030	ex 2621	Schwere Asche und Feuerungsschlacken aus Kohlekraftwerken
GG 040	ex 2621	Flugasche aus Kohlekraftwerken
GG 050		Anodenplatten aus der Herstellung von Erdölkoks und/oder Bitumen
GG 060	ex 2803	Verbrauchte Aktivkohle
GG 070	3103 20	Bei der Herstellung von Eisen und Stahl anfallende basische Schlacke, die sich zur Verwendung als Phosphatdünger usw. eignet
GG 080	ex 2621 00	Chemisch stabilisierte Schlacke mit hohem Eisengehalt (über 20 %) aus der Kupferproduktion, nach Industriespezifikationen behandelt (z. B. DIN 4301 und DIN 8201), vor allem für Verwendungen als Baustoff und Schleifmittel
GG 090		Fester Schwefel
GG 100		Calciumcarbonat aus der Herstellung von Calciumcyanamid (mit einem pH-Wert unter 9)
GG 110	ex 2621 00	Neutralisierter Rotschlamm aus der Aluminiumoxidherstellung
GG 120		Natrium-, Calcium- und Kaliumchloride
GG 130		Carborundum (Siliciumcarbid)
GG 140		Betonbruchstücke
GG 150	ex 2620 90	Lithium-Tantal-Glasschrott und Lithium-Niob-Glasschrott

GH. KUNSTSTOFFABFÄLLE IN FESTER FORM

Einschließlich, jedoch nicht beschränkt auf:

GH 010	3915	Abfälle, Schnitzel und Bruch von Kunststoffen aus:
GH 011	ex 3915 10	— Ethylenpolymeren
GH 012	ex 3915 20	— Styrolpolymeren
GH 013	ex 3915 30	— Vinylchloridpolymeren
GH 014	ex 3915 90	— Polymeren oder Copolymeren von beispielsweise: — Polypropylen — Polyethylenterephthalat — Acrylonitril-Copolymeren — Butadien-Copolymeren — Styrol-Copolymeren — Polyamiden — Polybuthylenterephthalat — Polykarbonaten — Polyphenylensulfiden — Acrylpolymeren — Paraffinen (C10 — C13) (*) — Polyurethanen (keine Fluorchlorkohlenwasserstoffe enthaltend) — Polysiloxanen (Siliconen) — Polymethyl-Methacrylat — Polyvinylalkohol — Polyvinylbutyral — Polyvinylacetat — Polytetrafluorethylen (Teflon, PTFE)
GH 015	ex 3915 90	— Folgende Harze oder deren Kondensationserzeugnisse: — Harnstoffharze aus Formaldehyd — Phenolharze aus Formaldehyd — Melaminharze aus Formaldehyd — Epoxidharze — Alkydharze — Polyamide

GI. ABFÄLLE VON PAPIER, PAPPE UND WAREN AUS PAPIER

GI 010	4707	Abfälle und Ausschuß von Papier und Pappe:
GI 011	4707 10	— aus ungebleichtem Kraftpapier oder aus Wellpapier oder Wellpappe
GI 012	4707 20	— aus Papier der Pappe, hauptsächlich aus gebleichter, nicht in der Masse gefärbter Holzcellulose hergestellt
GI 013	4707 30	— aus Papier oder Pappe, hauptsächlich aus mechanischen Halbstoffen hergestellt (z. B. Zeitungen, Zeitschriften und ähnliche Drucke)
GI 014	4707 90	— andere, darunter unter anderem: 1. geklebte Pappe 2. Abfälle und Ausschuß, unsortiert

GJ. TEXTILABFÄLLE

GJ 010	5003	Abfälle von Seide (einschließlich nicht abhaspelbare Kokons, Garnabfälle und Reißspinnstoff):
GJ 011	5003 10	— weder gekrempelt noch gekämmt
GJ 012	5003 90	— andere

(*) Nicht polymerisierbar, werden als Weichmacher verwendet.

GJ 020		5103	Abfälle von Wolle oder feinen oder groben Tierhaaren (einschließlich Garnabfälle), ausgenommen Reißspinnstoff:
GJ 021		5103 10	— Kämmlinge von Wolle oder feinen Tierhaaren
GJ 022		5103 20	— andere Abfälle von Wolle oder feinen Tierhaaren
GJ 023		5103 30	— Abfälle von groben Tierhaaren
GJ 030		5202	Abfälle von Baumwolle (einschließlich Garnabfälle und Reißspinnstoff):
GJ 031		5202 10	— Garnabfälle
GJ 032		5202 91	— Reißspinnstoff
GJ 033		5202 99	— andere
GJ 040		5301 30	Werg und Abfälle von Flachs
GJ 050	ex	5302 90	Werg und Abfälle (einschließlich Garnabfälle und Reißspinnstoff) von Hanf (Cannabis sativa L.)
GJ 060	ex	5303 90	Werg und Abfälle (einschließlich Garnabfälle und Reißspinnstoff) von Jute und anderen textilen Bastfasern (ausgenommen Flachs, Hanf und Ramie)
GJ 070	ex	5304 90	Werg und Abfälle (einschließlich Garnabfälle und Reißspinnstoff) von Sisal und anderen textilen Agavefasern
GJ 080	ex	5305 19	Werg und Abfälle (einschließlich Garnabfälle und Reißspinnstoff) von Kokos
GJ 090	ex	5305 29	Werg und Abfälle (einschließlich Garnabfälle und Reißspinnstoff) von Abaca (Manilahanf oder Musa textilis Nee)
GJ 100	ex	5305 99	Werg und Abfälle (einschließlich Garnabfälle und Reißspinnstoff) von Ramie und anderen textilen Pflanzenfasern, anderweit weder genannt noch inbegriffen
GJ 110		5505	Abfälle von Chemiefasern (einschließlich Kämmlinge, Garnabfälle und Reißspinnstoff):
GJ 111		5505 10	— aus synthetischen Chemiefasern
GJ 112		5505 20	— aus künstlichen Chemiefasern
GJ 120		6309 00	Altwaren
GJ 130	ex	6310	Lumpen, aus Spinnstoffen; Bindfäden, Seile, Taue und Waren daraus, aus Spinnstoffen, in Form von Abfällen oder unbrauchbar gewordenen Waren:
GJ 131	ex	6310 10	— sortiert
GJ 132	ex	6310 90	— andere

GK. KAUTSCHUKABFÄLLE

GK 010		4004 00	Abfälle, Bruch und Schnitzel von Weichkautschuk, auch zu Pulver oder Granulat zerkleinert
GK 020		4012 20	Luftreifen, gebraucht
GK 030	ex	4017 00	Abfälle und Bruch von Hartkautschuk (z. B. Ebonit)

GL. ABFÄLLE VON NICHTBEHANDELTEM KORK UND HOLZ

GL 010	ex	4401 30	Sägespäne, Holzabfälle und Holzausschuß, auch zu Pellets, Briketts, Scheiten oder ähnlichen Formen zusammengepreßt
GL 020		4501 90	Korkabfälle, Korkschrot und Korkmehl

GM. ABFÄLLE DER AGRAR- UND ERNÄHRUNGSINDUSTRIE

GM 070	ex	2307	Weintrub
GM 080	ex	2308	Pflanzliche Stoffe und pflanzliche Abfälle, pflanzliche Rückstände und pflanzliche Nebenerzeugnisse der zur Fütterung verwendeten Art, getrocknet und sterilisiert, auch in Form von Pellets, anderweit weder genannt noch inbegriffen
GM 090		1522	Degras; Rückstände aus der Verarbeitung von Fettstoffen oder von tierischen oder pflanzlichen Wachsen

GM 100	0506 90	Abfälle aus Knochen und Hornteilen, unverarbeitet, entfettet, nur zubereitet, jedoch nicht zugeschnitten, mit Säure behandelt oder entgelatiniert
GM 110	ex 0511 91	Fischabfälle
GM 120	1802 00	Kakaoschalen, Kakaohäutchen und anderer Kakaoabfall
GM 130		Abfälle aus der Agrar- und Ernährungsindustrie, ohne Nebenerzeugnisse, die für Menschen und Tiere geltende nationale bzw. internationale Auflagen und Standards erfüllen

GN. BEIM GERBEN, DER PELZFELLVERARBEITUNG UND DER HÄUTE- UND FELLBEHANDLUNG ANFALLENDE ABFÄLLE

GN 010	ex 0502 00	Abfälle von Borsten von Hausschweinen oder Wildschweinen, Dachshaaren und anderen Tierhaaren zur Herstellung von Besen, Bürsten und Pinseln
GN 020	ex 0503 00	Roßhaarabfälle, auch in Lagen, mit oder ohne Unterlage
GN 030	ex 0505 90	Abfälle von Vogelbälgen und anderen Vogelteilen, mit ihren Federn oder Daunen, Federn und Teilen von Federn (auch beschnitten), Daunen, roh oder nur gering gereinigt, desinfiziert oder zum Haltbarmachen behandelt
GN 040	4110 00	Schnitzel und andere Abfälle von Leder, Pergament- oder Rohhautleder oder rekonstituiertem Leder, nicht zur Herstellung von Waren aus Leder verwendbar, ausgenommen Lederschlamm

GO. ANDERE, ORGANISCHE STOFFE ENTHALTENDE ABFÄLLE, EVENTUELL VERMISCHT MIT METALLEN UND ANORGANISCHEN STOFFEN

GO 010	ex 0501 00	Haarabfälle
GO 020		Strohabfälle
GO 030		Bei der Herstellung von Penicillin anfallendes inaktiviertes Pilzmyzel, zur Fütterung verwendet
GO 040		Silberfreie Abfälle von photographischen Trägermaterialien und von Filmen
GO 050		Wegwerfphotoapparate, ohne Batterien

ANHANG III

GELBE LISTE (*)

Unabhängig davon, ob gewisse Abfälle in dieser Liste aufgeführt sind, dürfen sie nicht als Abfälle der Gelben Liste befördert werden, falls sie mit anderen Materialien in einem Ausmaß kontaminiert sind, daß a) sie die mit dem Abfall verbundenen Risiken soweit erhöhen, daß sie auf die Rote Liste gesetzt werden müßten, oder b) die umweltverträgliche Verwertung des Abfalls unmöglich geworden ist.

AA. METALLHALTIGE ABFÄLLE

AA 010	ex 2619 00	Schlacken, Zunder und andere Abfälle aus der Eisen- und Stahlherstellung (**)
AA 020	ex 2620 19	Zinkhaltige Aschen und Rückstände (**)
AA 030	2620 20	Bleihaltige Aschen und Rückstände (**)
AA 040	ex 2620 30	Kupferhaltige Aschen und Rückstände (**)
AA 050	ex 2620 40	Aluminiumhaltige Aschen und Rückstände (**)
AA 060	ex 2620 50	Vanadiumhaltige Aschen und Rückstände (**)
AA 070	2620 90	Aschen und Rückstände (**), die Metalle oder Metallverbindungen enthalten, anderweitig nicht angegebene oder einbezogene Metalle oder Metallverbindungen enthaltende Aschen und Rückstände
AA 080		Thalliumhaltige Abfälle oder Rückstände (**)
AA 090	ex 2804 80	Arsenabfälle und Rückstände (**)
AA 100	ex 2805 40	Quecksilberabfälle und Rückstände (**)
AA 110		Anderweitig nicht angegebene oder einbezogene Rückstände aus der Aluminiumoxidproduktion
AA 120		Galvanisierungsschlamm
AA 130		Flüssigkeiten aus dem Beizen von Metallen
AA 140		Laugenrückstände aus der Zinkbearbeitung, Staub und Schlamm wie Jarosit, Hämatit, Goethit usw.
AA 150		Feste Edelmetallrückstände, die Spuren von anorganischen Cyaniden enthalten
AA 160		Asche, Schlamm, Staub und andere Rückstände von Edelmetallen wie:
AA 161		— Asche aus der Verbrennung von gedruckten Schaltkreisen
AA 162		— Asche aus der Verbrennung von photographischen Filmen
AA 170		Bleiakkumulatoren, ganz oder zerkleinert
AA 180		Bleiakkumulatoren sowie Abfälle und Schrott aus der Herstellung von Batterien und Akkumulatoren, anderweitig nicht erwähnt oder einbezogen

AB. ABFÄLLE AUS VORWIEGEND ANORGANISCHEN STOFFEN, EVENTUELL MIT METALLEN ODER ORGANISCHEN STOFFEN

AB 010	2621 00	Anderweitig nicht erwähnte oder eingeschlossene Schlacken, Aschen und Rückstände (**)
AB 020		Rückstände aus der Verbrennung von kommunalen Abfällen und Hausmüll
AB 030		Andere Abfälle als solche aus Systemen auf Cyanidbasis aus der Oberflächenbehandlung von Metallen

(*) Falls möglich, wird neben dem Eintrag die Codenummer des Harmonisierten Systems zur Bezeichnung und Codierung der Waren (Code des Harmonisierten Systems) angegeben, das durch das Brüsseler Übereinkommen vom 14. Juni 1983 unter der Schirmherrschaft des Rats für die Zusammenarbeit auf dem Gebiet des Zollwesens aufgestellt wurde. Dieser Code kann sich sowohl auf Abfälle als auch auf Waren beziehen. In dieser Verordnung sind nur Abfälle aufgeführt. Deshalb wird der Code — der zur Arbeitserleichterung von Zollbehörden und von anderen Stellen verwendet wird — hier nur zur Hilfe bei der Bestimmung von Abfällen angegeben, die in dieser Verordnung aufgelistet sind und damit unter sie fallen. Dennoch sollten entsprechende offizielle Erläuterungen des Rats für die Zusammenarbeit auf dem Gebiet des Zollwesens als Anhaltspunkt für die Bestimmung von Abfällen herangezogen werden, die unter allgemeinen Positionen zusammengefaßt sind. Die Angabe ‚ex' weist darauf hin, daß es sich um einen unter einer Position des Harmonisierten Systems speziell aufgeführten Abfall handelt.

Der Code in Fettdruck in der ersten Spalte ist der OECD-Code: Er besteht aus zwei Buchstaben (einem für die Liste ‚Green' (Grün), ‚Amber' (Gelb) und ‚Red' (Rot) und einem für die Abfallkategorie A, B, C usw.) und einer Zahl.

(**) Diese Aufzählung umfaßt Aschen, Rückstände, Schlacken, Abschöpfgut, Zunder, Stäube, Schlämme und Kuchen, die anderweit nicht ausdrücklich genannt sind.

AB 040 ex 7001 00	Glasabfälle aus Kathodenstrahlröhren und anderem aktiviertem Glas
AB 050 ex 2529 21	Calciumfluoridschlämme
AB 060	Andere anorganische Fluorverbindungen in flüssiger Form oder als Schlamm
AB 070	Gießereisand
AB 080	Verbrauchte Katalysatoren, die nicht in der grünen Liste aufgeführt sind
AB 090	Aluminiumhydratabfälle
AB 100	Aluminiumoxidabfälle
AB 110	Basische Löschungen
AB 120	Anderweitig nicht aufgeführte oder eingeschlossene anorganische Halogenidverbindungen
AB 130	Sandstrahlrückstände
AB 140	Bei industriellen chemischen Verfahren anfallender Gips
AB 150	Nichtraffiniertes Calciumsulfit und Calciumsulfat aus der Rauchgasentschwefelung

AC. VORWIEGEND ORGANISCHE STOFFE ENTHALTENDE ABFÄLLE, EVENTUELL VERMISCHT MIT METALLEN UND ANORGANISCHEN STOFFEN

AC 010 ex 2713 90	Rückstände aus der Herstellung/Behandlung von Petrolkoks und Bitumen aus Erdöl, mit Ausnahme verbrauchter Anoden
AC 020	Abfälle von Straßenbaubitumen
AC 030	Rückstandsöle, die für ihren ursprünglichen Verwendungszweck nicht mehr geeignet sind
AC 040	Schlamm von verbleitem Benzin
AC 050	Heizflüssigkeit (Wärmeübertragung)
AC 060	Hydraulikflüssigkeit
AC 070	Bremsflüssigkeit
AC 080	Frostschutzmittel
AC 090	Abfälle aus der Herstellung, Zubereitung und Verwendung von Harzen, Latex, Weichmachern oder von Leimen und Klebstoffen
AC 100 ex 3915 90	Nitrocellulose
AC 110	Phenole und phenolhaltige Verbindungen einschließlich Chlorphenole, in flüssiger Form oder als Schlamm
AC 120	Polychlornaphthalin
AC 130	Ether
AC 140	Triäthylamin-Katalysatoren, die zur Zubereitung von Gießereisand verwendet werden
AC 150	Fluorchlorkohlenwasserstoffe
AC 160	Halone
AC 170	Abfälle von behandeltem Kork und behandeltem Holz
AC 180 ex 4110 00	Lederspäne, Lederasche, Lederschlamm und Ledermehl
AC 190	Rückstände aus der Abwrackung von Kraftfahrzeugen (leichtes Mahlgut : Plüsch, Stoff, Kunststoffabfälle, . . .)
AC 200	Organische Phosphorverbindungen
AC 210	Nichthalogenhaltige Lösungsmittel
AC 220	Halogenhaltige Lösungsmittel
AC 230	Halogenhaltige oder nichthalogenhaltige wasserfreie Destillationsrückstände, die bei der Wiedergewinnung von Lösungsmitteln anfallen
AC 240	Abfälle aus der Herstellung von halogenierten aliphatischen Kohlenwasserstoffen (wie Chormethanen, Dichlorethan, Vinylchlorid, Vinylidenchlorid, Allylchlorid und Epichlorhydrin)
AC 250	Grenzflächenaktive Stoffe
AC 260	Flüssiger Schweinemist ; Fäkalien
AC 270	Abwasserschlamm

AD. ABFÄLLE, DIE SOWOHL ANORGANISCHE ALS AUCH ORGANISCHE STOFFE ENTHALTEN KÖNNEN

AD 010	Abfälle aus der Herstellung und Zubereitung pharmazeutischer Produkte
AD 020	Abfälle aus der Produktion, Formulierung und Verwendung von Bioziden und Pflanzenschutzmitteln
AD 030	Abfälle aus der Herstellung, Zubereitung und Verwendung von Erzeugnissen zur Holzkonservierung
	Abfälle, die die nachstehenden Stoffe enthalten, aus ihnen bestehen oder von diesen verunreinigt sind:
AD 040	— anorganische Cyanide, ausgenommen feste Edelmetallrückstände, die Spuren von anorganischen Cyaniden enthalten
AD 050	— organische Cyanide
AD 060	Gemische und Emulsionen aus Öl und Wasser oder aus Kohlenwasserstoffen und Wasser
AD 070	Abfälle aus der Herstellung, Zubereitung und Verwendung von Tinten, Farbstoffen, Pigmenten, Anstrichfarben und Lacken
AD 080	Explosionsgefährliche Abfälle, die keinen besonderen Rechtsvorschriften unterliegen
AD 090	Anderweitig nicht aufgeführte oder eingeschlossene Abfälle aus der Herstellung, Zubereitung und Verwendung von reprographischen oder photographischen Materialien
AD 100	Abfälle aus Systemen auf anderer als Cyanidbasis, die bei der Oberflächenbehandlung von Kunststoffen anfallen
AD 110	Säurelösungen
AD 120	Ionenaustauschharze
AD 130	Wegwerfphotoapparate, mit Batterien
AD 140	Anderweitig nicht aufgeführte oder eingeschlossene Abfälle aus industriellen Anlagen zur Abgasreinigung
AD 150	Als Filter (z. B. Biofilter) verwendete, natürlich vorkommende organische Stoffe
AD 160	Kommunale Abfälle oder Hausmüll

ANHANG IV

ROTE LISTE

Die in dieser Liste verwendeten Ausdrücke ‚enthalten(d)' und ‚kontaminiert mit' bedeuten, daß der betreffende Stoff in einem Ausmaß vorhanden ist, das a) den Abfall zu einem gefährlichen Abfall macht oder b) dazu führt, daß der Abfall für eine Verwertung nicht mehr geeignet ist.

RA. HAUPTSÄCHLICH ORGANISCHE STOFFE ENTHALTENDE ABFÄLLE, EVENTUELL VERMISCHT MIT METALLEN UND ANORGANISCHEN STOFFEN

RA 010 Abfälle, Substanzen und Gegenstände, die folgende Stoffe enthalten, aus ihnen bestehen oder von ihnen kontaminiert sind:

polychlorierte Biphenyle (PCB) und/oder polychlorierte Terphenyle (PCT) und/oder polybromierte Biphenyle (PBB), einschließlich aller analogen polybromierten Verbindungen, die eine Konzentration von 50 mg/kg oder mehr aufweisen

RA 020 Teerrückstände (mit Ausnahme von Asphaltzement) aus der Raffination, Destillation oder aus pyrolytischen Verfahren

RB. HAUPTSÄCHLICH ANORGANISCHE STOFFE ENTHALTENDE ABFÄLLE, EVENTUELL VERMISCHT MIT METALLEN UND ORGANISCHEN STOFFEN

RB 010 Asbest (Staub und Fasern)

RB 020 Keramikfasern mit ähnlichen chemisch-physikalischen Eigenschaften wie Asbest

RC. ABFÄLLE, DIE SOWOHL ANORGANISCHE ALS AUCH ORGANISCHE STOFFE ENTHALTEN KÖNNEN

Abfälle, die folgende Stoffe enthalten, aus ihnen bestehen oder von ihnen kontaminiert sind:

RC 010 – alle Erzeugnisse der Gruppe der polychlorierten Dibenzofurane

RC 020 – alle Erzeugnisse der Gruppe der polychlorierten Dibenzodioxine

RC 030 Bleihaltiger Antiklopfmittelschlamm

RC 040 Andere Peroxide als Wasserstoffperoxide*

II

(Nicht veröffentlichungsbedürftige Rechtsakte)

KOMMISSION

ENTSCHEIDUNG DER KOMMISSION

vom 20. Dezember 1993

über ein Abfallverzeichnis gemäß Artikel 1 Buchstabe a) der Richtlinie 75/442/EWG des Rates über Abfälle

(94/3/EG)

DIE KOMMISSION DER EUROPÄISCHEN GEMEINSCHAFTEN —

gestützt auf den Vertrag zur Gründung der Europäischen Gemeinschaft,

gestützt auf die Richtlinie 75/442/EWG des Rates vom 15. Juli 1975 über Abfälle (1), insbesondere auf Artikel 1 Buchstabe a),

in Erwägung nachstehender Gründe:

Nach der obengenannten Bestimmung ist die Kommission verpflichtet, ein Verzeichnis der unter die Abfallgruppen in Anhang I der gleichen Richtlinie fallenden Abfälle zu erstellen. Die Kommission wird hierbei von einem nach Artikel 18 der Richtlinie eingerichteten Ausschuß unterstützt, der sich aus Vertretern der Mitgliedstaaten zusammensetzt und in dem der Vertreter der Kommission den Vorsitz führt.

Die in der Entscheidung geplanten Maßnahmen stehen in Einklang der Stellungnahme des obengenannten Ausschusses —

HAT FOLGENDE ENTSCHEIDUNG ERLASSEN:

Artikel 1

Das Verzeichnis im Anhang zu dieser Entscheidung wird hiermit angenommen.

Artikel 2

Diese Entscheidung ist an alle Mitgliedstaaten gerichtet.

Brüssel, den 20. Dezember 1993

Für die Kommission
Yannis PALEOKRASSAS
Mitglied der Kommission

(1) ABl. Nr. L 194 vom 25. 7. 1975, S. 47. Richtlinie zuletzt geändert durch die Richtlinie 91/692/EWG (ABl. Nr. L 377 vom 31. 12. 1991, S. 48).

ANHANG

Abfallverzeichnis gemäß Artikel 1 Buchstabe a) der Richtlinie 75/442/EWG des Rates über Abfälle

(EUROPÄISCHER ABFALLKATALOG)

Einleitung

1. In Artikel 1 Buchstabe a) der Richtlinie 75/442/EWG über Abfälle wird der Begriff „Abfall" wie folgt definiert: „alle Stoffe oder Gegenstände, die unter die in Anhang I aufgeführten Gruppen fallen und deren sich ihr Besitzer entledigt, entledigen will oder entledigen muß".

2. Gemäß dem zweiten Unterabsatz von Artikel 1 Buchstabe a) ist die Kommission verpflichtet, nach dem Verfahren des Artikels 18 ein Verzeichnis der unter die Abfallgruppen in Anhang I fallenden Abfälle zu erstellen. Dieses Verzeichnis wird gemeinhin als Europäischer Abfallkatalog (EWC) bezeichnet und gilt für alle Abfälle, ungeachtet dessen, ob sie zur Beseitigung oder zur Verwertung bestimmt sind.

3. Der EWC ist ein harmonisiertes, nicht erschöpfendes Verzeichnis von Abfällen, d. h. ein Verzeichnis, das gemäß dem Ausschußverfahren regelmäßig überprüft und gegebenenfalls geändert wird.

   Die Aufnahme eines Stoffs in den EWC bedeutet jedoch nicht, daß es sich bei diesem Stoff unter allen Umständen um Abfall handelt. Der Eintrag ist nur dann von Belang, wenn die Definition von Abfall zutrifft.

4. Die im EWC aufgeführten Abfälle unterliegen der Richtlinie, sofern nicht Artikel 2 Absatz 1 Buchstabe b) dieser Richtlinie Anwendung findet.

5. Der Europäische Abfallkatalog soll eine Bezugsnomenklatur darstellen, mit der eine gemeinsame Terminologie für die ganze Gemeinschaft festgelegt und der Nutzeffekt der Abfallentsorgung erhöht werden sollen. In dieser Hinsicht soll der Europäische Abfallkatalog die grundlegende Bezugsquelle für das Gemeinschaftsprogramm zur Abfallstatistik darstellen, das gemäß der Entschließung des Rates vom 7. Mai 1990 über die Abfallpolitik [1] aufgenommen wurde.

6. Der EWC muß gemäß dem Verfahren des Artikels 18 der Richtlinie dem wissenschaftlichen und technischen Fortschritt angepaßt werden.

7. Die einzelnen Abfallcodes im EWC dürfen nicht unabhängig von ihrer jeweiligen Kapitelüberschrift betrachtet werden.

8. Durch den EWC wird nicht dem Verzeichnis der „gefährlichen Abfälle" vorgegriffen, das gemäß Artikel 1 Absatz 4 der Richtlinie 91/689/EWG des Rates vom 12. Dezember 1991 über gefährliche Abfälle [2] zu erstellen ist.

[1] ABl. Nr. C 122 vom 18. 5. 1990, S. 2.
[2] ABl. Nr. L 377 vom 31. 12. 1991, S. 20.

INDEX

01 00 00	Abfälle aus der Exploration, der Gewinnung und der Nach- bzw. Weiterbearbeitung von Mineralien sowie Steinen und Erden
02 00 00	Abfälle aus der Landwirtschaft, dem Gartenbau, der Jagd, Fischerei und Teichwirtschaft, Herstellung und Verarbeitung von Nahrungsmitteln
03 00 00	Abfälle aus der Holzverarbeitung und der Herstellung von Zellstoffen, Papier, Pappe, Platten und Möbeln
04 00 00	Abfälle aus der Leder- und Textilindustrie
05 00 00	Abfälle aus der Ölraffination, Erdgasreinigung und Kohlepyrolyse
06 00 00	Abfälle aus anorganischen chemischen Prozessen
07 00 00	Abfälle aus organischen chemischen Prozessen
08 00 00	Abfälle aus Herstellung, Zubereitung, Vertrieb und Anwendung (HZVA) von Überzügen (Farben, Lacken, Email), Dichtungsmassen und Druckfarben
09 00 00	Abfälle aus der photographischen Industrie
10 00 00	Anorganische Abfälle aus thermischen Prozessen
11 00 00	Anorganische metallhaltige Abfälle aus der Metallbearbeitung und -beschichtung sowie aus der Nichteisen-Hydrometallurgie
12 00 00	Abfälle aus Prozessen der mechanischen Formgebung und Oberflächenbearbeitung von Metallen, Keramik, Glas und Kunststoffen
13 00 00	Ölabfälle (außer Speiseöle und 05 00 00 und 12 00 00)
14 00 00	Abfälle von als Lösemittel verwendeten organischen Stoffen (außer 07 00 00 und 08 00 00)
15 00 00	Verpackungen, Aufsaugmassen, Wischtücher, Filtermaterialien und Schutzkleidung (a.n.g.)
16 00 00	Abfälle, die nicht anderswo im Katalog aufgeführt sind
17 00 00	Bau- und Abbruchabfälle (einschließlich Straßenaufbruch)
18 00 00	Abfälle aus der ärztlichen oder tierärztlichen Versorgung und Forschung (ohne Küchen- und Restaurantabfälle, die nicht aus der unmittelbaren Krankenpflege stammen)
19 00 00	Abfälle aus Abfallbehandlungsanlagen, öffentlichen Abwasserbehandlungsanlagen und der öffentlichen Wasserversorgung
20 00 00	Siedlungsabfälle und ähnliche gewerbliche und industrielle Abfälle sowie Abfälle aus Einrichtungen, einschließlich getrennt gesammelte Fraktionen

01 00 00	**ABFÄLLE AUS DER EXPLORATION, DER GEWINNUNG UND DER NACH- BZW. WEITERBEARBEITUNG VON MINERALIEN SOWIE STEINEN UND ERDEN**
01 01 00	**Abfälle aus dem Abbau von Mineralien**
01 01 01	Abfälle aus dem Abbau von metallhaltigen Mineralien
01 01 02	Abfälle aus dem Abbau von nichtmetallhaltigen Mineralien
01 02 00	**Abfälle aus der Nachbearbeitung von Mineralien**
01 02 01	Abfälle aus der Nachbearbeitung von metallhaltigen Mineralien
01 02 02	Abfälle aus der Nachbearbeitung von nichtmetallhaltigen Mineralien
01 03 00	**Abfälle aus der physikalischen und chemischen Weiterverarbeitung von metallhaltigen Mineralien**
01 03 01	Waschberge
01 03 02	Grob- und Feinstäube
01 03 03	Rotschlamm aus der Aluminiumherstellung
01 03 99	Abfälle a.n.g.
01 04 00	**Abfälle aus der physikalischen und chemischen Verarbeitung von nichtmetallischen Mineralien**
01 04 01	Abfälle von Kies und Gesteinsbruch
01 04 02	Abfälle von Sand und Ton
01 04 03	Grob- und Feinstäube
01 04 04	Abfälle aus der Verarbeitung von Kali- und Steinsalz
01 04 05	Abfälle aus der Wäsche und Reinigung von Mineralien
01 04 06	Abfälle aus Steinmetz- und Sägearbeiten
01 04 99	Abfälle a.n.g.
01 05 00	**Bohrschlämme und andere Bohrabfälle**
01 05 01	ölhaltige Bohrschlämme und -abfälle
01 05 02	bariumsulfathaltige Bohrschlämme und -abfälle
01 05 03	chloridhaltige Bohrschlämme und -abfälle
01 05 04	Schlämme und Abfälle aus Frischwasserbohrungen
01 05 99	Abfälle a.n.g.
02 00 00	**ABFÄLLE AUS DER LANDWIRTSCHAFT, DEM GARTENBAU, DER JAGD, FISCHEREI UND TEICHWIRTSCHAFT, HERSTELLUNG UND VERARBEITUNG VON NAHRUNGSMITTELN**
02 01 00	**Abfälle aus der Herstellung von Grundstoffen**
02 01 01	Schlämme von Wasch- und Reinigungsvorgängen
02 01 02	Abfälle aus Tiergewebe
02 01 03	Abfälle aus Pflanzengeweben
02 01 04	Kunststoffabfälle (ohne Verpackungen)
02 01 05	Abfälle von Chemikalien für die Landwirtschaft
02 01 06	Tierfäkalien, Urin und Mist (einschließlich verdorbenes Stroh), Abwässer, getrennt gesammelt und extern behandelt
02 01 07	Abfälle aus der Forstwirtschaft
02 01 99	Abfälle a.n.g.
02 02 00	**Abfälle aus der Zubereitung und Verarbeitung von Fleisch, Fisch und anderen Nahrungsmitteln tierischen Ursprungs**
02 02 01	Schlämme von Wasch- und Reinigungsvorgängen
02 02 02	Abfälle aus Tiergewebe
02 02 03	für Verzehr oder Verarbeitung ungeeignete Stoffe
02 02 04	Schlämme aus der betriebseigenen Abwasserbehandlung
02 02 99	Abfälle a.n.g.
02 03 00	**Abfälle aus der Zubereitung und Verarbeitung von Obst, Gemüse, Getreide, Speiseölen, Kakao, Kaffee und Tabak ; Konservenherstellung**
02 03 01	Schlämme aus Waschen, Reinigung, Schälen, Zentrifugieren und Abtrennen

02 03 02 Abfälle von Konservierungsstoffen
02 03 03 Abfälle aus der Extraktion mit Lösemitteln
02 03 04 für Verzehr oder Verarbeitung ungeeignete Stoffe
02 03 05 Schlämme aus der betriebseigenen Abwasserbehandlung
02 03 99 Abfälle a.n.g.

02 04 00 Abfälle aus der Zuckerherstellung
02 04 01 Erde aus der Wäsche und Reinigung von Zuckerrüben
02 04 02 nicht spezifikationsgerechter Calciumcarbonatschlamm
02 04 03 Schlämme aus der betriebseigenen Abwasserbehandlung
02 04 99 Abfälle a.n.g.

02 05 00 Abfälle aus der Milchverarbeitung
02 05 01 für Verzehr oder Verarbeitung ungeeignete Stoffe
02 05 02 Schlämme aus der betriebseigenen Abwasserbehandlung
02 05 99 Abfälle a.n.g.

02 06 00 Abfälle aus der Herstellung von Back- und Süßwaren
02 06 01 für Verzehr oder Verarbeitung ungeeignete Stoffe
02 06 02 Abfälle von Konservierungsstoffen
02 06 03 Schlämme aus der betriebseigenen Abwasserbehandlung
02 06 99 Abfälle a.n.g.

02 07 00 Abfälle aus der Herstellung von alkoholischen und alkoholfreien Getränken (ohne Kaffee, Tee und Kakao)
02 07 01 Abfälle aus der Wäsche, Reinigung von mechanischen Zerkleinerungen des Rohmaterials
02 07 02 Abfälle aus der Destillation von Spirituosen
02 07 03 Abfälle aus der chemischen Behandlung
02 07 04 für Verzehr oder Verarbeitung ungeeignete Stoffe
02 07 05 Schlämme aus der betriebseigenen Abwasserbehandlung
02 07 99 Abfälle a.n.g.

03 00 00 ABFÄLLE AUS DER HOLZVERARBEITUNG UND DER HERSTELLUNG VON ZELLSTOFFEN, PAPIER, PAPPE, PLATTEN UND MÖBELN

03 01 00 Abfälle aus der Holzbearbeitung und der Herstellung von Platten und Möbeln
03 01 01 Rinden und Korbabfälle
03 01 02 Sägemehl
03 01 03 Späne, Abschnitte, Verschnitt von Holz, Spanplatten und Furnieren
03 01 99 andere Abfälle a.n.g.

03 02 00 Abfälle aus der Holzkonservierung
03 02 01 halogenfreie organische Holzkonservierungsmittel
03 02 02 chlororganische Holzkonservierungsmittel
03 02 03 metallorganische Holzkonservierungsmittel
03 02 04 anorganische Holzkonservierungsmittel

03 03 00 Abfälle aus der Herstellung und Verarbeitung von Zellstoff, Papier und Pappe
03 03 01 Rinde
03 03 02 Bodensatz und Sulfitschlämme (aus der Behandlung von Sulfidablauge)
03 03 03 Bleichschlämme aus Hypochlorit- und Chlorbleiche
03 03 04 Bleichschlämme aus anderen Bleichprozessen
03 03 05 Deinkingschlämme aus dem Papierrecycling
03 03 06 Faser- und Papierschlämme
03 03 07 Abfälle aus der Aufbereitung von Altpapier und gebrauchter Pappe
03 03 99 andere Abfälle a.n.g.

04 00 00	**ABFÄLLE AUS DER LEDER- UND TEXTILINDUSTRIE**
04 01 00	**Abfälle aus der Lederindustrie**
04 01 01	Fleischabschabungen und Häuteabfälle
04 01 02	Äschereiabfälle
04 01 03	Entfettungsabfälle, lösemittelhaltig, ohne flüssige Phase
04 01 04	chromhaltige Gerbbrühe
04 01 05	chromfreie Gerbbrühe
04 01 06	chromhaltige Schlämme
04 01 07	chromfreie Schlämme
04 01 08	chromhaltige Abfälle aus gegerbtem Leder (Abschnitte, Polierstaub usw.)
04 01 09	Abfälle aus der Zurichtung und dem Finish
04 01 99	Abfälle a.n.g.
04 02 00	**Abfälle aus der Textilindustrie**
04 02 01	Abfälle aus unbehandelten Textilfasern und anderen Naturfasern, vorwiegend pflanzlichen Ursprungs
04 02 02	Abfälle aus unbehandelten Textilfasern, vorwiegend tierischen Ursprungs
04 02 03	Abfälle aus unbehandelten Textilfasern, vorwiegend künstlichen oder synthetischen Ursprungs
04 02 04	Abfälle aus unbehandelten gemischten Textilfasern vor dem Spinnen
04 02 05	Abfälle aus verarbeiteten Textilfasern, vorwiegend pflanzlichen Ursprungs
04 02 06	Abfälle aus verarbeiteten Textilfasern, vorwiegend tierischen Ursprungs
04 02 07	Abfälle aus verarbeiteten Textilfasern, vorwiegend künstlichen oder synthetischen Ursprungs
04 02 08	Abfälle aus verarbeiteten gemischten Textilfasern
04 02 09	Abfälle aus Verbundmaterialien (imprägnierte Textilien, Elastomer, Plastomer)
04 02 10	organische Stoffe aus Naturstoffen (z.B. Fette, Wachse)
04 02 11	halogenierte Abfälle aus der Zurichtung und dem Finish
04 02 12	halogenfreie Abfälle aus der Zurichtung und dem Finish
04 02 13	Farbstoffe und Pigmente
04 02 99	Abfälle a.n.g.
05 00 00	**ABFÄLLE AUS DER ÖLRAFFINATION, ERDGASREINIGUNG UND KOHLE-PYROLYSE**
05 01 00	**Sölschlämme und feste Abfälle**
05 01 01	Schlämme aus der betriebseigenen Abwasserbehandlung
05 01 02	Entsalzungsschlämme
05 01 03	schlammige Tankrückstände
05 05 04	saure Alkylschlämme
05 01 05	verschüttetes Öl
05 01 06	Schlämme aus Betriebsvorgängen und Instandhaltung
05 01 07	Säureteere
05 01 08	andere Teere
05 01 99	Abfälle a.n.g.
05 02 00	**Nichtölige Schlämme und feste Abfälle**
05 02 01	Schlämme aus der Kesselwasseraufbereitung
05 02 02	Abfälle aus Kühlkolonnen
05 02 99	Abfälle a.n.g.
05 03 00	**Verbrauchte Katalysatoren**
05 03 01	verbrauchte Katalysatoren, edelmetallhaltig
05 03 02	andere verbrauchte Katalysatoren
05 04 00	**Verbrauchte Filtertone**
05 04 01	verbrauchte Filtertone
05 05 00	**Abfälle aus der Ölentschwefelung**
05 05 01	schwefelhaltige Abfälle
05 05 99	Abfälle a.n.g.
05 06 00	**Abfälle aus der Kohlepyrolyse**
05 06 01	Säureteere
05 06 02	Asphalt

05 06 03	andere Teere
05 06 04	Abfälle aus Kühlkolonnen
05 06 99	Abfälle a.n.g.
05 07 00	**Abfälle aus der Erdgasreinigung**
05 07 01	quecksilberhaltige Schlämme
05 07 02	schwefelhaltige Abfälle
05 07 99	Abfälle a.n.g.
05 08 00	**Abfälle aus der Altölaufbereitung**
05 08 01	verbrauchte Filtertone
05 08 02	Säureteere
05 08 03	sonstige Teere
05 08 04	wäßrige Flüssigabfälle aus der Altölaufbereitung
05 08 99	Abfälle a.n.g.
06 00 00	ABFÄLLE AUS ANORGANISCHEN CHEMISCHEN PROZESSEN
06 01 00	**Verbrauchte säurehaltige Lösungen (Säuren)**
06 01 01	Schwefelsäure und schweflige Säure
06 01 02	Salzsäure
06 01 03	Flußsäure
06 01 04	Phosphorsäure und phosphorige Säure
06 01 05	Salpetersäure und salpetrige Säure
06 01 99	Abfälle a.n.g.
06 02 00	**Verbrauchte basische Lösungen (Laugen)**
06 02 01	Calciumhydroxid
06 02 02	Natriumcarbonat
06 02 03	Ammoniak
06 02 99	Abfälle a.n.g.
06 03 00	**Verbrauchte Salze und ihre Lösungen**
06 03 01	Carbonate (außer 02 04 02 und 19 10 03)
06 03 02	Salzlösungen, die Sulfate, Sulfite oder Sulfide enthalten
06 03 03	feste Salze, die Sulfate, Sulfite oder Sulfide enthalten
06 03 04	Salzlösungen, die Choride, Fluoride und Halogenide enthalten
06 03 05	feste Salze, die Chloride, Fluoride und andere Halogene enthalten
06 03 06	Salzlösungen, die Phosphate und verwandte feste Salze enthalten
06 03 07	Phosphate und verwandte feste Salze
06 03 08	Salzlösungen, die Nitrate und verwandte Verbindungen enthalten
06 03 09	feste Salze, die Nitride (Metallnitride) enthalten
06 03 10	feste Salze, die Ammonium enthalten
06 03 11	Salze und Lösungen, cyanidhaltig
06 03 12	Salze und Lösungen, die organische Bestandteile enthalten
06 03 99	Abfälle a.n.g.
06 04 00	**Metallhaltige Abfälle**
06 04 01	Metalloxide
06 04 02	Metallsalze (außer 06 03 00)
06 04 03	arsenhaltige Abfälle
06 04 04	quecksilberhaltige Abfälle
06 04 05	Abfälle, die andere Schwermetalle enthalten
06 04 99	Abfälle a.n.g.
06 05 00	**Schlämme aus der betriebseigenen Abwasserbehandlung**
06 05 01	Schlämme aus der betriebseigenen Abwasserbehandlung
06 06 00	**Abfälle aus Prozessen der Schwefelchemie (Herstellung und Umwandlung) und aus Entschwefelungsprozessen**
06 06 01	schwefelhaltige Abfälle
06 06 99	Abfälle a.n.g.

06 07 00	**Abfälle aus der Halogenchemie**
06 07 01	asbesthaltige Abfälle aus der Elektrolyse
06 07 02	Aktivkohle aus der Chlorherstellung
06 07 99	Abfälle a.n.g.
06 08 00	**Abfälle aus der Herstellung von Silizium und Siliziumverbindungen**
06 08 01	Abfälle aus der Herstellung von Silizium und Siliziumverbindungen
06 09 00	**Abfälle aus der Phosphorchemie**
06 09 01	Phosphorgips
06 09 02	phosphorhaltige Schlacke
06 09 99	Abfälle a.n.g.
06 10 00	**Abfälle aus der Stickstoffchemie und Herstellung von Düngemitteln**
06 10 01	Abfälle aus der Stickstoffchemie und Herstellung von Düngemitteln
06 11 00	**Abfälle aus der Herstellung von anorganischen Pigmenten und Farbgebern**
06 11 01	Gips aus der Titandioxidherstellung
06 11 99	Abfälle a.n.g.
06 12 00	**Abfälle aus der Herstellung, Anwendung und Regeneration von Katalysatoren**
06 12 01	verbrauchte Katalysatoren, edelmetallhaltig
06 12 02	andere verbrauchte Katalysatoren
06 13 00	**Abfälle aus anderen Prozessen der anorganischen Chemie**
06 13 01	anorganische Pestizide, Biozide und Holzschutzmittel
06 13 02	verbrauchte Aktivkohle (außer 06 07 02)
06 13 03	Ruß
06 13 99	Abfälle a.n.g.
07 00 00	**ABFÄLLE AUS ORGANISCHEN CHEMISCHEN PROZESSEN**
07 01 00	**Abfälle aus Herstellung, Zubereitung, Vertrieb und Anwendung (HZVA) organischer Grundchemikalien**
07 01 01	wäßrige Waschflüssigkeiten und Mutterlaugen
07 01 02	Schlämme aus der betriebseigenen Abwasserbehandlung
07 01 03	organische halogenfreie Lösemittel, Waschflüssigkeiten und Mutterlaugen
07 01 04	andere organische Lösemittel, Waschflüssigkeiten und Mutterlaugen
07 01 05	verbrauchte Katalysatoren, edelmetallhaltig
07 01 06	andere verbrauchte Katalysatoren
07 01 07	halogenierte Reaktions- und Destillationsrückstände
07 01 08	andere Reaktions- und Destillationsrückstände
07 01 09	halogenierte Filterkuchen, verbrauchte Aufsaugmaterialien
07 01 10	andere Filterkuchen, verbrauchte Aufsaugmaterialien
07 01 99	Abfälle a.n.g.
07 02 00	**Abfälle aus der HZVA von Kunststoffen, synthetischen Gummi- und Kunstfasern**
07 02 01	wäßrige Waschflüssigkeiten und Mutterlaugen
07 02 02	Schlämme aus der betriebseigenen Abwasserbehandlung
07 02 03	organische halogenierte Lösemittel, Waschflüssigkeiten und Mutterlaugen
07 02 04	andere organische Lösemittel, Waschflüssigkeiten und Mutterlaugen
07 02 05	verbrauchte Katalysatoren, edelmetallhaltig
07 02 06	andere verbrauchte Katalysatoren
07 02 07	halogenierte Reaktions- und Destillationsrückstände
07 02 08	andere Reaktions- und Destillationsrückstände
07 02 09	halogenierte Filterkuchen, verbrauchte Aufsaugmaterialien
07 02 10	andere Filterkuchen, verbrauchte Aufsaugmaterialien
07 02 99	Abfälle a.n.g.

07 03 00	**Abfälle aus Herstellung, Zubereitung, Vertrieb und Anwendung (HZVA) von organischen Farbstoffen und Pigmenten (außer 06 11 00)**
07 03 01	wäßrige Waschflüssigkeiten und Mutterlaugen
07 03 02	Schlämme aus der betriebseigenen Abwasserbehandlung
07 03 03	organische halogenierte Lösemittel, Waschflüssigkeiten und Mutterlaugen
07 03 04	andere organische Lösemittel, Waschflüssigkeiten und Mutterlaugen
07 03 05	verbrauchte Katalysatoren, edelmetallhaltig
07 03 06	andere verbrauchte Katalysatoren
07 03 07	halogenierte Reaktions- und Destillationsrückstände
07 03 08	andere Reaktions- und Destillationsrückstände
07 03 09	halogenierte Filterkuchen, verbrauchte Aufsaugmaterialien
07 03 10	andere Filterkuchen, verbrauchte Aufsaugmaterialien
07 03 99	Abfälle a.n.g.
07 04 00	**Abfälle aus Herstellung, Zubereitung, Vertrieb und Anwendung (HZVA) von organischen Pestiziden (außer 02 01 05)**
07 04 01	wäßrige Waschflüssigkeiten und Mutterlaugen
07 04 02	Schlämme aus der betriebseigenen Abwasserbehandlung
07 04 03	organische halogenierte Lösemittel, Waschflüssigkeiten und Mutterlaugen
07 04 04	andere organische Lösemittel, Waschflüssigkeiten und Mutterlaugen
07 04 05	verbrauchte Katalysatoren, edelmetallhaltig
07 04 06	andere verbrauchte Katalysatoren
07 04 07	halogenierte Reaktions- und Destillationsrückstände
07 04 08	andere Reaktions- und Destillationsrückstände
07 04 09	halogenierte Filterkuchen, verbrauchte Aufsaugmaterialien
07 04 10	andere Filterkuchen, verbrauchte Aufsaugmaterialien
07 04 99	Abfälle a.n.g.
07 05 00	**Abfälle aus Herstellung, Zubereitung, Vertrieb und Anwendung (HZVA) von Pharmazeutika**
07 05 01	wäßrige Waschflüssigkeiten und Mutterlaugen
07 05 02	Schlämme aus der betriebseigenen Abwasserbehandlung
07 05 03	organische halogenierte Lösemittel, Waschflüssigkeiten und Mutterlaugen
07 05 04	andere organische Lösemittel, Waschflüssigkeiten und Mutterlaugen
07 05 05	verbrauchte Katalysatoren, edelmetallhaltig
07 05 06	verbrauchte Katalysatoren
07 05 07	halogenierte Reaktions- und Destillationsrückstände
07 05 08	andere Reaktions- und Destillationsrückstände
07 05 09	halogenierte Filterkuchen, verbrauchte Aufsaugmaterialien
07 05 10	andere Filterkuchen, verbrauchte Aufsaugmaterialien
07 05 99	Abfälle a.n.g.
07 06 00	**Abfälle aus Herstellung, Zubereitung, Vertrieb und Anwendung (HZVA) von Fetten, Schmiermitteln, Seifen, Waschmitteln, Desinfektionsmitteln und Körperpflegemitteln**
07 06 01	wäßrige Waschflüssigkeiten und Mutterlaugen
07 06 02	Schlämme aus der betriebseigenen Abwasserbehandlung
07 06 03	organische halogenierte Lösemittel, Waschflüssigkeiten und Mutterlaugen
07 06 04	andere organische Lösemittel, Waschflüssigkeiten und Mutterlaugen
07 06 05	verbrauchte Katalysatoren, edelmetallhaltig
07 06 06	andere verbrauchte Katalysatoren
07 06 07	halogenierte Reaktions- und Destillationsrückstände
07 06 08	andere Reaktions- und Destillationsrückstände
07 06 09	halogenierte Filterkuchen, verbrauchte Aufsaugmaterialien
07 06 10	andere Filterkuchen, verbrauchte Aufsaugmaterialien
07 06 99	Abfälle a.n.g.
07 07 00	**Abfälle aus HZVA von Feinchemikalien und Chemikalien a.n.g.**
07 07 01	wäßrige Waschflüssigkeiten und Mutterlaugen
07 07 02	Schlämme aus der betriebseigenen Abwasserbehandlung
07 07 03	organische halogenierte Lösemittel, Waschflüssigkeiten und Mutterlaugen
07 07 04	andere organische Lösemittel, Waschflüssigkeiten und Mutterlaugen
07 07 05	verbrauchte Katalysatoren, edelmetallhaltig
07 07 06	andere verbrauchte Katalysatoren
07 07 07	halogenierte Reaktions- und Destillationsrückstände

07 07 08	andere Reaktions- und Destillationsrückstände
07 07 09	halogenierte Filterkuchen, verbrauchte Aufsaugmaterialien
07 07 10	andere Filterkuchen, verbrauchte Aufsaugmaterialien
07 07 99	Abfälle a.n.g.
08 00 00	**ABFÄLLE AUS HERSTELLUNG, ZUBEREITUNG, VERTRIEB UND ANWENDUNG (HZVA) VON ÜBERZÜGEN (FARBEN, LACKEN, EMAIL), DICHTUNGSMASSEN UND DRUCKFARBEN**
08 01 00	**Abfälle aus der HZVA von Farben und Lacken**
08 01 01	alte Farben und Lacke, die halogenierte Lösemittel enthalten
08 01 02	alte Farben und Lacke, die keine halogenierten Lösemittel enthalten
08 01 03	Abfälle von Farben und Lacken auf Wasserbasis
08 01 04	Farben in Pulverform
08 01 05	ausgehärtete Farben und Lacke
08 01 06	Schlämme aus der Farb- oder Lackentfernung, die halogenierte Lösemittel enthalten
08 01 07	Schlämme aus der Farb- oder Lackentfernung, die keine halogenierten Lösemittel enthalten
08 01 08	wäßrige Schlämme, die Farbe oder Lack enthalten
08 01 09	Abfälle aus der Farb- oder Lackentfernung (außer 08 01 05 und 08 01 06)
08 01 10	wäßrige Suspensionen, die Farbe oder Lack enthalten
08 01 99	Abfälle a.n.g.
08 02 00	**Abfälle aus der HZVA anderer Überzüge (einschließlich keramische Werkstoffe)**
08 02 01	alte Überzugspuder
08 02 02	wäßrige Schlämme, die keramische Werkstoffe enthalten
08 02 03	wäßrige Suspensionen, die keramische Werkstoffe enthalten
08 02 99	Abfälle a.n.g.
08 03 00	**Abfälle aus der HZVA von Druckfarben**
08 03 01	alte Druckfarben, die halogenierte Lösemittel enthalten
08 03 02	alte Druckfarben, die keine halogenierten Lösemittel enthalten
08 03 03	Abfälle von wassermischbaren Druckfarben
08 03 04	getrocknete Druckfarben
08 03 05	Druckfarbenschlämme, die halogenierte Lösemittel enthalten
08 03 06	Druckfarbenschlämme, die keine halogenierten Lösemittel enthalten
08 03 07	wäßrige Schlämme, die Druckfarben enthalten
08 03 08	wäßrige flüssige Abfälle, die Druckfarben enthalten
08 03 09	verbrauchte Toner (einschließlich Kartuschen)
08 03 99	Abfälle a.n.g.
08 04 00	**Abfälle aus der HZVA von Klebstoffen und Dichtungsmassen (einschließlich wasserabweisendem Material)**
08 04 01	alte Klebstoffe und Dichtungsmassen, die halogenierte Lösemittel enthalten
08 04 02	alte Klebstoffe und Dichtungsmassen, die keine halogenierten Lösemittel enthalten
08 04 03	Abfälle von wassermischbaren Klebstoffen und Dichtungsmassen
08 04 04	ausgehärtete Klebstoffe und Dichtungsmassen
08 04 05	Klebstoffe und Dichtungsmassen, die halogenierte Lösemittel enthalten
08 04 06	Klebstoffe und Dichtungsmassen, die keine halogenierten Lösemittel enthalten
08 04 07	wäßrige Schlämme, die Klebstoff und Dichtungsmassen enthalten
08 04 08	wäßrige flüssige Abfälle, die Klebstoffe und Dichtungsmassen enthalten
08 04 99	Abfälle a.n.g.
09 00 00	**ABFÄLLE AUS DER PHOTOGRAPHISCHEN INDUSTRIE**
09 01 00	**Abfälle aus der photographischen Industrie**
09 01 01	Entwickler und Aktivatoren auf Wasserbasis
09 01 02	Offsetplatten-Entwickler auf Wasserbasis
09 01 03	Entwickler auf der Basis von Lösemitteln
09 01 04	Fixierlösungen
09 01 05	Bleichlösungen und Bleich-Fixier-Lösungen
09 01 06	silberhaltige Abfälle aus der betriebseigenen Behandlung photographischer Abfälle
09 01 07	Filme und photographische Papiere, die Silber oder Silberverbindungen enthalten

09 01 08	Filme und photographische Papiere, die kein Silber und keine Silberverbindungen enthalten
09 01 09	Einwegkameras mit Batterien
09 01 10	Einwegkameras ohne Batterien
09 01 99	Abfälle a.n.g.
10 00 00	**ANORGANISCHE ABFÄLLE AUS THERMISCHEN PROZESSEN**
10 01 00	**Abfälle aus Kraftwerken und anderen Verbrennungsanlagen (außer 19 00 00)**
10 01 01	Rost- und Kesselasche
10 01 02	Flugasche aus Kohlefeuerung
10 01 03	Flugasche aus Torffeuerung
10 01 04	Flugasche aus Ölfeuerung
10 01 05	Reaktionsabfälle auf Kalziumbasis aus der Rauchgasentschwefelung in fester Form
10 01 06	andere feste Abfälle aus der Gasreinigung
10 01 07	Reaktionsabfälle auf Kalziumbasis aus der Rauchgasentschwefelung in Form von Schlämmen
10 01 08	andere Schlämme aus der Gasreinigung
10 01 09	Schwefelsäure
10 01 10	verbrauchte Katalysatoren, z.B. aus der NO_x-Entfernung
10 01 11	wäßrige Schlämme aus der Kesselreinigung
10 01 12	verbrauchte Auskleidungen und feuerfeste Materialien
10 01 99	Abfälle a.n.g.
10 02 00	**Abfälle aus der Eisen- und Stahlindustrie**
10 02 01	Abfälle aus der Verarbeitung von Schlacke
10 02 02	unverarbeitete Schlacke
10 02 03	feste Abfälle aus der Gasreinigung
10 02 04	Schlämme aus der Gasreinigung
10 02 05	andere Schlämme
10 02 06	verbrauchte Auskleidungen und feuerfeste Materialien
10 02 99	Abfälle a.n.g.
10 03 00	**Abfälle aus der thermischen Aluminiummetallurgie**
10 03 01	Teere und andere kohlenstoffhaltige Abfälle aus der Anodenherstellung
10 03 02	verbrauchte Anoden
10 03 03	Krätzen
10 03 04	Schlacken aus der Erstschmelze/weiße Krätze
10 03 05	Aluminiumstaub
10 03 06	verbrauchter Kohlenstoff und feuerfeste Materialien aus der Elektrolyse
10 03 07	verbrauchte Tiegelauskleidungen
10 03 08	Salzschlacken aus der Zweitschmelze
10 03 09	schwarze Krätzen aus der Zweitschmelze
10 03 10	Abfälle aus der Behandlung von Salzschlacken und schwarzen Krätzen
10 03 11	Feinstaub
10 03 12	andere Teilchen und Staub (einschließlich Kugelmühlenstaub)
10 03 13	feste Abfälle aus der Gasreinigung
10 03 14	Schlämme aus der Gasreinigung
10 03 99	Abfälle a.n.g.
10 04 00	**Abfälle aus der thermischen Bleimetallurgie**
10 04 01	Schlacken (Erst- und Zweitschmelze)
10 04 02	Krätzen und Abschaum (Erst- und Zweitschmelze)
10 04 03	Calciumarsenat
10 04 04	Feinstaub
10 04 05	andere Teilchen und Staub
10 04 06	feste Abfälle aus der Gasreinigung
10 04 07	Schlämme aus der Gasreinigung
10 04 08	verbrauchte Auskleidungen und feuerfeste Materialien
10 04 99	Abfälle a.n.g.

10 05 00	**Abfälle aus der thermischen Zinkmetallurgie**
10 05 01	Schlacken (Erst- und Zweitschmelze)
10 05 02	Krätzen und Abschaum (Erst- und Zweitschmelze)
10 05 03	Feinstaub
10 05 04	andere Teilchen und Staub
10 05 05	feste Abfälle aus der Gasreinigung
10 05 06	Schlämme aus der Gasreinigung
10 05 07	verbrauchte Auskleidungen und feuerfeste Materialien
10 05 99	Abfälle a.n.g.
10 06 00	**Abfälle aus der thermischen Kupfermetallurgie**
10 06 01	Schlacken (Erst- und Zweitschmelze)
10 06 02	Krätzen und Abschaum (Erst- und Zweitschmelze)
10 06 03	Feinstaub
10 06 04	andere Teilchen und Staub
10 06 05	Abfälle aus der elektrolytischen Raffination
10 06 06	Abfall aus der nassen Gasreinigung
10 06 07	Abfall aus der trockenen Gasreinigung
10 06 08	verbrauchte Auskleidungen und feuerfeste Materialien
10 06 99	Abfälle a.n.g.
10 07 00	**Abfälle aus der thermischen Silber-, Gold- und Platinmetallurgie**
10 07 01	Schlacken (Erst- und Zweitschmelze)
10 07 02	Krätzen und Abschaum (Erst- und Zweitschmelze)
10 07 03	feste Abfälle aus der Gasreinigung
10 07 04	andere Teilchen und Staub
10 07 05	Schlämme aus der Gasreinigung
10 07 06	verbrauchte Auskleidungen und feuerfeste Materialien
10 07 99	Abfälle a.n.g.
10 08 00	**Abfälle aus sonstiger thermischer Nichteisenmetallurgie**
10 08 01	Schlacken (Erst- und Zweitschmelze)
10 08 02	Krätzen und Abschaum (Erst- und Zweitschmelze)
10 08 03	Feinstaub
10 08 04	andere Teilchen und Staub
10 08 05	feste Abfälle aus der Gasreinigung
10 08 06	Schlämme aus der Gasreinigung
10 08 07	verbrauchte Auskleidungen und feuerfeste Materialien
10 08 99	Abfälle a.n.g.
10 09 00	**Abfälle vom Gießen von Eisen und Stahl**
10 09 01	Gießformen und -sande mit organischen Bindern vor dem Gießen
10 09 02	Gießformen und -sande mit organischen Bindern nach dem Gießen
10 09 03	Ofenschlacke
10 09 04	Ofenstaub
10 09 99	Abfälle a.n.g.
10 10 00	**Abfälle vom Gießen von Nichteisenmetallen**
10 10 01	Gießformen und -sande mit organischen Bindern vor dem Gießen
10 10 02	Gießformen und -sande mit organischen Bindern nach dem Gießen
10 10 03	Ofenschlacke
10 10 04	Ofenstaub
10 10 99	Abfälle a.n.g.
10 11 00	**Abfälle aus der Herstellung von Glas und Glaserzeugnissen**
10 11 01	verbrauchtes Gemenge vor der thermischen Verarbeitung
10 11 02	Altglas
10 11 03	alte Glasfasermaterialien
10 11 04	Feinstaub
10 11 05	andere Teilchen und Staub
10 11 06	feste Abfälle aus der Gasreinigung
10 11 07	Schlämme aus der Gasreinigung
10 11 08	verbrauchte Auskleidungen und feuerfeste Materialien
10 11 99	Abfälle a.n.g.

10 12 00	**Abfälle aus der Herstellung von Keramikerzeugnissen, Ziegeln, Fliesen und Baustoffen**
10 12 01	verbrauchtes Gemenge vor der thermischen Verarbeitung
10 12 02	Feinstaub
10 12 03	andere Teilchen und Staub
10 12 04	feste Abfälle aus der Gasreinigung
10 12 05	Schlämme aus der Gasreinigung
10 12 06	verworfene Formen
10 12 07	verbrauchte Auskleidungen und feuerfeste Materialien
10 12 99	Abfälle a.n.g.
10 13 00	**Abfälle aus der Herstellung von Zement, Branntkalk, Gips und Erzeugnissen aus diesen**
10 13 01	verworfenes Gemenge vor der thermischen Verarbeitung
10 13 02	Abfälle aus der Herstellung von Asbestzement
10 13 03	Abfälle aus der Herstellung anderer Verbundstoffe auf Zementbasis
10 13 04	Abfälle aus der Kalzinierung und Hydratisierung von Branntkalk
10 13 05	feste Abfälle aus der Gasreinigung
10 13 06	andere Teilchen und Staub
10 13 07	Schlämme aus der Gasreinigung
10 13 08	verbrauchte Auskleidungen und feuerfeste Materialien
10 13 99	Abfälle a.n.g.
11 00 00	**ANORGANISCHE METALLHALTIGE ABFÄLLE AUS DER METALLBEARBEITUNG UND -BESCHICHTUNG SOWIE AUS DER NICHTEISEN-HYDROMETALLURGIE**
11 01 00	**Flüssige Abfälle und Schlämme aus der Metallbearbeitung und -beschichtung (z. B. Galvanik, Verzinkung, Beizen, Ätzen, Phosphatieren und alkalisches Entfetten)**
11 01 01	cyanidhaltige (alkalische) Abfälle mit Schwermetallen ohne Chrom
11 01 02	cyanidhaltige (alkalische) Abfälle ohne Schwermetalle
11 01 03	cyanidfreie Abfälle, die Chrom enthalten
11 01 04	cyanidfreie Abfälle, die kein Chrom enthalten
11 01 05	saure Beizlösungen
11 01 06	Säuren a.n.g.
11 01 07	Laugen a.n.g.
11 01 08	Phosphatierschlämme
11 02 00	**Abfälle und Schlämme aus Prozessen der Nichteisen-Hydrometallurgie**
11 02 01	Schlämme aus der Kupfer-Hydrometallurgie
11 02 02	Schlämme aus der Zink-Hydrometallurgie (einschließlich Jarosit-, Goethitschlamm)
11 02 03	Abfälle aus der Herstellung von Anoden für wäßrige elektrolytische Prozesse
11 02 04	Schlämme a.n.g.
11 03 00	**Schlämme und Feststoffe aus Härteprozessen**
11 03 01	cyanidhaltige Abfälle
11 03 02	andere Abfälle
11 04 00	**Andere anorganische Abfälle mit Metallen a.n.g.**
11 04 01	andere anorganische Abfälle mit Metallen a.n.g.
12 00 00	**ABFÄLLE AUS PROZESSEN DER MECHANISCHEN FORMGEBUNG UND OBERFLÄCHENBEARBEITUNG VON METALLEN, KERAMIK, GLAS UND KUNSTSTOFFEN**
12 01 00	**Abfälle aus der mechanischen Formgebung (Schmieden, Schweißen, Pressen, Ziehen, Drehen, Bohren, Schhneiden, Sägen und Feilen)**
12 01 01	eisenhaltige Späne und Abschnitte
12 01 02	andere eisenhaltige Teilchen
12 01 03	NE-metallhaltige Späne und Abschnitte

12 01 04	andere NE-metallhaltige Teilchen
12 01 05	Kunststoffteile
12 01 06	verbrauchte Bearbeitungsöle, halogenhaltig (keine Emulsionen)
12 01 07	verbrauchte Bearbeitungsöle, halogenfrei (keine Emulsionen)
12 01 08	Bearbeitungsemulsionen, halogenhaltig
12 01 09	Bearbeitungsemulsionen, halogenfrei
12 01 10	synthetische Bearbeitungsöle
12 01 11	Bearbeitungsschlämme
12 01 12	verbrauchte Wachse und Fette
12 01 13	Preß- und Stanzabfälle
12 01 99	Abfälle a.n.g.
12 02 00	**Abfälle aus der mechanischen Oberflächenbehandlung (Sandstrahlen, Schleifen, Honen, Läppen, Polieren)**
12 02 01	verbrauchter Strahlsand
12 02 02	Schleif-, Hon- und Läppschlämme
12 02 03	Polierschlämme
12 02 99	Abfälle a. n. g.
12 03 00	**Abfälle aus der Wasser- und Dampfentfettung (außer 11 00 00)**
12 03 01	wäßrige Waschflüssigkeiten
12 03 02	Abfälle aus der Dampfentfettung
13 00 00	**ÖLABFÄLLE (AUSSER SPEISEÖLE UND 05 00 00 UND 12 00 00)**
13 01 00	**Verbrauchte Hydrauliköle und Bremsflüssigkeiten**
13 01 01	Hydrauliköle, die PCB oder PCT enthalten
13 01 02	andere chlorierte Hydrauliköle (keine Emulsionen)
13 01 03	nichtchlorierte Hydrauliköle (keine Emulsionen)
13 01 04	chlorierte Emulsionen
13 01 05	nichtchlorierte Emulsionen
13 01 06	ausschließlich mineralische Hydrauliköle
13 01 07	andere Hydrauliköle
13 01 08	Bremsflüssigkeiten
13 02 00	**Verbrauchte Maschinen-, Getriebe- und Schmieröle**
13 02 01	chlorierte Maschinen-, Getriebe- und Schmieröle
13 02 02	nichtchlorierte Maschinen-, Getriebe- und Schmieröle
13 02 03	andere Maschinen-, Getriebe- und Schmieröle
13 03 00	**Verbrauchte Isolier- und Wärmeübertragungsöle oder -flüssigkeiten**
13 03 01	Isolier- und Wärmeübertragungsöle oder -flüssigkeiten, die PCB oder PCT enthalten
13 03 02	andere chlorierte Isolier- und Wärmeübertragungsöle oder -flüssigkeiten
13 03 03	andere nichtchlorierte Isolier- und Wärmeübertragungsöle oder -flüssigkeiten
13 03 04	synthetische Isolier- und Wärmeübertragungsöle oder -flüssigkeiten
13 03 05	mineralische Isolier- und Wärmeübertragungsöle
13 04 00	**Bilgenöle**
13 04 01	Bilgenöle aus der Binnenschiffahrt
13 04 02	Bilgenöle aus Molenablaufkanälen
13 04 03	Bilgenöle aus der übrigen Schiffahrt
13 05 00	**Inhalte von Öl-/Wasserabscheidern**
13 05 01	Feststoffe aus Öl-/Wasserabscheidern
13 05 02	Schlämme aus Öl-/Wasserabscheidern
13 05 03	Schlämme aus Einlaufschächten
13 05 04	Schlämme oder Emulsionen aus Entsalzern
13 05 05	andere Emulsionen
13 06 00	**Ölabfälle a. n. g.**
13 06 01	Ölmischungen a. n. g.

14 00 00	ABFÄLLE VON ALS LÖSEMITTEL VERWENDETEN ORGANISCHEN STOFFEN (AUSSER 07 00 00 UND 08 00 00)
14 01 00	**Abfälle aus der Metallentfettung und Maschinenwartung**
14 01 01	Fluorchlorkohlenwasserstoffe
14 01 02	andere halogenierte Lösemittel und Lösemittelgemische
14 01 03	andere Lösemittel und Lösemittelgemische
14 01 04	wäßrige halogenhaltige Lösemittelgemische
14 01 05	wäßrige halogenfreie Lösemittelgemische
14 01 06	Schlämme oder feste Abfälle, die halogenierte Lösemittel enthalten
14 01 07	Schlämme oder feste Abfälle, die keine halogenierten Lösemittel enthalten
14 02 00	**Abfälle aus der Textilreinigung und Entfettung von Naturstoffen**
14 02 01	halogenierte Lösemittel und Lösemittelgemische
14 02 02	Lösemittelgemische oder organische Flüssigkeiten, die keine halogenierten Lösemittel enthalten
14 02 03	Schlämme oder feste Abfälle, die halogenierte Lösemittel enthalten
14 02 04	Schlämme oder feste Abfälle, die andere Lösemittel enthalten
14 03 00	**Abfälle aus der Elektronikindustrie**
14 03 01	Fluorchlorkohlenwasserstoffe
14 03 02	andere halogenierte Lösemittel
14 03 03	Lösemittel und -gemische, die keine halogenierten Lösemittel enthalten
14 03 04	Schlämme oder feste Abfälle, die halogenierte Lösemittel enthalten
14 03 05	Schlämme oder feste Abfälle, die andere Lösemittel enthalten
14 04 00	**Abfälle von Kühlmitteln und Schaum- und Treibmitteln**
14 04 01	Fluorchlorkohlenwasserstoffe
14 04 02	andere halogenierte Lösemittel und -gemische
14 04 03	andere Lösemittel und -gemische
14 04 04	Schlämme oder feste Abfälle, die halogenierte Lösemittel enthalten
14 04 05	Schlämme oder feste Abfälle, die andere Lösemittel enthalten
14 05 00	**Abfälle aus der Rückgewinnung von Löse- und Kühlmitteln (Destillationsrückstände)**
14 05 01	Fluorchlorkohlenwasserstoffe
14 05 02	andere halogenierte Lösemittel und -gemische
14 05 03	andere Lösemittel und -gemische
14 05 04	Schlämme, die halogenierte Lösemittel enthalten
14 05 05	Schlämme, die andere Lösemittel enthalten
15 00 00	**VERPACKUNGEN, AUFSAUGMASSEN, WISCHTÜCHER, FILTERMATERIALIEN UND SCHUTZKLEIDUNG (a. n. g.)**
15 01 00	**Verpackungen**
15 01 01	Papier und Pappe
15 01 02	Kunststoff
15 01 03	Holz
15 01 04	Metall
15 01 05	Verbundverpackung
15 01 06	gemischte Materialien
15 02 00	**Aufsaug- und Filtermaterialien, Wischtücher und Schutzkleidung**
15 02 01	Aufsaug- und Filtermaterialien, Wischtücher und Schutzkleidung
16 00 00	ABFÄLLE, DIE NICHT ANDERSWO IM KATALOG AUFGEFÜHRT SIND
16 01 00	**Fahrzeugwracks**
16 01 01	aus Fahrzeugen ausgebaute Katalysatoren, die Edelmetalle enthalten
16 01 02	andere aus Fahrzeugen ausgebaute Katalysatoren
16 01 03	Altreifen
16 01 04	aufgegebene Fahrzeuge
16 01 05	Schredderrückstände von Fahrzeugen
16 01 99	Abfälle a. n. g.

16 02 00	**Gebrauchte Geräte und Schredderrückstände**
16 02 01	Transformatoren und Kondensatoren, die PCB oder PCT enthalten
16 02 02	andere gebrauchte elektronische Geräte (z. B. gedruckte Schaltungen)
16 02 03	Geräte, die Fluorchlorkohlenwasserstoffe enthalten
16 02 04	gebrauchte Geräte, freies Asbest enthaltend
16 02 05	andere gebrauchte Geräte
16 02 06	Abfälle aus der asbestverarbeitenden Industrie
16 02 07	Abfälle aus der kunststoffverarbeitenden Industrie
16 02 08	Schredderabfälle
16 03 00	**Fehlchargen**
16 03 01	anorganische Fehlchargen
16 03 02	organische Fehlchargen
16 04 00	**Verbrauchte Sprengstoffe**
16 04 01	Munition
16 04 02	Feuerwerkskörper
16 04 03	andere verbrauchte Sprengstoffe
16 05 00	**Gase und Chemikalien in Behältern**
16 05 01	Industriegase in Hochdruckgastanks, Flüssiggasbehälter und industrielle Aerosole (einschließlich Halone)
16 05 02	andere Abfälle mit anorganischen Chemikalien, z. B. Laborchemikalien a. n. g., Feuerlöschpulver
16 05 03	andere Abfälle mit organischen Chemikalien, z. B. Laborchemikalien a. n. g.
16 06 00	**Batterien und Akkumulatoren**
16 06 01	Bleibatterien
16 06 02	Ni-Cd-Batterien
16 06 03	Quecksilbertrockenzellen
16 06 04	Alkalibatterien
16 06 05	andere Batterien und Akkumulatoren
16 06 06	Elektrolyte aus Batterien und Akkumulatoren
16 07 00	**Abfälle aus der Reinigung von Transport- und Lagertanks (außer 05 00 00 und 12 00 00)**
16 07 01	Abfälle aus der Tankreinigung auf Seeschiffen, Chemikalien enthaltend
16 07 02	Abfälle aus der Tankreinigung auf Seeschiffen, ölhaltig
16 07 03	Abfälle aus der Reinigung von Eisenbahn- und Straßentransporttanks, ölhältig
16 07 04	Abfälle aus der Reinigung von Eisenbahn- und Straßentransporttanks, Chemikalien enthaltend
16 07 05	Abfälle aus der Reinigung von Lagertanks, Chemikalien enthaltend
16 07 06	Abfälle aus der Reinigung von Lagertanks, ölhaltig
16 07 07	feste Abfälle von Schiffsladungen
16 07 99	Abfälle a. n. g.
17 00 00	BAU- UND ABBRUCHABFÄLLE (EINSCHLIESSLICH STRASSENAUFBRUCH)
17 01 00	**Beton, Ziegel, Fliesen, Keramik und Materialien auf Gipsbasis**
17 01 01	Beton
17 01 02	Ziegel
17 01 03	Fliesen und Keramik
17 01 04	Baustoffe auf Gipsbasis
17 01 05	Baustoffe auf Asbestbasis
17 02 00	**Holz, Glas und Kunststoff**
17 02 01	Holz
17 02 02	Glas
17 02 03	Kunststoff

17 03 00	**Asphalt, Teer und teerhaltige Produkte**
17 03 01	Asphalt, teerhaltig
17 03 02	Asphalt, teerfrei
17 03 03	Teer und teerhaltige Produkte
17 04 00	**Metalle (einschließlich Legierungen)**
17 04 01	Kupfer, Bronze, Messing
17 04 02	Aluminium
17 04 03	Blei
17 04 04	Zink
17 04 05	Eisen und Stahl
17 04 06	Zinn
17 04 07	gemischte Metalle
17 04 08	Kabel
17 05 00	**Erde und Hafenaushub**
17 05 01	Erde und Steine
17 05 02	Hafenaushub
17 06 00	**Isoliermaterial**
17 06 01	Isoliermaterial, das freies Asbest enthält
17 06 02	anderes Isoliermaterial
17 07 00	**Gemischte Bau- und Abbruchabfälle**
17 07 01	gemischte Bau- und Abbruchabfälle
18 00 00	**ABFÄLLE AUS DER ÄRZTLICHEN ODER TIERÄRZTLICHEN VERSORGUNG UND FORSCHUNG (OHNE KÜCHEN- UND RESTAURANTABFÄLLE, DIE NICHT AUS DER UNMITTELBAREN KRANKENPFLEGE STAMMEN)**
18 01 00	**Abfälle aus Entbindungsstationen, Diagnose, Krankenbehandlung und Vorsorge beim Menschen**
18 01 01	spitze Gegenstände
18 01 02	Körperteile und Organe, einschließlich Blutbeutel und Blutkonserven
18 01 03	andere Abfälle, an deren Sammlung und Entsorgung aus infektionspräventiver Sicht besondere Anforderungen gestellt werden
18 01 04	Abfälle, an deren Sammlung und Entsorgung aus infektionspräventiver Sicht keine besonderen Anforderungen gestellt werden (z. B. Wäsche, Gipsverbände, Einwegkleidung)
18 01 05	gebrauchte Chemikalien und Medizinprodukte
18 02 00	**Abfälle aus Forschung, Diagnose, Krankenbehandlung und Vorsorge bei Tieren**
18 02 01	spitze Gegenstände
18 02 02	andere Abfälle, an deren Sammlung und Entsorgung aus infektionspräventiver Sicht besondere Anforderungen gestellt werden
18 02 03	Abfälle, an deren Sammlungund Entsorgung aus infektionspräventiver Sicht keine besonderen Anforderungen werden
18 02 04	gebrauchte Chemikalien
19 00 00	**ABFÄLLE AUS ABFALLBEHANDLUNGSANLAGEN, ÖFFENTLICHEN ABWASSERBEHANDLUNGSANLAGEN UND DER ÖFFENTLICHEN WASSERVERSORGUNG**
19 01 00	**Abfälle aus der Verbrennung oder Pyrolyse von Siedlungs- und ähnlichen Abfällen aus Gewerbe, Industrie und Einrichtungen**
19 01 01	Rost- und Kesselaschen und Schlacken
19 01 02	eisenhaltige Stoffe, aus der Rost- und Kesselasche ausgelesen
19 01 03	Flugasche
19 01 04	Kesselstaub
19 01 05	Filterkuchen aus der Gasreinigung
19 01 06	wäßrige flüssige Abfälle aus der Gasreinigung und andere wäßrige Abfälle
19 01 07	feste Abfälle aus der Gasreinigung
19 01 08	Pyrolyseabfälle
19 01 09	verbrauchte Katalysatoren, z. B. aus der NO_x-Wäsche
19 01 10	verbrauchte Aktivkohle aus der Rauchgasreinigung
19 01 99	Abfälle a. n. g.

19 02 00	**Abfälle von spezifischen physikalisch-chemischen Behandlungen industrieller Abfälle (z. B. Dechromatisierung, Cyanidentfernung, Neutralisation)**
19 02 01	Metallhydroxidschlämme und andere Schlämme aus der Metallfällung
19 02 02	vorgemischte Abfälle zur Ablagerung
19 03 00	**Stabilisierte und verfestigte Abfälle**
19 03 01	Abfälle, die mit hydraulischen Bindemitteln stabilisiert/verfestigt sind
19 03 02	Abfälle, die mit organischen Bindemitteln stabilisiert/verfestigt sind
19 03 03	Abfälle, die durch biologische Behandlung stabilisiert sind
19 04 00	**Verglaste Abfälle und Abfälle aus der Verglasung**
19 04 01	Verglaste Abfälle
19 04 02	Flugasche und andere Abfälle aus der Gasreinigung
19 04 03	nicht verglaste Festphase
19 04 04	wäßrige flüssige Abfälle aus dem Tempern
19 05 00	**Abfälle aus der aerobischen Behandlung von festen Abfällen**
19 05 01	nicht kompostierte Fraktion von Siedlungs- und ähnlichen Abfällen
19 05 02	nicht kompostierte Fraktion von tierischen und pflanzlichen Abfällen
19 05 03	nicht spezifikationsgerechter Kompost
19 05 99	Abfälle a. n. g.
19 06 00	**Abfälle aus der anaeroben Behandlung von Abfällen**
19 06 01	Schlämme aus der anaeroben Behandlung von Siedlungs- und ähnlichen Abfällen
19 06 02	Schlämme aus der anaeroben Behandlung von tierischen und pflanzlichen Abfällen
19 06 99	Abfälle a. n. g.
19 07 00	**Deponiesickerwasser**
19 07 01	Deponiesickerwasser
19 08 00	**Abfälle aus Abwasserbehandlungsanlagen a. n. g.**
19 08 01	Sieb- und Rechenrückstände
19 08 02	Abfälle aus Sandfängern
19 08 03	Fett- und Ölmischungen aus Ölabscheidern
19 08 04	Schlämme aus der Behandlung von industriellem Abwasser
19 08 05	Schlämme aus der Behandlung von kommunalem Abwasser
19 08 06	gesättigte oder verbrauchte Ionenaustauscherharze
19 08 07	Lösungen und Schlämme aus der Regeneration von Ioneaustauschern
19 08 99	Abfälle a. n. g.
19 09 00	**Abfälle aus der Zubereitung von Trinkwasser oder industriellem Brauchwasser**
19 09 01	feste Abfälle aus der Erstfiltration und Siebgut
19 09 02	Schlämme aus der Wasserklärung
19 09 03	Schlämme aus der Dekarbonatisierung
19 09 04	verbrauchte Aktivkohle
19 09 05	gesättigte oder verbrauchte Ionenaustauscherharze
19 09 06	Lösungen und Schlämme aus der Regeneration von Ionenaustauschern
19 09 99	Abfälle a. n. g.
20 00 00	**SIEDLUNGSABFÄLLE UND ÄHNLICHE GEWERBLICHE UND INDUSTRIELLE ABFÄLLE SOWIE ABFÄLLE AUS EINRICHTUNGEN, EINSCHLIESSLICH GETRENNT GESAMMELTE FRAKTIONEN**
20 01 00	**Getrennt gesammelte Fraktionen**
20 01 01	Papier und Pappe
20 01 02	Glas
20 01 03	Kunststoffkleinteile
20 01 04	andere Metalle
20 01 05	Kleinmetall (Getränkedosen usw.)
20 01 06	andere Kunststoffe
20 01 07	Holz
20 01 08	organische, kompostierbare Küchenabfälle, getrennt eingesammelte Fraktionen (einschließlich Frittieröl und Küchenabfälle aus Kantinen)

20 01 09	Öle und Fette
20 01 10	Bekleidung
20 01 11	Textilien
20 01 12	Farben, Druckfarben, Klebstoffe und Kunstharze
20 01 13	Lösemittel
20 01 14	Säuren
20 01 15	Laugen
20 01 16	Waschmittel
20 01 17	Photochemikalien
20 01 18	Medikamente
20 01 19	Pestizide
20 01 20	Batterien
20 01 21	Leuchtstoffröhren und andere quecksilberhaltige Abfälle
20 01 22	Aerosole
20 01 23	Geräte, die Fluorchlorkohlenwasserstoffe enthalten
20 01 24	elektronische Geräte (z. B. gedruckte Schaltungen)
20 02 00	**Garten- und Parkabfälle (einschließlich Friedhofsabfälle)**
20 02 01	kompostierbare Abfälle
20 02 02	Erde und Steine
20 02 03	andere nicht kompostierbare Abfälle
20 03 00	**Andere Siedlungsabfälle**
20 03 01	gemischte Siedlungsabfälle
20 03 02	Marktabfälle
20 03 03	Straßenreinigungsabfälle
20 03 04	Versitzgrubenschlamm
20 03 05	Fahrzeugwracks

II

(Nicht veröffentlichungsbedürftige Rechtsakte)

KOMMISSION

ENTSCHEIDUNG DER KOMMISSION

vom 24. November 1994

über den einheitlichen Begleitschein gemäß der Verordnung (EWG) Nr. 259/93 des Rates zur Überwachung und Kontrolle der Verbringung von Abfällen in der, in die und aus der Europäischen Gemeinschaft

(94/774/EG)

DIE KOMMISSION DER EUROPÄISCHEN GEMEINSCHAFTEN —

gestützt auf den Vertrag zur Gründung der Europäischen Gemeinschaft,

gestützt auf die Verordnung (EWG) Nr. 259/93 des Rates vom 1. Februar 1993 zur Überwachung und Kontrolle der Verbringung von Abfällen in der, in die und aus der Europäischen Gemeinschaft [1], insbesondere auf Artikel 42 Absatz 1,

in Erwägung nachstehender Gründe:

Der einheitliche Begleitschein gemäß der Verordnung (EWG) Nr. 259/93 ist unter Berücksichtigung der einschlägigen Artikel der Verordnung und der einschlägigen zwischenstaatlichen Übereinkommen und Vereinbarungen, insbesondere der Arbeiten der OECD, erstellt worden.

Der Begleitschein, der sich aus einem Notifizierungsbogen und aus einem Formblatt für die Verbringung/Begleitblatt zusammensetzt, soll zur Notifizierung und Begleitung von Abfallverbringungen verwendet werden und als Beseitigungs- bzw. Verwertungsbescheinigung fungieren.

Der Begleitschein ermöglicht es den von den Mitgliedstaaten benannten zuständigen Behörden, ihre Aufgaben der Überwachung und Kontrolle im Sinne der Verordnung (EWG) Nr. 259/93 wahrzunehmen.

Die Kommission hat dem in Artikel 18 der Richtlinie 75/442/EWG des Rates über Abfälle [2], zuletzt geändert durch die Richtlinie 91/692/EWG [3], vorgesehenen Ausschuß den Entwurf der zu treffenden Maßnahmen unterbreitet.

Der Ausschuß hat zu dem von der Kommission vorgelegten Entwurf der zu treffenden Maßnahmen eine befürwortende Stellungnahme abgegeben —

HAT FOLGENDE ENTSCHEIDUNG ERLASSEN:

Artikel 1

Für die Notifizierung und Begleitung von Abfallverbringungen im Rahmen der Verordnung (EWG) Nr. 259/93 wird der dieser Entscheidung im Anhang beigefügte einheitliche Begleitschein verwendet, der sich zusammensetzt aus einem Notifizierungsbogen und einem Formblatt für die Verbringung/Begleitblatt, und dient als Beseitigungs- bzw. Verwertungsbescheinigung.

Artikel 2

Der in Artikel 1 genannte Begleitschein ist auf weißem fälschungssicherem Papier mit einem Quadratmetergewicht von mindestens 40 Gramm zu drucken. Dieses Papier muß so beschaffen sein, daß die Angaben auf der Vorderseite die Lesbarkeit der Angaben auf der Rückseite nicht beeinträchtigen, und darf bei normalem Gebrauch weder einreißen noch knittern.

Die Abmessungen der Felder beruhen horizontal auf einem Zehntel Zoll und vertikal auf einem Sechstel Zoll.

[1] ABl. Nr. L 30 vom 6. 2. 1993, S. 1.
[2] ABl. Nr. L 194 vom 25. 7. 1975, S. 39.
[3] ABl. Nr. L 377 vom 31. 12. 1991, S. 48.

Die Vordrucke haben das Format 210 × 297 Millimeter, wobei in der Länge Abweichungen von minus 5 bis plus 8 Millimeter zugelassen sind.

Diese Bestimmungen stehen der Erstellung des in Artikel 1 genannten einheitlichen Begleitscheins mittels öffentlicher oder privater Datenverarbeitungsanlagen, gegebenenfalls auf weißem Papier, unter den von den Mitgliedstaaten festgelegten Bedingungen nicht entgegen.

Artikel 3

Die laufende Nummer des Abfalltransports, die in Feld 3 des Begleitscheins einzusetzen ist, besteht aus dem Ländercode des Herkunftslandes des Transports und einer angehängten sechsstelligen Zahl.

Artikel 4

Das Modell des Begleitscheins wird im Licht der bei seiner Verwendung gemachten praktischen Erfahrungen überprüft und erforderlichenfalls abgeändert.

Artikel 5

Diese Entscheidung wird am sechzigsten Tage nach ihrer Bekanntgabe wirksam.

Artikel 6

Diese Entscheidung ist an alle Mitgliedstaaten gerichtet.

Brüssel, den 24. November 1994

Für die Kommission
Yannis PALEOKRASSAS
Mitglied der Kommission

ANHANG

MODELL DES EINHEITLICHEN BEGLEITSCHEINS

erstellt in Anwendung von Artikel 42 der Verordnung (EWG) Nr. 259/93 des Rates zur Überwachung und Kontrolle der Verbringung von Abfällen in der, in die und aus der Europäischen Gemeinschaft

EINLEITUNG

Der vorliegende einheitliche Begleitschein ist ausgearbeitet worden, um die Anwendung der Bestimmungen der Verordnung (EWG) Nr. 259/93 des Rates zur Überwachung und Kontrolle der Verbringung von Abfällen in der, in die und aus der Europäischen Gemeinschaft zu ermöglichen.

Er wird den von den Mitgliedstaaten gemäß Artikel 38 der obengenannten Verordnung benannten zuständigen Behörden zur Verfügung gestellt, damit diese das entsprechende Verfahren zur Überwachung und Kontrolle der Abfallverbringungen verfolgen können.

Die in diesem Dokument enthaltenen Informationen ermöglichen es den zuständigen Behörden, von der Art der vorgenommenen Abfallverbringungen und ihrer Zweckbestimmung (Beseitigung oder Verwertung) Kenntnis zu nehmen. So können sie die zum Schutz der menschlichen Gesundheit und zum Schutz der Umwelt notwendigen Schritte einleiten.

Vorderseite des Notifizierungsbogens für die grenzüberschreitende Verbringung von Abfällen gemäß Entscheidung der Kommission 94/774/EG

EUROPÄISCHE GEMEINSCHAFT(a) **Notifizierungsbogen**

AUSFERTIGUNG FÜR:

1. Notifizierende Person/Exporteur (Name/Anschrift) und ggf. Registriernummer
Tel Fax
Sachbearbeiter

3. **Notifizierung betreffend** (1) — Nr. 000000
A (i) einmalige Verbringung ☐
(ii) Sammelnotifizierung (mehrmalige Verbringung) ☐
B (i) Beseitigung (keine Verwertung) ☐
(ii) Verwertung ☐
C* (i) pauschalgenehmigte Verwertungseinrichtung ☐ ja ☐ nein
* (Nur ausfüllen, falls B (ii) zutrifft)

2. Empfänger (Name, Anschrift) und ggf. Registriernummer
Tel Fax
Sachbearbeiter

4. Vorgesehene Zahl der Verbringungen

5. Vorgesehene Gesamtmenge (b) Kg Liter

6. Erste Sendung frühestens: Abgang der letzten Verbringung spätestens:

7. Vorgesehene(s) Transportunternehmen* (Name, Anschrift) und ggf. Registriernummer
Tel Fax
Sachbearbeiter * (Bei mehreren Unternehmen Liste beifügen.)

8. Beseitigungs-/Verwertungseinrichtung (Name, Standort und Anschrift):
Tel. Fax
ggf. Registriernummer:
und Verfalldatum:
Sachbearbeiter:

10. Abfallerzeuger/-produzent (Name und Anschrift)
Tel Fax
Sachbearbeiter
Verfahren und Ort der Abfallproduktion
* (ggf. Einzelheiten angeben)

9. Code Nr. der Beseitigungs-/Verwertungsmaßnahme (2):
und angewandtes Verfahren: *
* (ggf. Einzelheiten angeben)

11. Art(en) der Beförderung (2):

12. Art(en) der Verpackung (2):

13. Bezeichnung und chemische Zusammensetzung des Abfalls

14. Physikalische Eigenschaften (2)

15. **Code zur Identifizierung des Abfalls**
- im Ausfuhr-/Versandstaat:
- im Einfuhr-/Empfängerstaat:
Internationaler Abfallidentifizierungscode (IWIC)
Europäischer Abfallkatalog (EAK):
Sonstige (Bitte angeben):

17. Y-Nummer

18. H-Nummer (2)

16. OECD-Einstufung (1): gelb ☐ rot ☐ und Nummer
sonstige * ☐
* (Einzelheiten anschließen)

19. UN-Kennummer: UN Klasse (2)
und zugehöriger Versandname

20. Betroffene Länder (2), ggf. Code-Nummern der zuständigen Behörden und Ein- und Ausfuhrorte:

Ausfuhrstaat/Versandstaat	Durchfuhrstaaten			Einfuhr-/Empfängerstaat

21. Zollstellen des Eingangs- und/oder Ausgangsstaates (Europäische Gemeinschaft)
Eingang
Aus

22. Anzahl der beigefügten Anhänge

23. **Bescheinigung der notifizierenden Person/des Exporteurs:** Ich bescheinige hiermit, daß die obigen Angaben nach meinem besten Wissen vollständig sind und der Wahrheit entsprechen. Ich bescheinige ferner, daß rechtsverbindliche vertragliche Verpflichtungen schriftlich eingegangen wurden und alle für die grenzüberschreitende Verbringung erforderlichen Versicherungen oder sonstigen finanziellen Garantien abgeschlossen bzw. geleistet wurden oder werden.
Name Unterschrift
Datum

DER ZUSTÄNDIGEN BEHÖRDE VORBEHALTEN

24. VON DER ZUSTÄNDIGEN BEHÖRDE DES EINFUHR-/EMPFÄNGERSTAATES AUSZUFÜLLEN
Eingang der Notifizierung Bestätigt am
Datum Datum
Name der zuständigen Behörde, Stempel und/oder Unterschrift

25. GENEHMIGUNG* DER VERBRINGUNG DURCH DIE ZUSTÄNDIGE BEHÖRDE
Ab (Angabe des Landes) am:
Name der zuständigen Behörde, Stempel und/oder Unterschrift

Die Genehmigung läuft ab am
Besondere Bedingungen (1) ☐ Nein ☐ Ja, **siehe Nr. 26 auf der Rückseite**
* (Für Abfälle auf der gelben Liste des OECD-Beschlusses nicht erforderlich)

Rückseite des Notifizierungsbogens für die grenzüberschreitende Verbringung von Abfällen gemäß Entscheidung der Kommission 94/774/EG

Verzeichnis der auf dem Notifizierungsbogen verwendeten Abkürzungen

BESEITIGUNGS-/VERWERTUNGSVORGÄNGE (Nr. 9)

BESEITIGUNG (OHNE VERWERTUNG)

- D 1 Ablagerungen in oder auf dem Boden (d. h. Deponien)
- D 2 Behandlung im Boden (z. B. biologischer Abbau von flüssigen oder schlammigen Abfällen im Erdreich usw.)
- D 3 Verpressung (z. B. Verpressung pumpfähiger Abfälle in Bohrlöcher, Salzdome oder natürliche Hohlräume usw.)
- D 4 Oberflächenaufbringung (z. B. Ableitung flüssiger oder schlammiger Abfälle in Gruben, Teiche oder Lagunen usw.)
- D 5 Speziell angelegte Deponien (z. B. Ablagerung in abgedichteten, getrennten Räumen, die verschlossen und gegeneinander und gegen die Umwelt isoliert werden usw.)
- D 6 Einleitung in ein Gewässer mit Ausnahme von Meeren/Ozeanen
- D 7 Einleitung in Meere/Ozeane einschließlich Einbringung in den Meeresboden
- D 8 Biologische Behandlung, die nicht an anderer Stelle in dieser Liste beschrieben ist und durch die Endverbindungen oder Gemische entstehen, die mit einem der in D 1 bis D 12 aufgeführten Verfahren entsorgt werden
- D 9 Chemisch/physikalische Behandlung, die nicht an anderer Stelle in dieser Liste beschrieben ist und durch die Endverbindungen oder Gemische entstehen, die mit einem der in D 1 bis D 12 aufgeführten Verfahren entsorgt werden (z. B. Verdampfen, Trocknen, Kalzinieren, Neutralisieren, Ausfällen usw.)
- D 10 Verbrennung an Land
- D 11 Verbrennung auf See
- D 12 Dauerlagerung (z. B. Lagerung von Behältern in einem Bergwerk usw.)
- D 13 Vermengung oder Vermischung vor Anwendung eines der in D 1 bis D 12 aufgezählten Verfahren
- D 14 Rekonditionierung vor Anwendung eines der in D 1 bis D 12 aufgezählten Verfahren
- D 15 Lagerung bis zur Anwendung eines der in D 1 bis D 12 aufgezählten Verfahren

VERWERTUNGSMASSNAHMEN

- R 1 Verwendung als Brennstoff (außer bei Direktverbrennung) oder andere Mittel der Energieerzeugung
- R 2 Rückgewinnung/Regenerierung von Lösemitteln
- R 3 Verwertung/Rückgewinnung organischer Stoffe, die nicht als Lösemittel verwendet werden
- R 4 Verwertung/Rückgewinnung von Metallen und Metallverbindungen
- R 5 Verwertung/Rückgewinnung von anderen anorganischen Stoffen
- R 6 Regenerierung von Säuren oder Basen
- R 7 Wiedergewinnung von Bestandteilen, die der Bekämpfung der Verunreinigung dienen
- R 8 Wiedergewinnung von Katalysatorbestandteilen
- R 9 Altölraffination oder andere Wiederverwendungsmöglichkeiten von Altöl
- R 10 Aufbringung auf den Boden zum Nutzen der Landwirtschaft oder der Ökologie
- R 11 Verwendung von Rückständen, die bei einem der unter R 1 bis R 10 aufgezählten Verfahren gewonnen werden
- R 12 Austausch von Abfällen, um sie einem der unter R 1 bis R 11 aufgezählten Verfahren zu unterziehen
- R 13 Ansammlung von Stoffen, um sie einem unter R 1 bis R 12 aufgezählten Verfahren zu unterziehen

HINWEIS: Beseitigungs ("D") Maßnahmen haben keinen Bezug zu dem OECD-Kontrollsystem

VERKEHRSTRÄGER (Nr. 11)

- St = Straße
- Sc = Schiene
- Se = See
- Lu = Luft
- Bw = Binnenwasserwege

VERPACKUNG (Nr. 12)

1. Fässer
2. Holzfässer
3. Kanister
4. Kisten
5. Säcke
6. Kompositverpackung
7. Druckbehälter
8. Schüttgut
9. sonstige (bitte angeben)

PHYSIKALISCHE EIGENSCHAFTEN (Nr. 14)

1 pulverförmig oder staubförmig
2 fest
3 pastös oder breiig
4 schlammig
5 flüssig
6 gasförmig
7 andere Erscheinungsform (bitte angeben)

H-NUMMER UND UN-KLASSE (Nr. 18 and 19)

UN-Klasse	H-NUMMER	Bezeichnung
1	H1	Explosivstoffe
3	H3	entzündbare Flüssigkeiten
4.1	H4.1	entzündbare Feststoffe
4.2	H4.2	selbstentzündbare Stoffe oder Abfälle
4.3	H4.3	Stoffe oder Abfälle, die in Berührung mit Wasser entzündbare Gase entwickeln
5.1	H5.1	oxidierende Stoffe
5.2	H5.2	organische Peroxide
6.1	H6.1	giftige Stoffe (mit akuter Wirkung)
6.2	H6.2	infektiöse Stoffe
8	H8	ätzende Stoffe
9	H10	Freisetzen toxischer Gase bei Kontakt mit Luft oder Wasser
9	H11	toxisch (mit verzögerter oder chronischer Wirkung)
9	H12	ökotoxische Stoffe
9	H13	Stoffe, die auf irgendeine Weise nach der Entsorgung andere Substanzen erzeugen können, wie etwa Sickerstoffe, die eine der vorstehend aufgeführten Eigenschaften besitzen.

CODES DER OECD-LÄNDER (Nr. 20)

Australien	AU	Frankreich	FR	Japan	JP	Niederlande	NL	Schweiz	CH
Belgien	BE	Griechenland	GR	Kanada	CA	Norwegen	NO	Spanien	ES
Dänemark	DK	Irland	IE	Luxemburg	LU	Österreich	AT	Türkei	TR
Deutschland	DE	Island	IS	Mexico	MX	Portugal	PT	Vereinigtes Königreich	GB
Finnland	FI	Italien	IT	Neuseeland	NZ	Schweden	SE	Vereinigte Staaten	US

Abkürzungen für sonstige Länder: siehe ISO-Norm 3166

26. BESONDERE BEDINGUNGEN FÜR DIE GENEHMIGUNG DER VERBRINGUNG

Vorderseite des Versand-/Begleitformulars für die grenzüberschreitende Verbringung von Abfällen gemäß Entscheidung der Kommission 94/774/EG

EUROPÄISCHE GEMEINSCHAFT(a) **Versand-/Begleitformular**

AUSFÜHRUNG FÜR:

1. Notifizierende Person/Exporteur (Name, Anschrift) und ggf. Registriernummer

Tel Fax

Sachbearbeiter

2. Empfänger (Name, Anschrift) und ggf. Registriernummer

Tel Fax

Sachbearbeiter

3. Entspricht der Notifizierung Nr 000000

4. Fortlaufende Nummer der Sendung:

8. Beseitigungs-/Verwertungseinrichtung (Name, Standort und Anschrift):

Tel Fax:

ggf. Registriernummer und Verfalldatum:

Sachbearbeiter

9. Code-Nr. der Beseitigungs-/Verwertungsmaßnahme und angewandte Technologie (2)

5. 1. Transportunternehmen (Name, Anschrift)

ggf. Registriernummer

Tel Fax

10. Verkehrsmittel

Versanddatum

Unterschrift des Vertreters des Transportunternehmens

6. 2. Transportunternehmen (3) (Name, Anschrift)

ggf. Registriernummer

Tel Fax

11. Verkehrsmittel

Versanddatum

Unterschrift des Vertreters des Transportunternehmens:

7. Letztes Transportunternehmen (Name, Anschrift):

ggf. Registriernummer:

Tel.: Fax:

12. Verkehrsmittel:

Versanddatum:

Unterschrift des Vertreters des Transportunternehmens:

13. Bezeichnung und chemische Zusammensetzung des Abfalls:

14. Physikalische Eigenschaften (2):

15. **Code zur Identifizierung des Abfalls:**
- im Ausfuhr-/Versandstaat:
- im Einfuhr-/Empfängerstaat:

internationaler Abfallidentifizierungscode (IWIC):

Europäischer Abfallkatalog (EAK):

Sonstige (bitte angeben):

17. Tatsächliche Menge (b) Kg Liter

18. Anzahl der Verpackungen:

16. OECD-Einstufung (1): gelb ☐ rot ☐ und Nummer:
sonstige * ☐
* (Einzelheiten anschließen)

19. UN-Kennummer: UN-Klasse (2):
und zugehöriger Versandname:

20. Besondere Anweisungen für die Behandlung:

21. Tatsächliches Versanddatum

22. **Bescheinigung der notifizierenden Person/des Exporteurs:**
Ich bescheinige hiermit, daß die Angaben unter den Nummern 1 bis 9 und 13 bis 21 nach meinem besten Wissen vollständig sind und der Wahrheit entsprechen. Ich bestätige ferner, daß rechtsverbindliche vertragliche Verpflichtungen schriftlich eingegangen wurden und alle für die grenzüberschreitende Verbringung erforderlichen Versicherungen oder sonstigen finanziellen Garantien abgeschlossen bzw. geleistet wurden, und daß *

(i) alle erforderlichen Genehmigungen vorliegen; oder

(ii) die Sendung für eine Verwertungseinrichtung in einem Mitgliedstaat der OECD bestimmt ist und binnen der 30-tägigen Frist für die stillschweigende Genehmigung keines der beteiligten Länder einen Einwand erhoben hat; oder

(iii) die Sendung für eine Verwertungseinrichtung bestimmt ist, für die eine Pauschalgenehmigung für diesen Abfalltyp für den Bereich der OECD-Mitgliedstaaten erteilt wurde. Diese Genehmigung wurde inzwischen nicht zurückgezogen, auch wurden von den beteiligten Ländern keine Einwände erhoben.

Name: Unterschrift:

Datum

* (nicht zutreffendes bitte streichen)

VOM EMPFÄNGER/VON DER BESEITIGUNGS- BZW. VERWERTUNGSEINRICHTUNG AUSZUFÜLLEN

23. Erhalt der Sendung durch den Empfänger am: in Empfang genommen ☐ (1)
(wenn nicht Beseitigungs- oder Verwertungseinrichtung) Empfang verweigert * ☐

in Empfang genommene Menge (b) Kg Liter

Datum Name Unterschrift

* (zuständige Behörden unverzüglich informieren)

24. Erhalt der Sendung in der Beseitigungs-/Verwertungseinrichtung am: in Empfang genommen ☐ (1)

in Empfang genommene Menge (b) Kg Liter Empfang verweigert * ☐

Datum Name Unterschrift

Die Beseitigung/Verwertung wird durchgeführt von

Beseitigungs-/Verwertungsverfahren

* (zuständige Behörde unverzüglich informieren)

25. Ich bescheinige, daß die oben beschriebenen Abfälle beseitigt/verwertet worden sind *

Datum

Name

Unterschrift

* (nach OECD-Kontrollsystem nicht erforderlich)

Rückseite des Versand-/Begleitformulars für die grenzüberschreitende Verbringung von Abfällen gemäß Entscheidung der Kommission 94/774/EG

Verzeichnis der im Versand-/Begleitformular verwendeten Abkürzungen

BESEITIGUNGS-/VERWERTUNGSVORGÄNGE (Nr. 9)

BESEITIGUNG OHNE (VERWERTUNG)

D1 Ablagerungen in oder auf dem Boden (d. h. Deponien)
D2 Behandlung im Boden (z. B. biologischer Abbau von flüssigen oder schlammigen Abfällen im Erdreich usw.)
D3 Verpressung (z. B. Verpressung pumpfähiger Abfälle in Bohrlöcher, Salzdome oder natürliche Hohlräume usw.)
D4 Oberflächenaufbringung (z. B. Ableitung flüssiger oder schlammiger Abfälle in Gruben, Teiche oder Lagunen usw.)
D5 Speziell angelegte Deponien (z. B. Ablagerung in abgedichteten, getrennten Räumen, die verschlossen und gegeneinander und gegen die Umwelt isoliert werden usw.)
D6 Einleitung in ein Gewässer mit Ausnahmen von Meeren/Ozeanen
D7 Einleitung in Meere/Ozeane einschließlich Einbringung in den Meeresboden
D8 Biologische Behandlung, die nicht an anderer Stelle in dieser Liste beschrieben ist und durch die Endverbindungen oder Gemische entstehen, die mit einem der in D 1 bis D 12 aufgeführten Verfahren entsorgt werden
D9 Chemisch/physikalische Behandlung, die nicht an anderer Stelle in dieser Liste beschrieben ist und durch die Endverbindungen oder Gemische entstehen, die mit einem der in D 1 bis D 12 aufgeführten Verfahren entsorgt werden (z. B. Verdampfen, Trocknen, Kalzinieren, Neutralisieren, Ausfällen usw.)
D10 Verbrennung an Land
D11 Verbrennung auf See
D12 Dauerlagerung (z. B. Lagerung von Behältern in einem Bergwerk usw.)
D13 Vermengung oder Vermischung vor Anwendung eines der in D 1 bis D 12 aufgezählten Verfahren
D14 Rekonditionierung vor Anwendung eines der in D 1 bis D 12 aufgezählten Verfahren
D15 Lagerung bis zur Anwendung eines der in D 1 bis D 12 aufgezählten Verfahren

HINWEIS: Beseitigungs ("D")-Maßnahmen haben keinen Bezug zu dem OECD-Kontrollsystem

VERWERTUNGSMASSNAHMEN

R1 Verwendung als Brennstoff (außer bei Direktverbrennung) oder andere Mittel der Energieerzeugung
R2 Rückgewinnung/Regenerierung von Lösemitteln
R3 Verwertung/Rückgewinnung organischer Stoffe, die nicht als Lösemittel verwendet werden
R4 Verwertung/Rückgewinnung von Metallen und Metallverbindungen
R5 Verwertung/Rückgewinnung von anderen anorganischen Stoffen
R6 Regenerierung von Säuren und Basen
R7 Wiedergewinnung von Bestandteilen, die der Bekämpfung der Verunreinigung dienen
R8 Wiedergewinnung von Katalysatorbestandteilen
R9 Altölraffination oder andere Wiederverwertungsmöglichkeiten von Altöl
R10 Aufbringung auf den Boden zum Nutzen der Landwirtschaft oder der Ökologie
R11 Verwendung von Rückständen, die bei einem der unter R 1 bis R 10 aufgezählten Verfahren gewonnen werden
R12 Austausch von Abfällen, um sie einem der unter R 1 bis R 11 aufgezählten Verfahren zu unterziehen
R13 Ansammlung von Stoffen, um sie einem unter R 1 bis R 12 aufgezählten Verfahren zu unterziehen

PHYSIKALISCHE EIGENSCHAFTEN (Nr. 14)

1 pulverförmig oder staubförmig
2 fest
3 pastös oder breiig
4 schlammig
5 flüssig
6 gasförmig
7 andere Erscheinungsform (bitte angeben)

CODES DER OECD-LÄNDER (Nr. 20)

Australien:	AU	Frankreich:	FR	Japan:	JP	Niederlande:	NL	Schweiz:	CH
Belgien:	BE	Griechenland:	GR	Kanada:	CA	Norwegen:	NO	Spanien:	ES
Dänemark:	DK	Irland:	IE	Luxemburg:	LU	Österreich:	AT	Türkei:	TR
Deutschland:	DE	Island:	IS	Mexiko:	MX	Portugal:	PT	Vereinigtes Königreich:	GB
Finnland:	FI	Italien:	IT	Neuseeland:	NZ	Schweden:	SE	Vereinigte Staaten:	US

Abkürzungen für sonstige Länder: siehe ISO-Norm 3166

VON DER ZOLLSTELLE AUSZUFÜLLEN*

26. AUSFUHR-/VERSANDSTAAT ODER (FÜR EG) AUSGANGSZOLLSTELLE	27. STEMPEL DER ZOLLSTELLEN DER DURCHFUHRLÄNDER			
Die umseitig beschriebenen Abfälle wurden am .... aus dem Land/der Gemeinschaft ausgeführt. Stempel: Unterschrift:	Land (2): Eingang	Ausgang	Land (2): Eingang	Ausgang
28. EINFUHR-/EMPFÄNGERSTAAT Die oben beschriebenen Abfälle wurden am .... in das Land eingeführt: Stempel: Unterschrift:	Land (2): Eingang	Ausgang	Land (2): Eingang	Ausgang

(2) Ländercodes: siehe oben

* Nach OECD-Kontrollsystem nicht erforderlich

ENTSCHEIDUNG DES RATES

vom 22. Dezember 1994

über ein Verzeichnis gefährlicher Abfälle im Sinne von Artikel 1 Absatz 4 der Richtlinie 91/689/EWG über gefährliche Abfälle

(94/904/EG)

DER RAT DER EUROPÄISCHEN UNION —

gestützt auf den Vertrag zur Gründung der Europäischen Gemeinschaft,

gestützt auf die Richtlinie 91/689/EWG des Rates vom 12. Dezember 1991 über gefährliche Abfälle (1), insbesondere auf Artikel 1 Absatz 4,

in Erwägung nachstehender Gründe:

Nach Artikel 1 Absatz 4 der Richtlinie 91/689/EWG ist anhand der Anhänge I und II ein Verzeichnis gefährlicher Abfälle zu erstellen, die eine oder mehrere der in Anhang III aufgeführten Eigenschaften aufweisen.

Die Mitgliedstaaten können Vorschriften erlassen, wonach in Ausnahmefällen nach einem ausreichenden Nachweis von seiten des Besitzers festgelegt werden kann, daß bestimmte Abfälle, die in dem Verzeichnis enthalten sind, keine der in Anhang III der Richtlinie 91/689/EWG aufgeführten Eigenschaften aufweisen.

Das Verzeichnis ist regelmäßig zu überprüfen und, wenn nötig, nach dem Verfahren des Artikels 18 der Richtlinie 75/442/EWG des Rates vom 15. Juli 1975 über Abfälle (2) zu überarbeiten —

HAT FOLGENDE ENTSCHEIDUNG ERLASSEN:

Artikel 1

Hiermit wird das dieser Entscheidung beigefügte Verzeichnis gefährlicher Abfälle festgelegt.

Von diesen Abfällen wird angenommen, daß sie eine oder mehrere der in Anhang III der Richtlinie 91/689/EWG aufgeführten Eigenschaften und, was die in jenem Anhang aufgeführten Eigenschaften H 3 bis H 8 angeht, eines oder mehrere der folgenden Merkmale aufweisen:

— Flammpunkt $\leq$ 55 °C,
— Gesamtgehalt von $\geq$ 0,1 % an einem oder mehreren als sehr giftig eingestuften Stoffen,
— Gesamtgehalt von $\geq$ 3 % an einem oder mehreren als giftig eingestuften Stoffen,
— Gesamtgehalt von $\geq$ 25 % an einem oder mehreren als gesundheitsschädlich eingestuften Stoffen,
— Gesamtgehalt von $\geq$ 1 % an einem oder mehreren nach R 35 als ätzend eingestuften Stoffen,
— Gesamtgehalt von $\geq$ 5 % an einem oder mehreren nach R 34 als ätzend eingestuften Stoffen,
— Gesamtgehalt von $\geq$ 10 % an einem oder mehreren nach R 41 als reizend eingestuften Stoffen,
— Gesamtgehalt von $\geq$ 20 % an einem oder mehreren nach R 36, R 37, R 38 als reizend eingestuften Stoffen,
— Gesamtgehalt von $\geq$ 0,1 % an einem oder mehreren als Krebserreger bekannten Stoffen (Kategorie 1 oder 2).

Artikel 2

Diese Entscheidung ist an die Mitgliedstaaten gerichtet.

Geschehen zu Brüssel am 22. Dezember 1994.

Im Namen des Rates

Der Präsident

H. SEEHOFER

(1) ABl. Nr. L 377 vom 31. 12. 1991, S. 20. Richtlinie geändert durch die Richtlinie 94/31/EG (ABl. Nr. L 168 vom 2. 7. 1994, S. 28).

(2) ABl. Nr. L 194 vom 25. 7. 1975, S. 39. Richtlinie zuletzt geändert durch die Richtlinie 91/652/EWG (ABl. Nr. L 377 vom 31. 12. 1991, S. 48).

ANHANG

GEFÄHRLICHE ABFÄLLE GEMÄSS ARTIKEL 1 ABSATZ 4 DER RICHTLINIE 91/689/EWG

Einleitung

1. Die genaue Kennung der in dem Verzeichnis aufgeführten verschiedenen Abfallarten erfolgt durch den 6-stelligen Zahlencode für die Abfälle und die entsprechenden 2-stelligen und 4-stelligen Kapitelüberschriften.

2. Die Aufnahme eines Stoffes oder Gegenstands in das Verzeichnis bedeutet nicht, daß es sich dabei stets um Abfall handelt. Die Nennung ist nur dann relevant, wenn der betreffende Stoff oder Gegenstand der Definition des Begriffs „Abfälle im Sinne von Artikel 1 Buchstabe a) der Richtlinie 75/442/EWG" entspricht, es sei denn, daß Artikel 2 Absatz 1 Buchstabe b) der Richtlinie Anwendung findet.

3. Für die in dem Verzeichnis aufgeführten Abfälle gelten die Bestimmungen der Richtlinie 91/689/EWG über gefährliche Abfälle, es sei denn, daß Artikel 1 Absatz 5 der Richtlinie Anwendung findet.

4. Außer den nachstehend aufgeführten Abfällen sind nach Artikel 1 Absatz 4 zweiter Gedankenstrich der Richtlinie 91/689/EWG als gefährliche Abfälle auch sämtliche sonstigen Abfälle zu betrachten, die nach Auffassung eines Mitgliedstaats eine der in Anhang III der Richtlinie aufgezählten Eigenschaften aufweisen. Alle derartigen Fälle werden der Kommission mitgeteilt und nach Artikel 18 der Richtlinie 75/442/EWG im Hinblick auf eine Anpassung des Verzeichnisses geprüft.

VERZEICHNIS GEFÄHRLICHER ABFÄLLE

EWC-Code	Beschreibung
02	ABFÄLLE AUS DER LANDWIRTSCHAFT, DEM GARTENBAU, DER JAGD, FISCHEREI UND TEICHWIRTSCHAFT, HERSTELLUNG UND VERARBEITUNG VON NAHRUNGSMITTELN
0201	ABFÄLLE AUS DER HERSTELLUNG VON GRUNDSTOFFEN
020105	Abfälle von Chemikalien für die Landwirtschaft
03	ABFÄLLE AUS DER HOLZVERARBEITUNG UND DER HERSTELLUNG VON ZELLSTOFFEN, PAPIER, PAPPE, PLATTEN UND MÖBELN
0302	ABFALLE AUS DER HOLZKONSERVIERUNG
030201	Halogenfreie organische Holzkonservierungsmittel
030202	Chlororganische Holzkonservierungsmittel
030203	Metallorganische Holzkonservierungsmittel
030204	Anorganische Holzkonservierungsmittel
04	ABFÄLLE AUS DER LEDER- UND TEXTILINDUSTRIE
0401	ABFÄLLE AUS DER LEDERINDUSTRIE
040103	Entfettungsabfälle, lösemittelhaltig, ohne flüssige Phase
0402	ABFÄLLE AUS DER TEXTILINDUSTRIE
040211	Halogenierte Abfälle aus der Zurichtung und dem Finish
05	ABFÄLLE AUS DER ÖLRAFFINATION, ERDGASREINIGUNG UND KOHLEPYROLYSE
0501	ÖLSCHLÄMME UND FESTE ABFÄLLE
050103	Schlammige Tankrückstände
050104	Saure Alkylschlämme
050105	Verschüttetes Öl
050107	Säureteere
050108	Andere Teere

EWC-Code	Beschreibung
0504	VERBRAUCHTE FILTERTONE
050401	Verbrauchte Filtertone
0506	ABFÄLLE AUS DER KOHLEPYROLYSE
050601	Säureteere
050603	Andere Teere
0507	ABFÄLLE AUS DER ERDGASREINIGUNG
050701	Quecksilberhaltige Schlämme
0508	ABFÄLLE AUS DER ALTÖLAUFBEREITUNG
050801	Verbrauchte Filtertone
050802	Säureteere
050803	Sonstige Teere
050804	Wäßrige Flüssigabfälle aus der Altölaufbereitung
06	ABFÄLLE AUS ANORGANISCHEN CHEMISCHEN PROZESSEN
0601	VERBRAUCHTE SÄUREHALTIGE LÖSUNGEN (SÄUREN)
060101	Schwefelsäure und schweflige Säure
060102	Salzsäure
060103	Flußsäure
060104	Phosphorsäure und phosphorige Säure
060105	Salpetersäure und salpetrige Säure
060199	Abfälle a. n. g.
0602	VERBRAUCHTE BASISCHE LÖSUNGEN (LAUGEN)
060201	Calciumhydroxid
060202	Natriumcarbonat
060203	Ammoniak
060299	Abfälle a. n. g.
0603	VERBRAUCHTE SALZE UND IHRE LÖSUNGEN
060311	Salze und Lösungen, cyanidhaltig
0604	METALLHALTIGE ABFÄLLE
060402	Metallsalze (außer 060300)
060403	Arsenhaltige Abfälle
060404	Quecksilberhaltige Abfälle
060405	Abfälle, die andere Schwermetalle enthalten
0607	ABFÄLLE AUS DER HALOGENCHEMIE
060701	Asbesthaltige Abfälle aus der Elektrolyse
060702	Aktivkohle aus der Chlorherstellung
0613	ABFÄLLE AUS ANDEREN PROZESSEN DER ANORGANISCHEN CHEMIE
061301	Anorganische Pestizide, Biozide und Holzschutzmittel
061302	Verbrauchte Aktivkohle (außer 060702)
07	ABFÄLLE AUS ORGANISCHEN CHEMISCHEN PROZESSEN
0701	ABFÄLLE AUS HERSTELLUNG, ZUBEREITUNG, VERTRIEB UND ANWENDUNG (HZVA) ORGANISCHER GRUNDCHEMIKALIEN
070101	Wäßrige Waschflüssigkeiten und Mutterlaugen
070103	Organische halogenierte Lösemittel, Waschflüssigkeiten und Mutterlaugen
070104	Andere organische Lösemittel, Waschflüssigkeiten und Mutterlaugen
070107	Halogenierte Reaktions- und Destillationsrückstände

EWC-Code	Beschreibung
070108	Andere Reaktions- und Destillationsrückstände
070109	Halogenierte Filterkuchen, verbrauchte Aufsaugmaterialien
070110	Andere Filterkuchen, verbrauchte Aufsaugmaterialien
0702	ABFÄLLE AUS HERSTELLUNG, ZUBEREITUNG, VERTRIEB UND ANWENDUNG (HZVA) VON KUNSTSTOFFEN, SYNTHETISCHEN GUMMI- UND KUNSTFASERN
070201	Wäßrige Waschflüssigkeiten und Mutterlaugen
070203	Organische halogenierte Lösemittel, Waschflüssigkeiten und Mutterlaugen
070204	Andere organische Lösemittel, Waschflüssigkeiten und Mutterlaugen
070207	Halogenierte Reaktions- und Destillationsrückstände
070208	Andere Reaktions- und Destillationsrückstände
070209	Halogenierte Filterkuchen, verbrauchte Aufsaugmaterialien
070210	Andere Filterkuchen, verbrauchte Aufsaugmaterialien
0703	ABFÄLLE AUS HERSTELLUNG, ZUBEREITUNG, VERTRIEB UND ANWENDUNG (HZVA) VON ORGANISCHEN FARBSTOFFEN UND PIGMENTEN (AUSSER 061100)
070301	Wäßrige Waschflüssigkeiten und Mutterlaugen
070303	Organische halogenierte Lösemittel, Waschflüssigkeiten und Mutterlaugen
070304	Andere organische Lösemittel, Waschflüssigkeiten und Mutterlaugen
070307	Halogenierte Reaktions- und Destillationsrückstände
070308	Andere Reaktions- und Destillationsrückstände
070309	Halogenierte Filterkuchen, verbrauchte Aufsaugmaterialien
070310	Andere Filterkuchen, verbrauchte Aufsaugmaterialien
0704	ABFÄLLE AUS HERSTELLUNG, ZUBEREITUNG, VERTRIEB UND ANWENDUNG (HZVA) VON ORGANISCHEN PESTIZIDEN (AUSSER 020105)
070401	Wäßrige Waschflüssigkeiten und Mutterlaugen
070403	Organische halogenierte Lösemittel, Waschflüssigkeiten und Mutterlaugen
070404	Andere organische Lösemittel, Waschflüssigkeiten und Mutterlaugen
070407	Halogenierte Reaktions- und Destillationsrückstände
070408	Andere Reaktions- und Destillationsrückstände
070409	Halogenierte Filterkuchen, verbrauchte Aufsaugmaterialien
070410	Andere Filterkuchen, verbrauchte Aufsaugmaterialien
0705	ABFÄLLE AUS HERSTELLUNG, ZUBEREITUNG, VERTRIEB UND ANWENDUNG (HZVA) VON PHARMAZEUTIKA
070501	Wäßrige Waschflüssigkeiten und Mutterlaugen
070503	Organische halogenierte Lösemittel, Waschflüssigkeiten und Mutterlaugen
070504	Andere organische Lösemittel, Waschflüssigkeiten und Mutterlaugen
070507	Halogenierte Reaktions- und Destillationsrückstände
070508	Andere Reaktions- und Destillationsrückstände
070509	Halogenierte Filterkuchen, verbrauchte Aufsaugmaterialien
070510	Andere Filterkuchen, verbrauchte Aufsaugmaterialien
0706	ABFÄLLE AUS HERSTELLUNG, ZUBEREITUNG, VERTRIEB UND ANWENDUNG (HZVA) VON FETTEN, SCHMIERMITTELN, SEIFEN, WASCHMITTELN, DESINFEKTIONSMITTELN UND KÖRPERPFLEGEMITTELN
070601	Wäßrige Waschflüssigkeiten und Mutterlaugen
070603	Organische halogenierte Lösemittel, Waschflüssigkeiten und Mutterlaugen
070604	Andere organische Lösemittel, Waschflüssigkeiten und Mutterlaugen
070607	Halogenierte Reaktions- und Destillationsrückstände
070608	Andere Reaktions- und Destillationsrückstände
070609	Halogenierte Filterkuchen, verbrauchte Aufsaugmaterialien
070610	Andere Filterkuchen, verbrauchte Aufsaugmaterialien
0707	ABFÄLLE AUS DER HZVA VON FEINCHEMIKALIEN UND CHEMIKALIEN A. N. G.
070701	Wäßrige Waschflüssigkeiten und Mutterlaugen
070703	Organische halogenierte Lösemittel, Waschflüssigkeiten und Mutterlaugen

EWC-Code	Beschreibung
070704	Andere organische Lösemittel, Waschflüssigkeiten und Mutterlaugen
070707	Halogenierte Reaktions- und Destillationsrückstände
070708	Andere Reaktions- und Destillationsrückstände
070709	Halogenierte Filterkuchen, verbrauchte Aufsaugmaterialien
070710	Andere Filterkuchen, verbrauchte Aufsaugmaterialien
08	ABFÄLLE AUS HERSTELLUNG, ZUBEREITUNG, VERTRIEB UND ANWENDUNG (HZVA) VON ÜBERZÜGEN (FARBEN, LACKEN, EMAIL), DICHTUNGSMASSEN UND DRUCKFARBEN
0801	ABFÄLLE AUS DER HZVA VON FARBEN UND LACKEN
080101	Alte Farben und Lacke, die halogenierte Lösemittel enthalten
080102	Alte Farben und Lacke, die keine kalogenierten Lösemittel enthalten
080106	Schlämme aus der Farb- oder Lackentfernung, die halogenierte Lösemittel enthalten
080107	Schlämme aus der Farb- oder Lackentfernung, die keine halogenierten Lösemittel enthalten
0803	ABFÄLLE AUS DER HZVA VON DRUCKFARBEN
080301	Alte Druckfarben, die halogenierte Lösemittel enthalten
080302	Alte Druckfarben, die keine halogenierten Lösemittel enthalten
080305	Druckfarbenschlämme, die halogenierte Lösemittel enthalten
080306	Druckfarbenschlämme, die keine halogenierten Lösemittel enthalten
0804	ABFÄLLE AUS DER HZVA VON KLEBSTOFFEN UND DICHTUNGSMASSEN (EINSCHLIESSLICH WASSERABWEISENDEM MATERIAL)
080401	Alte Klebstoffe und Dichtungsmassen, die halogenierte Lösemittel enthalten
080402	Alte Klebstoffe und Dichtungsmassen, die keine halogenierten Lösemittel enthalten
080405	Klebstoffe und Dichtungsmassen, die halogenierte Lösemittel enthalten
080406	Klebstoffe und Dichtungsmassen, die keine halogenierten Lösemittel enthalten
09	ABFÄLLE AUS DER PHOTOGRAPHISCHEN INDUSTRIE
0901	ABFÄLLE AUS DER PHOTOGRAPHISCHEN INDUSTRIE
090101	Entwickler und Aktivatoren auf Wasserbasis
090102	Offsetplatten-Entwickler auf Wasserbasis
090103	Entwickler auf der Basis von Lösemitteln
090104	Fixierlösungen
090105	Bleichlösungen und Bleich-Fixier-Lösungen
090106	Silberhaltige Abfälle aus der betriebseigenen Behandlung photographischer Abfälle
10	ANORGANISCHE ABFÄLLE AUS THERMISCHEN PROZESSEN
1001	ABFÄLLE AUS KRAFTWERKEN UND ANDEREN VERBRENNUNGSANLAGEN (AUSSER 190000)
100104	Flugasche aus Ölfeuerung
100109	Schwefelsäure
1003	ABFÄLLE AUS DER THERMISCHEN ALUMINIUMMETALLURGIE
100301	Teere und andere kohlenstoffhaltige Abfälle aus der Anodenherstellung
100303	Krätzen
100304	Schlacken aus der Erstschmelze/weiße Krätze
100307	Verbrauchte Tiegelauskleidungen
100308	Salzschlacken aus der Zweitschmelze
100309	Schwarze Krätzen aus der Zweitschmelze
100310	Abfälle aus der Behandlung von Salzschlacken und schwarzen Krätzen

EWC-Code	Beschreibung
1004	ABFÄLLE AUS DER THERMISCHEN BLEIMETALLURGIE
100401	Schlacken (Erst- und Zweitschmelze)
100402	Krätzen und Abschaum (Erst- und Zweitschmelze)
100403	Calciumarsenat
100404	Feinstaub
100405	Andere Teilchen und Staub
100406	Feste Abfälle aus der Gasreinigung
100407	Schlämme aus der Gasreinigung
1005	ABFÄLLE AUS DER THERMISCHEN ZINKMETALLURGIE
100501	Schlacken (Erst- und Zweitschmelze)
100502	Krätzen und Abschaum (Erst- und Zweitschmelze)
100503	Feinstaub
100505	Feste Abfälle aus der Gasreinigung
100506	Schlämme aus der Gasreinigung
1006	ABFÄLLE AUS DER THERMISCHEN KUPFERMETALLURGIE
100603	Feinstaub
100605	Abfälle aus der elektrolytischen Raffination
100606	Abfall aus der nassen Gasreinigung
100607	Abfall aus der trockenen Gasreinigung
11	ANORGANISCHE METALLHALTIGE ABFÄLLE AUS DER METALLBEARBEITUNG UND BESCHICHTUNG SOWIE AUS DER NICHTEISEN-HYDROMETALLURGIE
1101	FLÜSSIGE ABFÄLLE UND SCHLÄMME AUS DER METALLBEARBEITUNG UND -BESCHICHTUNG (Z. B. GALVANIK, VERZINKUNG, BEIZEN, ÄTZEN, PHOSPHATIEREN UND ALKALISCHES ENTFETTEN)
110101	Cyanidhaltige (alkalische) Abfälle mit Schwermetallen ohne Chrom
110102	Cyanidhaltige (alkalische) Abfälle ohne Schwermetalle
110103	Cyanidfreie Abfälle, die Chrom enthalten
110105	Saure Beizlösungen
110106	Säuren a. n. g.
110107	Laugen a. n. g.
110108	Phosphatierschlämme
1102	ABFÄLLE UND SCHLÄMME AUS PROZESSEN DER NICHTEISEN-HYDROMETALLURGIE
110202	Schlämme aus der Zink-Hydrometallurgie (einschließlich Jarosit-, Goethitschlamm)
1103	SCHLÄMME UND FESTSTOFFE AUS HÄRTEPROZESSEN
110301	Cyanidhaltige Abfälle
110302	Andere Abfälle
12	ABFÄLLE AUS PROZESSEN DER MECHANISCHEN FORMGEBUNG UND OBERFLÄCHENBEARBEITUNG VON METALLEN, KERAMIK, GLAS UND KUNSTSTOFFEN 120106
1201	ABFÄLLE AUS DER MECHANISCHEN FORMGEBUNG (SCHMIEDEN, SCHWEISSEN, PRESSEN, ZIEHEN, DREHEN, BOHREN, SCHNEIDEN, SÄGEN UND FEILEN)
120106	Verbrauchte Bearbeitungsöle, halogenhaltig (keine Emulsionen)
120107	Verbrauchte Bearbeitungsöle, halogenfrei (keine Emulsionen)
120108	Bearbeitungsemulsionen, halogenhaltig
120109	Bearbeitungsemulsionen, halogenfrei
120110	Synthetische Bearbeitungsöle
120111	Bearbeitungsschlämme
120112	Verbrauchte Wachse und Fette

EWC-Code	Beschreibung
1203	ABFÄLLE AUS DER WASSER- UND DAMPFENTFETTUNG (AUSSER 110000)
120301	Wäßrige Waschflüssigkeiten
120302	Abfälle aus der Dampfentfettung
13	ÖLABFÄLLE (AUSSER SPEISEÖLE UND 050000 UND 120000)
1301	VERBRAUCHTE HYDRAULIKÖLE UND BREMSFLÜSSIGKEITEN
130101	Hydrauliköle, die PCB oder PCT enthalten
130102	Andere chlorierte Hydrauliköle (keine Emulsionen)
130103	Nichtchlorierte Hydrauliköle (keine Emulsionen)
130104	Chlorierte Emulsionen
130105	Nichtchlorierte Emulsionen
130106	Ausschließlich mineralische Hydrauliköle
130107	Andere Hydrauliköle
130108	Bremsflüssigkeiten
1302	VERBRAUCHTE MASCHINEN-, GETRIEBE- UND SCHMIERÖLE
130201	Chlorierte Maschinen-, Getriebe- und Schmieröle
130202	Nichtchlorierte Maschinen-, Getriebe- und Schmieröle
130203	Andere Maschinen-, Getriebe- und Schmieröle
1303	VERBRAUCHTE ISOLIER- UND WÄRMEÜBERTRAGUNGSÖLE ODER -FLÜSSIGKEITEN
130301	Isolier- und Wärmeübertragungsöle oder -flüssigkeiten, die PCB oder PCT enthalten
130302	Andere chlorierte Isolier- und Wärmeübertragungsöle oder -flüssigkeiten
130303	Andere nichtchlorierte Isolier- und Wärmeübertragungsöle oder -flüssigkeiten
130304	Synthetische Isolier- und Wärmeübertragungsöle oder -flüssigkeiten
130305	Mineralische Isolier- und Wärmeübertragungsöle
1304	BILGENÖLE
130401	Bilgenöle aus der Binnenschiffahrt
130402	Bilgenöle aus Molenablaufkanälen
130403	Bilgenöle aus der übrigen Schiffahrt
1305	INHALTE VON ÖL-/WASSERABSCHEIDERN
130501	Feststoffe aus Öl-/Wasserabscheidern
130502	Schlämme aus Öl-/Wasserabscheidern
130503	Schlämme aus Einlaufschächten
130504	Schlämme oder Emulsionen aus Entsalzern
130505	Andere Emulsionen
1306	ÖLABFÄLLE A.N.G.
130601	Ölmischungen a. n. g.
14	ABFÄLLE VON ALS LÖSEMITTEL VERWENDETEN ORGANISCHEN STOFFEN (AUSSER 070000 UND 080000)
1401	ABFÄLLE AUS DER METALLENTFETTUNG UND MASCHINENWARTUNG
140101	Fluorchlorkohlenwasserstoffe
140102	Andere halogenierte Lösemittel und Lösemittelgemische
140103	Andere Lösemittel und Lösemittelgemische

EWC-Code	Beschreibung
140104	Wäßrige halogenhaltige Lösemittelgemische
140105	Wäßrige halogenfreie Lösemittelgemische
140106	Schlämme oder feste Abfälle, die halogenierte Lösemittel enthalten
140107	Schlämme oder feste Abfälle, die keine halogenierten Lösemittel enthalten
1402	ABFÄLLE AUS DER TEXTILREINIGUNG UND ENTFETTUNG VON NATURSTOFFEN
140201	Halogenierte Lösemittel und Lösemittelgemische
140202	Lösemittelgemische oder organische Flüssigkeiten, die keine halogenierten Lösemittel enthalten
140203	Schlämme oder feste Abfälle, die halogenierte Lösemittel enthalten
140204	Schlämme oder feste Abfälle, die andere Lösemittel enthalten
1403	ABFÄLLE AUS DER ELEKTROINDUSTRIE
140301	Fluorchlorkohlenwasserstoffe
140302	Andere halogenierte Lösemittel
140303	Lösemittel und -gemische, die keine halogenierten Lösemittel enthalten
140304	Schlämme oder feste Abfälle, die halogenierte Lösemittel enthalten
140305	Schlämme oder feste Abfälle, die andere Lösemittel enthalten
1404	ABFÄLLE VON KÜHLMITTELN UND SCHAUM- UND TREIBMITTEL
140401	Fluorchlorkohlenwasserstoffe
140402	Andere halogenierte Lösemittel und -gemische
140403	Andere Lösemittel und -gemische
140404	Schlämme oder feste Abfälle, die halogenierte Lösemittel enthalten
140405	Schlämme oder feste Abfälle, die andere Lösemittel enthalten
1405	ABFÄLLE AUS DER RÜCKGEWINNUNG VON LÖSE- UND KÜHLMITTELN (Destillationsrückstände)
140501	Fluorchlorkohlenwasserstoffe
140502	Andere halogenierte Lösemittel und -gemische
140503	Andere Lösemittel und -gemische
140504	Schlämme, die halogenierte Lösemittel enthalten
140505	Schlämme, die andere Lösemittel enthalten
16	ABFÄLLE, DIE NICHT ANDERSWO IM KATALOG AUFGEFÜHRT SIND
1602	GEBRAUCHTE GERÄTE UND SCHREDDERRÜCKSTÄNDE
160201	Transformatoren und Kondensatoren, die PCB oder PCT enthalten
1604	VERBRAUCHTE SPRENGSTOFFE
160401	Munition
160402	Feuerwerkskörper
160403	Andere verbrauchte Sprengstoffe
1606	BATTERIEN UND AKKUMULATOREN
160601	Bleibatterien
160602	Ni-Cd-Batterien
160603	Quecksilbertrockenzellen
160606	Elektrolyte aus Batterien und Akkumulatoren
1607	ABFÄLLE AUS DER REINIGUNG VON TRANSPORT- UND LAGERTANKS (AUSSER 050000 UND 120000)
160701	Abfälle aus der Tankreinigung auf Seeschiffen, Chemikalien enthaltend
160702	Abfälle aus der Tankreinigung auf Seeschiffen, ölhaltig
160703	Abfälle aus der Reinigung von Eisenbahn- und Straßentransporttanks, ölhaltig
160704	Abfälle aus der Reinigung von Eisenbahn- und Straßentransporttanks, Chemikalien enthaltend
160705	Abfälle aus der Reinigung von Lagertanks, Chemikalien enthaltend
160706	Abfälle aus der Reinigung von Lagertanks, ölhaltig

EWC-Code	Beschreibung
17	BAU- UND ABBRUCHABFÄLLE (EINSCHLIESSLICH STRASSENAUFBRUCH)
1706	ISOLIERMATERIAL
170601	Isoliermaterial, das freies Asbest enthält
18	ABFÄLLE AUS DER ÄRZTLICHEN ODER TIERÄRZTLICHEN VERSORGUNG UND FORSCHUNG (OHNE KÜCHEN- UND RESTAURANTABFÄLLE, DIE NICHT AUS DER UNMITTELBAREN KRANKENPFLEGE STAMMEN)
1801	ABFÄLLE AUS ENTBINDUNGSSTATIONEN, DIAGNOSE, KRANKENBEHANDLUNG UND VORSORGE BEIM MENSCHEN
180103	Andere Abfälle, an deren Sammlung und Entsorgung aus infektionspräventiver Sicht besondere Anforderungen gestellt werden
1802	ABFÄLLE AUS FORSCHUNG, DIAGNOSE, KRANKENBEHANDLUNG UND VORSORGE BEI TIEREN
180202	Andere Abfälle, an deren Sammlung und Entsorgung aus infektionspräventiver Sicht besondere Anforderungen gestellt werden
180204	Gebrauchte Chemikalien
19	ABFÄLLE AUS ABFALLBEHANDLUNGSANLAGEN, ÖFFENTLICHEN ABWASSER-BEHANDLUNGSANLAGEN UND DER ÖFFENTLICHEN WASSERVERSORGUNG
1901	ABFÄLLE AUS DER VERBRENNUNG ODER PYROLYSE VON SIEDLUNGS- UND ÄHNLICHEN ABFÄLLEN AUS GEWERBE, INDUSTRIE UND EINRICHTUNGEN
190103	Flugasche
190104	Kesselstaub
190105	Filterkuchen aus der Gasreinigung
190106	Wäßrige flüssige Abfälle aus der Gasreinigung und andere wäßrige Abfälle
190107	Feste Abfälle aus der Gasreinigung
190110	Verbrauchte Aktivkohle aus der Rauchgasreinigung
1902	ABFÄLLE VON SPEZIFISCHEN PHYSIKALISCH-CHEMISCHEN BEHANDLUNGEN INDUSTRIELLER ABFÄLLE (Z. B. DECHROMATISIERUNG, CYANIDENTFERNUNG, NEUTRALISATION)
190201	Metallhydroxidschlämme und andere Schlämme aus der Metallfällung
1904	VERGLASTE ABFÄLLE UND ABFÄLLE AUS DER VERGLASUNG
190402	Flugasche und andere Abfälle aus der Gasreinigung
190403	Nicht verglaste Festphase
1907	DEPONIESICKERWASSER
190701	Deponiesickerwasser
1908	ABFÄLLE AUS ABWASSERBEHANDLUNGSANLAGEN A.N.G.
190803	Fett- und Ölmischungen aus Ölabscheidern
190806	Gesättigte oder verbrauchte Ionenaustauscherharze
190807	Lösungen und Schlämme aus der Regeneration von Ionenaustauschern
20	SIEDLUNGSABFÄLLE UND ÄHNLICHE GEWERBLICHE UND INDUSTRIELLE ABFÄLLE SOWIE ABFÄLLE AUS EINRICHTUNGEN, EINSCHLIESSLICH GETRENNT GESAMMELTE FRAKTIONEN
2001	GETRENNT GESAMMELTE FRAKTIONEN
200112	Farben, Druckfarben, Klebstoffe und Kunstharze
200113	Lösemittel
200117	Photochemikalien
200119	Pestizide
200121	Leuchtstoffröhren und andere quecksilberhaltige Abfälle

B EG-Rechtsquellen

RICHTLINIE DES RATES

vom 15. Juli 1975

über Abfälle

(75/442/EWG)

DER RAT DER EUROPÄISCHEN GEMEINSCHAFTEN —

gestützt auf den Vertrag zur Gründung der Europäischen Wirtschaftsgemeinschaft, insbesondere auf die Artikel 100 und 235,

auf Vorschlag der Kommission,

nach Stellungnahme des Europäischen Parlaments (1),

nach Stellungnahme des Wirtschafts- und Sozialausschusses (2),

in Erwägung nachstehender Gründe:

Unterschiede zwischen den Rechtsvorschriften über die Abfallbeseitigung, die in den verschiedenen Mitgliedstaaten bereits anwendbar oder in Vorbereitung sind, können zu ungleichen Wettbewerbsbedingungen führen und somit unmittelbare Auswirkungen auf das Funktionieren des Gemeinsamen Marktes haben. Deshalb ist für dieses Gebiet eine Angleichung der Rechtsvorschriften gemäß Artikel 100 des Vertrags vorzunehmen.

Es erscheint notwendig, diese Rechtsangleichung durch ein Tätigwerden der Gemeinschaft zu ergänzen, um durch eine umfassendere Regelung eines der Ziele der Gemeinschaft im Bereich des Umweltschutzes und der Verbesserung der Lebensqualität zu verwirklichen. Deshalb sind dafür einige besondere Bestimmungen vorzusehen. Da die hierfür erforderlichen Befugnisse im Vertrag nicht vorgesehen sind, ist auf Artikel 235 des Vertrags zurückzugreifen.

Jede Regelung der Abfallbeseitigung muß als wesentliche Zielsetzung den Schutz der menschlichen Gesundheit sowie der Umwelt gegen nachteilige Auswirkungen der Sammlung, Beförderung, Behandlung, Lagerung und Ablagerung von Abfällen haben.

Die Aufbereitung von Abfällen sowie die Verwendung wiedergewonnener Materialien ist im Interesse der Erhaltung der natürlichen Rohstoffquellen zu fördern.

(1) ABl. Nr. C 32 vom 11. 2. 1975, S. 36.
(2) ABl. Nr. C 16 vom 23. 1. 1975, S. 12.

In dem Aktionsprogramm der Europäischen Gemeinschaften für den Umweltschutz (3), wird die Notwendigkeit gemeinschaftlicher Aktionen einschließlich der Rechtsangleichung hervorgehoben.

Ein wirksames und zusammenhängendes System der Abfallbeseitigung, welches den innergemeinschaftlichen Warenverkehr nicht hemmt und die Wettbewerbsbedingungen nicht beeinträchtigt, muß auf alle beweglichen Sachen Anwendung finden, deren sich der Besitzer entledigt oder gemäß den geltenden einzelstaatlichen Vorschriften zu entledigen hat, ausgenommen radioaktive Abfälle, Abfälle aus dem Bergbau und landwirtschaftliche Abfälle, Tierkörper, Abwässer, gasförmige Ableitungen sowie Abfälle, die einer besonderen Gemeinschatfsregelung unterliegen.

Zur Gewährleistung des Umweltschutzes muß ein Genehmigungsverfahren für diejenigen Unternehmen vorgesehen werden, die Abfälle für andere aufbereiten, lagern oder ablagern, ferner eine Überwachung der Firmen, die ihre Abfälle selbst beseitigen oder die fremde Abfälle sammeln sowie schließlich ein Plan für die wesentlichen Daten, die in den verschiedenen Phasen der Abfallbeseitigung zu berücksichtigen sind.

Der Teil der Kosten, der nicht durch die Verwertung der Abfälle gedeckt wird, muß entsprechend dem Verursacherprinzip getragen werden.

HAT FOLGENDE RICHTLINIE ERLASSEN:

Artikel 1

Im Sinne dieser Richtlinie sind

a) Abfälle: Alle Stoffe oder Gegenstände, deren sich der Besitzer entledigt oder gemäß den geltenden einzelstaatlichen Vorschriften zu entledigen hat;

(3) ABl. Nr. C 112 vom 20. 12. 1973, S. 3.

b) Beseitigung:
- — Das Einsammeln, Sortieren, Befördern und Behandeln von Abfällen und deren Lagerung und Ablagerung auf dem Boden oder im Boden;
- — die erforderlichen Umwandlungsvorgänge zu ihrer Wiederverwendung, Rückgewinnung oder Verwertung.

Artikel 2

(1) Unbeschadet der Bestimmungen dieser Richtlinie können die Mitgleidstaaten besondere Vorschriften für bestimmte Gruppen von Abfällen erlassen.

(2) Diese Richtlinie gilt nicht für:

a) radioaktive Abfälle;

b) Abfälle, die beim Aufsuchen, Gewinnen, Aufbereiten und Lagern von Bodenschätzen sowie beim Betrieb von Steinbrüchen entstehen;

c) Tierkörper, Tierkörperteile, und folgende landwirtschaftliche Abfälle: Fäkalien und sonstige innerhalb des landwirtschaftlichen Betriebs verwendete Stoffe;

d) Abwässer mit Ausnahme flüssiger Abfälle;

e) gasförmige Ableitungen in die Atmosphäre;

f) Abfälle, die einer besonderen Gemeinschaftsregelung unterliegen.

Artikel 3

(1) Die Mitgleidstaaten treffen die geeigneten Maßnahmen, um die Einschränkung der Abfallbildung, die Verwertung und Umwandlung von Abfällen, die Gewinnung von Rohstoffen und gegebenenfalls von Energie sowie alle anderen Verfahren zur Wiederverwendung von Abfällen zu fördern.

(2) Sie unterrichten die Kommission rechtzeitig über die Entwürfe von Regelungen, die solche Maßnahmen zum Gegenstand haben und insbesondere von jedem Entwurf einer Regelung für

a) die Verwendung von Stoffen, deren Beseitigung technische Schwierigkeiten oder übermäßige Kosten verursachen könnte;

b) die Förderung
- — der mengenmäßigen Verringerung bestimmter Abfälle,
- — der Aufbereitung von Abfällen im Hinblick auf ihre Verwertung und Wiederverwendung,
- — der Rückgewinnung von Rohstoffen und/oder der Gewinnung von Energie aus bestimmten Abfällen;

c) die Verwendung bestimmter natürlicher Rohstoffe, einschließlich Energiequellen, in den Bereichen, in denen diese durch wiedergewonnene Stoffe ersetzt werden können.

Artikel 4

Die Mitgliedstaaten treffen die erforderlichen Maßnahmen, um sicherzustellen, daß die Abfälle beseitigt werden, ohne die menschliche Gesundheit zu gefährden oder die Umwelt zu schädigen und insbesondere ohne
- — Wasser, Luft, Boden sowie Tier- und Pflanzenwelt zu gefährden;
- — Geräusch- oder Geruchsbelästigungen zu verursachen;
- — die Umgebung und das Landschaftsbild zu beeinträchtigen.

Artikel 5

Die Mitgliedstaaten setzen die zuständige(n) Behörde(n) ein, die damit beauftragt ist (sind), in einem bestimmten Gebiet die Maßnahmen zur Abfallbeseitigung zu planen, zu organisieren, zu genehmigen und zu überwachen oder bestimmen diese Behörde(n).

Artikel 6

Die in Artikel 5 genannte(n) zuständige(n) Behörde(n) erstellt (erstellen) so bald wie möglich einen Plan bzw. Pläne, der (die) insbesondere folgendes umfaßt (umfassen):
- — Art und Menge der zu beseitigenden Abfälle;
- — allgemeine technische Vorschriften;
- — geeignete Flächen für Deponien;
- — besondere Vorkehrungen für bestimmte Abfälle.

In diesem Plan bzw. diesen Plänen können beispielsweise angegeben sein:
- — die zur Beseitigung der Abfälle berechtigten natürlichen oder juristischen Personen;
- — die geschätzten Kosten der Abfallbeseitigung;
- — geeignete Maßnahmen zur Förderung der Rationalisierung der Sammlung, des Sortierens und der Behandlung von Abfällen.

Artikel 7

Die Mitgliedstaaten treffen die erforderlichen Vorkehrungen, damit jeder Besitzer von Abfällen
- — diese einem privaten oder öffentlichen Sammel- oder Abfallbeseitigungsunternehmen übergibt,
- — oder selbst für die Beseitigung der Abfälle unter Einhaltung der Bestimmungen des Artikels 4 Sorge trägt.

Artikel 8

Im Hinblick auf die Einhaltung der nach Artikel 4 getroffenen Maßnahmen bedürfen alle Anlagen oder Unternehmen, in denen Abfälle für andere aufbereitet, gelagert oder abgelagert werden, einer Genehmigung durch die in Artikel 5 genannte zuständige Behörde, die insbesondere betrifft:

- Art und Menge der zu behandelnden Abfälle;
- allgemeine technische Vorschriften;
- die zu treffenden Vorsichtsmaßregeln;
- einen auf Verlangen der zuständigen Behörde vorzulegenden Nachweis über Ursprung, Bestimmung und Behandlung der Abfälle sowie ihre Arten und Mengen.

Artikel 9

Die Anlagen oder Unternehmen im Sinne des Artikels 8 werden in regelmäßigen Zeitabständen durch die in Artikel 5 genannte zuständige Behörde insbesondere daraufhin überprüft, ob die Genehmigungsbedingungen eingehalten werden.

Artikel 10

Die Unternehmen, die ihre Abfälle selbst befördern, sammeln, lagern, ablagern oder aufbereiten sowie die Unternehmen, die fremde Abfälle sammeln oder befördern, unterliegen der Überwachung durch die in Artikel 5 genannte zuständige Behörde.

Artikel 11

Gemäß dem Verursacherprinzip sind die Kosten für die Beseitigung der Abfälle — abzüglich des Ertrags aus einer etwaigen Abfallverwertung — zu tragen von

- den Abfallbesitzern, die ihre Abfälle einem Sammelunternehmen oder einem Unternehmen im Sinne des Artikels 8 übergeben,
- und/oder den früheren Besitzern oder dem Hersteller des Erzeugnisses, von dem die Abfälle herrühren.

Artikel 12

Die Mitgliedstaaten erstellen alle drei Jahre einen Bericht über die Abfallbeseitigung in ihrem Land und übermitteln ihn der Kommission. Zu diesem Zweck müssen die in den Artikeln 8 und 10 genannten Anlagen oder Unternehmen der in Artikel 5 genannten zuständigen Behörde die Informationen über die Abfallbeseitigung mitteilen. Die Kommission leitet diesen Bericht den übrigen Mitgliedstaaten zu.

Die Kommission erstattet dem Rat und dem Europäischen Parlament alle drei Jahre Bericht über die Anwendung dieser Richtlinie.

Artikel 13

Die Mitgliedstaaten setzen die erforderlichen Maßnahmen in Kraft, um dieser Richtlinie binnen 24 Monaten nach ihrer Bekanntgabe nachzukommen, und setzen die Kommission unverzüglich davon in Kenntnis.

Artikel 14

Die Mitgliedstaaten teilen der Kommission den Wortlaut der wichtigsten innerstaatlichen Rechtsvorschriften mit, die sie auf dem unter diese Richtlinie fallenden Gebiet erlassen.

Artikel 15

Diese Richtlinie ist an die Mitgliedstaaten gerichtet.

Geschehen zu Brüssel am 15. Juli 1975.

Im Namen des Rates

Der Präsident

M. RUMOR

II

(Nicht veröffentlichungsbedürftige Rechtsakte)

RAT

RICHTLINIE DES RATES
vom 18. März 1991
zur Änderung der Richtlinie 75/442/EWG über Abfälle

(91/156/EWG)

DER RAT DER EUROPÄISCHEN GEMEINSCHAFTEN —

gestützt auf den Vertrag zur Gründung der Europäischen Wirtschaftsgemeinschaft, insbesondere auf Artikel 130s,

auf Vorschlag der Kommission (1),

nach Stellungnahme des Europäischen Parlaments (2),

nach Stellungnahme des Wirtschafts- und Sozialausschusses (3),

in Erwägung nachstehender Gründe:

Mit der Richtlinie 75/442/EWG (4) wurde eine Gemeinschaftsregelung über Abfallbeseitigung festgelegt. Zur Berücksichtigung der Erfahrungen, die bei der Durchführung der Richtlinie in den Mitgliedstaaten gesammelt worden sind, sollte sie geändert werden. Bei diesen Änderungen ist von einem hohen Umweltschutzniveau auszugehen.

Der Rat hat sich in seiner Entschließung vom 7. Mai 1990 über die Abfallpolitik (5) verpflichtet, die Richtlinie 75/442/EWG zu ändern.

Für eine effizientere Abfallbewirtschaftung in der Gemeinschaft sind eine gemeinsame Terminologie und eine Definition der Abfälle erforderlich.

Zur Erreichung eines hohen Umweltschutzniveaus haben die Mitgliedstaaten nicht nur für eine verantwortungsvolle Beseitigung und Verwertung der Abfälle zu sorgen, sondern auch Maßnahmen zu treffen, um das Entstehen von Abfällen zu begrenzen, und zwar insbesondere durch die Förderung sauberer Technologien und wiederverwertbarer und wiederverwendbarer Erzeugnisse, wobei bestehende oder potentielle Absatzmöglichkeiten für verwertete Abfälle zu berücksichtigen sind.

Außerdem können unterschiedliche Rechtsvorschriften der einzelnen Mitgliedstaaten über Abfallbeseitigung und -verwertung die Umweltqualität und das reibungslose Funktionieren des Binnenmarktes beeinträchtigen.

Es ist wünschenswert, die Rückführung und Wiederverwendung von Abfällen als Rohstoffe zu fördern. Hier sind gegebenenfalls besondere Vorschriften über wiederverwendbare Abfälle zu erlassen.

Es ist für die Gemeinschaft in ihrer Gesamtheit wichtig, daß sie die Entsorgungsautarkie erreicht, und es ist wünschenswert, daß jeder einzelne Mitgliedstaat diese Autarkie anstrebt.

Damit die obengenannten Ziele erreicht werden, sollten die Mitgliedstaaten Abfallbewirtschaftungspläne erstellen.

Das Verbringen von Abfällen ist zu vermindern; zu diesem Zweck können die Mitgliedstaaten im Rahmen ihrer Bewirtschaftungspläne die erforderlichen Maßnahmen treffen.

(1) ABl. Nr. C 295 vom 19. 11. 1988, S. 3, und ABl. Nr. C 326 vom 30. 12. 1989, S. 6.
(2) ABl. Nr. C 158 vom 26. 6. 1989, S. 232, und Stellungnahme vom 22. Februar 1991 (noch nicht im Amtsblatt veröffentlicht).
(3) ABl. Nr. C 56 vom 6. 3. 1989, S. 2.
(4) ABl. Nr. L 194 vom 25. 7. 1975, S. 47.
(5) ABl. Nr. C 122 vom 18. 5. 1990, S. 2.

Zur Gewährleistung eines hohen Schutzniveaus sowie einer wirksamen Kontrolle ist vorzuschreiben, daß Unternehmen, die Abfälle beseitigen und verwerten, der Genehmigung und der Kontrolle unterliegen.

Unternehmen, die ihre Abfälle selbst beseitigen oder Abfälle verwerten, können unter bestimmten Voraussetzungen von der Genehmigungspflicht befreit werden, sofern sie den Erfordernissen des Umweltschutzes Rechnung tragen. Diese Unternehmen sind der Meldepflicht zu unterwerfen.

Damit die Überwachung der Abfälle von ihrem Entstehen bis zu ihrer endgültigen Beseitigung sichergestellt werden kann, sind auch andere in der Abfallwirtschaft tätige Unternehmen wie Sammelunternehmen, Transportunternehmen und Makler einer Genehmigungs- oder Meldepflicht sowie einer angemessenen Kontrolle zu unterwerfen.

Es sollte ein Ausschuß eingesetzt werden, der die Kommission bei der Durchführung dieser Richtlinie und ihrer Anpassung an den wissenschaftlichen und technischen Fortschritt unterstützt —

HAT FOLGENDE RICHTLINIE ERLASSEN:

Artikel 1

Die Richtlinie 75/442/EWG wird wie folgt geändert:

1. Die Artikel 1 bis 12 erhalten folgende Fassung:

„*Artikel 1*

Im Sinne dieser Richtlinie bedeutet:

a) „Abfall": alle Stoffe oder Gegenstände, die unter die in Anhang I aufgeführten Gruppen fallen und deren sich ihr Besitzer entledigt, entledigen will oder entledigen muß.

Die Kommission erstellt nach dem Verfahren des Artikels 18 spätestens zum 1. April 1993 ein Verzeichnis der unter die Abfallgruppen in Anhang I fallenden Abfälle. Dieses Verzeichnis wird regelmäßig überprüft und erforderlichenfalls nach demselbem Verfahren überarbeitet;

b) „Erzeuger": jede Person, durch deren Tätigkeit Abfälle angefallen sind („Ersterzeuger"), und/oder jede Person, die Vorbehandlungen, Mischungen oder sonstige Behandlungen vorgenommen hat, die eine Veränderung der Natur oder der Zusammensetzung dieser Abfälle bewirken;

c) „Besitzer": der Erzeuger der Abfälle oder die natürliche oder juristische Person, in deren Besitz sich die Abfälle befinden;

d) „Bewirtschaftung": das Einsammeln, die Beförderung, die Verwertung und die Beseitigung der Abfälle, einschließlich der Überwachung dieser Vorgänge sowie der Überwachung der Deponien nach deren Schließung;

e) „Beseitigung": alle in Anhang II A aufgeführten Verfahren;

f) „Verwertung": alle in Anhang II B aufgeführten Verfahren;

g) „Einsammeln": das Einsammeln, Sortieren und/oder Zusammenstellen der Abfälle im Hinblick auf ihre Beförderung.

Artikel 2

(1) Diese Richtlinie gilt nicht für

a) gasförmige Ableitungen in die Atmosphäre;

b) folgende folgende Abfälle, soweit für diese bereits andere Rechtsvorschriften gelten:

i) radioaktive Abfälle;

ii) Abfälle, die beim Aufsuchen, Gewinnen, Aufbereiten und Lagern von Bodenschätzen sowie beim Betrieb von Steinbrüchen entstehen;

iii) Tierkörper und folgende Abfälle aus der Landwirtschaft: Fäkalien und sonstige natürliche, ungefährliche Stoffe, die innerhalb der Landwirtschaft verwendet werden;

iv) Abwässer mit Ausnahme flüssiger Abfälle;

v) ausgesonderte Sprengstoffe.

(2) Zur Regelung der Bewirtschaftung bestimmter Abfallgruppen können in Einzelrichtlinien besondere oder ergänzende Vorschriften erlassen werden.

Artikel 3

(1) Die Mitgliedstaaten treffen Maßnahmen, um folgendes zu fördern:

a) in erster Linie die Verhütung oder Verringerung der Erzeugung von Abfällen und ihrer Gefährlichkeit, insbesondere durch

— die Entwicklung sauberer Technologien, die eine sparsamere Nutzung der natürlichen Ressourcen ermöglichen;

— die technische Entwicklung und das Inverkehrbringen von Produkten, die so ausgelegt sind, daß sie aufgrund ihrer Herstellungseigenschaften, ihrer Verwendung oder Beseitigung nicht oder in möglichst geringem Ausmaß zu einer Vermehrung oder einem erhöhten Risikopotential der Abfälle und Umweltbelastungen beitragen;

— die Entwicklung geeigneter Techniken zur Beseitigung gefährlicher Stoffe in Abfällen, die für die Verwertung bestimmt sind;

b) in zweiter Linie

i) die Verwertung der Abfälle im Wege der Rückführung, der Wiederverwendung, des Wiedereinsatzes oder anderer Verwertungsvorgänge im Hinblick auf die Gewinnung von sekundären Rohstoffen oder

ii) die Nutzung von Abfällen zur Gewinnung von Energie.

(2) Außer in den Fällen, in denen die Richtlinie 83/189/EWG des Rates vom 28. März 1983 über ein Informationsverfahren auf dem Gebiet der Normen

und technischen Vorschriften (¹) Anwendung findet, unterrichten die Mitgliedstaaten die Kommission über die von ihnen zur Erreichung der Ziele des Absatzes 1 in Aussicht genommenen Maßnahmen. Die Kommission unterrichtet die anderen Mitgliedstaaten und den in Artikel 18 genannten Ausschuß über diese Maßnahmen.

(¹) ABl. Nr. L 109 vom 26. 4. 1983, S. 8.

Artikel 4

Die Mitgliedstaaten treffen die erforderlichen Maßnahmen, um sicherzustellen, daß die Abfälle verwertet oder beseitigt werden, ohne daß die menschliche Gesundheit gefährdet wird und ohne daß Verfahren oder Methoden verwendet werden, welche die Umwelt schädigen können, insbesondere ohne daß

— Wasser, Luft, Boden und die Tier- und Pflanzenwelt gefährdet werden;

— Geräusch- oder Geruchsbelästigungen verursacht werden;

— die Umgebung und das Landschaftsbild beeinträchtigt werden.

Die Mitgliedstaaten ergreifen ferner die erforderlichen Maßnahmen, um eine unkontrollierte Ablagerung oder Ableitung von Abfällen und deren unkontrollierte Beseitigung zu verbieten.

Artikel 5

(1) Die Mitgliedstaaten treffen — in Zusammenarbeit mit anderen Mitgliedstaaten, wenn sich dies als notwendig oder zweckmäßig erweist — Maßnahmen, um ein integriertes und angemessenes Netz von Beseitigungsanlagen zu errichten, die den derzeit modernsten, keine übermäßig hohen Kosten verursachenden Technologien Rechnung tragen. Dieses Netz muß es der Gemeinschaft insgesamt erlauben, die Entsorgungsautarkie zu erreichen, und es jedem einzelnen Mitgliedstaat ermöglichen, diese Autarkie anzustreben, wobei die geographischen Gegebenheiten oder der Bedarf an besonderen Anlagen für bestimmte Abfallarten berücksichtigt werden.

(2) Dieses Netz muß es darüber hinaus gestatten, daß die Abfälle in einer der am nächsten gelegenen geeigneten Entsorgungsanlagen unter Einsatz von Methoden und Technologien beseitigt werden, die am geeignetsten sind, um ein hohes Niveau des Gesundheits- und Umweltschutzes zu gewährleisten.

Artikel 6

Die Mitgliedstaaten schaffen oder benennen die zuständige(n) Behörde(n), deren Auftrag es ist, die Bestimmungen dieser Richtlinie durchzuführen.

Artikel 7

(1) Zur Verwirklichung der Ziele der Artikel 3, 4 und 5 erstellt (erstellen) die in Artikel 6 genannte(n) zuständige(n) Behörde(n) so bald wie möglich einen oder mehrere Abfallbewirtschaftungspläne. Diese Pläne umfassen insbesondere folgendes:

— Art, Menge und Ursprung der zu verwertenden oder zu beseitigenden Abfälle;

— allgemeine technische Vorschriften;

— besondere Vorkehrungen für bestimmte Abfälle;

— geeignete Flächen für Deponien und sonstige Beseitigungsanlagen.

In diesen Plänen können beispielsweise angegeben sein:

— die zur Abfallbewirtschaftung berechtigten natürlichen oder juristischen Personen;

— die geschätzten Kosten der Verwertung und der Beseitigung;

— Maßnahmen zur Förderung der Rationalisierung des Einsammelns, Sortierens und Behandelns von Abfällen.

(2) Die Mitgliedstaaten arbeiten bei der Erstellung dieser Pläne gegebenenfalls mit den anderen Mitgliedstaaten und der Kommission zusammen. Sie übermitteln diese Pläne der Kommission.

(3) Die Mitgliedstaaten können die erforderlichen Maßnahmen ergreifen, um das Verbringen von Abfällen, das ihren Abfallbewirtschaftungsplänen nicht entspricht, zu unterbinden. Sie teilen der Kommission und den Mitgliedstaaten derartige Maßnahmen mit.

Artikel 8

Die Mitgliedstaaten treffen die erforderlichen Vorkehrungen, damit jeder Besitzer von Abfällen

— diese einem privaten oder öffentlichen Sammelunternehmen oder einem Unternehmen übergibt, das die in Anhang II A oder II B genannten Maßnahmen durchführt, oder

— selbst die Verwertung oder Beseitigung unter Einhaltung der Bestimmungen dieser Richtlinie sicherstellt.

Artikel 9

(1) Für die Zwecke der Artikel 4, 5 und 7 bedürfen alle Anlagen oder Unternehmen, die die in Anhang II A genannten Maßnahmen durchführen, einer Genehmigung durch die in Artikel 6 genannte zuständige Behörde.

Diese Genehmigung erstreckt sich insbesondere auf

— Art und Menge der Abfälle,

— die technischen Vorschriften,

— die Sicherheitsvorkehrungen,

— den Ort der Beseitigung,

— die Beseitigungsmethode.

(2) Diese Genehmigungen können befristet, erneuert, mit Bedingungen und Auflagen verbunden oder, insbesondere wenn die vorgesehene Beseitigungsmethode aus Umweltgründen nicht akzeptiert werden kann, verweigert werden.

Artikel 10

Für die Zwecke des Artikels 4 bedürfen alle Anlagen oder Unternehmen, die die in Anhang II B genannten Maßnahmen durchführen, einer Genehmigung.

Artikel 11

(1) Unbeschadet der Richtlinie 78/319/EWG des Rates vom 20. März 1978 über giftige und gefährliche Abfälle (*), zuletzt geändert durch die Akte über den Beitritt Spaniens und Portugals, können von der Genehmigungspflicht des Artikels 9 bzw. Artikels 10 befreit werden :

a) die Anlagen oder Unternehmen, die die Beseitigung ihrer eigenen Abfälle am Entstehungsort sicherstellen,

und

b) die Anlagen oder Unternehmen, die Abfälle verwerten.

Diese Befreiung gilt nur,

— wenn die zuständigen Behörden für die verschiedenen Arten von Tätigkeiten jeweils allgemeine Vorschriften zur Festlegung der Abfallarten und -mengen sowie der Bedingungen erlassen haben, unter denen die Tätigkeit von der Genehmigungspflicht befreit werden kann,

und

— wenn die Art oder Menge der Abfälle und die Verfahren zu ihrer Beseitigung oder Verwertung so beschaffen sind, daß die Bedingungen des Artikels 4 eingehalten werden.

(2) Die in Absatz 1 genannten Anlagen oder Unternehmen müssen bei den zuständigen Behörden gemeldet sein.

(3) Die Mitgliedstaaten unterrichten die Kommission über die gemäß Absatz 1 erlassenen allgemeinen Vorschriften.

(*) ABl. Nr. L 84 vom 31. 3. 1978, S. 43.

Artikel 12

Die Anlagen oder Unternehmen, die gewerbsmäßig Abfälle einsammeln oder befördern oder die für die Beseitigung oder Verwertung von Abfällen für andere sorgen (Händler oder Makler), müssen bei den zuständigen Behörden gemeldet sein, sofern sie keine Genehmigung benötigen.

Artikel 13

Die Anlagen oder Unternehmen, die die in den Artikeln 9 bis 12 genannten Maßnahmen durchführen, werden von den zuständigen Behörden regelmäßig angemessen überprüft.

Artikel 14

Die in den Artikeln 9 und 10 genannten Anlagen oder Unternehmen

— führen ein Register, in dem hinsichtlich der Abfälle nach Anhang I sowie der Vorgänge nach Anhang II A oder II B die Menge, die Art, der Ursprung und — gegebenenfalls — die Bestimmung, die Häufigkeit des Einsammelns und das Beförderungsmittel der Abfälle sowie die Art ihrer Behandlung verzeichnet werden ;

— teilen diese Angaben den in Artikel 6 genannten zuständigen Behörden auf Anfrage mit.

Die Mitgliedstaaten können auch von den Erzeugern verlangen, den Bestimmungen dieses Artikels nachzukommen.

Artikel 15

Gemäß dem Verursacherprinzip sind die Kosten für die Beseitigung der Abfälle zu tragen von

— dem Abfallbesitzer, der seine Abfälle einem Sammelunternehmen oder einem Unternehmen im Sinne des Artikels 9 übergibt, und/oder

— den früheren Besitzern oder dem Hersteller des Erzeugnisses, von dem die Abfälle herrühren.

Artikel 16

(1) Alle drei Jahre und erstmals am 1. April 1995 übermitteln die Mitgliedstaaten der Kommission einen Bericht über die Maßnahmen zur Durchführung dieser Richtlinie. Dieser Bericht wird auf der Grundlage eines Fragebogens erstellt, der nach dem Verfahren des Artikels 18 ausgearbeitet wird und den die Kommission den Mitgliedstaaten sechs Monate vor dem obenerwähnten Datum übermittelt.

(2) Auf der Grundlage der in Absatz 1 genannten Berichte veröffentlicht die Kommission alle drei Jahre und erstmals am 1. April 1996 einen Gesamtbericht.

Artikel 17

Die zur Anpassung der Anhänge an den wissenschaftlichen und technischen Fortschritt notwendigen Änderungen werden nach dem Verfahren des Artikels 18 erlassen.

Artikel 18

Die Kommission wird von einem Ausschuß unterstützt, der sich aus Vertretern der Mitgliedstaaten zusammensetzt und in dem der Vertreter der Kommission den Vorsitz führt.

Der Vertreter der Kommission unterbreitet dem Ausschuß einen Entwurf der zu treffenden Maßnahmen. Der Ausschuß gibt seine Stellungnahme zu diesem Entwurf innerhalb einer Frist ab, die der Vorsitzende unter Berücksichtigung der Dringlichkeit der betreffenden Frage festsetzen kann. Die Stellungnahme wird mit der Mehrheit abgegeben, die in Artikel 148 Absatz 2 des Vertrages für die Annahme der vom Rat auf Vorschlag der Kommission zu fassenden Beschlüsse vorgesehen ist. Bei der Abstimmung im Ausschuß werden die Stimmen der Vertreter der Mitgliedstaaten gemäß dem vorgenannten Artikel gewogen. Der Vorsitzende nimmt an der Abstimmung nicht teil.

Die Kommission erläßt die beabsichtigten Maßnahmen, wenn sie mit der Stellungnahme des Ausschusses übereinstimmen.

Stimmen die beabsichtigten Maßnahmen mit der Stellungnahme des Ausschusses nicht überein oder liegt keine Stellungnahme vor, so unterbreitet die Kommission dem Rat unverzüglich einen Vorschlag für die zu treffenden Maßnahmen. Der Rat beschließt mit qualifizierter Mehrheit.

Hat der Rat nach Ablauf einer Frist von drei Monaten nach seiner Befassung keinen Beschluß gefaßt, so werden die vorgeschlagenen Maßnahmen von der Kommission erlassen."

2. Die Artikel 13, 14 und 15 werden Artikel 19, 20 und 21.

3. Die folgenden Anhänge werden aufgenommen :

„ANHANG I

ABFALLGRUPPEN

Q1 Nachstehend nicht näher beschriebene Produktions- oder Verbrauchsrückstände

Q2 Nicht den Normen entsprechende Produkte

Q3 Produkte, bei denen das Verfalldatum überschritten ist

Q4 Unabsichtlich ausgebrachte oder verlorene oder von einem sonstigen Zwischenfall betroffene Produkte einschließlich sämtlicher Stoffe, Anlageteile usw., die bei einem solchen Zwischenfall kontaminiert worden sind

Q5 Infolge absichtlicher Tätigkeiten kontaminierte oder verschmutzte Stoffe (z. B. Reinigungsrückstände, Verpackungsmaterial, Behälter usw.)

Q6 Nichtverwendbare Elemente (z. B. verbrauchte Batterien, Katalysatoren usw.)

Q7 Unverwendbar gewordene Stoffe (z. B. kontaminierte Säuren, Lösungsmittel, Härtesalze usw.)

Q8 Rückstände aus industriellen Verfahren (z. B. Schlacken, Destillationsrückstände usw.)

Q9 Rückstände von Verfahren zur Bekämpfung der Verunreinigung (z. B. Gaswaschschlamm, Luftfilterrückstand, verbrauchte Filter usw.)

Q10 Bei maschineller und spanender Formgebung anfallende Rückstände (z. B. Dreh- und Fräsespäne usw.)

Q11 Bei der Förderung und der Aufbereitung von Rohstoffen anfallende Rückstände (z. B. im Bergbau, bei der Erdölförderung usw.)

Q12 Kontaminierte Stoffe (z. B. mit PCB verschmutztes Öl usw.)

Q13 Stoffe oder Produkte aller Art, deren Verwendung gesetzlich verboten ist

Q14 Produkte, die vom Besitzer nicht oder nicht mehr verwendet werden (z. B. in der Landwirtschaft, den Haushaltungen, Büros, Verkaufsstellen, Werkstätten usw.)

Q15 Kontaminierte Stoffe oder Produkte, die bei der Sanierung von Böden anfallen

Q16 Stoffe oder Produkte aller Art, die nicht einer der obenerwähnten Gruppen angehören.

ANHANG II A

BESEITIGUNGSVERFAHREN

NB: Dieser Anhang führt Beseitigungsverfahren auf, die in der Praxis angewandt werden. Nach Artikel 4 müssen die Abfälle beseitigt werden, ohne daß die menschliche Gesundheit gefährdet wird und ohne daß Verfahren oder Methoden verwendet werden, welche die Umwelt schädigen können.

D1 Ablagerungen in oder auf dem Boden (d. h. Deponien usw.)

D2 Behandlung im Boden (z. B. biologischer Abbau von flüssigen oder schlammigen Abfällen im Erdreich usw.)

D3 Verpressung (z. B. Verpressung pumpfähiger Abfälle in Bohrlöcher, Salzdome oder natürliche Hohlräume usw.)

D4 Oberflächenaufbringung (z. B. Ableitung flüssiger oder schlammiger Abfälle in Gruben, Teiche oder Lagunen usw.)

D5 Speziell angelegte Deponien (z. B. Ablagerung in abgedichteten, getrennten Räumen, die verschlossen und gegeneinander und gegen die Umwelt isoliert werden, usw.)

D6 Einleitung in ein Gewässer mit Ausnahme von Meeren/Ozeanen

D7 Einleitung in Meere/Ozeane einschließlich Einbringung in den Meeresboden

D8 Biologische Behandlung, die nicht an anderer Stelle in diesem Anhang beschrieben ist und durch die Endverbindungen oder Gemische entstehen, die mit einem der in diesem Anhang aufgeführten Verfahren entsorgt werden

D9 Chemisch/physikalische Behandlung, die nicht an anderer Stelle in diesem Anhang beschrieben ist und durch die Endverbindungen oder -gemische entstehen, die mit einem der in diesem Anhang beschriebenen Verfahren entsorgt werden (z. B. Verdampfen, Trocknen, Kalzinieren, Neutralisieren, Ausfällen usw.)

D10 Verbrennung an Land

D11 Verbrennung auf See

D12 Dauerlagerung (z. B. Lagerung von Behältern in einem Bergwerk usw.)

D13 Vermengung oder Vermischung vor Anwendung eines der in diesem Anhang beschriebenen Verfahren

D14 Rekonditionierung vor Anwendung eines der in diesem Anhang beschriebenen Verfahren

D15 Lagerung bis zur Anwendung eines der in diesem Anhang beschriebenen Verfahren (Zwischenlagerung), ausgenommen zeitweilige Lagerung — bis zum Einsammeln — auf dem Gelände der Entstehung der Abfälle.

ANHANG II B

VERWERTUNGSVERFAHREN

NB: Dieser Anhang führt Verwertungsverfahren auf, die in der Praxis angewandt werden. Nach Artikel 4 müssen die Abfälle verwertet werden, ohne daß die menschliche Gesundheit gefährdet und ohne daß Verfahren oder Methoden verwendet werden, welche die Umwelt schädigen können.

R1 Rückgewinnung/Regenerierung von Lösemitteln

R2 Verwertung/Rückgewinnung organischer Stoffe, die nicht als Lösemittel verwendet werden

R3 Verwertung/Rückgewinnung von Metallen und Metallverbindungen

R4 Verwertung/Rückgewinnung anderer anorganischer Stoffe

R5 Regenerierung von Säuren oder Basen

R6 Wiedergewinnung von Bestandteilen, die der Bekämpfung der Verunreinigung dienen

R7 Wiedergewinnung von Katalysatorenbestandteilen

R8 Altölraffination oder andere Wiederverwendungsmöglichkeiten von Altöl

R9 Verwendung als Brennstoff (außer bei Direktverbrennung) oder andere Mittel der Energieerzeugung

R10 Aufbringung auf den Boden zum Nutzen der Landwirtschaft oder der Ökologie, einschließlich der Kompostierung und sonstiger biologischer Umwandlungsverfahren, mit Ausnahme der nach Artikel 2 Absatz 1 Buchstabe b) Ziffer iii) ausgeschlossenen Abfälle

R11 Verwendung von Rückständen, die bei einem der unter R1 bis R10 aufgezählten Verfahren gewonnen werden

R12 Austausch von Abfällen, um sie einem der unter R1 bis R11 aufgezählten Verfahren zu unterziehen

R13 Ansammlung von Stoffen, die für eines der in diesem Anhang beschriebenen Verfahren vorgesehen sind, ausgenommen zeitweilige Lagerung — bis zum Einsammeln — auf dem Gelände der Entstehung der Abfälle."

Artikel 2

(1) Die Mitgliedstaaten erlassen die erforderlichen Rechts- und Verwaltungsvorschriften, um dieser Richtlinie spätestens zum 1. April 1993 nachzukommen. Sie unterrichten hiervon unverzüglich die Kommission.

Wenn die Mitgliedstaaten Vorschriften nach Unterabsatz 1 erlassen, nehmen sie in den Vorschriften selbst oder durch einen Hinweis bei der amtlichen Veröffentlichung auf diese Richtlinie Bezug. Die Mitgliedstaaten regeln die Einzelheiten der Bezugnahme.

(2) Die Mitgliedstaaten teilen der Kommission den Wortlaut der innerstaatlichen Rechtsvorschriften mit, die sie auf dem unter diese Richtlinie fallenden Gebiet erlassen.

Artikel 3

Diese Richtlinie ist an die Mitgliedstaaten gerichtet.

Geschehen zu Brüssel am 18. März 1991.

Im Namen des Rates

Der Präsident

A. BODRY

RICHTLINIE DES RATES

vom 12. Dezember 1991

über gefährliche Abfälle

(91/689/EWG)

DER RAT DER EUROPÄISCHEN GEMEINSCHAFTEN —

gestützt auf den Vertrag zur Gründung der Europäischen Wirtschaftsgemeinschaft, insbesondere auf Artikel 103 s,

auf Vorschlag der Kommission ([1]),

nach Stellungnahme des Europäischen Parlaments ([2]),

nach Stellungnahme des Wirtschafts- und Sozialausschusses ([3]),

in Erwägung nachstehender Gründe:

In der Richtlinie 78/319/EWG des Rates vom 20. März 1978 über giftige und gefährliche Abfälle ([4]) sind gemeinsame Regeln zur Beseitigung gefährlicher Abfälle erlassen worden. Um den bei der Durchführung dieser Richtlinie in den Mitgliedstaaten gesammelten Erfahrungen Rechnung zu tragen, sollten diese Regeln geändert und die Richtlinie 78/319/EWG durch die vorliegende Richtlinie ersetzt werden.

Die Entschließung des Rates vom 7. Mai 1990 über die Abfallpolitik ([5]) sowie das Aktionsprogramm der Europäischen Gemeinschaften für den Umweltschutz, das Gegenstand der Entschließung des Rates der Europäischen Gemeinschaften und der im Rat vereinigten Vertreter der Regierungen der Mitgliedstaaten vom 19. Oktober 1987 über die Fortschreibung und Durchführung einer Umweltpolitik und eines Aktionsprogramms der Europäischen Gemeinschaften für den Umweltschutz (1987-1992) ([6]) ist, sehen gemeinschaftliche Maßnahmen zur Verbesserung der Bedingungen für die Entsorgung und Bewirtschaftung gefährlicher Abfälle vor.

Die allgemeinen Regeln für die Abfallbewirtschaftung nach der Richtlinie 75/442/EWG des Rates vom 15. Juli 1975 über Abfälle ([7]), geändert durch die Richtlinie 91/156/EWG ([8]), gelten auch für die Bewirtschaftung gefährlicher Abfälle.

([1]) ABl. Nr. C 295 vom 19. 11. 1988, S. 8, und ABl. Nr. C 42 vom 22. 2. 1990, S. 19.
([2]) ABl. Nr. C 158 vom 26. 6. 1989, S. 238.
([3]) ABl. Nr. C 56 vom 6. 3. 1989, S. 2.
([4]) ABl. Nr. L 84 vom 31. 3. 1978, S. 43.
([5]) ABl. Nr. C 122 vom 18. 5. 1990, S. 2.
([6]) ABl. Nr. C 328 vom 7. 12. 1987, S. 1.
([7]) ABl. Nr. L 194 vom 25. 7. 1975, S. 47.
([8]) ABl. Nr. L 78 vom 26. 3. 1991, S. 32.

Die ordnungsgemäße Bewirtschaftung gefährlicher Abfälle erfordert zusätzliche, strengere Regeln, die den Besonderheiten dieser Art von Abfällen Rechnung tragen.

Für eine wirksamere Bewirtschaftung gefährlicher Abfälle in der Gemeinschaft bedarf es einer präzisen und einheitlichen Definition der gefährlichen Abfälle unter Berücksichtigung der bisherigen Erfahrungen.

Es muß sichergestellt werden, daß die Beseitigung und Verwertung gefährlicher Abfälle möglichst vollständig überwacht werden.

Die Anpassung der Vorschriften der vorliegenden Richtlinie an den wissenschaftlichen und technischen Fortschritt muß rasch erfolgen können; der in der Richtlinie 75/442/EWG eingesetzte Ausschuß sollte daher zur Anpassung der Vorschriften der vorliegenden Richtlinie an den wissenschaftlichen und technischen Fortschritt ermächtigt werden —

HAT FOLGENDE RICHTLINIE ERLASSEN:

Artikel 1

(1) Diese Richtlinie, die in Ausführung von Artikel 2 Absatz 2 der Richtlinie 75/442/EWG erlassen wird, dient der Angleichung der Rechtsvorschriften der Mitgliedstaaten über die kontrollierte Bewirtschaftung gefährlicher Abfälle.

(2) Vorbehaltlich dieser Richtlinie gilt für gefährliche Abfälle die Richtlinie 75/442/EWG.

(3) Für die Bestimmung des Begriffs „Abfälle" sowie der übrigen Begriffe dieser Richtlinie gelten die Definitionen der Richtlinie 75/442/EWG.

(4) Im Sinne dieser Richtlinie sind „gefährliche Abfälle":

— Abfälle, die in einem auf den Anhängen I und II der vorliegenden Richtlinie beruhenden Verzeichnis aufgeführt sind, das spätestens sechs Monate vor dem Beginn der Anwendung dieser Richtlinie nach dem Verfahren des Artikels 18 der Richtlinie 75/442/EWG zu erstellen ist. Diese Abfälle müssen eine oder mehrere der in Anhang III aufgeführten Eigenschaften aufweisen. In diesem Verzeichnis wird dem Ursprung und der Zusammensetzung der Abfälle und gegebenenfalls den Konzentrationsgrenzwerten Rechnung getragen. Das Verzeichnis wird in regelmäßigen Abständen überprüft und gegebenenfalls nach dem genannten Verfahren überarbeitet;

— sämtliche sonstigen Abfälle, die nach Auffassung eines Mitgliedstaates eine der in Anhang III aufgezählten Eigenschaften aufweisen. Diese Fälle werden der Kommission mitgeteilt und nach dem Verfahren des Artikels 18 der Richtlinie 75/442/EWG im Hinblick auf eine Anpassung des Verzeichnisses überprüft.

(5) Diese Richtlinie gilt nicht für Hausmüll. Der Rat legt auf Vorschlag der Kommission spätestens Ende 1992 spezifische Vorschriften fest, die die Besonderheiten von Hausmüll berücksichtigen.

Artikel 2

(1) Die Mitgliedstaaten ergreifen die erforderlichen Maßnahmen, um sicherzustellen, daß gefährliche Abfälle überall dort, wo sie abgelagert (verkippt) werden, registriert und identifiziert werden.

(2) Die Mitgliedstaaten ergreifen die erforderlichen Maßnahmen, um zu verhindern, daß Anlagen oder Unternehmen, die gefährliche Abfälle beseitigen, verwerten, einsammeln oder befördern, verschiedene Kategorien gefährlicher Abfälle miteinander mischen oder gefährliche Abfälle mit nichtgefährlichen Abfällen vermischen.

(3) Abweichend von Absatz 2 kann das Mischen gefährlicher Abfälle mit anderen gefährlichen Abfällen oder mit anderen Abfällen oder Stoffen nur zugelassen werden, wenn die Bedingungen des Artikels 4 der Richtlinie 75/442/EWG eingehalten werden und es insbesondere mit dem Ziel geschieht, die Sicherheit der Beseitigung oder Verwertung zu verbessern. Ein solches Vorgehen ist nach den Artikeln 9, 10 und 11 der Richtlinie 75/442/EWG genehmigungspflichtig.

(4) Sind Abfälle bereits mit anderen Abfällen oder Stoffen vermischt, so ist eine entsprechende Trennung vorzunehmen, wenn dies technisch und wirtschaftlich möglich sowie notwendig ist, um Artikel 4 der Richtlinie 75/442/EWG nachzukommen.

Artikel 3

(1) Die Abweichung gemäß Artikel 11 Absatz 1 Buchstabe a) der Richtlinie 75/442/EWG von der Genehmigungspflicht bei Anlagen oder Unternehmen, die ihre Abfälle selbst beseitigen, gilt nicht für gefährliche Abfälle im Sinne der vorliegenden Richtlinie.

(2) Gemäß Artikel 11 Absatz 1 Buchstabe b) der Richtlinie 75/442/EWG kann ein Mitgliedstaat für Anlagen oder Unternehmen, die die von der vorliegenden Richtlinie erfaßten Abfälle verwerten, eine Ausnahme von den Bestimmungen des Artikels 10 jener Richtlinie vorsehen,

— wenn dieser Mitgliedstaat allgemein Vorschriften erläßt, in denen Art und Menge der Abfälle aufgeführt und spezifische Auflagen (Grenzwerte für die in den Abfällen enthaltenen gefährlichen Stoffe, Emissionsgrenzwerte, Art der Tätigkeit) und die sonstigen für verschiedene Verwertungsverfahren geltenden Vorschriften festgelegt sind, und

— wenn die Art oder Menge der Abfälle und die Verfahren zu ihrer Verwertung so beschaffen sind, daß die Bedingungen des Artikels 4 der Richtlinie 75/442/EWG eingehalten werden.

(3) Die in Absatz 2 genannten Anlagen oder Unternehmen müssen bei den zuständigen Behörden registriert sein.

(4) Falls ein Mitgliedstaat die Bestimmungen des Absatzes 2 in Anspruch nehmen will, sind die Regelungen gemäß Absatz 2 spätestens drei Monate vor ihrem Inkrafttreten der Kommission mitzuteilen. Die Kommission hört die Mitgliedstaaten dazu an. Aufgrund dieser Anhörung schlägt die Kommission vor, daß diese Regelungen nach dem Verfahren des Artikels 18 der Richtlinie 75/442/EWG endgültig festgelegt werden.

Artikel 4

(1) Artikel 13 der Richtlinie 75/442/EWG gilt auch für die Erzeuger gefährlicher Abfälle.

(2) Artikel 14 der Richtlinie 75/442/EWG gilt auch für die Erzeuger gefährlicher Abfälle sowie für alle Anlagen oder Unternehmen, die gefährliche Abfälle befördern.

(3) Die Register nach Artikel 14 der Richtlinie 75/442/EWG sind mindestens drei Jahre lang aufzubewahren; im Falle von Anlagen und Unternehmen, die gefährliche Abfälle befördern, müssen die Register jedoch nur mindestens zwölf Monate lang aufbewahrt werden. Die Belege über die Durchführung der Bewirtschaftungsvorgänge sind auf Verlangen der zuständigen Behörden oder eines Vorbesitzers vorzulegen.

Artikel 5

(1) Die Mitgliedstaaten ergreifen die erforderlichen Maßnahmen, um sicherzustellen, daß die Abfälle bei der Einsammlung, Beförderung und vorübergehenden Lagerung den geltenden internationalen und gemeinschaftlichen Normen entsprechend ordnungsgemäß verpackt und gekennzeichnet sind.

(2) Bei gefährlichen Abfällen erstrecken sich die in Artikel 13 der Richtlinie 75/442/EWG vorgesehenen Kontrollen betreffend das Einsammeln und die Beförderung insbesondere auf die Herkunft und die Bestimmung der gefährlichen Abfälle.

(3) Bei der Verbringung von gefährlichen Abfällen ist ein Begleitschein beizufügen; dieser enthält die Angaben nach Anhang I Abschnitt A der Richtlinie 84/631/EWG des Rates vom 6. Dezember 1984 über die Überwachung und

Kontrolle — in der Gemeinschaft — der grenzüberschreitenden Verbringung gefährlicher Abfälle ([1]), zuletzt geändert durch die Richtlinie 86/279/EWG ([2]).

Artikel 6

(1) Die zuständigen Behörden erstellen gemäß Artikel 7 der Richtlinie 75/442/EWG — entweder gesondert oder im Rahmen ihrer allgemeinen Abfallwirtschaftspläne — Pläne für die Bewirtschaftung der gefährlichen Abfälle und veröffentlichen diese.

(2) Die Kommission nimmt eine vergleichende Beurteilung dieser Pläne vor, insbesondere hinsichtlich der Beseitigungs- und Verwertungsmethoden. Die Kommission stellt diese Informationen den zuständigen Behörden der Mitgliedstaaten, die sie zu erhalten wünschen, zur Verfügung.

Artikel 7

In Notfällen oder bei drohender Gefahr ergreifen die Mitgliedstaaten die erforderlichen Maßnahmen, gegebenenfalls in zeitweiliger Abweichung von dieser Richtlinie, um zu verhindern, daß gefährliche Abfälle die Bevölkerung oder Umwelt bedrohen. Die Mitgliedstaaten teilen diese Abweichungen der Kommission mit.

Artikel 8

(1) Die Mitgliedstaaten übermitteln der Kommission im Rahmen des Berichts gemäß Artikel 16 Absatz 1 der Richtlinie 75/442/EWG und auf der Grundlage eines gemäß jenem Artikel erteilten Fragebogens einen Bericht über die Durchführung der vorliegenden Richtlinie.

(2) Zusätzlich zu dem Gesamtbericht gemäß Artikel 16 Absatz 2 der Richtlinie 75/442/EWG erstattet die Kommission dem Europäischen Parlament und dem Rat alle drei Jahre Bericht über die Durchführung der vorliegenden Richtlinie.

(3) Ferner teilen die Mitgliedstaaten der Kommission zum 12. Dezember 1994 für jede Anlage oder jedes Unternehmen, die gefährliche Abfälle überwiegend im Auftrag Dritter beseitigt und/oder verwertet und die voraussichtlich dem in Artikel 5 der Richtlinie 75/442/EWG genannten integrierten Netz angehören wird, folgendes mit:

— Name und Anschrift,

— Art der Behandlung der Abfälle,

— Art und Menge der Abfälle, die behandelt werden können.

Die Mitgliedstaaten teilen der Kommission einmal jährlich etwaige Änderungen dieser Daten mit.

Die Kommission stellt diese Daten auf Ersuchen den zuständigen Behörden der Mitgliedstaaten zur Verfügung.

Die Form, in der diese Daten der Kommission übermittelt werden, wird nach dem Verfahren des Artikels 18 der Richtlinie 75/442/EWG vereinbart.

Artikel 9

Die Änderungen, die zur Anpassung der Anhänge dieser Richtlinie an den wissenschaftlichen und technischen Fortschritt und zur Überprüfung des in Artikel 1 Absatz 4 genannten Verzeichnisses der Abfälle erforderlich sind, werden nach dem Verfahren des Artikels 18 der Richtlinie 75/442/EWG erlassen.

Artikel 10

(1) Die Mitgliedstaaten erlassen die erforderlichen Rechts- und Verwaltungsvorschriften, um dieser Richtlinie vor dem 12. Dezember 1993 nachzukommen. Sie setzen die Kommission unverzüglich davon in Kenntnis.

(2) Wenn die Mitgliedstaaten diese Vorschriften erlassen, nehmen sie in den Vorschriften selbst oder durch einen Hinweis bei der amtlichen Veröffentlichung auf diese Richtlinie Bezug. Die Mitgliedstaaten regeln die Einzelheiten der Bezugnahme.

(3) Die Mitgliedstaaten teilen der Kommission den Wortlaut der wichtigsten innerstaatlichen Rechtsvorschriften mit, die sie auf dem unter diese Richtlinie fallenden Gebiet erlassen.

Artikel 11

Die Richtlinie 78/319/EWG wird zum 12. Dezember 1993 aufgehoben.

Artikel 12

Diese Richtlinie ist an die Mitgliedstaaten gerichtet.

Geschehen zu Brüssel am 12. Dezember 1991.

Im Namen des Rates

Der Präsident

J.G.M. ALDERS

([1]) ABl. Nr. L 326 vom 13. 12. 1984, S. 31.
([2]) ABl. Nr. L 181 vom 4. 7. 1986, S. 13.

ANHANG I

DURCH IHRE BESCHAFFENHEIT ODER DEN ENTSTEHUNGSVORGANG CHARAKTERISIERTE GRUPPEN ODER ARTEN GEFÄHRLICHER ABFÄLLE (*) (IN FLÜSSIGER FORM, IN FESTER FORM ODER IN FORM VON SCHLAMM)

ANHANG I.A

Abfälle, die eine der in Anhang III aufgeführten Eigenschaften aufweisen und aus folgendem bestehen:

1. anatomischen Stoffen; Abfällen aus Krankenhäusern oder anderen ärztlichen Einrichtungen
2. Arzneimitteln, Medikamenten, Tierarzneimitteln
3. Holzschutzmitteln
4. Bioziden und Pflanzenschutzmitteln
5. Lösungsmittelrückständen
6. halogenierten organischen Stoffen, die nicht als Lösungsmittel dienen, ausgenommen inerte polymerisierte Stoffe
7. cyanidhaltigen Härtesalzen
8. Mineralölen und öligen Stoffen (z.B. Bohr-, Schneid- und Schleiföle)
9. Öl/Wasser- oder Kohlenwasserstoff/Wasser-Gemischen, Emulsionen
10. PCB- und/oder PCT-haltigen Stoffen (z.B. Dielektrika)
11. Teerrückständen aus Raffinations-, Destillations- oder Pyrolysevorgängen (z.B. Bodensätze in Destillationskolben)
12. Druckfarben, Farbstoffen, Pigmenten, Farben, Lacken, Klarlacken
13. Harzen, Latex, Weichmachern, Klebstoffen
14. nichtidentifizierten und/oder neuen chemischen Stoffen aus Forschungs-, Entwicklungs- und Ausbildungstätigkeiten, deren Auswirkungen auf den Menschen und/oder die Umwelt nicht bekannt sind (z.B. Laborabfälle)
15. pyrotechnischen Erzeugnissen und sonstigen explosiven Stoffen
16. Foto- und Entwicklerchemikalien
17. Material, das durch Kongenere der polychlorierten Dibenzofurane kontaminiert ist
18. Material, das durch Kongenere der polychlorierten Dibenzoparadioxine kontaminiert ist.

ANHANG I.B

Abfälle, die einen der in Anhang II genannten Bestandteile enthalten und eine der in Anhang III genannten Eigenschaften aufweisen sowie aus folgendem bestehen:

19. tierischen oder pflanzlichen Seifen, Fetten, Wachsen
20. nichthalogenierten organischen Stoffen, die nicht als Lösungsmittel dienen
21. anorganischen Stoffen ohne Metalle oder Metallverbindungen
22. Aschen und/oder Schlacken
23. Erde, Sand oder Ton einschließlich Baggerschlamm
24. nicht cyanidhaltigen Härtesalzen
25. Metallstaub und -pulver
26. verbrauchten Katalysatoren
27. Flüssigkeiten oder Schlamm, die Metalle oder Metallverbindungen enthalten

(*) Bestimmte Wiederholungen gegenüber den Aufzählungen in Anhang II sind beabsichtigt.

28. bei Umweltschutzmaßnahmen anfallenden Abfällen (z.B. Filterstäube) mit Ausnahme der Nummern 29, 30 und 33

29. Schlämmen aus der Gasreinigung

30. Schlämmen aus Wasserreinigungsanlagen

31. Dekarbonationsrückständen

32. Rückständen aus Ionenaustauschern

33. unbehandelten oder in der Landwirtschaft nicht verwendbaren Klärschlämmen

34. bei der Reinigung von Tanks und/oder Geräten anfallenden Rückständen

35. kontaminierten Geräten

36. kontaminierten Behältern (z.B. Verpackungsmaterial, Gasflaschen usw.), die einen oder mehrere in Anhang II genannte Bestandteile enthalten

37. Batterien und anderen elektrischen Zellen

38. pflanzlichen Ölen

39. bei Getrennt-Sammlungen in Haushalten anfallenden Gegenständen, die eine der in Anhang III genannten Eigenschaften aufweisen

40. jedem sonstigen Abfall, der einen in Anhang II genannten Bestandteil enthält und eine der in Anhang III genannten Eigenschaften aufweist.

ANHANG II

BESTANDTEILE, DIE DIE ABFÄLLE DES ANHANGS I.B ZU GEFÄHRLICHEN ABFÄLLEN MACHEN, SOFERN DIESE ABFÄLLE DIE IN ANHANG III GENANNTEN EIGENSCHAFTEN AUFWEISEN (*)

Abfälle mit folgenden Bestandteilen:

C1 Beryllium, Berylliumverbindungen
C2 Vanadiumverbindungen
C3 Chrom-6-Verbindungen
C4 Kobaltverbindungen
C5 Nickelverbindungen
C6 Kupferverbindungen
C7 Zinkverbindungen
C8 Arsen, Arsenverbindungen
C9 Selen, Selenverbindungen
C10 Silberverbindungen
C11 Cadmium, Cadmiumverbindungen
C12 Zinnverbindungen
C13 Antimon, Antimonverbindungen
C14 Tellur, Tellurverbindungen
C15 Bariumverbindungen mit Ausnahme von Bariumsulfat
C16 Quecksilber, Quecksilberverbindungen
C17 Thallium, Thalliumverbindungen
C18 Blei, Bleiverbindungen
C19 anorganische Sulfide
C20 anorganische Verbindungen von Fluor mit Ausnahme von Kalziumfluorid
C21 anorganische Cyanide
C22 folgende Alkali- oder Erdalkalimetalle in elementarer Form: Lithium, Natrium, Kalium, Kalzium, Magnesium
C23 saure Lösungen oder Säuren in fester Form
C24 basische Lösungen oder Basen in fester Form
C25 Asbest (Staub und Fasern)
C26 Phosphor; Phosphorverbindungen mit Ausnahme von phosphatischen Mineralien
C27 Metallcarbonyle
C28 Peroxide
C29 Chlorate
C30 Perchlorate
C31 Azide
C32 PCB und/oder PCT
C33 Arznei- oder Tierarzneimittel
C34 Biozide und Pflanzenschutzmittel (z.B. Pestizide)
C35 infektiöse Substanzen
C36 Kreosote
C37 Isocyanate, Thiocyanate
C38 organische Cyanide (z.B. Nitrile)
C39 Phenole, Phenolverbindungen
C40 halogenierte Lösungsmittel
C41 organische Lösungsmittel, ausgenommen halogenierte Lösungsmittel
C42 halogenorganische Verbindungen, ausgenommen inerte polymerisierte Stoffe und sonstige in diesem Anhang aufgeführte Stoffe
C43 aromatische Verbindungen; polyzyklische und heterozyklische organische Verbindungen
C44 aliphatische Amine
C45 aromatische Amine
C46 Ether
C47 explosive Stoffe mit Ausnahme der an anderer Stelle dieses Anhangs aufgeführten Stoffe
C48 schwefelorganische Verbindungen
C49 alle Kongenere der polychlorierten Dibenzofurane
C50 alle Kongenere der polychlorierten Dibenzoparadioxine
C51 Kohlenwasserstoffe und ihre Sauerstoff-, Stickstoff- und/oder Schwefelverbindungen, die in diesem Anhang nicht eigens genannt sind.

---

* Bestimmte Wiederholungen gegenüber den Arten von gefährlichen Abfällen, die in Anhang I aufgezählt werden, sind beabsichtigt.

ANHANG III

GEFAHRENRELEVANTE EIGENSCHAFTEN DER ABFÄLLE

H1 „explosiv": Stoffe und Zubereitungen, die unter Einwirkung einer Flamme explodieren können oder empfindlicher auf Stöße oder Reibung reagieren als Dinitrobenzol;

H2 „brandfördernd": Stoffe und Zubereitungen, die bei Berührung mit anderen, insbesondere brennbaren Stoffen eine stark exotherme Reaktion auslösen;

H3-A „leicht entzündbar":

- Stoffe und Zubereitungen in flüssiger Form mit einem Flammpunkt von weniger als 21 °C (einschließlich hochentzündbarer Flüssigkeiten) oder
- Stoffe und Zubereitungen, die sich an der Luft bei normaler Temperatur und ohne Energiezufuhr erwärmen und schließlich entzünden oder
- feste Stoffe und Zubereitungen, die sich unter Einwirkung einer Zündquelle leicht entzünden und nach Entfernung der Zündquelle weiterbrennen oder
- unter Normaldruck an der Luft entzündbare gasförmige Stoffe und Zubereitungen oder
- Stoffe und Zubereitungen, die bei Berührung mit Wasser oder feuchter Luft gefährliche Mengen leicht brennbarer Gase abscheiden;

H3-B „entzündbar": flüssige Stoffe und Zubereitungen mit einem Flammpunkt von mindestens 21 °C und höchstens 55 °C;

H4 „reizend": nicht ätzende Stoffe und Zubereitungen, die bei unmittelbarer, länger dauernder oder wiederholter Berührung mit der Haut oder den Schleimhäuten eine Entzündungsreaktion hervorrufen können;

H5 „gesundheitsschädlich": Stoffe und Zubereitungen, die bei Einatmung, Einnahme oder Hautdurchdringung Gefahren von beschränkter Tragweite hervorrufen können;

H6 „giftig": Stoffe und Zubereitungen (einschließlich der hochgiftigen Stoffe und Zubereitungen), die bei Einatmung, Einnahme oder Hautdurchdringung schwere, akute oder chronische Gefahren oder sogar den Tod verursachen können;

H7 „krebserzeugend": Stoffe und Zubereitungen, die bei Einatmung, Einnahme oder Hautdurchdringung Krebs erzeugen oder dessen Häufigkeit erhöhen können;

H8 „ätzend": Stoffe und Zubereitungen, die bei Berührung mit lebenden Geweben zerstörend auf diese einwirken können;

H9 „infektiös": Stoffe, die lebensfähige Mikroorganismen oder ihre Toxine enthalten und die im Menschen oder sonsigen Lebewesen erwiesenermaßen oder vermutlich eine Krankheit hervorrufen;

H10 „teratogen": Stoffe und Zubereitungen, die bei Einatmung, Einnahme oder Hautdurchdringung nichterbliche angeborene Mißbildungen hervorrufen oder deren Häufigkeit erhöhen können;

H11 „mutagen": Stoffe und Zubereitungen, die bei Einatmung, Einnahme oder Hautdurchdringung Erbschäden hervorrufen oder ihre Häufigkeit erhöhen können;

H12 Stoffe und Zubereitunge, die bei der Berührung mit Wasser, Luft oder einer Säure ein giftiges oder sehr giftiges Gas abscheiden;

H13 Stoffe und Zubereitungen, die nach Beseitigung auf irgendeine Art die Entstehung eines anderen Stoffes bewirken können, z. B. ein Auslaugungsprodukt, das eine der obengenannten Eigenschaften aufweist;

H14 „ökotoxisch": Stoffe und Zubereitungen, die unmittelbare oder mittelbare Gefahren für einen oder mehrere Umweltbereiche darstellen können.

Anmerkungen

1. Die Bezeichnung als „giftig" (und „sehr giftig"), „gesundheitsschädlich", „ätzend" und „reizend" erfolgt nach den Kriterien in Anhang VI Teil I.A und Teil II.B der Richtlinie 67/548/EWG des Rates vom 27. Juni 1967 zur Angleichung der Rechts- und Verwaltungsvorschriften für die Einstufung, Verpackung und Kennzeichnung gefährlicher Stoffe (1), geändert durch die Richtlinie 79/831/EWG des Rates (2).

---

(1) ABl. Nr. L 196 vom 16. 8. 1967, S. 1.
(2) ABl. Nr. L 259 vom 15. 10. 1979, S. 10.

2. Zusätzliche Angaben zu den Bezeichnungen „krebserzeugend", „teratogen" und „mutagen" unter Berücksichtigung des derzeitigen Kenntnisstandes sind im Leitfaden für die Einstufung und Kennzeichnung gefährlicher Stoffe und Zubereitungen in Anhang VI (Teil II.D) der Richtlinie 67/548/EWG, geändert durch die Richtlinie 83/467/EWG der Kommission (1), enthalten.

Prüfmethoden

Die Prüfmethoden sollen den Definitionen in Anhang III spezifische Bedeutung verleihen.

Die anzuwendenden Methoden sind in Anhang V der Richtlinie 67/548/EWG, geändert durch die Richtlinie 84/449/EWG der Kommission (2), oder den späteren Richtlinien der Kommission zur Anpassung der Richtlinie 67/548/EWG an den technischen Fortschritt festgelegt. Diese Methoden beruhen ihrerseits auf den Arbeiten und Empfehlungen der zuständigen internationalen Stellen, insbesondere der OECD.

(1) ABl. Nr. L 257 vom 16. 9. 1983, S. 1.
(2) ABl. Nr. L 251 vom 19. 9. 1984, S. 1.

RICHTLINIE 94/31/EG DES RATES
vom 27. Juni 1994
zur Änderung der Richtlinie 91/689/EWG über gefährliche Abfälle

DER RAT DER EUROPÄISCHEN UNION —

gestützt auf den Vertrag zur Gründung der Europäischen Gemeinschaft, insbesondere auf Artikel 130s Absatz 1,

auf Vorschlag der Kommission (1),

nach Stellungnahme des Wirtschafts- und Sozialausschusses (2),

gemäß dem Verfahren des Artikels 189c des Vertrags,

in Erwägung nachstehender Gründe:

Bei den Arbeiten des Ausschusses gemäß Artikel 18 der Richtlinie 75/442/EWG (3) wurde deutlich, daß es innerhalb der in der Richtlinie 91/689/EWG (4) festgelegten Frist nicht möglich war, eine verbindliche Liste gefährlicher Abfälle zu erstellen, daß aber die Durchführung der Richtlinie 91/689/EWG von der Erstellung einer solchen Liste durch die Kommission abhängt.

Die Richtlinie 91/689/EWG muß mit möglichst geringer Verzögerung durchgeführt werden.

Die Erstellung einer Gemeinschaftsliste gefährlicher Abfälle gemäß Artikel 1 Absatz 4 der genannten Richtlinie ist nach wie vor erforderlich.

Es ist daher notwendig, die Aufhebung der Richtlinie 78/319/EWG des Rates vom 20. März 1978 über giftige und gefährliche Abfälle (5) zu verschieben —

HAT FOLGENDE RICHTLINIE ERLASSEN:

Artikel 1

Die Richtlinie 91/689/EWG wird wie folgt geändert:

1. Artikel 10 Absatz 1 erhält folgende Fassung:

   „(1) Die Mitgliedstaaten erlassen die erforderlichen Rechts- und Verwaltungsvorschriften, um dieser Richtlinie bis zum 27. Juni 1995 nachzukommen. Sie setzen die Kommission unverzüglich davon in Kenntnis."

2. Artikel 11 erhält folgende Fassung:

   „*Artikel 11*

   Die Richtlinie 78/319/EWG wird zum 27. Juni 1995 aufgehoben."

Artikel 2

Diese Richtlinie ist an die Mitgliedstaaten gerichtet.

Geschehen zu Luxemburg am 27. Juni 1994.

Im Namen des Rates

Der Präsident

C. SIMITIS

(1) ABl. Nr. C 271 vom 7. 10. 1993, S. 16.
(2) ABl. Nr. C 34 vom 2. 2. 1994, S. 7.
(3) ABl. Nr. L 194 vom 25. 7. 1975, S. 39. Richtlinie zuletzt geändert durch die Richtlinie 91/156/EWG (ABl. Nr. L 78 vom 26. 3. 1991, S. 32).
(4) ABl. Nr. L 377 vom 31. 12. 1991, S. 20.
(5) ABl. Nr. L 84 vom 31. 3. 1978, S. 43. Richtlinie zuletzt geändert durch die Richtlinie 91/692/EWG (ABl. Nr. L 377 vom 31. 12. 1991, S. 48).

C Deutsche Rechtsquellen

Zustimmungsgesetz zum Baseler Übereinkommen
Gesetz zu dem Baseler Übereinkommen vom 22. März 1989 über die Kontrolle der grenzüberschreitenden Verbringung gefährlicher Abfälle und ihrer Entsorgung vom 30. September 1994
BGBl. II, S. 2703

Ausführungsgesetz zum Baseler Übereinkommen
Ausführungsgesetz zu dem Baseler Übereinkommen vom 22. März 1989 über die Kontrolle der grenzüberschreitenden Verbringung gefährlicher Abfälle und ihrer Entsorgung vom 30. September 1994
BGBl. I, S. 2771

Abfallverbringungs-Verordnung
Verordnung über die grenzüberschreitende Verbringung von Abfällen (Abfallverbringungs-Verordnung – AbfVerbrV) vom 18. November 1989 BGBl. I, S. 2126, 2148
zuletzt geändert durch das Ausführungsgesetz zum Baseler Übereinkommen vom 30. September 1994
BGBl. I, S. 2771

Blatt 1 – 4 der Anlage 3 zur Abfall- und Reststoffüberwachungs-Verordnung[5]
Verordnung über das Einsammeln und Befördern sowie die Überwachung von Abfällen und Reststoffen (Abfall- und Reststoffüberwachungs-Verordnung – AbfRestÜberwV vom 03. April 1990, BGBl. I, S. 648
zuletzt geändert durch das Ausführungsgesetz zum Baseler Übereinkommen vom 30. September 1994
BGBl. I, S. 2771

---

[5] nicht abgedruckt

Gesetz zu dem Basler Übereinkommen vom 22. März 1989 über die Kontrolle der grenzüberschreitenden Verbringung gefährlicher Abfälle und ihrer Entsorgung (Zustimmungsgesetz zum Basler Übereinkommen)

Vom 30. September 1994

Der Bundestag hat mit Zustimmung des Bundesrates das folgende Gesetz beschlossen:

Artikel 1

Dem in New York am 23. Oktober 1989 von der Bundesrepublik Deutschland unterzeichneten Basler Übereinkommen vom 22. März 1989 über die Kontrolle der grenzüberschreitenden Verbringung gefährlicher Abfälle und ihrer Entsorgung wird zugestimmt. Das Übereinkommen wird nachstehend mit einer amtlichen deutschen Übersetzung veröffentlicht.

Artikel 2

Die Bundesregierung wird ermächtigt, Änderungen des Basler Übereinkommens sowie von Anlagen und Protokollen zu dem Basler Übereinkommen, die sich ausschließlich auf wissenschaftliche, technische oder verwaltungsmäßige Angelegenheiten beziehen, durch Rechtsverordnung mit Zustimmung des Bundesrates in Kraft zu setzen. Sie kann hierbei insbesondere die Form und den Inhalt der für eine Verbringung beizubringenden Unterlagen und die in Ausführung des Übereinkommens bestehenden Informationspflichten der Länder regeln.

Artikel 3

(1) Dieses Gesetz tritt am Tage nach seiner Verkündung in Kraft.

(2) Der Tag, an dem das Übereinkommen nach seinem Artikel 25 Abs. 2 für die Bundesrepublik Deutschland in Kraft tritt, ist im Bundesgesetzblatt bekanntzugeben.

Das vorstehende Gesetz wird hiermit ausgefertigt und wird im Bundesgesetzblatt verkündet.

Berlin, den 30. September 1994

Der Bundespräsident
Roman Herzog

Der Bundeskanzler
Dr. Helmut Kohl

Der Bundesminister
für Umwelt, Naturschutz und Reaktorsicherheit
Klaus Töpfer

Der Bundesminister des Auswärtigen
Kinkel

Der Bundesminister für Wirtschaft
Rexrodt

Ausführungsgesetz zu dem Basler Übereinkommen vom 22. März 1989 über die Kontrolle der grenzüberschreitenden Verbringung gefährlicher Abfälle und ihrer Entsorgung (Ausführungsgesetz zum Basler Übereinkommen)[1]

Vom 30. September 1994

Der Bundestag hat mit Zustimmung des Bundesrates das folgende Gesetz beschlossen:

Artikel 1
Gesetz über die Überwachung und Kontrolle der grenzüberschreitenden Verbringung von Abfällen (Abfallverbringungsgesetz – AbfVerbrG)[2]

§ 1
Sachlicher Geltungsbereich

(1) Dieses Gesetz gilt für die Verbringung von Abfällen in den, aus dem oder durch den Geltungsbereich dieses Gesetzes (grenzüberschreitende Verbringung).

(2) Rechtsvorschriften, die aus Gründen der Sicherheit im Zusammenhang mit der Beförderung gefährlicher Güter erlassen sind, bleiben unberührt.

§ 2
Begriffsbestimmungen

(1) Abfälle im Sinne dieses Gesetzes sind alle beweglichen Sachen, die unter die in Anhang I aufgeführten Gruppen fallen und deren sich ihr Besitzer entledigt, entledigen will oder entledigen muß. Abfälle zur Verwertung sind Abfälle, die verwertet werden; Abfälle, die nicht verwertet werden, sind Abfälle zur Beseitigung.

(2) Die Entledigung im Sinne des Absatzes 1 liegt vor, wenn der Besitzer bewegliche Sachen einer Verwertung im Sinne des Anhangs II B oder einer Beseitigung im Sinne des Anhangs II A zuführt oder die tatsächliche Sachherrschaft über sie unter Wegfall jeder weiteren Zweckbestimmung aufgibt.

(3) Der Wille zur Entledigung im Sinne des Absatzes 1 ist hinsichtlich solcher beweglicher Sachen anzunehmen,

1. die bei der Energieumwandlung, Herstellung, Behandlung oder Nutzung von Stoffen oder Erzeugnissen oder bei Dienstleistungen anfallen, ohne daß der Zweck der jeweiligen Handlung hierauf gerichtet ist, oder
2. deren ursprüngliche Zweckbestimmung entfällt oder aufgegeben wird, ohne daß ein neuer Verwendungszweck unmittelbar an deren Stelle tritt.

Für die Beurteilung der Zweckbestimmung ist die Auffassung des Erzeugers oder Besitzers unter Berücksichtigung der Verkehrsanschauung zugrunde zu legen.

(4) Der Besitzer muß sich beweglicher Sachen im Sinne des Absatzes 1 entledigen, wenn diese entsprechend ihrer ursprünglichen Zweckbestimmung nicht mehr verwendet werden und aufgrund ihres konkreten Zustandes geeignet sind, gegenwärtig oder künftig das Wohl der Allgemeinheit, insbesondere die Umwelt, zu gefährden und deren Gefährdungspotential nur durch eine ordnungsgemäße und schadlose Verwertung oder gemeinwohlverträgliche Beseitigung nach den abfallrechtlichen Vorschriften ausgeschlossen werden kann.

(5) Erzeuger von Abfällen im Sinne dieses Gesetzes ist jede natürliche oder juristische Person, durch deren Tätigkeit Abfälle angefallen sind, oder jede Person, die Vorbehandlungen, Mischungen oder sonstige Behandlungen vorgenommen hat, die eine Veränderung der Natur oder der Zusammensetzung dieser Abfälle bewirken.

(6) Besitzer von Abfällen im Sinne dieses Gesetzes ist jede natürliche oder juristische Person, die die tatsächliche Sachherrschaft über Abfälle hat.

(7) Abfallentsorgung umfaßt die Verwertung und Beseitigung von Abfällen.

---

[1] Artikel 2 Nr. 1 dieses Gesetzes dient der Umsetzung der Artikel 12 und 13 der Richtlinie 91/156/EWG des Rates vom 18. März 1991 zur Änderung der Richtlinie 75/442/EWG über Abfälle (ABl. EG Nr. L 78 S. 32).

[2] Das Gesetz dient auch der Ausführung der Verordnung (EWG) Nr. 259/93 des Rates vom 1. Februar 1993 zur Überwachung und Kontrolle der Verbringung von Abfällen in der, in die und aus der Europäischen Gemeinschaft (ABl. EG Nr. L 30 S. 1).

§ 3

Grundsatz der Beseitigungsautarkie

Bei Abfällen zur Beseitigung aus dem Geltungsbereich dieses Gesetzes hat die Beseitigung im Inland Vorrang vor der Beseitigung im Ausland. Sofern dennoch eine Beseitigung von Abfällen im Ausland entsprechend den Bestimmungen dieses Gesetzes zulässig ist, hat die Beseitigung in einem Mitgliedstaat der Europäischen Gemeinschaft Vorrang vor der Beseitigung in einem anderen Staat.

§ 4

Verfahrensvorschriften

(1) Zuständig für Maßnahmen im Zusammenhang mit der Verbringung von Abfällen in den Geltungsbereich dieses Gesetzes ist die Behörde des Landes, in dem die Abfälle erstmals behandelt, gelagert oder abgelagert werden sollen. Zuständig für Maßnahmen im Zusammenhang mit der Verbringung von Abfällen aus dem Geltungsbereich dieses Gesetzes ist die Behörde des Landes, in dem die Beförderung der Abfälle beginnt. Die zuständige Behörde erteilt den zuständigen Behörden der Länder, durch deren Gebiet Abfälle verbracht werden sollen, eine Ausfertigung ihrer Maßnahme, sofern diese schriftlich getroffen wurde.

(2) Im Falle einer notifizierungsbedürftigen Verbringung von Abfällen aus dem Geltungsbereich dieses Gesetzes hat die notifizierende Person die Notifizierung in Ausführung von Artikel 6 Abs. 1 des Basler Übereinkommens und Artikel 3 Abs. 8, Artikel 6 Abs. 8 und Artikel 15 Abs. 11 der Verordnung (EWG) Nr. 259/93 des Rates vom 1. Februar 1993 zur Überwachung und Kontrolle der Verbringung von Abfällen in der, in die und aus der Europäischen Gemeinschaft (ABl. EG Nr. L 30 S. 1), im folgenden als EG-Abfallverbringungsverordnung bezeichnet, über die zuständige Behörde am Versandort vorzunehmen. Die notifizierende Person legt dazu alle für die Notifizierung erforderlichen Unterlagen, einschließlich der notwendigen Kopien, der zuständigen Behörde vor. Die sich aus dem Basler Übereinkommen und der EG-Abfallverbringungsverordnung für die notifizierende Person ergebenden Rechte und Pflichten werden dadurch nicht berührt.

(3) Die zuständige Behörde am Versandort kann einen Einwand gegen eine notifizierungsbedürftige Verbringung von Abfällen zur Verwertung aus dem Geltungsbereich dieses Gesetzes in Staaten, mit denen eine Vereinbarung im Sinne des Artikels 11 des Basler Übereinkommens geschlossen wurde, auch erheben, wenn

a) die zur Verwertung befugten Anlagen in der oder aufgrund der Vereinbarung nicht abschließend festgelegt sind und

b) begründete Zweifel bestehen, daß die Verwertung in einer genehmigten Anlage durchgeführt wird, die den Anforderungen hinsichtlich einer schadlosen Verwertung im Empfängerland genügen.

(4) Die zuständige Behörde kann Proben der beförderten Abfälle entnehmen und untersuchen. Hierfür und für die Durchführung des Notifizierungs- und Überwachungsverfahrens werden Kosten (Gebühren und Auslagen) erhoben. Kostenschuldner ist die notifizierende Person, bei der Entnahme und Untersuchung von Proben daneben auch der Beförderer.

(5) In Ausführung der Artikel 5 Abs. 3, Artikel 8 Abs. 3, Artikel 9 Abs. 5, Artikel 10, Artikel 15 Abs. 8 Unterabs. 1 Satz 2, Artikel 17 Abs. 4, 6 und 8, Artikel 20 Abs. 7 Unterabs. 2 Satz 1, Artikel 22 und 23 Abs. 6 Unterabs. 2 der EG-Abfallverbringungsverordnung trifft die Verpflichtung zur Mitführung des Begleitscheins auch den Beförderer sowie die die Beförderung unmittelbar durchführende Person. Der Begleitschein ist den für die Kontrolle zuständigen Beamten auf Verlangen auszuhändigen. Die Sätze 1 und 2 gelten für die Behandlung der Angaben nach Artikel 11 Abs. 1 der EG-Abfallverbringungsverordnung entsprechend.

(6) Die Bundesregierung wird ermächtigt, durch Rechtsverordnung mit Zustimmung des Bundesrates Vorschriften zu erlassen über

1. die Notifizierungsunterlagen, die Form der Notifizierung und der Entscheidung,
2. die Beförderungsmittel, besondere Anforderungen an die Verpackung und über die Beförderungswege von Abfällen, soweit sie nicht bereits von Regelungen nach § 1 Abs. 2 erfaßt sind,
3. die Bestimmung der gebührenpflichtigen Tatbestände im einzelnen, die Gebührensätze sowie die Auslagenerstattung; die Gebühr beträgt mindestens hundert Deutsche Mark; sie darf im Einzelfall zehntausend Deutsche Mark nicht übersteigen; die Vorschriften des Verwaltungskostengesetzes sind anzuwenden.

(7) Das Bundesministerium für Umwelt, Naturschutz und Reaktorsicherheit gibt im Einvernehmen mit dem Bundesministerium der Finanzen in Ausführung von Artikel 39 der EG-Abfallverbringungsverordnung die Zollstellen bekannt, über die Abfälle für den Bereich der Bundesrepublik Deutschland in die, aus der und durch die Europäische Gemeinschaft verbracht werden dürfen.

(8) Das Bundesministerium für Umwelt, Naturschutz und Reaktorsicherheit gibt im Einvernehmen mit dem Bundesministerium für Wirtschaft im Bundesanzeiger die Staaten, die mitgeteilt haben, daß sie vollständige oder eingeschränkte Einfuhrverbote für Abfälle erlassen haben sowie die Staaten, mit denen Vereinbarungen über die Verbringung von Abfällen geschlossen worden sind, bekannt.

(9) Sollen Abfälle zur Beseitigung mit dem Ziel ihrer Beseitigung auf Hoher See in den, aus dem oder durch den Geltungsbereich dieses Gesetzes verbracht werden, so ist die Genehmigung zu erteilen, wenn der Antragsteller die Erlaubnis nach Artikel 2 des Gesetzes vom 11. Februar 1977 zu den Übereinkommen vom 15. Februar 1972 und 29. Dezember 1972 zur Verhütung der Meeresverschmutzung durch das Einbringen von Abfällen durch Schiffe und Luftfahrzeuge (BGBl. 1977 II S. 165), zuletzt geändert durch die Fünfte Zuständigkeitsverordnung vom 26. Februar 1993 (BGBl. I S. 278), vorlegt. In diesem Fall hat die zuständige Behörde lediglich die für die Beförderung erforderlichen Nebenbestimmungen festzulegen. Soll die Entsorgung auf Hoher See weder über einen Hafen im Geltungsbereich dieses Gesetzes noch durch ein Schiff erfolgen, das die Bundesflagge führt, darf die Genehmigung nur erteilt werden, wenn die zuständige Behörde nach Anhörung der für die Abfallentsorgung zuständigen Behörden der anderen Länder festgestellt hat, daß eine Entsorgung an Land im Sinne des Artikels 2

Abs. 1 Nr. 1 des in Satz 1 genannten Gesetzes nicht möglich ist und der Antragsteller eine Erlaubnis des Empfängerstaates nach Maßgabe der in Satz 1 genannten Übereinkommen vorlegt. Die Genehmigung darf nicht erteilt werden, wenn die Entsorgung auf See von einem Staat aus erfolgen soll, der den in Satz 1 genannten Übereinkommen nicht beigetreten ist.

§ 5

Mitwirkung anderer Behörden

Das Bundesministerium der Finanzen und die von ihm bestimmten Zolldienststellen, das Bundesministerium für Verkehr und das Bundesamt für Güterverkehr wirken bei der Überwachung der Verbringung von Abfällen in den, aus dem oder durch den Geltungsbereich dieses Gesetzes mit. Besteht der Verdacht eines Verstoßes gegen Verbote und Beschränkungen, die sich aus der EG-Abfallverbringungsverordnung oder diesem Gesetz ergeben oder aufgrund dieses Gesetzes erlassen worden sind, unterrichten sie die zuständigen Behörden. Im Falle des Satzes 2 können sie Abfälle sowie deren Beförderungs- und Verpackungsmittel auf Kosten und Gefahr des Verfügungsberechtigten zurückweisen, bis zur Behebung der festgestellten Mängel sicherstellen oder anordnen, daß sie den zuständigen Behörden vorgeführt werden.

§ 6

Wiedereinfuhrpflicht

(1) Soweit eine Wiedereinfuhrpflicht für aus dem Geltungsbereich dieses Gesetzes verbrachte Abfälle besteht, trifft diese Verpflichtung denjenigen, der die Verbringung notifiziert oder eine illegale Verbringung im Sinne des Artikels 26 der EG-Abfallverbringungsverordnung veranlaßt, vermittelt oder durchgeführt hat oder daran in sonstiger Weise beteiligt war sowie den Erzeuger der verbrachten Abfälle, es sei denn, er kann nachweisen, daß er bei der Abgabe der Abfälle ordnungsgemäß gehandelt hat. Diese Verpflichtung trifft nicht Einrichtungen (Börsen) von Selbstverwaltungskörperschaften oder Verbänden der Wirtschaft, welche die verbrachten Abfälle zur Verwertung vermittelt haben, soweit dies auf den Austausch von Adressen veröffentlichter Angebote und Nachfragen beschränkt ist. Die Verpflichteten sind untereinander nach den Grundsätzen der Gesamtschuld zum Ausgleich verpflichtet. Soweit eine Wiedereinfuhrpflicht die Bundesrepublik Deutschland trifft, obliegt die Erfüllung der Verpflichtung dem Land, dessen zuständige Behörde die Notifizierung nach § 4 Abs. 2 dieses Gesetzes weitergeleitet oder die Weiterleitung verweigert hat, die Verbringungsgenehmigung erteilt oder versagt hat oder die für die Entscheidung über die Weiterleitung oder Genehmigung der Verbringung zuständig gewesen wäre. Soweit Behörden mehrerer Länder zuständig wären, haben die betroffenen Länder eine zuständige Behörde zu bestimmen. Soweit sich nach Satz 4 keine zuständige Behörde bestimmen oder so rechtzeitig ermitteln läßt, daß der Wiedereinfuhrpflicht fristgemäß nachgekommen werden kann, obliegt die Verpflichtung dem Land, das bei Zuordnung dieser Fälle zu der alphabetischen Reihenfolge der Länderbezeichnungen zuständig ist. Die Länder können die Erfüllung der Aufgaben einer gemeinsamen Einrichtung übertragen.

(2) Die zuständige Behörde trifft die für die Erfüllung der Verpflichtung zur Wiedereinfuhr erforderlichen Anordnungen. Für Rückführungsmaßnahmen nach Absatz 1 Satz 4 kann sie sich geeigneter Dritter bedienen. Die Kosten, die im Zusammenhang mit der Rückführung und der umweltverträglichen Entsorgung den zuständigen Behörden entstehen, hat der Rückführpflichtige zu tragen. Es kann bestimmt werden, daß der Rückführpflichtige die voraussichtlichen Kosten, die im Zusammenhang mit der Rückführung der illegal verbrachten Abfälle und der schadlosen Verwertung oder gemeinwohlverträglichen Beseitigung entstehen, im voraus zu zahlen hat. Zahlt der Rückführpflichtige die geltend gemachten Kosten nicht fristgerecht, so können sie im Verwaltungsvollstreckungsverfahren beigetrieben werden, ohne daß es einer besonderen Androhung oder Fristsetzung bedarf. Widerspruch und Anfechtungsklage haben keine aufschiebende Wirkung.

(3) Soweit nach Absatz 1 ein Rückführpflichtiger nicht oder nicht rechtzeitig festgestellt wird, seiner Pflicht nicht nachkommt oder die zurückgeführten Abfälle nicht schadlos verwertet oder gemeinwohlverträglich beseitigt, veranlaßt die zuständige Behörde die Rückführung und schadlose Verwertung oder gemeinwohlverträgliche Beseitigung im Benehmen mit dem Solidarfonds nach § 8.

§ 7

Sicherheitsleistung

(1) In Ausführung von Artikel 27 der EG-Abfallverbringungsverordnung darf eine notifizierungsbedürftige Verbringung von Abfällen in den, aus dem oder durch den Geltungsbereich dieses Gesetzes nur erfolgen, wenn die notifizierende Person zuvor Sicherheit geleistet oder eine entsprechende Versicherung nachgewiesen hat und ihrer Pflicht zur Beteiligung an dem Solidarfonds gemäß § 8 Abs. 1 Satz 6 nachgekommen ist.

(2) Zuständig für die Festlegung und die Freigabe der Sicherheit ist die zuständige Behörde des Versandortes. Wird im Falle der Verbringung von Abfällen in den Geltungsbereich dieses Gesetzes von der zuständigen Behörde des Versandortes die Entscheidung über die Verbringung nicht von der Hinterlegung einer Sicherheit oder dem Nachweis einer entsprechenden Versicherung abhängig gemacht oder hat die inländische Behörde Anlaß zu der Annahme, daß die von der Behörde am Versandort geforderte Sicherheit oder Versicherung nicht geeignet ist, alle in Artikel 27 der EG-Abfallverbringungsverordnung genannten Kosten und Risiken abzudecken, legt sie die erforderliche Sicherheit oder Versicherung durch Bedingung oder Auflage selbst fest.

(3) Zur Abdeckung der im Zusammenhang mit der Wiedereinfuhr und schadlosen Verwertung oder gemeinwohlverträglichen Beseitigung entstehenden Kosten kann die Sicherheitsleistung verwendet oder die Versicherung in Anspruch genommen werden.

§ 8

Solidarfonds Abfallrückführung

(1) Es wird ein „Solidarfonds Abfallrückführung" (Solidarfonds) als rechtsfähige Anstalt des öffentlichen Rechts errichtet. Die Anstalt gilt mit Inkrafttreten dieses Gesetzes als entstanden. Organe der Anstalt sind der Vorstand und

der Verwaltungsrat. Die Anstalt untersteht der Aufsicht des Bundesministeriums für Umwelt, Naturschutz und Reaktorsicherheit. Entstehen im Falle des § 6 Abs. 3 Kosten, trägt diese bis zu einer Höhe von 75 Millionen Deutsche Mark für jeweils drei Jahre der Solidarfonds. Notifizierende Personen im Sinne der EG-Abfallverbringungsverordnung sind verpflichtet, unter Berücksichtigung von Art und Menge der zu verbringenden Abfälle Mitgliedsbeiträge zur Deckung der Leistungen und Verwaltungskosten des Solidarfonds an die Anstalt zu leisten. Mitgliedsbeiträge, die nach jeweils drei Jahren nicht verwendet worden sind, werden an die Beitragspflichtigen nach vorheriger Rückzahlung der nach Absatz 2 geleisteten Nachschüsse anteilig rückerstattet. Der Solidarfonds kann Leistungen anbieten, mit denen die notifizierenden Personen ihre Verpflichtung erfüllen, eine Sicherheit zu leisten oder eine entsprechende Versicherung nachzuweisen. Das Nähere über die Anstalt, insbesondere

1. die Beitragspflicht und die Beitragspflichtigen,
2. die Bemessung der Beiträge,
3. das Verfahren zur Festsetzung und Erhebung der Beiträge,
4. die Inanspruchnahme des Solidarfonds im Falle des § 6 Abs. 3,
5. die Pflicht zur Erteilung von Auskünften und zur Vorlage von Unterlagen gegenüber dem Solidarfonds, soweit dies zur Erfüllung der Aufgaben erforderlich ist, und
6. die Ausgestaltung der Aufsicht über die Anstalt einschließlich der Genehmigung des Haushalts,

bestimmt das Bundesministerium für Umwelt, Naturschutz und Reaktorsicherheit im Einvernehmen mit dem Bundesministerium für Wirtschaft durch Rechtsverordnung.

(2) Soweit die vom Solidarfonds gemäß Absatz 1 Satz 5 bereitzustellenden Mittel zur Abdeckung der durch Rückführungen und schadlose Verwertung oder gemeinwohlverträgliche Beseitigung entstehenden Kosten nicht ausreichen, sind die Länder nach Abzug eines durch Rechtsverordnung nach Satz 2 festzulegenden Bundesanteils nach einem entsprechend Bevölkerungszahl und Steueraufkommen gebildeten Verteilungsschlüssel (Königsteiner Schlüssel) oder einem anderen zwischen den Ländern vereinbarten Schlüssel zum Nachschuß verpflichtet. Das Bundesministerium für Umwelt, Naturschutz und Reaktorsicherheit soll im Einvernehmen mit dem Bundesministerium für Wirtschaft mit Zustimmung des Bundesrates den Fondsumfang durch Rechtsverordnung abweichend von Absatz 1 Satz 5 festlegen, wenn der tatsächliche Bedarf in einem Zeitraum von drei Jahren die Summe nach Satz 5, in den ersten drei Jahren nach Errichtung des Solidarfonds die jährlich aufzubringende Summe, um mehr als 20 vom Hundert über- oder unterschreitet.

(3) Das Bundesministerium für Umwelt, Naturschutz und Reaktorsicherheit wird ermächtigt, im Einvernehmen mit dem Bundesministerium für Wirtschaft durch Rechtsverordnung Aufgaben und Befugnisse des Solidarfonds einer anderen juristischen Person zuzuweisen, wenn diese bereit ist, die Aufgaben zu übernehmen und sie hinreichende Gewähr für die Erfüllung der Aufgaben bietet. Wenn die Voraussetzungen des Absatzes 2 Satz 2 vorliegen, kann die juristische Person den Fondsumfang durch Satzungsänderung selbst abweichend festlegen. Durch die Rechtsverordnung kann sich das Bundesministerium für Umwelt, Naturschutz und Reaktorsicherheit die Genehmigung der Satzung dieser juristischen Person und von Satzungsänderungen durch diese juristische Person vorbehalten und die Aufsicht über die juristische Person regeln. Des weiteren wird das Bundesministerium für Umwelt, Naturschutz und Reaktorsicherheit ermächtigt, im Einvernehmen mit dem Bundesministerium für Wirtschaft durch Rechtsverordnung den Zeitpunkt zu bestimmen, von dem ab die Anstalt oder die juristische Person in Anspruch genommen werden kann.

(4) Der Solidarfonds kann von Rückführpflichtigen nach § 6 Abs. 1 Satz 1, soweit er für deren Pflichten einsteht, Ersatz seiner Aufwendungen verlangen. Erstattungsansprüche gegen einen Rückführpflichtigen gehen auf den Solidarfonds über, soweit dieser Kosten für die Rückführung und schadlose Verwertung oder gemeinwohlverträgliche Beseitigung der Abfälle übernommen hat.

(5) Der Solidarfonds ist von der Körperschaftsteuer, der Gewerbesteuer und der Vermögensteuer befreit.

§ 9

Datenerhebung und -verarbeitung

(1) Für die

1. Überwachung und Durchführung einer schadlosen Verwertung oder gemeinwohlverträglichen Beseitigung von Abfällen,
2. Durchführung der Abfallwirtschaftsplanung,
3. Erfüllung der Informationspflichten gegenüber den zuständigen Behörden anderer Staaten und dem Sekretariat des Basler Übereinkommens,
4. Bekämpfung illegaler Praktiken bei der grenzüberschreitenden Abfallverbringung,
5. Durchführung von Anzeige-, Genehmigungs-, Planfeststellungs- oder sonstiger Zulassungsverfahren, die im Zusammenhang mit den Zwecken nach den Nummern 1 bis 4 stehen,

sind die Anlaufstelle nach § 13, der Solidarfonds Abfallrückführung nach § 8, die für die Abfallwirtschaft zuständigen Behörden des Bundes und der Länder, die Gebietskörperschaften und die durch Rechtsverordnung mit öffentlich-rechtlichen Aufgaben der Abfallwirtschaft beauftragten Träger, die obersten Landesumweltbehörden, die Behörden der Zollverwaltung, die zuständigen Polizeibehörden einschließlich des Bundeskriminalamtes und der Landeskriminalämter, das Auswärtige Amt, das Bundesamt für Wirtschaft, das Bundesausfuhramt, die Biologische Bundesanstalt, das Bundesamt für Güterverkehr, das Bundesamt für Ernährung und Forstwirtschaft sowie die Bundesanstalt für landwirtschaftliche Marktordnung berechtigt, den Namen und die Anschrift, Geburtsdatum und -ort, Telefon-, Telefax- und Telexnummern und den Bereich der Abfallverbringungen betreffende Versicherungen von an der Verbringung von Abfällen und ihrer schadlosen Verwertung oder gemeinwohlverträglichen Beseitigung beteiligten Personen und deren im genannten Bereich tätigen Unternehmen, einschließlich der Erzeuger und Entsorger, zu erheben, soweit dies zur Erfüllung der in den Nummern 1 bis 4 genannten Aufgaben erforderlich ist. Soweit nicht die Überwachungs- und Kontrollbefugnisse in diesem Gesetz und in den Abfallgesetzen des Bundes und der Länder abschließend geregelt sind, dürfen personenbezogene Daten nur beim Betroffenen erhoben werden. Ohne seine Mitwirkung ist die Erhebung nur zulässig, wenn dies zur Erfüllung der in Satz 1 genannten Zwecke erforderlich ist und keine Anhaltspunkte dafür bestehen, daß überwiegende schutzwürdige Interessen des Betroffenen beeinträchtigt werden.

(2) Die nach Absatz 1 Satz 1 erhobenen Daten dürfen an die anderen in Absatz 1 Satz 1 genannten Stellen sowie an die Bundesministerien der Finanzen, des Innern, für Wirtschaft, für Verkehr, für Ernährung, Landwirtschaft und Forsten, für Umwelt, Naturschutz und Reaktorsicherheit und das Umweltbundesamt übermittelt werden, soweit dies zur Erfüllung der in den Nummern 1 bis 4 genannten Aufgaben erforderlich ist. Die nach Absatz 1 Satz 1 erhobenen Daten dürfen auch an Staatsanwaltschaften und Gerichte zum Zwecke der Verfolgung von Straftaten und Ordnungswidrigkeiten übermittelt werden.

(3) An das Sekretariat des Übereinkommens sowie an die Anlaufstellen und die für die Abfallwirtschaft zuständigen Stellen anderer Staaten dürfen die nach Absatz 1 Satz 1 erhobenen Daten auf deren begründetes Ersuchen für die in Absatz 1 Satz 1 Nr. 1 und 4 genannten Zwecke übermittelt werden.

(4) Der Empfänger der nach den Absätzen 2 und 3 übermittelten Daten darf diese nur für den Zweck verarbeiten oder nutzen, zu dessen Erfüllung sie ihm übermittelt wurden, sowie darüber hinaus nur, soweit es zur Abwehr erheblicher Nachteile für das Gemeinwohl oder einer sonst drohenden Gefahr für die öffentliche Sicherheit oder zur Verfolgung von Straftaten und Ordnungswidrigkeiten erforderlich ist. Die übermittelnde Stelle hat den Empfänger in den Fällen des Absatzes 3 darauf hinzuweisen.

(5) Für das Speichern, Verändern, Sperren, Löschen oder Nutzen gilt für die in Absatz 1 Satz 1 und Absatz 2 genannten Stellen das für sie geltende Datenschutzgesetz des Bundes oder des Landes.

§ 10

Kennzeichnung der Fahrzeuge

Fahrzeuge, mit denen Abfälle auf öffentlichen Straßen befördert werden, müssen mit zwei rechteckigen rückstrahlenden weißen Warntafeln von 40 Zentimetern Grundlinie und mindestens 30 Zentimetern Höhe versehen sein; die Warntafeln müssen in schwarzer Farbe die Aufschrift „A" (Buchstabenhöhe 20 Zentimeter, Schriftstärke 2 Zentimeter) tragen. Die Warntafeln sind während der Beförderung vorn und hinten am Fahrzeug senkrecht zur Fahrzeugachse und nicht höher als 1,50 Meter über der Fahrbahn deutlich sichtbar anzubringen. Bei Zügen muß die zweite Tafel an der Rückseite des Anhängers angebracht sein. Für das Anbringen der Warntafeln hat der Fahrzeugführer zu sorgen.

§ 11

Umsetzung von internationalen Übereinkünften oder Vereinbarungen

Die Bundesregierung wird ermächtigt, durch Rechtsverordnung mit Zustimmung des Bundesrates

1. Ausnahmen hinsichtlich der Verbringungsverbote und der Verbringungsverfahren festzulegen, um in Umsetzung von zweiseitigen, mehrseitigen oder regionalen Übereinkünften oder anderen Vereinbarungen, die nach Artikel 11 des Basler Übereinkommens und der EG-Abfallverbringungsverordnung zulässig sind, die schadlose Verwertung oder gemeinwohlverträgliche Beseitigung von Abfällen zu fördern,
2. weitere Verbote der Verbringung bestimmter Abfälle in den, aus dem oder durch den Geltungsbereich dieses Gesetzes zu erlassen, soweit dies erforderlich ist, um eine schadlose Verwertung oder gemeinwohlverträgliche Beseitigung sicherzustellen, insbesondere auch um Verbringungsverbote anderer Staaten durchzusetzen. Diese Rechtsverordnungen können auch zur Durchführung oder Umsetzung von entsprechenden zweiseitigen, mehrseitigen oder regionalen Übereinkünften oder anderer Vereinbarungen, die nach Artikel 11 des Basler Übereinkommens und der EG-Abfallverbringungsverordnung zulässig sind, erlassen werden.

§ 12

Ausführung der EG-Abfallverbringungsverordnung

Die Bundesregierung wird ermächtigt, durch Rechtsverordnung mit Zustimmung des Bundesrates

1. zu bestimmen, welche der in Anhang II der EG-Abfallverbringungsverordnung aufgeführten Abfälle aus Gründen des Umweltschutzes oder der öffentlichen Gesundheit wie die in den Anhängen III oder IV der Verordnung aufgeführten Abfälle überwacht werden,
2. in Ausführung von Artikel 17 Abs. 1 und 2 der EG-Abfallverbringungsverordnung ein Anzeigeverfahren für die Verbringung von bestimmten Abfällen nach Anhang II der EG-Abfallverbringungsverordnung in bestimmte Staaten, die nicht Mitgliedstaat der OECD sind, zu erlassen.

§ 13

Anlaufstelle

(1) Das Umweltbundesamt ist Anlaufstelle im Sinne des Artikels 5 Abs. 1 des Basler Übereinkommens und im Sinne des Artikels 36 Satz 2 und des Artikels 37 der EG-Abfallverbringungsverordnung. Es ist zuständige Behörde für die Entscheidung über die notifizierungsbedürftige Verbringung von Abfällen durch den Geltungsbereich dieses Gesetzes. Es hat die zuständigen obersten Behörden der Länder, durch deren Gebiet Abfälle notifizierungsbedürftig verbracht werden sollen, vor der Entscheidung zu unterrichten; diese können binnen einer Woche nach Eingang der Mitteilung Einwände gegen die Verbringung erheben.

(2) Die Anlaufstelle ist zuständig für die Übermittlung von Informationen nach Artikel 13 des Basler Übereinkommens an das Sekretariat des Basler Übereinkommens. Die Länder übermitteln dem Umweltbundesamt rechtzeitig die im Rahmen der Zusammenarbeit mit dem Sekretariat und insbesondere zur Fertigung des Berichts nach Artikel 13 Abs. 3 des Basler Übereinkommens erforderlichen Informationen. Die Anlaufstelle erhält insbesondere einen Abdruck von schriftlich getroffenen Entscheidungen über die Verbringung von Abfällen in den, aus dem oder durch den Geltungsbereich dieses Gesetzes.

(3) Die Anlaufstelle ist weiterhin Clearingstelle für grenzüberschreitende Abfallverbringungen. Sie sammelt und verteilt auf Anfrage die ihr von den zuständigen Landesbehörden zugeleiteten Informationen, insbesondere über die im Rahmen des Notifizierungsverfahrens von der notifizierenden Person beigebrachten Gutachten über die Eignung von in Staaten außerhalb der Europäischen Union belegenen Anlagen zur schadlosen Verwertung oder umweltverträglichen Beseitigung von Abfällen sowie ihr sonst vorliegende Informationen. Bund und Länder tauschen über die Clearingstelle Informationen über gescheiterte und illegale Verbringungen sowie über laufende Ermittlungs- und Strafverfahren aus. Die Clearingstelle nimmt Anfragen mit Auslandsbezug entgegen und leitet sie an die zuständigen Stellen weiter.

§ 14

Bußgeldvorschriften

(1) Ordnungswidrig handelt, wer der EG-Abfallverbringungsverordnung in Verbindung mit § 1 Abs. 1 und § 2 Abs. 1 Satz 1 und 2 zuwiderhandelt, indem er vorsätzlich oder fahrlässig

1. einer vollziehbaren Anordnung nach Artikel 4 Abs. 2 Buchstabe a Unterabs. 1 Satz 2, Artikel 15 Abs. 2 Unterabs. 1 Satz 2, Artikel 20 Abs. 4 Unterabs. 1 Satz 2, auch in Verbindung mit Artikel 22 Abs. 2, oder Artikel 23 Abs. 2 Satz 3 der EG-Abfallverbringungsverordnung zuwiderhandelt,
2. ohne Genehmigung oder ohne Zustimmung nach Artikel 5 Abs. 1, Artikel 8 Abs. 1 Unterabs. 2, auch in Verbindung mit Artikel 10, Artikel 17 Abs. 4 oder 6 oder Artikel 22 Abs. 1, Artikel 15 Abs. 7, auch in Verbindung mit Artikel 17 Abs. 8, oder Artikel 20 Abs. 6, auch in Verbindung mit Artikel 22 Abs. 2, der EG-Abfallverbringungsverordnung Abfälle in den, aus dem oder durch den Geltungsbereich dieses Gesetzes verbringt,
3. entgegen Artikel 5 Abs. 3, Artikel 8 Abs. 3, auch in Verbindung mit Artikel 9 Abs. 5, Artikel 10, Artikel 17 Abs. 4 oder 6 oder Artikel 22 Abs. 1, Artikel 15 Abs. 8 Unterabs. 1 Satz 2, auch in Verbindung mit Artikel 17 Abs. 8, Artikel 20 Abs. 7 Unterabs. 2 Satz 1, auch in Verbindung mit Artikel 22 Abs. 2, oder Artikel 23 Abs. 6 Unterabs. 2 der EG-Abfallverbringungsverordnung eine Sendung nicht mit einer Kopie des Begleitscheins versieht, entgegen Artikel 11 Abs. 1 der EG-Abfallverbringungsverordnung die dort genannten Angaben den Abfällen nicht beigibt oder entgegen Artikel 15 Abs. 8 Unterabs. 3, Artikel 20 Abs. 7 Unterabs. 1 Satz 2 oder Artikel 23 Abs. 6 Unterabs. 3 Satz 1 der EG-Abfallverbringungsverordnung eine beglaubigte Kopie des Begleitscheins der Zollstelle nicht vorlegt,
4. entgegen Artikel 8 Abs. 1 Unterabs. 1, auch in Verbindung mit Artikel 17 Abs. 4 oder Artikel 22 Abs. 1 Buchstabe a, der EG-Abfallverbringungsverordnung vor Ablauf der genannten Frist oder entgegen Artikel 24 Abs. 6 der EG-Abfallverbringungsverordnung trotz Vorliegens von Einwänden Abfälle in den, aus dem oder durch den Geltungsbereich dieses Gesetzes verbringt oder
5. entgegen Artikel 14 Abs. 1 oder 2 Buchstabe a, Artikel 16 Abs. 1 oder 3 Buchstabe a, Artikel 18 Abs. 1, Artikel 19 Abs. 1 oder Artikel 21 Abs. 1 der EG-Abfallverbringungsverordnung Abfälle in den, aus dem oder durch den Geltungsbereich dieses Gesetzes verbringt.

(2) Ordnungswidrig handelt auch, wer vorsätzlich oder fahrlässig

1. entgegen § 4 Abs. 5 einen Begleitschein oder Angaben nicht mitführt oder auf Verlangen nicht oder nicht rechtzeitig aushändigt,
2. einer vollziehbaren Anordnung nach § 6 Abs. 2 Satz 1 zuwiderhandelt,
3. entgegen § 10 eine Warntafel nicht oder nicht in der vorgeschriebenen Weise anbringt oder
4. einer Rechtsverordnung nach § 4 Abs. 6, § 11 Nr. 2 oder § 12 zuwiderhandelt, soweit sie für einen bestimmten Tatbestand auf diese Bußgeldvorschrift verweist.

(3) Die Ordnungswidrigkeit kann mit einer Geldbuße bis zu hunderttausend Deutsche Mark geahndet werden.

(4) Verwaltungsbehörde im Sinne des § 36 Abs. 1 Nr. 1 des Gesetzes über Ordnungswidrigkeiten ist das Bundesamt für Güterverkehr, soweit die Zuwiderhandlung in einem Unternehmen begangen wird, das im Inland weder seinen Sitz noch eine geschäftliche Niederlassung hat und der Betroffene im Inland keinen Wohnsitz hat.

§ 15

Einziehung

Ist eine Ordnungswidrigkeit nach § 14 Abs. 1 oder 2 Nr. 3 begangen worden, so können Gegenstände,

1. auf die sich die Ordnungswidrigkeit bezieht oder
2. die zur Begehung oder Vorbereitung gebraucht wurden oder bestimmt gewesen sind,

eingezogen werden. § 23 des Gesetzes über Ordnungswidrigkeiten ist anzuwenden.

Anhang I

Abfallgruppen

Q1 Nachstehend nicht näher beschriebene Produktions- oder Verbrauchsrückstände

Q2 Nicht den Normen entsprechende Produkte

Q3 Produkte, bei denen das Verfalldatum überschritten ist

Q4 Unabsichtlich ausgebrachte oder verlorene oder von einem sonstigen Zwischenfall betroffene Produkte einschließlich sämtlicher Stoffe, Anlageteile usw., die bei einem solchen Zwischenfall kontaminiert worden sind

Q5 Infolge absichtlicher Tätigkeiten kontaminierte oder verschmutzte Stoffe (z. B. Reinigungsrückstände, Verpackungsmaterial, Behälter usw.)

Q6 Nichtverwendbare Elemente (z. B. verbrauchte Batterien, Katalysatoren usw.)

Q7 Unverwendbar gewordene Stoffe (z. B. kontaminierte Säuren, Lösungsmittel, Härtesalze usw.)

Q8 Rückstände aus industriellen Verfahren (z. B. Schlacken, Destillationsrückstände usw.)

Q9 Rückstände von Verfahren zur Bekämpfung der Verunreinigung (z. B. Gaswaschschlamm, Luftfilterrückstand, verbrauchte Filter usw.)

Q10 Bei maschineller und spanender Formgebung anfallende Rückstände (z. B. Dreh- und Fräsespäne usw.)

Q11 Bei der Förderung und der Aufbereitung von Rohstoffen anfallende Rückstände (z. B. im Bergbau, bei der Erdölförderung usw.)

Q12 Kontaminierte Stoffe (z. B. mit PCB verschmutztes Öl usw.)

Q13 Stoffe oder Produkte aller Art, deren Verwendung gesetzlich verboten ist

Q14 Produkte, die vom Besitzer nicht oder nicht mehr verwendet werden (z. B. in der Landwirtschaft, den Haushaltungen, Büros, Verkaufsstellen, Werkstätten usw.)

Q15 Kontaminierte Stoffe oder Produkte, die bei der Sanierung von Böden anfallen

Q16 Stoffe oder Produkte aller Art, die nicht einer der oben erwähnten Gruppen angehören

Anhang IIA

Beseitigungsverfahren

Dieser Anhang führt Beseitigungsverfahren auf, die in der Praxis angewandt werden. Nach Artikel 4 der Richtlinie 75/442/EWG des Rates vom 25. Juli 1975 über Abfälle (ABl. EG Nr. L 194 S. 39), geändert durch die Richtlinie 91/156/EWG (ABl. EG Nr. L 78 S. 32), zuletzt geändert durch die Richtlinie 91/692/EWG (ABl. EG Nr. L 377 S. 48), müssen die Abfälle beseitigt werden, ohne daß die menschliche Gesundheit gefährdet wird und ohne daß Verfahren oder Methoden verwendet werden, welche die Umwelt schädigen können.

D1 Ablagerungen in oder auf dem Boden (d. h. Deponien usw.)

D2 Behandlung im Boden (z. B. biologischer Abbau von flüssigen oder schlammigen Abfällen im Erdreich usw.)

D3 Verpressung (z. B. Verpressung pumpfähiger Abfälle in Bohrlöcher, Salzdome oder natürliche Hohlräume usw.)

D4 Oberflächenaufbringung (z. B. Ableitung flüssiger oder schlammiger Abfälle in Gruben, Teiche oder Lagunen usw.)

D5 Speziell angelegte Deponien (z. B. Ablagerung in abgedichteten, getrennten Räumen, die verschlossen und gegeneinander und gegen die Umwelt isoliert werden usw.)

D6 Einleitung in ein Gewässer mit Ausnahme von Meeren/Ozeanen

D7 Einleitung in Meere/Ozeane einschließlich Einbringung in den Meeresboden

D8 Biologische Behandlung, die nicht an anderer Stelle in diesem Anhang beschrieben ist und durch die Endverbindungen oder Gemische entstehen, die mit einem der in diesem Anhang aufgeführten Verfahren entsorgt werden

D9 Chemisch/physikalische Behandlung, die nicht an anderer Stelle in diesem Anhang beschrieben ist und durch die Endverbindungen oder -gemische entstehen, die mit einem der in diesem Anhang beschriebenen Verfahren entsorgt werden (z. B. Verdampfen, Trocknen, Kalzinieren, Neutralisieren, Ausfällen usw.)

D10 Verbrennung an Land

D11 Verbrennung auf See

D12 Dauerlagerung (z. B. Lagerung von Behältern in einem Bergwerk usw.)

D13 Vermengung oder Vermischung vor Anwendung eines der in diesem Anhang beschriebenen Verfahren

D14 Rekonditionierung vor Anwendung eines der in diesem Anhang beschriebenen Verfahren

D15 Lagerung bis zur Anwendung eines der in diesem Anhang beschriebenen Verfahren (Zwischenlagerung), ausgenommen zeitweilige Lagerung – bis zum Einsammeln – auf dem Gelände der Entstehung der Abfälle

Anhang IIB

Verwertungsverfahren

Dieser Anhang führt Verwertungsverfahren auf, die in der Praxis angewandt werden. Nach Artikel 4 der Richtlinie 75/442/EWG des Rates vom 25. Juli 1975 über Abfälle (ABl. EG Nr. L 194 S. 39), geändert durch die Richtlinie 91/156/EWG (ABl. EG Nr. L 78 S. 32), zuletzt geändert durch die Richtlinie 91/692/EWG (ABl. EG Nr. L 377 S. 48), müssen die Abfälle verwertet werden, ohne daß die menschliche Gesundheit gefährdet und ohne daß Verfahren oder Methoden verwendet werden, welche die Umwelt schädigen können.

R1 Rückgewinnung/Regenerierung von Lösemitteln

R2 Verwertung/Rückgewinnung organischer Stoffe, die nicht als Lösemittel verwendet werden

R3 Verwertung/Rückgewinnung von Metallen und Metallverbindungen

R4 Verwertung/Rückgewinnung anderer anorganischer Stoffe

R5 Regenerierung von Säuren oder Basen

R6 Wiedergewinnung von Bestandteilen, die der Bekämpfung der Verunreinigung dienen

R7 Wiedergewinnung von Katalysatorenbestandteilen

R8 Altölraffination oder andere Wiederverwendungsmöglichkeiten von Altöl

R9 Verwendung als Brennstoff (außer bei Direktverbrennung) oder andere Mittel der Energieerzeugung

R10 Aufbringung auf den Boden zum Nutzen der Landwirtschaft oder der Ökologie, einschließlich der Kompostierung und sonstiger biologischer Umwandlungsverfahren, mit Ausnahme der nach Artikel 2 Abs. 1 Buchstabe b Ziffer iii der Richtlinie 75/442/EWG des Rates über Abfälle (ABl. EG Nr. L 194 S. 39), geändert durch die Richtlinie 91/156/EWG (ABl. EG Nr. L 78 S. 32), zuletzt geändert durch die Richtlinie 91/692/EWG (ABl. EG Nr. L 377 S. 48), ausgeschlossenen Abfälle

R11 Verwendung von Rückständen, die bei einem der unter R1 bis R10 aufgezählten Verfahren gewonnen werden

R12 Austausch von Abfällen, um sie einem der unter R1 bis R11 aufgezählten Verfahren zu unterziehen

R13 Ansammlung von Stoffen, die für eines der in diesem Anhang beschriebenen Verfahren vorgesehen sind, ausgenommen zeitweilige Lagerung – bis zum Einsammeln – auf dem Gelände der Entstehung der Abfälle.

Artikel 2

Das Abfallgesetz vom 27. August 1986 (BGBl. I S. 1410, 1501), zuletzt geändert durch Artikel 5 des Gesetzes vom 27. Juni 1994 (BGBl. I S. 1440), wird wie folgt geändert:

1. Nach § 12 wird folgender § 12a eingefügt:

„§ 12a

Genehmigungspflicht
für Vermittlungsgeschäfte

Wer, ohne im Besitz der Abfälle oder der Stoffe im Sinne des § 2 Abs. 3 zu sein, für Dritte Verbringungen gewerbsmäßig vermitteln will, bedarf der Genehmigung der zuständigen Behörde. Die Genehmigung ist zu erteilen, wenn nicht Tatsachen die Annahme der Unzuverlässigkeit des Antragstellers oder einer mit der Leitung oder Beaufsichtigung des Betriebes (oder einer Zweigniederlassung) beauftragten Person rechtfertigen. Die Genehmigung kann inhaltlich beschränkt und mit Auflagen verbunden werden, soweit dies zum Schutze der Allgemeinheit oder der Umwelt erforderlich ist; unter denselben Voraussetzungen ist auch die nachträgliche Aufnahme, Änderung und Ergänzung von Auflagen zulässig. Sind der Genehmigungsbehörde entsprechende Tatsachen bekannt, obliegt es dem Antragsteller, diese zu widerlegen. Die Genehmigung ist zu widerrufen, wenn entsprechende Tatsachen nachträglich bekannt werden. Widerspruch und Anfechtungsklage haben keine aufschiebende Wirkung."

2. Die §§ 13 bis 13c werden aufgehoben.

3. § 18 Abs. 1 Nr. 10 und 10a wird gestrichen.

4. § 19 Abs. 2 wird wie folgt geändert:

   Die Wörter „bis 10a" und „nach § 18 der Abfallverbringungs-Verordnung vom 18. November 1988 (BGBl. I S. 2126, 2418)" werden gestrichen.

Artikel 3

Änderung des Strafgesetzbuches

Das Strafgesetzbuch in der Fassung der Bekanntmachung vom 10. März 1987 (BGBl. I S. 945, 1160), zuletzt geändert durch Artikel 5 des Gesetzes vom 27. September 1994 (BGBl. I S. 2705), wird wie folgt geändert:

1. § 326 wird wie folgt geändert:

   a) Nach Absatz 1 wird folgender neuer Absatz 2 eingefügt:

      „(2) Ebenso wird bestraft, wer Abfälle im Sinne des Absatzes 1 entgegen einem Verbot oder ohne die erforderliche Genehmigung in den, aus dem oder durch den Geltungsbereich dieses Gesetzes verbringt.";

   b) die bisherigen Absätze 2 bis 5 werden Absätze 3 bis 6; in dem neuen Absatz 4 wird die Verweisung „In den Fällen des Absatzes 1" durch die Verweisung „In den Fällen der Absätze 1 und 2" ersetzt.

2. In § 330 Abs. 1 Nr. 1 und § 330c wird jeweils die Verweisung „§ 326 Abs. 1 oder 2" durch die Verweisung „§ 326 Abs. 1 bis 3" ersetzt.

Artikel 4

Änderung der Abfallverbringungs-Verordnung

Die Abfallverbringungs-Verordnung vom 18. November 1988 (BGBl. I S. 2126, 2418) wird wie folgt geändert:

1. Die §§ 1 bis 16 und 18 bis 20 werden aufgehoben.

2. Dem § 17 wird folgender Satz 2 angefügt:

   „Die Regelung des Satzes 1 findet für Amtshandlungen der zuständigen Behörden sowie für in Amtshilfe vorgenommene Maßnahmen der Zollstellen im Rahmen der Verordnung (EWG) Nr. 259/93 des Rates vom 1. Februar 1993 zur Überwachung und Kontrolle der Verbringung von Abfällen in der, in die und aus der Europäischen Gemeinschaft (ABl. EG Nr. L 30 S. 1) entsprechende Anwendung, bis eine neue Regelung auf der Grundlage des § 4 Abs. 6 Nr. 3 des Abfallverbringungsgesetzes vom 30. September 1994 (BGBl. I S. 2771) erlassen worden ist."

Artikel 5

Änderung der Abfall- und Reststoffüberwachungs-Verordnung

Die Abfall- und Reststoffüberwachungs-Verordnung vom 3. April 1990 (BGBl. I S. 648) wird wie folgt geändert:

1. Nach § 7 wird folgender § 7a eingefügt:

„§ 7a

Gebühren für Widerruf,
Rücknahme, Ablehnung und Widerspruch

Die Gebühr beträgt für

1. den Widerruf oder die Rücknahme einer Amtshandlung, soweit der Betroffene dazu Anlaß gegeben hat:

   20 DM bis zu dem Betrag, der als Gebühr für die Vornahme der widerrufenen oder zurückgenommenen Amtshandlung vorgesehen ist oder zu erheben wäre,

2. für die Ablehnung oder die Rücknahme eines Antrags auf Vornahme einer Amtshandlung:

   Betrag der für die Vornahme der Amtshandlung vorgesehenen Gebühr unter Berücksichtigung des § 15 des Verwaltungskostengesetzes,

3. die Zurückweisung des Widerspruchs oder die Rücknahme des Widerspruchs nach Beginn der sachlichen Bearbeitung:

   20 DM bis zu dem Betrag, der für die Vornahme der angefochtenen Amtshandlung vorgesehen ist oder zu erheben wäre."

2. In § 8 Abs. 4 werden die Worte „die Genehmigung der zuständigen Behörde nach § 13 des Abfallgesetzes" durch die Worte „die Notifizierung der zuständigen Behörde nach § 4 des Abfallverbringungsgesetzes" ersetzt.

Artikel 6
Rückkehr zum einheitlichen Verordnungsrang

Die auf Artikel 4 beruhenden Teile der Abfallverbringungsverordnung und die auf Artikel 5 beruhenden Teile der Abfall- und Reststoffüberwachungs-Verordnung können aufgrund der Ermächtigung des Zustimmungsgesetzes zum Basler Übereinkommen, des Abfallverbringungsgesetzes sowie des Kreislaufwirtschafts- und Abfallgesetzes durch Rechtsverordnung geändert werden.

Artikel 7
Inkrafttreten

Dieses Gesetz tritt am dritten Tage nach der Verkündung in Kraft.

Das vorstehende Gesetz wird hiermit ausgefertigt und wird im Bundesgesetzblatt verkündet.

Berlin, den 30. September 1994

Der Bundespräsident
Roman Herzog

Der Bundeskanzler
Dr. Helmut Kohl

Der Bundesminister
für Umwelt, Naturschutz und Reaktorsicherheit
Klaus Töpfer

Der Bundesminister des Auswärtigen
Kinkel

Der Bundesminister für Wirtschaft
Rexrodt

Verordnung über die grenzüberschreitende Verbringung von Abfällen (Abfallverbringungs-Verordnung - AbfVerbrV)

vom 18. November 1988

(BGBl. I S. 2126, ber. S. 2148, zuletzt geändert durch Artikel 4 Ausführungsgesetz zum Basler Übereinkommen vom 30. September 1994, BGBl. I S. 2771)

§§ 1 bis 16

(aufgehoben)

§ 17

Für Amtshandlungen der zuständigen Behörde sowie für in Amtshilfe vorgenommene Maßnahmen der Zollstellen und des Freihafenamtes der Freien und Hansestadt Hamburg werden gemäß § 13 Abs. 4 des Abfallgesetzes Gebühren nach folgenden Rahmensätzen sowie Auslagen erhoben:

1. Erteilung einer Genehmigung für die Verbringung von
   a) Abfällen aus Haushaltungen, Sperrmüll oder hausmüllähnlichen Abfällen: 100 bis 1000 DM
   b) Erdaushub, Straßenaufbruch oder Bauschutt, verunreinigt durch Schadstoffe: 100 bis 3000 DM
   c) sonstigen Abfällen, insbesondere Abfällen im Sinne des § 2 Abs. 2 des Abfallgesetzes: 100 bis 5000 DM
2. Erteilung einer Sammelgenehmigung für die Verbringung von
   a) Abfällen aus Haushaltungen, Sperrmüll oder hausmüllähnlichen Abfällen: 100 bis 6000 DM
   b) Erdaushub, Straßenaufbruch oder Bauschutt, verunreinigt durch Schadstoffe: 100 bis 8000 DM
   c) sonstigen Abfällen, insbesondere Abfällen im Sinne des § 2 Abs. 2 des Abfallgesetzes: 100 bis 10000 DM
3. Entnahme einer Probe der verbrachten Abfälle: 100 bis 1000 DM
4. Untersuchung der verbrachten Abfälle je Probe
   a) wenn die zuständige Behörde die Untersuchung selbst vornimmt: 100 bis 5000 DM
   b) wenn die zuständige Behörde die Untersuchung durch Dritte vornehmen läßt: 100 bis 500 DM;

   die für die Untersuchungen anfallenden Kosten werden zusätzlich als Auslagen erhoben.

Die Regelung des Satzes 1 findet für Amtshandlungen der zuständigen Behörden sowie für in Amtshilfe vorgenommene Maßnahmen der Zollstellen im Rahmen der Verordnung (EWG) Nr. 259/93 des Rates vom 1. Februar 1993 zur Überwachung und Kontrolle der Verbringung von Abfällen in der, in die und aus der Europäischen Gemeinschaft (ABl. EG-Nr. L 30, S. 1) entsprechende Anwendung bis eine neue Regelung auf der Grundlage des § 4 Abs. 6 Nr. 3 des Abfallverbringungsgesetzes vom 30. September 1994 (BGBl. I, S. 2771) erlassen worden ist.

§§ 18 bis 20

(aufgehoben)

§ 21

Diese Verordnung tritt am ersten Tage des zweiten auf die Verkündung[9] folgenden Monats in Kraft.

[9] verkündet am 29.11.1988

Entsorgungs- / Verwertungsnachweis NR.

Verantwortliche Erklärung

(auszufüllen durch den Abfall- / Reststofferzeuger)

Zutreffendes bitte ankreuzen ☒ oder ausfüllen.

Blatt (1)

Für interne Vermerke

1

1.1 **Entsorgungsnachweis für Abfälle** ☐

1.2 **Verwertungsnachweis für Reststoffe** ☐

2 Angaben zum Abfall- / Reststofferzeuger

2.1 Firma / Körperschaft

2.2 Straße — Hausnr.

2.3 Staat — Postleitzahl — Ort

3 Abfall- / Reststoffherkunft

3.1 Anfallstelle (Bezeichnung des Werks / des Betriebes bzw. der Altlast)

3.2 Bezeichnung der Anlage — Erzeugernummer

3.3 Straße oder Koordinaten — Hausnr.

3.4 Staat — Postleitzahl — Ort

3.5 Ansprechpartner

3.6 Telefonnummer — Telefaxnummer

4 Abfall- / Reststoffbeschreibung

4.1 Betriebsinterne Bezeichnung

4.2 Abfall-/Reststoffschlüssel — Bezeichnung nach Katalog der besonders überwachungsbedürftigen Abfälle/ Reststoffartenkatalog

4.3 Konsistenz: fest ☐ stichfest ☐ pastös/schlammig/breiig ☐ staubförmig ☐ flüssig ☐

4.4 Aussehen

4.5 Farbe

4.6 Geruch

4.7 Brennverhalten unter üblichen Bedingungen: selbstentzündlich ☐ brennbar ☐ unbrennbar ☐

4.8 Reaktionen mit Wasser: Bildung von Gasen ☐ Erwärmung ☐ keine Reaktionen ☐

4.9 Reaktionen mit anderen Stoffen

Entsorgungs- / Verwertungsnachweis | **NR.** ☐☐☐☐☐☐

Verantwortliche Erklärung

(auszufüllen durch den Abfall- / Reststofferzeuger)

Zutreffendes bitte ankreuzen ☒ oder ausfüllen

Blatt (2)

Für interne Vermerke

5 **Abfall- / Reststoffentstehung**

5.1 Beschreibung des Verfahrens (ggf weitere Angaben auf gesondertem Blatt)

____

____

____

5.2 Wurde der Abfall / Reststoff einer Vorbehandlung unterzogen ? Ja ☐ nein ☐

5.3 Wenn Ja, welcher Vorbehandlung (ggf weitere Angaben auf gesondertem Blatt)

____

____

____

5.4 Abfall-/ Reststoffentstehung in einer nach BImSchG genehmigten Anlage Ja ☐ Nein ☐

5.4.1 Nummer ☐☐☐☐ und Spalte ☐ nach der Anlage zur 4. BImSchV

5.4.2 Zuständige Genehmigungsbehörde nach BImSchG

☐☐

5.4.3 Aktenzeichen des Bescheides

☐☐☐☐☐☐☐☐☐☐☐☐☐☐☐☐☐☐☐☐

5.4.4 Auflagen zur Entsorgung aus dem Bescheid (ggf weitere Angaben auf gesondertem Blatt oder Kopie der Auflagen beilegen)

____

____

6 **Hinweise zur Arbeitssicherheit**

Der Abfall / Reststoff kann folgende Gefahrstoffe nach GefStoffV enthalten:

6.1

lfd. Nr	Bezeichnung
☐☐☐☐	☐☐
☐☐☐☐	☐☐
☐☐☐☐	☐☐
☐☐☐☐	☐☐

6.2 Folgende Unterlagen liegen der Verantwortlichen Erklärung bei:

Betriebsinterne Arbeitssicherheitsvorschriften ☐☐ Anzahl

Sicherheitsdatenblätter der Ausgangsstoffe ☐☐ Anzahl

Entsorgungs- / Verwertungsnachweis

Verantwortliche Erklärung

(auszufüllen durch den Abfall- / Reststofferzeuger)

Zutreffendes bitte ankreuzen ☒ oder ausfüllen.

NR.

Blatt ③

Für interne Vermerke

7 **Abfall- / Reststoffanalytik für die Prüfung einer konkreten Entsorgung / Verwertung (ggf. im Dialog mit dem Entsorger / Verwerter festzulegen)**

7.1 Abfall- / Reststoffbestimmende Komponenten (ggf weitere Angaben auf gesondertem Blatt)

____

____

____

____

7.2 Wurde geprüft, ob der Abfall / Reststoff verwertet werden kann? Ja ☐ Nein ☐

7.3 Wird dieser Abfall / Reststoff einer Verwertung zugeführt ? Ja ☐ Nein ☐

7.4 Wenn ja, Art und Ort der Verwertung:

____

____

____

7.5 Wenn nein, Begründung:

____

____

____

7.6 Entsorgungsweg nach Katalog der besonders überwachungsbedürftigen Abfälle (Anhang C der TA Besonders überwachungsbedürftige Abfälle)

CPB ☐ HMV ☐ SAV ☐ HMD ☐ SAD ☐ UTD ☐

sonstige ____________________

____

7.7 Folgende Deklarationsanalysen sind beigefügt:

Chemisch-Physikalische Behandlung (Anhang 1a) ☐

Verbrennung (Anhang 1b) ☐

Deponie (Anhang 1c) ☐

Untertagedeponie (Anhang 1d) ☐

Verwertung (Anhang 1e) ☐

Sonstige (Anhang 1f) ☐

____________________ ☐

____________________ ☐

Entsorgungs- / Verwertungsnachweis

NR. ☐☐☐☐☐☐

Verantwortliche Erklärung

(auszufullen durch den Abfall- / Reststofferzeuger)

Zutreffendes bitte ankreuzen ☒ oder ausfullen.

Blatt (4)

Für interne Vermerke

8 **Anfall und Abgabe des Abfalls / Reststoffs**

8.1 Jahresmenge [t/a] ☐☐☐☐☐☐ oder Jahresmenge [m^3/a] ☐☐☐☐☐☐

8.2 Abgabehäufigkeit

täglich ☐☐ -mal wöchentlich ☐☐ -mal monatlich ☐☐ -mal jährlich ☐☐ -mal

einmalig ☐

9 **Hinweise zur Beförderung**

9.1 Angaben, die für Handhabung, Beförderung oder Entsorgung wesentlich sein können:

____

____

____

9.2 Gefahrgut nach GGVS/ GGVE Ja ☐ Nein ☐

9.2.1 wenn ja, Festlegung entsprechend GGVS/GGVE Klasse: ☐☐ Ziffer: ☐☐☐

9.2.2 Ordnungsnummer des Verzeichnisses der gefährlichen Güter der Empfehlungen der Vereinten Nationen: U.N.-NR. ☐☐☐☐

10 **Verantwortliche Erklärung**

10.1 Wir versichern, daß die in dieser Verantwortlichen Erklärung gemachten Angaben über den Abfall / Reststoff zutreffen. Wir werden nur Abfälle zur Entsorgung bereitstellen, für die die Verwertung geprüft wurde und die den Angaben in der Verantwortlichen Erklärung entsprechen.

Ort	Datum	Rechtsverbindliche Unterschrift des Abfall- / Reststofferzeugers
____________	☐☐☐☐☐☐	____________________

10.2 Bei der Erstellung der Verantwortlichen Erklärung hat mitgewirkt:

Ort	Datum	Unterschrift
____________	☐☐☐☐☐☐	____________________

D Liste der deutschen Abgangszollstellen

Liste der deutschen Abgangszollstellen

Stand 20. Januar 1995

Land	Hauptzollamt	Zollamt	Telefon-Nr.	Fax-Nr.
Baden-Württemberg	Konstanz	Emmishofer Tor Emmishofer Str. 20 78462 Konstanz	07531/124-0	-
	Konstanz	Güterbahnhof Hafenstr. 14 78462 Konstanz	07531/124-0	-
	Lörrach	DZA Basel Postfach 1920 79554 Weil am Rhein	004161/6913325	004161/6913382
	Lörrach	Grenzacherhorn Hörnle 72 79639 Grenzach-Wyhlen	07624/5064	07624/6944
	Lörrach	Weil am Rhein-Autobahn Postfach 1907 79554 Weil am Rhein	07621/7010	07621/701164
	Lörrach	Weil am Rhein-Friedlingen Postfach 1910 79554 Weil am Rhein	07621/71004	Teletex 762122
	Lörrach	Weil am Rhein-Otterbach Basler Str. 61 79576 Weil am Rhein	0721/71010	-
	Singen	Bahnhof Güterstr. 1 78224 Siegen	07731/82050	07731/60680
	Singen	Bietingen Zollstr. 35 78244 Gottmadingen	07734/890	07734/89102
	Singen	Rielasingen Ramsernerstr. 67 78239 Rielasingen	07731/52044	07731/29850
	Waldshut	Bad Säckingen Fricktalerstr. 1 79713 Bad Säckingen	07761/92040	07761/920430
	Waldshut	Erzingen Hauptstr. 113 79771 Klettgau	07742/5350	07742/96611
	Waldshut	Günzgen Schaffhauser Str. 39 79801 Hohentengen/Hochrhein	07742/5719	-
	Waldshut	Jestetten-Hardt Schaffhauser Str. 164 79798 Jestetten	07745/7278 oder 7049	07745/7539
	Waldshut	Lottstetten 79807 Lottstetten	07745/7217	07745/7955
	Waldshut	Rheinbrücke Rheinbrückenstr. 5 79761 Waldshut-Tiengen	07751/87360	07751/873616

Land	Hauptzollamt	Zollamt	Telefon-Nr.	Fax-Nr.
	Waldshut	Rötteln Schloßweg 4 79801 Hohentengen/Hochrhein	07742/5718	-
Bayern	Passau	Bayerisch Eisenstein-Landstraße Hauptstr. 43 94252 Bayerisch Eisenstein	09925/280	09925/1322
	Passau	Philippsreut Marchhäuser 22 94158 Philippsreut	08550/284	08550/79922
	Hof	Schirnding-Bahnhof Bahnhofstr. 32 95706 Schirnding	09233/8005 oder 8006	09233/5617
	Hof	Schirnding-Landstraße Egerstr. 62 95706 Schirnding	09233/1071 oder 1072	09233/5548
	Weiden	Furth im Wald-Bahnhof Bahnhofstr. 20 93437 Furth im Wald	09973/2051 oder 2052	09973/9542
	Weiden	Furth im Wald-Schafberg Böhmerstr. 64 93437 Furth im Wald	09973/1312 oder 4490 oder 4698	09973/4205
	Weiden	Waidhaus Frankenreuth 40 92726 Waidhaus	09652/1870	09652/187150
	Regensburg	Güterbahnhof Kumsmühler Str. 10 93047 Regensburg	0941/56980	0941/5698199
Berlin	keine Zollstellen			
Brandenburg	Cottbus	Forst-Autobahn 03149 Klein-Bodemensel	03562/9520	03562/952111
	Cottbus	AbfSt Forst-Eisenbahn Karl-Liebknecht-Str. 6 03149 Forst	03562/952240	03562/952234
	Frankfurt (Oder)	Autobahn 15236 Frankfurt (Oder)	0335(325585)	0335/321101
	Frankfurt (Oder)	Oderbrücke August-Bebel-Str. 1 15234 Frankfurt (Oder)	0335/23777	-
	Frankfurt (Oder)	AbfSt Schiffsverkehr Am Bollwerk 15890 Eisenhüttenstadt	03364/2236	-
	Schwedt	Mescherin Untere Dorfstraße 16307 Mescherin	03332/839	-
	Schwedt	AbfSt Ostoder Am Bollwek 16307 Gartz	03332/223	-
	Schwedt	Hohenwutzen Chausseestraße 16259 Hohenwutzen	033368/244	-

Land	Hauptzollamt	Zollamt	Telefon-Nr.	Fax-Nr.
	Schwedt	AbfSt Hohensaaten Mitteldamm 16248 Hohensaaten	033368/252	-
Bremen	Bremen-Nord	Holzhafen Waller Stieg 6 28217 Bremen	0421/38970	0421/2897334
	Bremen-Nord	Industriehafen Südweststr. 23 28237 Bremen	0421/649060	0421/6498638
	Bremerhaven	Fischereihafen - nur Einfuhr Friedrich-Albert-Pust-Platz 1-2 27572 Bremerhaven	0471/73037	0471/74255
	Bremerhaven	Container-Terminal Senator-Borttscheller-Str. 12 27568 Bremerhaven	0471/87061 oder 87062 oder 87063	0471/803572
Hamburg	Hamburg-Freihafen	Hauptzollamt Hamburg-Freihafen Bei St. Annen 2 20457 Hamburg	040/32130	040/30213333
Hessen	Frankfurt am Main Flughafen	Hauptzollamt Frankfurt am Main - Flughafen Flughafen, Tor 13 Postfach 750463 60534 Frankfurt am Main	069/69021731	069/69050151
Mecklenburg-Vorpommern	Rostock	Seehafen Postfach 481232 18134 Rostock	0381/673050	0381/6730520
	Schwerin	Wismar-Hafen Kopenhagener Str. 23966 Wismar	03841/452452 oder 452469	
	Stralsund	Abfertigungsstelle Postfach 2264 18409 Stralsund	03831/25830	03831/258350
	Stralsund	Mukran 18456 Mukran	038392/32117 oder 32118	038392/32119
	Neubrandenburg	Pomellen 17329 Pomellen	039746/20235 oder 20352	039746/20265
Nordrhein-Westfalen	keine Zollstellen			
Niedersachsen	keine Zollstellen			
Rheinland-Pfalz	keine Zollstellen			
Saarland	keine Zollstellen			
Sachsen	Dresden	AbfSt Stauffenbergallee 14 01099 Dresden	0351/81610	0351/8161130

Land	Hauptzollamt	Zollamt	Telefon-Nr.	Fax-Nr.
	Löbau	Neugersdorf Hauptstr. 10 02725 Neugersdorf	03586/77370	03586/32230
	Löbau	Görlitz Am Stadtpark 02826 Görlitz	03581/406207 oder 403474	03581/405217
	Pirna	Bad Schandau Hohnsteiner Str. 33 01814 Bad Schandau	035022/2437 oder 035028/415	035022/3320
	Prina	Schmilka-AbfSt Schiff 01814 Schmilka	035022/2363	Telex 328709
	Prina	Schönberg Säuerlingweg 3 08648 Schönberg	037438/226 oder 590	037438/291
Sachsen-Anhalt	keine Zollstellen			
Schleswig-Holstein	Kiel	Wik-AbfSt Oslo-Kai Oslo-Kai 24103 Kiel	0431/93413 oder 93722	
	Kiel	Wik-AbfSt Ostuferhafen Ostuferhafen 15 24149 Kiel	0431/201791 oder 28498	0431/204806
	Itzehoe	Brunsbüttel Am Südkai 3 25541 Brunsbüttel	04852/83000	04852/97410
	Lübeck	Travemünde Skandinavienkai 23570 Lübeck	04502/86040	04502/860475
Thüringen	keine Zollstellen			

E Staatentabelle

(Mit Kennzeichnung der EG-, EFTA-, OECD-, AKP- und Basel-Mitgliedstaaten und Angabe von Verbringungsbeschränkungen[6])

[6] ohne Gewähr

Staatentabelle mit Angabe von Verbringungsbeschränkungen

Staat	Mitglied	Bemerkungen (aus Sicht des jeweiligen Staates)
Afghanistan (4)		Einzelfallprüfung für Importe von Abfällen der grünen Liste
Ägypten (2)	Basel	Einzelfallprüfung für Importe von Abfällen der grünen Liste; Der Staat hat ein Importverbot für Abfälle der grünen Liste mitgeteilt; eine verbindliche Entscheidung der EG-Kommission steht hierzu noch aus.
Albanien (4)		Einzelfallprüfung für Importe von Abfällen der grünen Liste
Algerien (4)		Einzelfallprüfung für Importe von Abfällen der grünen Liste
Andorra (4)		Einzelfallprüfung für Importe von Abfällen der grünen Liste; Der Staat hat ein Importverbot für Abfälle der grünen Liste wegen fehlender Behandlungskapazität mitgeteilt; eine verbindliche Entscheidung der EG-Kommission steht hierzu noch aus.
Angola (6)	AKP	Einzelfallprüfung für Importe von Abfällen der grünen Liste
Antigua und Barbuda (5)	Basel AKP	Einzelfallprüfung für Importe von Abfällen der grünen Liste
Äquatorial-Guinea (6)	AKP	Einzelfallprüfung für Importe von Abfällen der grünen Liste
Argentinien (2)	Basel	**Der Import von allen Abfällen der grünen Liste unterliegt dem für Abfälle der roten Liste vorgesehenen Kontrollverfahren.**
Armenien (4)		Einzelfallprüfung für Importe von Abfällen der grünen Liste
Aruba (4)		Einzelfallprüfung für Importe von Abfällen der grünen Liste; Der Staat hat ein Importverbot für Abfälle der grünen Liste mitgeteilt; eine verbindliche Entscheidung der EG-Kommission steht hierzu noch aus.
Aserbaidshan (4)		Einzelfallprüfung für Importe von Abfällen der grünen Liste
Äthiopien (6)	AKP	Einzelfallprüfung für Importe von Abfällen der grünen Liste
Australien (1)	Basel OECD	
Bahamas (5)	Basel AKP	Einzelfallprüfung für Importe von Abfällen der grünen Liste; Der Staat hat ein Importverbot für Abfälle der grünen Liste mitgeteilt; eine verbindliche Entscheidung der EG-Kommission steht hierzu noch aus.
Bahrain (2)	Basel	Einzelfallprüfung für Importe von Abfällen der grünen Liste
Bangladesch (2)	Basel	Einzelfallprüfung für Importe von Abfällen der grünen Liste
Barbados (6)	AKP	Einzelfallprüfung für Importe von Abfällen der grünen Liste; Der Staat hat ein Importverbot für Abfälle der grünen Liste wegen fehlender Behandlungskapazität mitgeteilt; eine verbindliche Entscheidung der EG-Kommission steht hierzu noch aus.
Belgien	EG OECD Basel	**keine Verbringungsbeschränkungen**
Belize (6)	AKP	Einzelfallprüfung für Importe von Abfällen der grünen Liste; Der Staat hat ein Importverbot für Abfälle der grünen Liste mitgeteilt; eine verbindliche Entscheidung der EG-Kommission steht hierzu noch aus.
Benin (6)	AKP	Einzelfallprüfung für Importe von Abfällen der grünen Liste; Der Staat hat ein Importverbot für Abfälle der grünen Liste mitgeteilt; eine verbindliche Entscheidung der EG-Kommission steht hierzu noch aus.
Bhutan (4)		Einzelfallprüfung für Importe von Abfällen der grünen Liste; Der Staat hat ein Importverbot für Abfälle der grünen Liste aufgrund nationalen Rechts mitgeteilt; eine verbindliche Entscheidung der EG-Kommission steht hierzu noch aus.
Bolivien (4)		Einzelfallprüfung für Importe von Abfällen der grünen Liste; Der Staat hat ein Importverbot für Abfälle der grünen Liste aufgrund nationalen Rechts mitgeteilt; eine verbindliche Entscheidung der EG-Kommission steht hierzu noch aus.
Bosnien-Herzegowina (4)		Einzelfallprüfung für Importe von Abfällen der grünen Liste
Botswana (6)	AKP	Einzelfallprüfung für Importe von Abfällen der grünen Liste; Der Staat hat ein Importverbot für Abfälle der grünen Liste mitgeteilt; eine verbindliche Entscheidung der EG-Kommission steht hierzu noch aus.

Staat	Mitglied	Bemerkungen (aus Sicht des jeweiligen Staates)
Brasilien (2)	Basel	**Einzelfallprüfung für Importe von Abfällen der grünen Liste mit Ausnahme folgender Abfallarten, für die das für Abfälle der roten Liste vorgesehene Kontrollverfahren anzuwenden ist:** 1. Folgende Abfallarten unter Abschnitt GA des Anhangs II (Abfälle aus Metallen und Metallegierungen, ohne Dispersionsrisiko): a) Folgende eisenhaltige Abfälle und Schrott aus Eisen und Stahl: GA 040 7204 10 Abfälle und Schrott, aus Gußeisen GA 050 7204 21 Abfälle und Schrott, aus nichtrostendem Stahl GA 060 7204 29 Abfälle und Schrott, aus anderen Stahllegierungen GA 070 7204 30 Abfälle und Schrott aus verzinktem Eisen oder Stahl GA 080 7204 41 Drehspäne, Frässpäne, Hobelspäne, Schleifspäne, Sägespäne, Feilspäne und Stanz- oder Schneideabfälle, auch paketiert GA 090 7204 49 andere Abfälle und Schrott, aus Eisen GA 100 7204 50 Abfallblöcke b) Folgende Abfälle und Schrott aus folgenden NE-Metallen und ihren Legierungen: GA 120 7404 00 Abfälle und Schrott, aus Kupfer GA 130 7503 00 Abfälle und Schrott, aus Nickel GA 140 7602 00 Abfälle und Schrott, aus Aluminium GA 150 ex 7802 00 Abfälle und Schrott, aus Blei GA 160 7902 00 Abfälle und Schrott, aus Zink GA 190 ex 8102 91 Abfälle und Schrott, aus Molybdän GA 200 ex 8103 10 Abfälle und Schrott, aus Tantal GA 210 8104 20 Abfälle und Schrott, aus Magnesium GA 250 ex 8108 10 Abfälle und Schrott, aus Titan GA 280 ex 8111 00 Abfälle und Schrott, aus Mangan GA 300 ex 8112 20 Abfälle und Schrott, aus Chrom GA 320 ex 8112 40 Abfälle und Schrott, aus Vanadium 2. Folgende Abfallarten unter Abschnitt GC des Anhangs II (Sonstige metallhaltige Abfälle): GC 060 2618 00 Granulierte Schlacke aus der Eisen- und Stahlherstellung GC 070 ex 2619 00 Schlacken aus der Eisen- und Stahlherstellung
Brunei Darussalam (4)		Einzelfallprüfung für Importe von Abfällen der grünen Liste
Bulgarien (4)		Einzelfallprüfung für Importe von Abfällen der grünen Liste
Burkina Faso (6)	AKP	Einzelfallprüfung für Importe von Abfällen der grünen Liste; Der Staat hat ein Importverbot für Abfälle der grünen Liste mitgeteilt; eine verbindliche Entscheidung der EG-Kommission steht hierzu noch aus.
Burundi (6)	AKP	Einzelfallprüfung für Importe von Abfällen der grünen Liste
Chile (2)	Basel	Einzelfallprüfung für Importe von Abfällen der grünen Liste; Der Staat hat ein Importverbot für Abfälle der grünen Liste aufgrund nationalen Rechts mitgeteilt; eine verbindliche Entscheidung der EG-Kommission steht hierzu noch aus.
China, VR (2)	Basel	Einzelfallprüfung für Importe von Abfällen der grünen Liste; Der Staat hat mitgeteilt, daß bestimmte Abfälle der grünen Liste beim Import aus der EG dem gem. Art. 15 EG-AbfVerbrV vorgesehenen Kontrollverfahren unterliegen; eine verbindliche Entscheidung der EG-Kommission steht hierzu noch aus.
Costa Rica (4)		Einzelfallprüfung für Importe von Abfällen der grünen Liste; Der Staat hat ein Importverbot für Abfälle der grünen Liste aufgrund nationalen Rechts mitgeteilt; eine verbindliche Entscheidung der EG-Kommission steht hierzu noch aus.
Cote d'Ivoire (4) (Elfenbeinküste)	AKP	Einzelfallprüfung für Importe von Abfällen der grünen Liste
Dänemark	EG OECD Basel	**keine Verbringungsbeschränkungen**
Deutschland	EG OECD (Basel)	**keine Verbringungsbeschränkungen** **bilaterale Abkommen mit Kasachstan, Kroatien, Litauen, Namibia, Südafrika, Weißrußland**
Dominica (6)	AKP	Einzelfallprüfung für Importe von Abfällen der grünen Liste; Der Staat hat ein Importverbot für Abfälle der grünen Liste mitgeteilt; eine verbindliche Entscheidung der EG-Kommission steht hierzu noch aus.
Dominikan. Republik (6)	AKP	Einzelfallprüfung für Importe von Abfällen der grünen Liste
Dschibuti (6)	AKP	Einzelfallprüfung für Importe von Abfällen der grünen Liste; Der Staat hat ein Importverbot für Abfälle der grünen Liste mitgeteilt; eine verbindliche Entscheidung der EG-Kommission steht hierzu noch aus.

Staat	Mitglied	Bemerkungen (aus Sicht des jeweiligen Staates)
Ecuador (2)	Basel	Einzelfallprüfung für Importe von Abfällen der grünen Liste
El Salvador (2)	Basel	Einzelfallprüfung für Importe von Abfällen der grünen Liste
Eritrea (4)	AKP	Einzelfallprüfung für Importe von Abfällen der grünen Liste
Estland (2)	Basel	**Einzelfallprüfung für Importe von Abfällen der grünen Liste außer von folgenden Abfallarten, für die das für Abfälle der roten Liste vorgesehene Kontrollverfahren anzuwenden ist:** 1. Folgende Abfallarten unter Abschnitt GA des Anhangs II (Abfälle aus Metallen und Metallegierungen, ohne Dispersionsrisiko): Folgende Abfälle und Schrott aus folgenden NE-Metallen und ihren Legierungen: GA 150 ex 7802 00 Abfälle und Schrott, aus Blei GA 240 ex 8107 10 Abfälle und Schrott, aus Cadmium GA 270 ex 8110 00 Abfälle und Schrott, aus Antimon GA 290 ex 8112 11 Abfälle und Schrott, aus Beryllium GA 380 ex 8112 91 Abfälle und Schrott, aus Thallium GA 390 ex 2844 30 Abfälle und Schrott, aus Thorium GA 400 ex 2804 90 Abfälle und Schrott, aus Selen GA 410 ex 2804 50 Abfälle und Schrott, aus Tellur GA 420 ex 2805 30 Abfälle und Schrott, aus Seltenerdmetallen 2. Folgende Abfallarten unter Abschnitt GC des Anhangs II (Sonstige metallhaltige Abfälle): GC 040 Fahrzeugwracks nach Entfernung aller darin enthaltenen Flüssigkeiten GC 050 Verbrachte Katalysatoren: GC 051 - Katalysatoren aus katalytischem Kracken im Fließbett GC 052 - Edelmetalle enthaltende Katalysatoren GC 053 - Übergangsmetalle (z.B. Chrom, Cobalt, Kupfer, Eisen, Nickel, Mangan, Molybdän, Wolfram, Vanadium, Zink) enthaltende Katalysatoren GC 060 2618 99 Granulierte Schlacke aus der Eisen- und Stahlherstellung GC 070 ex 2619 00 Schlacken aus der Eisen- und Stahlherstellung 3. Folgende Abfallarten unter Abschnitt GG des Anhangs II (Andere Abfälle aus vorwiegend anorganischen Bestandteilen, die Metalle und organische Stoffe enthalten können): GG 010 Teilweise raffiniertes Calciumsulfat aus der Rauchgasentschwefelung GG 030 ex 2621 Schwere Asche und Feuerungsschlacken aus Kohlekraftwerken GG 040 ex 2621 Flugasche aus Kohlekraftwerken GG 050 Anodenplatten aus der Herstellung von Erdölkoks und/oder Bitumen GG 060 ex 2803 Verbrauchte Aktivkohle GG 080 ex 2621 00 hemisch stabilisierte Schlacke mit hohem Eisengehalt (über 20 %) aus der Kupferproduktion, nach Industriespezifikationen behandelt (z.B. DIN 4301 und DIN 8201), vor allem für Verwendungen als Baustoff und Schleifmittel GG 090 Fester Schwefel GG 110 ex 2621 00 Neutralisierter Rotschlamm aus der Aluminiumoxidherstellung GG 120 Natrium-, Calcium- und Kaliumchloride 4. Folgende Abfallarten unter Abschnitt GH des Anhangs II (Kunststoffabfälle in fester Form): GH 013 ex 3915 30 Abfälle, Schnitzel und Bruch von Kunststoffen aus Vinylchlorid-Polymeren) GH 015 ex 3915 90 Folgende Harze oder deren Kondensationserzeugnisse: Harnstoffharze aus Fomaldehyd Phenolharze aus Formaldehyd Melaminharze aus Formaldehyd Epoxidharze Alkydharze Polyamide 5. Folgende Abfallart unter Abschnitt GK des Anhangs II (Kautschukabfälle): GK 020 4012 20 Luftreifen, gebraucht
Fidschi (6)	AKP	Einzelfallprüfung für Importe von Abfällen der grünen Liste; Der Staat hat ein Importverbot für Abfälle der grünen Liste mitgeteilt; eine verbindliche Entscheidung der EG-Kommission steht hierzu noch aus.
Finnland	EG OECD Basel	**keine Verbringungsbeschränkungen**

Staat	Mitglied	Bemerkungen (aus Sicht des jeweiligen Staates)
Frankreich	EG OECD Basel	**keine Verbringungsbeschränkungen**
Gabun (6)	AKP	Einzelfallprüfung für Importe von Abfällen der grünen Liste
Gambia (6)	AKP	Einzelfallprüfung für Importe von Abfällen der grünen Liste; Der Staat hat ein Importverbot für Abfälle der grünen Liste aufgrund nationalen Rechts mitgeteilt; eine verbindliche Entscheidung der EG-Kommission steht hierzu noch aus.
Georgien (4)		Einzelfallprüfung für Importe von Abfällen der grünen Liste
Ghana (6)	AKP	Einzelfallprüfung für Importe von Abfällen der grünen Liste; Der Staat hat ein Importverbot für Abfälle der grünen Liste mitgeteilt; eine verbindliche Entscheidung der EG-Kommission steht hierzu noch aus.
Grenada (6)	AKP	Einzelfallprüfung für Importe von Abfällen der grünen Liste
Griechenland	EG OECD Basel	**keine Verbringungsbeschränkungen**
Guatemala (4)		Einzelfallprüfung für Importe von Abfällen der grünen Liste
Guinea (6)	AKP	Einzelfallprüfung für Importe von Abfällen der grünen Liste
Guinea-Bissau (6)	AKP	Einzelfallprüfung für Importe von Abfällen der grünen Liste; Der Staat hat mitgeteilt, daß alle Abfälle der grünen Liste beim Import aus der EG dem für Abfälle der roten Liste vorgesehenen Kontrollverfahren unterliegen; eine verbindliche Entscheidung der EG-Kommission steht hierzu noch aus.
Guyana (6)	AKP	Einzelfallprüfung für Importe von Abfällen der grünen Liste; Der Staat hat ein Importverbot für Abfälle der grünen Liste mitgeteilt; eine verbindliche Entscheidung der EG-Kommission steht hierzu noch aus.
Haiti (6)	AKP	Einzelfallprüfung für Importe von Abfällen der grünen Liste
Honduras (4)		Einzelfallprüfung für Importe von Abfällen der grünen Liste
Hongkong (4)		Einzelfallprüfung für Importe von Abfällen der grünen Liste
Indien (2)	Basel	Einzelfallprüfung für Importe von Abfällen der grünen Liste; Der Staat hat mitgeteilt, daß bestimmte Abfälle der grünen Liste beim Import aus der EG dem für Abfälle der roten Liste vorgesehenen Kontrollverfahren unterliegen; eine verbindliche Entscheidung der EG-Kommission steht hierzu noch aus.
Indonesien (2)	Basel	Einzelfallprüfung für Importe von Abfällen der grünen Liste; Der Staat hat mitgeteilt, daß alle Abfälle der grünen Liste beim Import aus der EG dem für Abfälle der gelben oder roten Liste vorgesehenen Kontrollverfahren unterliegen; eine verbindliche Entscheidung der EG-Kommission steht hierzu noch aus.
Irak (4)		Einzelfallprüfung für Importe von Abfällen der grünen Liste; z.Zt. Handelsembargo
Iran (2)	Basel	Einzelfallprüfung für Importe von Abfällen der grünen Liste
Irland	EG OECD Basel	**keine Verbringungsbeschränkungen**
Island (3)	EFTA OECD	
Israel (4)		**Der Import von allen Abfällen der grünen Liste unterliegt dem für Abfälle der roten Liste vorgesehenen Kontrollverfahren.**
Italien	EG OECD Basel	**keine Verbringungsbeschränkungen**
Jamaika (6)	AKP	Einzelfallprüfung für Importe von Abfällen der grünen Liste; Der Staat hat mitgeteilt, daß alle Abfälle der grünen Liste beim Import aus der EG dem für Abfälle der gelben oder roten Liste vorgesehenen Kontrollverfahren unterliegen; eine verbindliche Entscheidung der EG-Kommission steht hierzu noch aus.
Japan (1)	Basel OECD	
Jemen (Arab. Rep.) (4)		Einzelfallprüfung für Importe von Abfällen der grünen Liste

Staat	Mitglied	Bemerkungen (aus Sicht des jeweiligen Staates)
Jemen (Dem. Rep.) (4)		Einzelfallprüfung für Importe von Abfällen der grünen Liste
Jordanien (2)	Basel	Einzelfallprüfung für Importe von Abfällen der grünen Liste
Jugoslawien (Serbien/Montenegro)(4)		Einzelfallprüfung für Importe von Abfällen der grünen Liste; z.Zt. Handelsembargo
Kambodscha (4)		Einzelfallprüfung für Importe von Abfällen der grünen Liste
Kamerun (6)	AKP	Einzelfallprüfung für Importe von Abfällen der grünen Liste
Kanada (1)	Basel OECD	
Kap Verde (6)	AKP	Einzelfallprüfung für Importe von Abfällen der grünen Liste; Der Staat hat ein Importverbot für Abfälle der grünen Liste mitgeteilt; eine verbindliche Entscheidung der EG-Kommission steht hierzu noch aus.
Kasachstan (4)		Einzelfallprüfung für Importe von Abfällen der grünen Liste; **bilaterales Abkommen mit Deutschland betreffend Export von Abfällen aller Listen zur Verwertung**
Katar (4)		Einzelfallprüfung für Importe von Abfällen der grünen Liste
Kenia (6)	AKP	Einzelfallprüfung für Importe von Abfällen der grünen Liste
Kirgistan (4)		Einzelfallprüfung für Importe von Abfällen der grünen Liste
Kiribati (6)	AKP	Einzelfallprüfung für Importe von Abfällen der grünen Liste; Der Staat hat ein Importverbot für Abfälle der grünen Liste wegen fehlender Behandlungskapazität mitgeteilt; eine verbindliche Entscheidung der EG-Kommission steht hierzu noch aus.
Kolumbien (4)		Einzelfallprüfung für Importe von Abfällen der grünen Liste; Der Staat hat mitgeteilt, daß bestimmte Abfälle der grünen Liste beim Import aus der EG dem für Abfälle der roten Liste vorgesehenen Kontrollverfahren unterliegen; eine verbindliche Entscheidung der EG-Kommission steht hierzu noch aus.
Komoren (6)	AKP	Einzelfallprüfung für Importe von Abfällen der grünen Liste; Der Staat hat ein Importverbot für Abfälle der grünen Liste mitgeteilt; eine verbindliche Entscheidung der EG-Kommission steht hierzu noch aus.
Kongo (6)	AKP	Einzelfallprüfung für Importe von Abfällen der grünen Liste
Korea (Nord-), Dem. Volksrepublik (4)		Einzelfallprüfung für Importe von Abfällen der grünen Liste
Korea (Süd-), Republik (2)	Basel	Einzelfallprüfung für Importe von Abfällen der grünen Liste
Kroatien (2)	Basel	**Der Import von allen Abfällen der grünen Liste unterliegt dem für Abfälle der roten Liste vorgesehenen Kontrollverfahren. bilaterales Abkommen mit Deutschland betreffend Export von Abfällen aller Listen zur Verwertung**
Kuba (2)	Basel	Einzelfallprüfung für Importe von Abfällen der grünen Liste
Kuwait (2)	Basel	Einzelfallprüfung für Importe von Abfällen der grünen Liste; Der Staat hat ein Importverbot für Abfälle der grünen Liste mitgeteilt; eine verbindliche Entscheidung der EG-Kommission steht hierzu noch aus.
Laotische Dem. VR (4)		Einzelfallprüfung für Importe von Abfällen der grünen Liste;
Lesotho (6)	AKP	Einzelfallprüfung für Importe von Abfällen der grünen Liste
Lettland (2)	Basel	Einzelfallprüfung für Importe von Abfällen der grünen Liste; Der Staat hat mitgeteilt, daß alle Abfälle der grünen Liste beim Import aus der EG dem gem. Art. 15 EG-AbfVerbrV vorgesehenen Kontrollverfahren unterliegen; eine verbindliche Entscheidung der EG-Kommission steht hierzu noch aus.
Libanon (4)		Einzelfallprüfung für Importe von Abfällen der grünen Liste; Der Staat hat ein Importverbot für Abfälle der grünen Liste wegen fehlender Behandlungskapazität mitgeteilt; eine verbindliche Entscheidung der EG-Kommission steht hierzu noch aus.
Liberia (6)	AKP	Einzelfallprüfung für Importe von Abfällen der grünen Liste
Libysch-Arabische Dschamahirija (4)		Einzelfallprüfung für Importe von Abfällen der grünen Liste
Liechtenstein	EFTA Basel	Einzelfallprüfung für Importe von Abfällen der grünen Liste

Staat	Mitglied	Bemerkungen (aus Sicht des jeweiligen Staates)
Litauen (4)		**Der Import von allen Abfällen der grünen Liste unterliegt dem für Abfälle der roten Liste vorgesehenen Kontrollverfahren.** **bilaterales Abkommen mit Deutschland betreffend Export von Abfällen aller Listen zur Verwertung**
Luxemburg	EG OECD Basel	**keine Verbringungsbeschränkungen**
Macau (4)		**Der Import von allen Abfällen der grünen Liste unterliegt dem für Abfälle der gelben Liste vorgesehenen Kontrollverfahren.**
Madagaskar (6)	AKP	Einzelfallprüfung für Importe von Abfällen der grünen Liste; Der Staat hat mitgeteilt, daß bestimmte Abfälle der grünen Liste beim Import aus der EG dem für Abfälle der roten Liste vorgesehenen Kontrollverfahren unterliegen; eine verbindliche Entscheidung der EG-Kommission steht hierzu noch aus.
Makedonien (4)		Einzelfallprüfung für Importe von Abfällen der grünen Liste
Malawi (5)	AKP Basel	Einzelfallprüfung für Importe von Abfällen der grünen Liste; Der Staat hat ein Importverbot für Abfälle der grünen Liste mitgeteilt; eine verbindliche Entscheidung der EG-Kommission steht hierzu noch aus.
Malaysia (2)	Basel	**Der Import von allen Abfällen der grünen Liste unterliegt dem für Abfälle der roten Liste vorgesehenen Kontrollverfahren.**
Malediven (2)	Basel	Einzelfallprüfung für Importe von Abfällen der grünen Liste; Der Staat hat ein Importverbot für Abfälle der grünen Liste wegen fehlender Behandlungskapazität mitgeteilt; eine verbindliche Entscheidung der EG-Kommission steht hierzu noch aus.
Mali (6)	AKP	Einzelfallprüfung für Importe von Abfällen der grünen Liste
Malta (4)		**Der Import von allen Abfällen der grünen Liste unterliegt dem für Abfälle der roten Liste vorgesehenen Kontrollverfahren.**
Marokko (4)		Einzelfallprüfung für Importe von Abfällen der grünen Liste
Mauretanien (6)	AKP	Einzelfallprüfung für Importe von Abfällen der grünen Liste
Mauritius (5)	Basel AKP	Einzelfallprüfung für Importe von Abfällen der grünen Liste; Der Staat hat mitgeteilt, daß alle Abfälle der grünen Liste beim Import aus der EG dem für Abfälle der roten Liste vorgesehenen Kontrollverfahren unterliegen; eine verbindliche Entscheidung der EG-Kommission steht hierzu noch aus.
Mexiko (1)	Basel OECD	Einzelfallprüfung für Importe von Abfällen der grünen Liste
Moldawien (4)		Einzelfallprüfung für Importe von Abfällen der grünen Liste; Der Staat hat ein Importverbot für Abfälle der grünen Liste aufgrund nationalen Rechts mitgeteilt; eine verbindliche Entscheidung der EG-Kommission steht hierzu noch aus.
Monaco (2)	Basel	Einzelfallprüfung für Importe von Abfällen der grünen Liste
Mongolei (4)		Einzelfallprüfung für Importe von Abfällen der grünen Liste; Der Staat hat ein Importverbot für Abfälle der grünen Liste mitgeteilt; eine verbindliche Entscheidung der EG-Kommission steht hierzu noch aus.
Mosambik (6)	AKP	Einzelfallprüfung für Importe von Abfällen der grünen Liste; Der Staat hat ein Importverbot für Abfälle der grünen Liste mitgeteilt; eine verbindliche Entscheidung der EG-Kommission steht hierzu noch aus.
Myanma (4) (ehem. Birma)		Einzelfallprüfung für Importe von Abfällen der grünen Liste; Der Staat hat ein Importverbot für Abfälle der grünen Liste mitgeteilt; eine verbindliche Entscheidung der EG-Kommission steht hierzu noch aus.
Namibia (4)		Einzelfallprüfung für Importe von Abfällen der grünen Liste; **bilaterales Abkommen mit Deutschland betreffend Export von Abfällen aller Listen zur Verwertung**
Nauru (4)		Einzelfallprüfung für Importe von Abfällen der grünen Liste
Nepal (4)		Einzelfallprüfung für Importe von Abfällen der grünen Liste
Neu-Kaledonien	AKP	Einzelfallprüfung für Importe von Abfällen der grünen Liste
Neuseeland (3)	OECD	
Nicaragua (4)		Einzelfallprüfung für Importe von Abfällen der grünen Liste; Der Staat hat ein Importverbot für Abfälle der grünen Liste mitgeteilt; eine verbindliche Entscheidung der EG-Kommission steht hierzu noch aus.
Niederlande	EG OECD Basel	**keine Verbringungsbeschränkungen**

Staat	Mitglied	Bemerkungen (aus Sicht des jeweiligen Staates)
Niederländische Antillen (6)	AKP	Einzelfallprüfung für Importe von Abfällen der grünen Liste
Niger (6)	AKP	Einzelfallprüfung für Importe von Abfällen der grünen Liste; Der Staat hat ein Importverbot für Abfälle der grünen Liste mitgeteilt; eine verbindliche Entscheidung der EG-Kommission steht hierzu noch aus.
Nigeria (5)	Basel AKP	Einzelfallprüfung für Importe von Abfällen der grünen Liste
Norwegen	EFTA OECD Basel	**keine Verbringungsverbote**
Oman (4)		Einzelfallprüfung für Importe von Abfällen der grünen Liste
Österreich (7)	EG OECD Basel	**keine Verbringungsbeschränkungen**
Pakistan (2)	Basel	Einzelfallprüfung für Importe von Abfällen der grünen Liste
Panama (2)	Basel	Einzelfallprüfung für Importe von Abfällen der grünen Liste
Papua-Neuguinea (6)	AKP	Einzelfallprüfung für Importe von Abfällen der grünen Liste; Der Staat hat ein Importverbot für Abfälle der grünen Liste mitgeteilt; eine verbindliche Entscheidung der EG-Kommission steht hierzu noch aus.
Paraguay (4)		Einzelfallprüfung für Importe von Abfällen der grünen Liste
Peru (2)	Basel	Einzelfallprüfung für Importe von Abfällen der grünen Liste; Der Staat hat ein Importverbot für Abfälle der grünen Liste mitgeteilt; eine verbindliche Entscheidung der EG-Kommission steht hierzu noch aus.
Philippinen (2)	Basel	Einzelfallprüfung für Importe von Abfällen der grünen Liste; Der Staat hat mitgeteilt, daß bestimmte Abfälle der grünen Liste beim Import aus der EG dem gem. Art. 15 EG-AbfVerbrV vorgesehenen Kontrollverfahren unterliegen; eine verbindliche Entscheidung der EG-Kommission steht hierzu noch aus.
Polen (2)	Basel	**Der Import von allen Abfällen der grünen Liste unterliegt dem für Abfälle der gelben Liste vorgesehenen Kontrollverfahren, mit folgender Ausnahme:** Folgende Abfallart unter Abschnitt GM des Anhangs II (Abfälle aus der Agrar- und Ernährungsindustrie: GM 130 Abfälle aus der Agrar- und Ernährungsindustrie, ohne Nebenerzeugnisse, die für die Menschen und Tiere geltende nationale bzw. internationale Auflagen und Standards erfüllen
Portugal	EG OECD Basel	**keine Verbringungsbeschränkungen**
Ruanda (6)	AKP	Einzelfallprüfung für Importe von Abfällen der grünen Liste
Rumänien (2)	Basel	Einzelfallprüfung für Importe von Abfällen der grünen Liste; Der Staat hat mitgeteilt, daß alle Abfälle der grünen Liste beim Import aus der EG dem gem. Art. 15 EG-AbfVerbrV vorgesehenen Kontrollverfahren unterliegen; eine verbindliche Entscheidung der EG-Kommission steht hierzu noch aus.
Rußland (4)		Einzelfallprüfung für Importe von Abfällen der grünen Liste
Saint Kitts und Nevis (5)	AKP Basel	Einzelfallprüfung für Importe von Abfällen der grünen Liste
Saint Lucia (5)	AKP Basel	Einzelfallprüfung für Importe von Abfällen der grünen Liste; Der Staat hat ein Importverbot für Abfälle der grünen Liste mitgeteilt; eine verbindliche Entscheidung der EG-Kommission steht hierzu noch aus.
Saint Vincent und die Grenadinen (6)	AKP	Einzelfallprüfung für Importe von Abfällen der grünen Liste; Der Staat hat ein Importverbot für Abfälle der grünen Liste mitgeteilt; eine verbindliche Entscheidung der EG-Kommission steht hierzu noch aus.
Salomonen (6)	AKP	Einzelfallprüfung für Importe von Abfällen der grünen Liste
Sambia (6)	AKP	Einzelfallprüfung für Importe von Abfällen der grünen Liste; Der Staat hat mitgeteilt, daß alle Abfälle der grünen Liste beim Import aus der EG dem für Abfälle der roten Liste vorgesehenen Kontrollverfahren unterliegen; eine verbindliche Entscheidung der EG-Kommission steht hierzu noch aus.
Samoa, West (6)	AKP	Einzelfallprüfung für Importe von Abfällen der grünen Liste; Der Staat hat ein Importverbot für Abfälle der grünen Liste mitgeteilt; eine verbindliche Entscheidung der EG-Kommission steht hierzu noch aus.

Staat	Mitglied	Bemerkungen (aus Sicht des jeweiligen Staates)
San Marino (4)		Einzelfallprüfung für Importe von Abfällen der grünen Liste
Sao Tome u. Principe (6)	AKP	Einzelfallprüfung für Importe von Abfällen der grünen Liste; Der Staat hat mitgeteilt, daß bestimmte Abfälle der grünen Liste beim Import aus der EG dem für Abfälle der roten Liste vorgesehenen Kontrollverfahren unterliegen; eine verbindliche Entscheidung der EG-Kommission steht hierzu noch aus.
Saudi-Arabien (2)	Basel	Einzelfallprüfung für Importe von Abfällen der grünen Liste; Der Staat hat ein Importverbot für Abfälle der grünen Liste wegen fehlender Behandlungskapazität mitgeteilt; eine verbindliche Entscheidung der EG-Kommission steht hierzu noch aus.
Schweden	EG OECD Basel	**keine Verbringungsbeschränkungen**
Schweiz	EFTA OECD Basel	**keine Verbringungsverbote**
Senegal (5)	Basel AKP	Einzelfallprüfung für Importe von Abfällen der grünen Liste; Der Staat hat ein Importverbot für Abfälle der grünen Liste wegen fehlender Behandlungskapazität mitgeteilt; eine verbindliche Entscheidung der EG-Kommission steht hierzu noch aus.
Seychellen (5)	Basel AKP	Einzelfallprüfung für Importe von Abfällen der grünen Liste; Der Staat hat ein Importverbot für Abfälle der grünen Liste mitgeteilt; eine verbindliche Entscheidung der EG-Kommission steht hierzu noch aus.
Sierra Leone (6)	AKP	Einzelfallprüfung für Importe von Abfällen der grünen Liste
Singapur (4)		Einzelfallprüfung für Importe von Abfällen der grünen Liste; Der Staat hat mitgeteilt, daß bestimmte Abfälle der grünen Liste beim Import aus der EG dem für Abfälle der gelben oder roten Liste vorgesehenen Kontrollverfahren unterliegen; eine verbindliche Entscheidung der EG-Kommission steht hierzu noch aus.
Slowakische Rep. (2)	Basel	**Der Import von allen Abfällen der grünen Liste unterliegt dem für Abfälle der roten Liste vorgesehenen Kontrollverfahren.**
Slowenien (2)	Basel	Einzelfallprüfung für Importe von Abfällen der grünen Liste
Somalia (6)	AKP	Einzelfallprüfung für Importe von Abfällen der grünen Liste
Spanien	EG OECD Basel	**keine Verbringungsbeschränkungen**
Sri Lanka (2)	Basel	Einzelfallprüfung für Importe von Abfällen der grünen Liste
Südafrika (2)	Basel	Einzelfallprüfung für Importe von Abfällen der grünen Liste; **bilaterales Abkommen mit Deutschland betreffend Export von Abfällen aller Listen zur Verwertung; bilaterales Abkommen mit Deutschland betreffend Import von Abfällen der grünen Liste mit "grünem" Verfahren und Import von Abfällen der gelben und roten Liste mit "rotem" Verfahren.**
Sudan (6)	AKP	Einzelfallprüfung für Importe von Abfällen der grünen Liste
Suriname (6)	AKP	Einzelfallprüfung für Importe von Abfällen der grünen Liste
Swasiland (6)	AKP	Einzelfallprüfung für Importe von Abfällen der grünen Liste
Syrien, Arab. Rep. (2)	Basel	Einzelfallprüfung für Importe von Abfällen der grünen Liste
Tadschikistan (4)		Einzelfallprüfung für Importe von Abfällen der grünen Liste
Taiwan (4)		Einzelfallprüfung für Importe von Abfällen der grünen Liste
Tansania (5)	Basel AKP	Einzelfallprüfung für Importe von Abfällen der grünen Liste; Der Staat hat ein Importverbot für Abfälle der grünen Liste mitgeteilt; eine verbindliche Entscheidung der EG-Kommission steht hierzu noch aus.
Thailand (4)		**Einzelfallprüfung für Importe der grünen Liste mit Ausnahme folgender Abfallarten des Anhangs II, für die das für Abfälle der gelben Liste vorgesehene Kontrollverfahren anzuwenden ist:** 1. Folgende Abfallarten unter Abschnitt GA des Anhangs II (Abfälle aus Metallen und Metallegierungen, ohne Dispersionsrisiko): Folgende Abfälle und Schrott aus folgenden Edelmetallen und ihren Legierungen: GA 130 7503 00 Abfälle und Schrott, aus Nickel GA 150 ex 7802 00 Abfälle und Schrott, aus Blei

Staat	Mitglied	Bemerkungen (aus Sicht des jeweiligen Staates)
		GA 220 ex 8105 10 Abfälle und Schrott, aus Cobalt GA 240 ex 8107 10 Abfälle und Schrott, aus Cadmium GA 270 ex 8110 00 Abfälle und Schrott, aus Antimon GA 290 ex 8112 11 Abfälle und Schrott, aus Beryllium GA 300 ex 8112 20 Abfälle und Schrott, aus Chrom GA 320 ex 8112 40 Abfälle und Schrott, aus Vanadium ex 8112 91 Abfälle und Schrott, aus GA 330 - Hafnium GA 340 - Indium GA 350 - Niob GA 360 - Rhenium GA 370 - Gallium GA 380 - Thallium GA 390 ex 2844 30 Abfälle und Schrott, aus Thorium GA 400 ex 2804 90 Abfälle und Schrott, aus Selen GA 410 ex 2804 50 Abfälle und Schrott, aus Tellur GA 420 ex 2805 30 Abfälle und Schrott, aus Seltenerdmetallen 2. Alle Abfallarten unter Abschnitt GB des Anhangs II (Metallhaltige Abfälle, die beim Gießen, Schmelzen und Affinieren von Metallen anfallen) 3. Folgende Abfallarten, unter Abschnitt GC des Anhangs II (Sonstige metallhaltige Abfälle): GC 050 Verbrachte Katalysatoren: GC 051 - Katalysatoren aus katalytischem Kracken im Fließbett GC 052 - Edelmetalle enthaltende Katalysatoren GC 053 - Übergangsmetalle (z.B. Chrom, Cobalt, Kupfer, Eisen, Nickel, Mangan, Molybdän, Wolfram, Vanadium, Zink) enthaltende Katalysatoren GC 060 2618 99 Granulierte Schlacke aus der Eisen- und Stahlherstellung GC 070 ex 2619 00 Schlacken aus der Eisen- und Stahlherstellung 4. Folgende Abfallarten unter Abschnitt GD des Anhangs II (Abfälle aus dem Bergbau ohne Dispersionsrisiko): GD 040 ex 2529 30 Abfälle aus Leuzit, Nephelin und Nephelinsyenit GD 050 ex 2529 10 Feldspatabfälle GD 060 ex 2529 21 Flußspatabfälle 5. Alle Abfallarten unter Abschnitt GE des Anhangs II (Glasabfälle, ohne Dispersionsrisiko): 6. Alle Abfallarten unter Abschnitt GF des Anhangs II (Keramikabfälle, ohne Dispersionsrisiko): 7. Folgende Abfallarten unter Abschnitt GG des Anhangs II (Andere Abfälle aus vorwiegend anorganischen Bestandteilen, die Metalle und organische Stoffe enthalten können): GG 030 ex 2621 Schwere Asche und Feuerungsschlacken aus Kohlekraftwerken GG 040 ex 2621 Flugasche aus Kohlekraftwerken GG 060 ex 2803 Verbrauchte Aktivkohle GG 070 3103 20 Flugasche aus Kohlekraftwerken GG 080 ex 2621 00 chemisch stabilisierte Schlacke mit hohem Eisengehalt (über 20 %) aus der Kupferproduktion, nach Industriespezifikationen behandelt (z.B. DIN 4301 und DIN 8201), vor allem für Verwendungen als Baustoff und Schleifmittel GG 090 Fester Schwefel GG 110 ex 2621 00 Neutralisierter Rotschlamm aus der Aluminiumoxidherstellung GG 140 Betonbruchstücke 8. Alle Abfallarten unter Abschnitt GH des Anhangs II (Kunststoffabfälle in fester Form): 9. Alle Abfallarten unter Abschnitt GK des Anhangs II (Kautschukabfälle): 10. Folgende Abfallarten unter Abschnitt GO des Anhangs II (Andere, organische Stoffe enthaltende Abfälle, eventuell vermischt mit Metallen und anorganischen Stoffen): GO 020 Strohabfälle GO 030 Bei der Herstellung von Penicillin anfallendes inaktiviertes Pilzmyzel, zur Fütterung verwendet
Togo (6)	AKP	Einzelfallprüfung für Importe von Abfällen der grünen Liste; Der Staat hat mitgeteilt, daß alle Abfälle der grünen Liste beim Import aus der EG dem für Abfälle der roten Liste vorgesehenen Kontrollverfahren unterliegen; eine verbindliche Entscheidung der EG-Kommission steht hierzu noch aus.
Tonga (6)	AKP	Einzelfallprüfung für Importe von Abfällen der grünen Liste
Trinidad und Tobago (5)	AKP Basel	**Der Import von allen Abfällen der grünen Liste unterliegt dem für Abfälle der roten Liste vorgesehenen Kontrollverfahren.**

Staat	Mitglied	Bemerkungen (aus Sicht des jeweiligen Staates)
Tschad (6)	AKP	Einzelfallprüfung für Importe von Abfällen der grünen Liste; Der Staat hat ein Importverbot für Abfälle der grünen Liste mitgeteilt; eine verbindliche Entscheidung der EG-Kommission steht hierzu noch aus.
Tschech. Rebublik (2)	Basel	**Der Import von allen Abfällen der grünen Liste unterliegt dem für Abfälle der roten Liste vorgesehenen Kontrollverfahren.**
Tunesien (4)		Einzelfallprüfung für Importe von Abfällen der grünen Liste; Der Staat hat mitgeteilt, daß bestimmte Abfälle der grünen Liste beim Import aus der EG dem für Abfälle der gelben Liste vorgesehenen Kontrollverfahren unterliegen; eine verbindliche Entscheidung der EG-Kommission steht hierzu noch aus.
Türkei (2)	(OECD) Basel	Die Türkei ist zwar OECD-Mitglied, aber der Beschluß zur Verbringung von Abfällen zur Verwertung gilt für sie nicht. Einzelfallprüfung für Importe von Abfällen der grünen Liste
Turkmenistan (4)		Einzelfallprüfung für Importe von Abfällen der grünen Liste
Tuvalu (6)	AKP	Einzelfallprüfung für Importe von Abfällen der grünen Liste; Der Staat hat ein Importverbot für Abfälle der grünen Liste mitgeteilt; eine verbindliche Entscheidung der EG-Kommission steht hierzu noch aus.
Uganda (6)	AKP	Einzelfallprüfung für Importe von Abfällen der grünen Liste; Der Staat hat ein Importverbot für Abfälle der grünen Liste mitgeteilt; eine verbindliche Entscheidung der EG-Kommission steht hierzu noch aus.
Ukraine (4)		Einzelfallprüfung für Importe von Abfällen der grünen Liste
Ungarn (2)	Basel	Einzelfallprüfung für Importe von Abfällen der grünen Liste; Der Staat hat mitgeteilt, daß alle Abfälle der grünen Liste beim Import aus der EG dem für Abfälle der roten oder gelben Liste vorgesehenen Kontrollverfahren unterliegen; eine verbindliche Entscheidung der EG-Kommission steht hierzu noch aus.
Uruguay (2)	Basel	Einzelfallprüfung für Importe von Abfällen der grünen Liste; Der Staat hat mitgeteilt, daß alle Abfälle der grünen Liste beim Import aus der EG dem gem. Art. 15 EG-AbfVerbrV vorgesehenen Kontrollverfahren unterliegen; eine verbindliche Entscheidung der EG-Kommission steht hierzu noch aus.
Usbekistan (4)		Einzelfallprüfung für Importe von Abfällen der grünen Liste
Vanuatu (6)	AKP	Einzelfallprüfung für Importe von Abfällen der grünen Liste; Der Staat hat ein Importverbot für Abfälle der grünen Liste mitgeteilt; eine verbindliche Entscheidung der EG-Kommission steht hierzu noch aus.
Vatikanstadt (4)		Einzelfallprüfung für Importe von Abfällen der grünen Liste
Venezuela (4)		Einzelfallprüfung für Importe von Abfällen der grünen Liste
Ver. Arab. Emirate (2)	Basel	Einzelfallprüfung für Importe von Abfällen der grünen Liste
Vereinigtes Königreich (Großbritannien und Nordirland)	EG OECD Basel	**keine Verbringungsbeschränkungen**
Vereinigte Staaten von Amerika (3)	OECD	
Vietnam (4)		Einzelfallprüfung für Importe von Abfällen der grünen Liste
Weißrußland (4) (Belarus)		**Der Import von allen Abfällen der grünen Liste unterliegt dem Kontrollverfahren gem. Art. 15 EG-AbfVerbrV.** **bilaterales Abkommen mit Deutschland betreffend Export von Abfällen aller Listen zur Verwertung**
Zaire (5)	AKP Basel	Einzelfallprüfung für Importe von Abfällen der grünen Liste
Zentralafr. Republik (6)	AKP	Einzelfallprüfung für Importe von Abfällen der grünen Liste
Zimbabwe (6)	AKP	Einzelfallprüfung für Importe von Abfällen der grünen Liste
Zypern (2)	Basel	Einzelfallprüfung für Importe von Abfällen der grünen Liste; Der Staat hat mitgeteilt, daß bestimmte Abfälle der grünen Liste beim Import aus der EG dem für Abfälle der gelben Liste vorgesehenen Kontrollverfahren unterliegen; eine verbindliche Entscheidung der EG-Kommission steht hierzu noch aus.

LEGENDE:

(Basel)	Basler Konvention für den EG-Einzelstaat noch nicht in Kraft getreten, lediglich durch Beitritt der Europäischen Gemeinschaft
(1) [Basel und OECD]	Importe von Abfällen zur Beseitigung gem. Art. 14 EG-AbfVerbrV verboten; Importe von Abfällen der gelben und roten Liste zur Verwertung gem. Art. 16 EG-AbfVerbrV erlaubt; Exporte von Abfällen zur Beseitigung in BRD gem. Art. 19 EG-AbfVerbrV erlaubt, sofern Versandstaat fehlende Beseitigungskapazität nachweist; Exporte von Abfällen der gelben und roten Liste zur Verwertung in BRD gem. Art. 21 EG-AbfVerbrV erlaubt; Keine Beschränkungen für Verbringung von Abfällen der grünen Liste
(2) [Basel, aber nicht OECD]	Importe von Abfällen zur Beseitigung gem. Art. 14 EG-AbfVerbrV verboten; Importe von Abfällen der gelben und roten Liste zur Verwertung gem. Art. 16 EG-AbfVerbrV erlaubt; Exporte von Abfällen zur Beseitigung in BRD gem. Art. 19 EG-AbfVerbrV erlaubt, sofern Versandstaat fehlende Beseitigungskapazität nachweist; Exporte von Abfällen der gelben und roten Liste zur Verwertung in BRD gem. Art. 21 EG-AbfVerbrV erlaubt; Exporte von Abfällen der grünen Liste in BRD erlaubt
(3) [OECD, aber nicht Basel]	Importe von Abfällen zur Beseitigung gem. Art. 14 EG-AbfVerbrV verboten; Importe von Abfällen der gelben und roten Liste zur Verwertung gem. Art. 16 EG-AbfVerbrV erlaubt; Exporte von Abfällen zur Beseitigung in BRD gem. Art. 19 EG-AbfVerbrV verboten; Exporte von Abfällen der gelben und roten Liste zur Verwertung in BRD gem. Art. 21 EG-AbfVerbrV erlaubt; Keine Beschränkungen für Verbringung von Abfällen der grünen Liste
(4) [weder Basel noch OECD]	Importe von Abfällen zur Beseitigung gem. Art. 14 EG-AbfVerbrV verboten; Importe von Abfällen der gelben und roten Liste zur Verwertung gem. Art. 16 EG-AbfVerbrV verboten; Exporte von Abfällen zur Beseitigung in BRD gem. Art. 19 EG-AbfVerbrV verboten; Exporte von Abfällen der gelben und roten Liste zur Verwertung in BRD gem. Art. 21 EG-AbfVerbrV verboten; Exporte von Abfällen der grünen Liste in BRD erlaubt
(5) [AKP und Basel]	Importe von Abfällen zur Beseitigung und Verwertung (gelb, rot) gem. Art. 18 EG-AbfVerbrV verboten; Exporte zur Beseitigung in BRD gem. Art. 19 EG-AbfVerbrV erlaubt; Exporte von Abfällen zur Verwertung in BRD gem. Art. 21 EG-AbfVerbrV erlaubt
(6) [AKP, nicht Basel]	Importe von Abfällen zur Beseitigung und Verwertung (gelb, rot) gem. Art. 18 EG-AbfVerbrV verboten; Exporte zur Beseitigung in BRD gem. Art. 19 EG-AbfVerbrV verboten; Exporte von Abfällen zur Verwertung in BRD gem. Art. 21 EG-AbfVerbrV erlaubt
(7) [EG]	Für Österreich findet die EG-AbfVerbrV erst ab dem 01.01.1997 Anwendung. [gem. Anhang 18 des Beschlusses des Gemeinsamen EWR-Ausschusses (Nr. 7/94) vom 21. März 1994 zur Änderung des Protokolls 47 und bestimmter Anhänge des EWR-Abkommens (Abl. Nr. L 160 vom 28.6.94, S. 1)]

F Sonstige Unterlagen

Allianz Versicherungsbedingungen für die Abfallverbringungsversicherung

Unverbindlicher Vordruck des Antrags für Vermittlungsgeschäfte durch die Bezirksregierung Düsseldorf

Übersicht über die notwendigen Formulare für Abfallverbringungen nach AbfG und AbfRestÜberwV + LAGA-Katalog

Ländergemeinschaft Abfall (LAGA): Abfallartenkatalog (Auszug)

Allianz

Allianz Versicherungsbedingungen

für die

Abfallverbringungsversicherung

§ 1 Gegenstand der Versicherung

§ 2 Versicherte Kosten: Sicherheitsleistung

§ 3 Umfang der Entschädigung; Haftungslimit

§ 4 Prämie; Beginn der Haftung

§ 5 Abwicklung im Schadenfall; Übergang von Rechten und Pflichten

§ 6 Zahlung der Entschädigung

§ 7 Versicherung zu Gunsten der Behörde

Stand: 01.01.1996

Allianz

Seite 2

§ 1 **Gegenstand der Versicherung**

Können Abfälle, die nach der EWG-Verordnung Nr. 259/93 bzw. dem Abfallverbringungsgesetz (AbfverbrG) notifiziert wurden, in den vorgeschriebenen Fristen nicht beseitigt bzw. verwertet werden, und sind Maßnahmen gemäß Artikel 25 und 26 der EWG-VO durchzuführen und ist zugleich die notifizierende Person im Sinne des Artikels 2 g der EWG-VO zahlungsunfähig, so ersetzt der Versicherer der Behörde gemäß §§ 2, 3 die anfallenden Kosten, die in Zusammenhang mit der Rückführung und der umweltverträglichen Entsorgung entstehen nach Maßgabe der nachfolgenden Bestimmungen.

Verweigert die notifizierende Person auf Anforderung der Behörde die Übernahme bzw. Zahlung der Kosten, so tritt der Versicherer gegenüber der Behörde in Vorleistung.

§ 2 **Versicherte Kosten; Sicherheitsleistung**

Versichert sind die Kosten, die in Zusammenhang mit der Rückführung und der umweltverträglichen Entsorgung entstehen (Sicherheitsleistung gemäß EWG-VO). Die Sicherheitsleistung wird von der zuständigen Behörde festgesetzt.

§ 3 **Umfang der Entschädigung; Haftungslimit**

Der Versicherer leistet Entschädigung für die Kosten, die im Zusammenhang mit der Rückführung und der umweltverträglichen Entsorgung der zuständigen Behörde entstehen. Die versicherte Sicherheitsleistung ist die Grenze der Entschädigung.

§ 4 **Prämie; Beginn der Haftung**

1. Die Prämie wird im voraus erhoben.
   Wird eine gem. Artikel 25 der EWG-VO erneute Notifizierung erforderlich, so ist im Falle einer erhöhten Sicherheitsleistung eine entsprechende Mehrprämie zu zahlen.
2. Die Haftung des Versicherers beginnt mit dem vereinbarten Zeitpunkt gemäß Anmeldung.

§ 5 **Abwicklung im Schadenfall; Übergang von Rechten und Pflichten**

1. Im Falle einer Rückführungsverpflichtung nach Artikel 25 und 26 EWG-VO fordert die Behörde die notifizierende Person auf, die Rückführung zu veranlassen und die entstehenden Kosten zu übernehmen. Ist die notifizierende Person dazu nicht bereit, werden die Kosten der Behörde gemäß §§ 2, 3 im Rahmen der Police ersetzt bzw. vorgeleistet.
2. Hat die Versicherung im Rahmen der Police Zahlungen geleistet, die vom Versicherungsnehmer zu leisten gewesen wären, so kann die Versicherung beim Versicherungsnehmer Regreß nehmen und für die geleistete Zahlung Zinsen in Höhe von 4 %Punkten über dem jeweiligen Diskontsatz verlangen.
3. Hat die Versicherung im Rahmen der Police Zahlungen geleistet, so gehen die Rechte des Versicherungsnehmers (gegenüber der Behörde und gegenüber Dritten wie z.B. dem ausführenden Verwerter/Beseitiger) auf die Versicherung über.

Allianz

Seite 3

§ 6 **Zahlung der Entschädigung**

1. Ist die Leistungspflicht bzw. Vorleistungspflicht des Versicherers von der Behörde festgestellt, so hat die Auszahlung der Entschädigung binnen zwei Wochen zu erfolgen.

   Nach Ablauf eines Monats seit Entstehung von Kosten und nach Ablauf je eines weiteren Monats kann die begünstigte Behörde als Teilzahlung den Betrag verlangen, der nach Lage der Sache mindestens zu zahlen ist.

2. Andere Zinsen als Verzugszinsen hat der Versicherer nicht zu leisten.

§ 7 **Versicherung zu Gunsten der Behörde**

Die Versicherung ist zu Gunsten der zuständigen Behörde abgeschlossen. Die Behörde kann die sich aus diesem Vertrag ergebenden Ansprüche unmittelbar und ohne Zustimmung des Versicherungsnehmers gegenüber dem Versicherer geltend machen.

Allianz Versicherungs-Aktiengesellschaft

Zweigniederlassung
Straße
Ort

R A H M E N V E R T R A G
Abfallverbringungsversicherung

ITV ../633/420..../...

Versicherungsnehmer (Notifizierende Person)	:	....
Vertragslaufzeit	:	xx.xx.19xx, 12 Uhr bis xx.xx.19xx, 24 Uhr Die Versicherungsdauer verlängert sich jeweils um ein Jahr, wenn der Vertrag nicht 3 Monate vor Ablauf schriftlich gekündigt wird.
Versicherungssumme	:	gem. Einzelanmeldung
Zahlungsweise	:	mind. 1.000,00 DM p.a Dieser Betrag ist im voraus zu entrichten und wird mit den Einzelanmeldungen verrechnet.
Bedingungen	:	Maßgebend für das Versicherungsverhältnis sind die nachfolgenden Versicherungsbedingungen für die "Abfallverbringungsversicherung" und der je Anmeldung beizubringende Antrag für grenzüberschreitende Abfalltransporte
Prämie	:	An Prämie zu entrichten 1.000,00 DM zzgl. 15 % Vers.-steuer 150,00 DM ------------- 1.150,00 DM =============

xxxxxxx, den xx.xx.199x

A L L I A N Z
Versicherungs-Aktiengesellschaft
Zweigniederlassung

Allianz Versicherungs-Aktiengesellschaft

Zweigniederlassung
Straße
Ort

A N M E L D U N G Nr. x
zum
Rahmenvertrag Abfallverbringungsversicherung
ITV ../633/420..../...

Empfänger des Abfalls :	s. zugehörigem Antrag für grenzüberschreitende Abfalltransporte Nr. ..../...... vom xx.xx.199x
Angaben zum Abfall :	s. zugehörigem Antrag für grenzüberschreitende Abfalltransporte
Höhe der Sicherheitsleistungen (vers.Kosten):	für Einzelnotifizierung ....DM für Sammelnotifizierung ....DM mit einer Laufzeit von 12 Monaten
Risikodauer :	Beginn: xx.xx.19xx, 0 Uhr Ende : Bescheinigung über die Beseitigung oder Verwertung der Abfälle gemäß Art.27 EWG-VO.
Begünstigte Behörde :	.....
Bedingungen :	s. Rahmenvertrag Nr.: ITV ../633/420..../...

An Prämie wird mit der Vorauszahlung verrechnet:	xxx,00 DM
An Prämie ist zu entrichten:	xxx,00 DM
15 % Vers.-steuer	xx,00 DM
	----------
	xxx,00 DM
	==========

xxxxxxx, den xx.xx.19xx

A L L I A N Z
Versicherungs-Aktiengesellschaft
Zweigniederlassung

Allianz Versicherungs-Aktiengesellschaft

Zweigniederlassung
Straße
Ort

V E R S I C H E R U N G S S C H E I N
Abfallverbringungsversicherung
ITV ../633/420..../...

Versicherungsnehmer (Notifizierende Person)	:	... ...
Empfänger des Abfalls	:	s. zugehörigem Antrag für grenzüberschreitende Abfalltransporte Nr. ..../...... vom xx.xx.199x
Angaben zum Abfall	:	s. zugehörigem Antrag für grenzüberschreitende Abfalltransporte
Höhe der Sicherheitsleistungen (vers.Kosten)	:	für Einzelnotifizierung ....DM für Sammelnotifizierung ....DM mit einer Laufzeit von 12 Monaten
Risikodauer	:	Beginn: xx.xx.19xx, 0 Uhr Ende : Bescheinigung über die Beseitigung oder Verwertung der Abfälle gemäß Art.27 EWG-VO.
Begünstigte Behörde	:	.....
Bedingungen	:	Maßgebend für das Versicherungverhältnis sind die nachfolgenden Versicherungsbedingungen für die "Abfallverbringungsversicherung"

An Prämie ist zu entrichten:		xxx,00 DM
	15 % Vers.-steuer	xx,00 DM
		xxx,00 DM

xxxxxxx, den xx.xx.19xx

A L L I A N Z
Versicherungs-Aktiengesellschaft
Zweigniederlassung

Allianz

Anlage 1

Allianz Versicherungs-AG
Generaldirektion
Königinstr 28

80802 München

Bereich: Industrie 2 Technische Versicherungen
Tel. 089 / 3800 4346 Herr Rietdorf
Fax. 089 / 3800 3082

Für den Vertrieb zuständig sind unsere Zweigniederlassungen, die Bayerische Versicherungsbank AG und die Frankfurter Versicherungs-AG.

Allianz Zweigniederlassungen:

1. Zweigniederlassung Berlin
Joachimstaler Str. 10 - 12

10719 Berlin

Bereich: Industrie 2 Technische Versicherungen
Tel. 030 / 8894 2439 Herr Halpap
Fax. 030 / 8894 4152

2. Zweigniederlassung für Norddeutschland
Großer Burstah 3

20457 Hamburg

Bereich: Industrie 2 Technische Versicherungen
Tel. 040 / 3617 3183 Herr Willinghöfer
Fax. 040 / 3617 2484

3. Zweigniederlassung für Nordrhein-Westfalen
Kaiser-Wilhelm-Ring 31

50672 Köln

Bereich: Industrie 2 Technische Versicherungen
Tel. 0221 / 5731 3117 Herr Geier
Fax. 0221 / 5731 570

Allianz

- 2 -

4. Zweigniederlassung für Baden-Württemberg
Uhlandstr. 2

70182 Stuttgart

Bereich: Industrie 2 Technische Versicherungen
Tel. 0711 / 2173 2494 Herr Goretzki
Fax. 0711 / 2173 174

5. Bayerische Versicherungsbank AG
Ludwigstraße 21

80528 München

Bereich: Industrie 2 Technische Versicherungen
Tel. 089 / 2302 2677 Herr Aschenbrenner
Fax. 089 / 2302 2976

6. Frankfurter Versicherungs-AG
Taunusanlage 18

60325 Frankfurt

Bereich: Industrie 2 Technische Versicherungen
Tel. 069 / 7126 3346 Herr Faist
Fax. 069 / 7126 3470

BEZIRKSREGIERUNG DÜSSELDORF

Antrag auf Erteilung einer Genehmigung für Vermittlungsgeschäfte von Abfallverbringungen für Dritte im Regierungsbezirk Düsseldorf (§ 12 a Abfallgesetz - AbfG)

1	**Angaben zum gewerbsmäßigen Vermittler**		
1.1	Firma		Genehmigungsnummer
	Anschrift		
1.2	Straße		Hausnummer
1.3	Staat	Postleitzahl	Ort
1.4	Telefonnummer	Telefax	

2	**Für das Vermittlungsgeschäft verantwortliche Person:**			
2.1.1	Name	Geburtsdatum	Geburtsort	
		Ausstellungsdatum	liegt der Behörde vor	Anlage
2.1.2	Nachweis der Fachkunde	______________	☐	☐
2.1.3	Polizeiliches Führungszeugnis	______________	☐	☐
	Vertreter			
2.2.1	Name	Geburtsdatum	Geburtsort	
		Ausstellungsdatum	liegt der Behörde vor	Anlage
2.2.2	Nachweis der Fachkunde	______________	☐	☐
2.2.2	Polizeiliches Führungszeugnis	______________	☐	☐

3	**Folgende Antragsunterlagen sind als Anlage beigefügt oder liegen der Behörde bereits vor:**			
		Mit Ausstellungsdatum vom	liegt der Behörde vor	Anlage
3.1	Gewerbemeldung	______________	☐	☐
3.2	Handelsregisterauszug	______________	☐	☐
3.3	Unbedenklichkeitsbescheinigung des Finanzamtes	______________	☐	☐
3.4	Unbedenklichkeitsbescheinigung der Sozialversicherungsträger (Krankenkasse)	______________	☐	☐
3.5	Unbedenklichkeitsbescheinigung der Berufsgenossenschaft	______________	☐	☐

52.00.56.22

4	**Angaben über die Abfälle** Angaben über die Abfall-/Reststoffgruppen für die die Genehmigung der Vermittlung beantragt wird (Abfallschlüsselnummer und genaue Abfallbezeichnung gemäß Abfall-/Reststoffbestimmungsverordnung vom 03.04.1990 - BGBl. 1990 Nr. 17 S. 614 ff) bzw. bei internationaler Verbringung Nr. und Bezeichnung gem. Entscheidung der Kommission 94/3/EG - Abfallverzeichnis (EWC)			
4.1	Schlüssel	Abfallbezeichnung	Abfallerzeugerbetriebe (1) (Anschriften u. Erzeuger-Nr. s. formlose Anlage)	Stadt-/Landkreis (1)
4.11	______	______	☐	☐
4.12	______	______	☐	☐
4.13	______	______	☐	☐
4.14	______	______	☐	☐
4.15	______	______	☐	☐
4.16	______	______	☐	☐
4.17	______	______	☐	☐
4.18	______	______	☐	☐
4.19	______	______	☐	☐
4.20	______	______	☐	☐
5.	**Die Vermittlung der grenzüberschreitenden Verbringung von Abfällen / Reststoffen ist hiermit ausdrücklich beantragt:** ☐ ja ☐ nein (zutreffendes bitte unbedingt ankreuzen)			
6	**Bestätigung und Unterschrift**			
6.1	Wir werden nur die in diesem Antrag aufgeführten Abfälle zur Verbringung gewerbsmäßig vermitteln. Der grenzüberschreitende Verbringungsvorgang wird von uns in jedem Einzelfall nach den Betimmungen der Verordnung (EWG) Nr. 259/93 des Rates vom 1. Februar 1993 zur Überwachung und Kontrolle der Verbringung von Abfällen in der in die und aus der Europäischen Gemeinschaft (EU-AbfVerbrVO) notifiziert. Wir treten als notifizierende Person auf (Art. 2 Buchstabe g ii Eu-AbfVerbrVO)			
6.2	Wir bestätigen, daß die Angaben im Antrag richtig sind.			
6.3	Ort ______	Datum ______	Unterschrift ______	
(1)	Angaben, soweit zum Zeitpunkt des Antrags schon Erzeugerbetriebe bekannt sind.			

Darstellung der Fallgruppen und notwendigen Formulare (Übersicht)

Abfall / erforderl. Formularwesen	Abfälle gem. § 2 (2) AbfG, nachweispflichtig gem. § 11 (3) AbfG (ausgenommen Kleinmengen) § 1 (1) AbfBestV	Reststoffe gem. § 2 (3) AbfG (ausgenommen Kleinmengen) § 1 (1) RestBestV	Kleinmengen (selbst abgefahren) § 1 (2) AbfBestV § 1 (2) RestBestV	Altöle gem. § 5a (2) AbfG zur Verwertung § 2 AbfRestÜberwV	Rücknahme-Abfälle gem. § 14 (1) Nr. 3 AbfG § 2 AbfRestÜberwV	von der Beförderung und sonstigen Entsorgung ausgeschlossene Abfälle nach § 3 (3) AbfG (wenn nicht Abfälle nach § 2 (2) AbfG)	von der Beförderung, aber nicht der sonstigen Entsorgung ausgeschlossene Abfälle nach § 3 (3) AbfG (wenn nicht Abfälle nach § 2 (2) AbfG)
Entsorgungsnachweis/ Verwertungsnachweis Anlage 3 AbfRestÜberwV	ja	ja, wenn nachweispflichtig gem. § 11 (2) AbfG	nein	nein	nein	ja, wenn nachweispflichtig gem. § 11 (2) AbfG	ja, wenn nachweispflichtig gem. § 11 (2) AbfG
Vereinfachter Entsorgungsnachweis Anlage 5 AbfRestÜberwV	nein	nein	ja, wenn Beförderung genehmigungspflichtig	nein	nein	ja, wenn nicht nachweispflichtig gem. § 11 (2) AbfG und die Beförderung genehmigungspflichtig	ja, wenn nicht nachweispflichtig gem. § 11 (2) AbfG und die Beförderung genehmigungspflichtig
Beförderungsgenehmigung Anlage 1 und Anlage 2 AbfRestÜberwV	ja*)	nein	ja*)	ja*)	ja*)	ja*)	ja*)
Begleitschein Anlage 6 AbfRestÜberwV	ja	ja, wenn nachweispflichtig gem. § 11 (2) AbfG	nein	ja	ja, wenn nachweispflichtig gem. § 11 (2) AbfG	ja, wenn nachweispflichtig gem. § 11 (2) AbfG	ja, wenn nachweispflichtig gem. § 11 (2) AbfG
Übernahmeschein Anlage 7 AbfRestÜberwV	ja, bei Sammelentsorgung	ja, bei Sammelverwertung	ja	nein	nein	ja, wenn nachweispflichtig gem. § 11 (2) und Sammelentsorgung	ja, wenn nachweispflichtig gem. § 11 (2) und Sammelentsorgung
sonstige Nachweise	nein	nein	nein	ja	ja	auf Anforderung Einzelnachweise möglich	auf Anforderung Einzelnachweise möglich

*) entfällt gem. § 12 (1) Nr. 1-3 AbfG für die
- in § 3 Abs. 2 gen. Körperschaften sowie für die von diesen beauftragten Dritten
- Einsammlung oder Beförderung von Erdaushub, Straßenaufbruch und Bauschutt, soweit diese nicht durch Schadstoffe verunreinigt sind sowie für Autowracks und Altreifen
- für die Einsammlung oder Beförderung geringfügiger Abfallmengen im Rahmen wirtschaftlicher Unternehmen, soweit die zuständige Behörde auf Antrag oder von Amts wegen diese von der Genehmigungspflicht freigestellt hat

Handhabung des Formularsatzes 'Begleitschein'
nach Abfall- und Reststoffüberwachungs-Verordnung

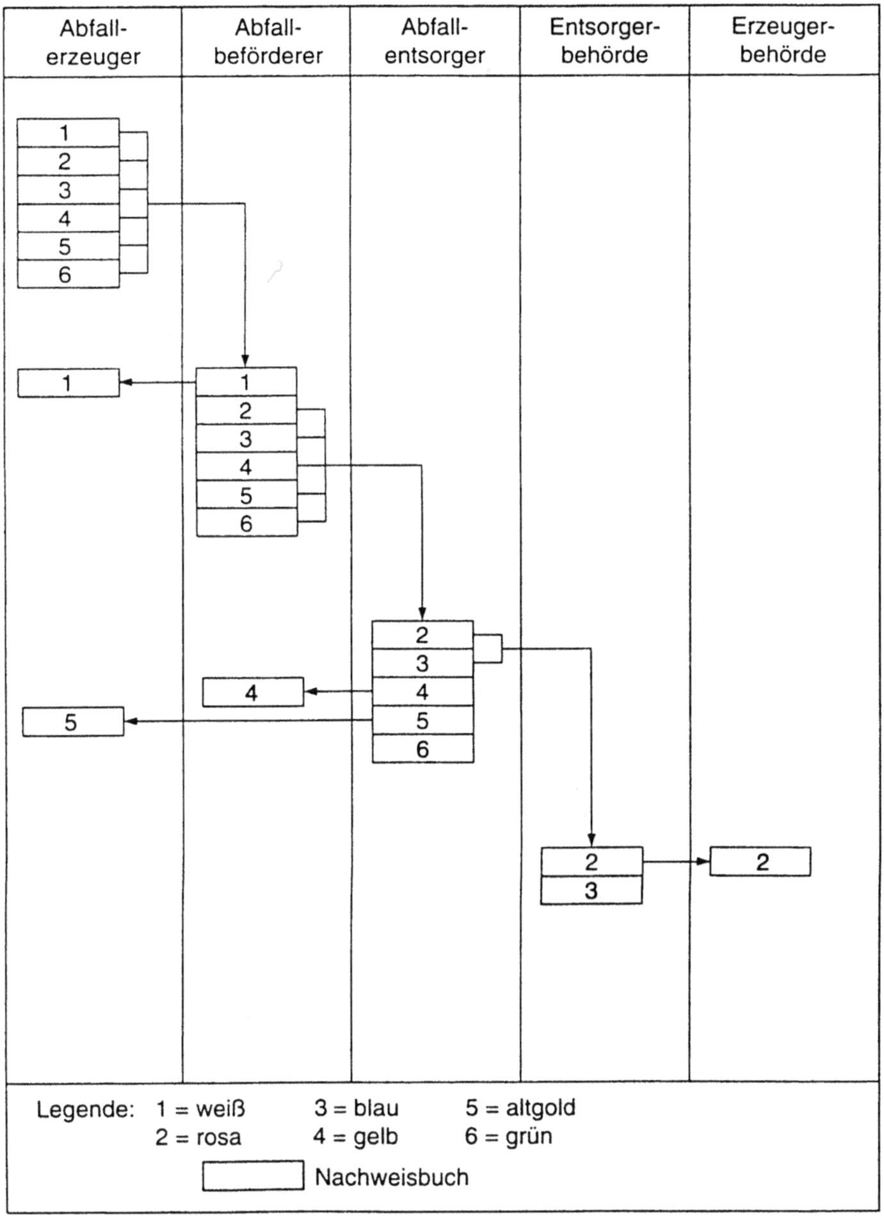

Abfall-schlüssel	Bezeichnung	Herkunft
1	Abfälle pflanzlichen und tierischen Ursprungs sowie von Veredlungsprodukten	
11	Nahrungs- und Genußmittelabfälle	
111	Abfälle aus der Nahrungsmittelproduktion	
111 02	Überlagerte Nahrungsmittel	Herstellung und Handel
111 03	Spelze, Spelzen- und Getreidestaub	Mahl- und Schälmühlen, Getreidesilos
111 04	Würzmittelrückstände	Herstellung von Würzen
111 08	Rückstände aus Konservenfabrikation	Herstellung von Konserven und Fertiggerichten
111 10	Melassenrückstände	Herstellung von synth. Zitronensäure
111 11	Teigabfälle	Brotfabriken, Teigwarenherstellung
111 14	Sonstige schlammförmige Nahrungsmittelabfälle	Herstellung von Nahrungsmitteln, Verpflegungseinrichtungen
114	Abfälle aus der Genußmittelproduktion	
114 01	Überlagerte Genußmittel	Herstellung und Handel
114 02	Tabakstaub, -grus, -rippen, -schlamm	Tabakverarbeitung
114 03	Zigarettenfehlchargen	Herstellung von Zigaretten
114 04	Malztreber, Malzkeime, Malzstaub	Brauereien, Mälzereien
114 05	Hopfentreber	Brauereien
114 07	Obst-, Getreide- und Kartoffelschlempen	Alkoholbrennerei
114 11	Trub und Schlamm aus Brauereien	Brauereien
114 13	Schlamm aus Weinbereitung	Herstellung und Verarbeitung von Weinen
114 14	Schlamm aus Brennereien	Alkoholbrennereien
114 15	Trester	Obstverarbeitung
114 16	Fabrikationsrückstände vom Kaffee	Verarbeitung von Kaffee
114 17	Fabrikationsrückstände von Tee	Verarbeitung von Tee
114 18	Fabrikationsrückstände von Kakao	Verarbeitung von Kakao
114 19	Hefe und hefeähnliche Rückstände	Brauereien, Alkoholbrennereien, Herstellung und Verarbeitung von Weinen
114 20	**Tabakrauchkondensat**	Tabakforschung
114 21	**Spül- und Waschwasser mit schädlichen Verunreinigungen, organ. belastet**	Tank- und Behälterreinigung
117	Abfälle aus der Futtermittelproduktion	
117 01	Futtermittelabfälle	Herstellung von Futtermitteln

Abfall-schlüssel	Bezeichnung	Herkunft
12	Abfälle aus der Produktion pflanzlicher und tierischer Fetterzeugnisse	
121	Abfälle aus der Produktion pflanzlicher und tierischer Öle	
121 01	Ölsaatenrückstände	Ölmühlen
121 02	**Pflanzenöle**	Ölmühlen, Herstellung von Nahrungsfetten, Handel, technische Anwendung vegetabiler Öle und Schmiermittel
123	Abfälle aus der Produktion pflanzlicher und tierischer Fette und Wachse	
123 01	Wachse	Herstellung von Wachswaren
123 02	Fettabfälle	Schlachterei und Fleischverarbeitung, Kantinen, Verpflegungseinrichtungen
123 03	**Ziehmittelrückstände**	Drahtziehereien
123 04	**Fettsäurerückstände**	Herstellung von Nahrungsfetten, Seifen
125	Emulsionen und Gemische mit pflanzlichen und tierischen Fettprodukten	
125 01	Inhalt von Fettabscheidern	Schlachterei und Fleischverarbeitung, Kantinen, Verpflegungseinrichtungen
125 02	Molke	Molkereien, Käsereien
125 03	**Öl-, Fett- und Wachsemulsionen**	Ölmühlen, Herstellung von Seifen, Putz- und Pflegemitteln, Wachswaren, Tank- und Behälterreinigung
127	Schlämme aus der Produktion pflanzlicher und tierischer Fette	
127 02	Schlamm aus der Speisefettfabrikation	Herstellung von Nahrungsfetten
127 03	Schlamm aus der Speiseölfabrikation	Ölmühlen
129	Raffinationsrückstände aus der Verarbeitung pflanzlicher und tierischer Fette	
129 01	Bleicherde, entölt	Ölmühlen, Herstellung von Nahrungsfetten, Aufbereitung von vegetabilen Ölen
13	Abfälle aus Tierhaltung und Schlachtung – Abfälle aus der Schlachtung von Tieren, soweit sie nicht dem Tierkörperbeseitigungsgesetz unterliegen (z.B. Panseninhalte, Darminhalte, Fettabscheiderrückstände/Flotate) – Tierkörpermehl aus der Verarbeitung belasteter Tierkörper (z.B. Hormone, HCH, PCB)	

Abfall-schlüssel	Bezeichnung	Herkunft
13	Abfälle aus Tierhaltung und Schlachtung – Tierkörper wildlebender Tiere, soweit diese nicht unter das Tierkörper-beseitigungsgesetz fallen.	
131	Schlachtabfälle	
131 01	Borsten- und Hornabfälle	Schlachterei und Fleischverarbeitung
131 02	Knochenabfälle und Hautreste	Schlachterei und Fleischverarbeitung
131 03	Innereien	Schlachterei
131 04	Geflügelabfälle	Geflügelschlachterei
131 05	Fischabfälle	Fischverarbeitung
131 06	Blut	Schlachterei
131 07	Federn	Geflügelschlachterei
131 08	Magen- und Darminhalte	Schlachterei
131 09	Wildabfälle	Wildhandel
131 10	Sonstige Tierkörperteile	Schlachterei
134	Tierkörper	
134 01	Versuchstiere	Institute, Pharmazeutische Industrie
134 02	Konfiskate	Schlachterei
134 03	Kadaver	Tierhaltung
137	Tierische Fäkalien aus Massentierhaltungen	
137 01	Geflügelkot	Geflügelhaltung
137 02	Schweine- und Rindergülle	Schweinehaltung, Rinderhaltung
137 04	Mist	Tierhaltung
137 05	**Mist, infektiös**	Institute, Herstellung von pharmazeutischen Erzeugnissen, Versuchstierhaltung
14	Häute- und Lederabfälle	
141	Abfälle von Häuten und Fellen	
141 01	Leimleder	Gerberei, Rohfellverarbeitung
141 02	Rohspalt	Gerberei, Rohfellverarbeitung
141 03	Gelatinespalt	Gerberei, Rohfellverarbeitung
141 04	Felle und Häute	Gerberei, Rohfellverarbeitung
144	Abfälle aus Gerbereien	
144 01	**Äschereischlamm**	Rohfellverarbeitung
144 02	**Gerbereischlamm**	Gerberei, Rohfellverarbeitung

Abfall-schlüssel	Bezeichnung	Herkunft
147	Lederabfälle	
147 02	Chromlederabfälle	Gerberei, Lederverarbeitung
147 03	Pelzabfälle und nicht chromgegerbte Lederabfälle	Ledererzeugung, Lederverarbeitung, Verarbeitung von Fellen und Pelzen
147 04	Lederschleifschlamm, Ledermehl	Gerberei, Lederverarbeitung, Herstellung von Schuhen
147 06	Sonstige Abfälle aus Pelz- und Lederverarbeitung	Rauchwarenzurichtung, Lederveredelung und Lederverarbeitung
17	Holzabfälle	
171	Holzabfälle aus der Be- und Verarbeitung	
171 01	Rinden	Sägewerke, Zellstoff-, Holzschliff- und Papiererzeugung
171 02	Schwarten, Spreißel	Sägewerke, Holzverarbeitung
171 03	Sägemehl und Sägespäne	Sägewerke, Holzverarbeitung
171 04	Holzschleifstäube und -schlämme	Herstellung von Sperrholz, Holzfaserplatten und Holzspanplatten, Holzverarbeitung
171 14	Schlamm und Staub aus Spanplattenherstellung	Herstellung von Holzspanplatten
172	Holzabfälle aus der Anwendung	
172 01	Holzemballagen, Holzabfälle	Gewerbliche Wirtschaft
172 02	Bau- und Abbruchholz	Baugewerbe, Gebäudeabbruch, Gewerbliche Wirtschaft
172 03	Holzwolle	Gewerbliche Wirtschaft
172 04	Spurlatten und Einstriche	Bergbau
172 05	Holzhorden aus Koksgasreinigung	Kokereien, Gaswerke
172 06	Holzhorden mit Schwefelanhaftung	Kokereien, Gaswerke
172 08	**Pfähle und Masten, kyanisiert**	Freileitungsbau, Hopfenanbau
172 11	**Sägemehl und -späne, ölgetränkt oder mit schädlichen Verunreinigungen, vorwiegend organisch**	Aufsaugen von Mineralöl, organischen Flüssigkeiten und Schlämmen, Schadensfälle, Holzimprägnieranlagen
172 12	**Sägemehl und -späne mit schädlichen Verunreinigungen, vorwiegend anorganisch**	Aufsaugen von Flüssigkeiten und Schlämmen, Schadensfälle, Holzimprägnieranlagen
172 13	**Holzabfälle und -behältnisse mit schädlichen Verunreinigungen, vorwiegend organisch**	Baugewerbe, Transportgewerbe, Gebäudeabbruch, Gewerbliche Wirtschaft, Landschafts- und Gartenbau
172 14	**Holzabfälle und -behältnisse mit schädlichen Verunreinigungen, vorwiegend anorganisch**	Baugewerbe, Transportgewerbe, Gebäudeabbruch, Gewerbliche Wirtschaft, Landschafts- und Gartenbau

Abfall-schlüssel	Bezeichnung	Herkunft
18	Zelluose-, Papier- und Pappeabfälle	
181	Abfälle aus Zelluloseherstellung	
181 01	Schlamm aus Zellstoffherstellung	Zellstofferzeugung
184	Abfälle aus Zelluloseverarbeitung	
184 01	Rückstände aus Papierherstellung (Spuckstoffe)	Papier- und Pappeerzeugung, Altpapier-aufbereitung
184 02	Schlamm aus Papierherstellung	Papier- und Pappeerzeugung
184 03	Schlamm aus Kunstseideherstellung	Herstellung von Kunstseide
184 04	Schlamm aus Zellulosefaserherstellung	Herstellung von Zellulosefasern
184 05	Alkylzelluloseabfälle	Herstellung von Alkylzellulosen
184 06	Alkalizelluloseabfälle	Herstellung von Zelluloseprodukten
187	Papier- und Pappeabfälle	
187 01	Schnitt- und Stanzabfälle	Papier- und Pappeverarbeitung, Druckerei, Buchbinderei
187 03	Fotopapier	Herstellung von fotochemischen Materialien, Druckerei, Chemigraphisches Gewerbe, Fotopauserei, Filmentwicklung und -kopie
187 04	Wachsgetränktes Papier	Herstellung von Verpackungsmitteln
187 05	Teerpappe und bitumengetränktes Papier	Herstellung und Verarbeitung von Dachpappe
187 06	Papierklischees, Makulatur	Druckerei, Chemigraphisches Gewerbe
187 09	Papierfilter, ölgetränkt	Ölreinigung; Gewerbliche Wirtschaft, Chemische Industrie
187 10	**Papierfilter mit schädlichen Verunreinigungen, vorwiegend organisch**	Luft- und Gasreinigung, Filtrationsprozesse, Chem. Industrie, Gewerbliche Wirtschaft
187 11	**Papierfilter mit schädlichen Verunreinigungen, vorwiegend anorganisch**	Luft- und Gasreinigung, Filtrationsprozesse, Chemische Industrie
187 12	**Zellstofftücher mit schädlichen Verunreinigungen, vorwiegend organisch**	Putztücher aus gewerblicher Wirtschaft, Chemische Industrie
187 13	**Zellstofftücher mit schädlichen Verunreinigungen, vorwiegend anorganisch**	Putztücher aus gewerblicher Wirtschaft, Chemische Industrie
187 14	**Verpackungsmaterial mit schädlichen Verunreinigungen oder Restinhalten, vorwiegend organisch**	Gewerbliche Wirtschaft, Chemische Industrie
187 15	**Verpackungsmaterial mit schädlichen Verunreinigungen oder Restinhalten, vorwiegend anorganisch**	Gewerbliche Wirtschaft, Chemische Industrie

Abfall-schlüssel	Bezeichnung	Herkunft
187 16	Papierfilter, Zellstofftücher oder Verpackungsmaterial	Gewerbliche Wirtschaft, Chemische Industrie
187 18	Altpapier	Papier- und Pappeverarbeitung, Gewerbliche Wirtschaft, Büros, Handel, Haushalte
19	Andere Abfälle aus der Verarbeitung und Veredelung tierischer und pflanzlicher Produkte	
199	Sonstige Abfälle aus der Verarbeitung und Veredelung tierischer und pflanzlicher Produkte	
100 01	Stärkeschlamm	Herstellung von Stärke, Kartoffelerzeugnissen, Fertiggerichten
199 02	Schlamm aus Gelatineherstellung	Herstellung von Gelatine
199 93	Gelatinestanzabfälle	Verarbeitung von Gelatine
199 04	Rückstände aus der Kartoffelstärkeherstellung	Herstellung von Kartoffelstärke
199 05	Rückstände aus der Maisstärkeherstellung	Herstellung von Maisstärke
199 06	Rückstände aus der Reisstärkeherstellung	Herstellung von Reisstärke
199 08	Seifenunterlaugen	Herstellung von Seifen
199 10	Schlamm aus Seifensiederei	Herstellung von Seifen
199 11	Darmabfälle	Verarbeitung von Naturdärmen
3	Abfälle mineralischen Ursprungs sowie von Veredelungsprodukten	
31	Abfälle mineralischen Ursprungs (ohne Metallabfälle)	
311	Ofenausbrüche, Hütten- und Gießereischutt	
311 02	Siliziumdioxid-Tiegelbruch	Metallerzeugung, Gießerei
311 03	Ofenausbruch aus metallurgischen Prozessen	Metallerzeugung, Gießerei, Metallverarbeitung
311 04	Ofenausbruch aus nicht metallurgischen Prozessen	Verarbeitung von Steinen und Erden, Herstellung von keramischen Erzeugnissen, Herstellung und Verarbeitung von Glas
311 05	Ausbruch aus Feuerungs- und Verbrennungsanlagen	Feuerungs- und Verbrennungsanlagen
311 06	Dolomit	Öfen der Metallerzeugung
311 07	Chrommagnesit	Öfen der Metallerzeugung (Fehlchargen)
311 08	**Ofenausbruch aus metallurgischen Prozessen mit schädlichen Verunreinigungen**	Metallerzeugung, Gießerei, metallurgische Prozesse

Abfall-schlüssel	Bezeichnung	Herkunft
311 09	**Ofenausbruch aus nichtmetallurgischen Prozessen mit schädlichen Verunreinigungen**	Herstellung von keramischen Erzeugnissen, Herstellung und Verarbeitung von Glas, Herstellung von Caribid
312	Metallurgische Schlacken, Krätzen und Stäube	
312 02	Kupolofenschlacke	Eisen- und Tempergießerei
312 03	**Schlacken aus NE-Metallschmelzen**	NE-Metallerzeugung, NE-Metallgießerei
312 04	**Bleikrätze**	Bleigießerei, Druckerei
312 05	**Leichtmetallkrätzen, aluminiumhaltig**	Aluminiumerzeugung, Aluminiumgießerei, Aluminiumumschmelzwerke
312 06	**Leichtmetallkrätzen, magnesiumhaltig**	Magnesiumerzeugung, Magnesiumgießerei, Magnesiumumschmelzwerke
312 08	Eisenoxid, gesintert	Eisen- und Stahlerzeugung
312 09	Eisensilikatschlacke	Eisen- und Stahlerzeugung, Eisen-, Stahl- und Tempergießerei
312 11	**Salzschlacken, aluminiumhaltig**	Aluminiumumschmelzwerke, Gießerei
312 12	**Salzschlacken, magnesiumhaltig**	Magnesiumumschmelzwerke, Gießerei
312 13	**Zinnaschen**	Erzeugung von Zinn
312 14	**Bleiaschen**	Erzeugung von Blei
312 15	**Gichtgasstäube**	Eisen- und Stahlerzeugung, Eisen-, Stahl- und Tempergießerei
312 17	**Filterstäube, NE-metallhaltig**	NE-Metallerzeugung, NE-Metallgießerei, Eisen- und Stahlerzeugung
312 18	Elektroofenschlacken	Metallerzeugung
312 19	Hochofenschlacken	Eisen- und Stahlerzeugung
312 20	Konverterschlacken	Eisen- und Stahlerzeugung
313	Aschen, Schlacken und Stäube aus der Verbrennung	
313 01	Filterstäube	Feuerungsanlagen
313 05	Braunkohlenasche	Braunkohlenfeuerung
313 06	Holzasche	Holzfeuerung und Räuchereien
313 07	Schlacken und Aschen aus Dampferzeugern bei Steinkohlekraftwerken	Feuerungsanlagen
313 08	Schlacken und Aschen aus Abfallverbrennungsanlagen	Hausmüllverbrennungsanlagen, Klärschlammverbrennungsanlagen, Sulfitablaugeverbrennung
313 09	**Filterstäube aus Abfallverbrennungsanlagen**	Hausmüllverbrennungsanlagen, Klärschlammverbrennungsanlagen, Sulfitablaugeverbrennung

Abfall-schlüssel	Bezeichnung	Herkunft
313 10	**Schlacken aus Sonderabfall-verbrennungsanlagen**	Sonderabfallverbrennungsanlagen
313 11	**Filterstäube aus Sonderabfall-verbrennungsanlagen**	Sonderabfallverbrennungsanlagen
313 12	**Feste Reaktionsprodukte aus der Abgasreinigung von Abfall-verbrennungsanlagen**	Hausmüllverbrennungsanlagen, Klärschlammverbrennungsanlagen, Sulfitablaugverbrennung
313 13	**Feste Reaktionsprodukte aus der Abgasreinigung von Sonderabfall-verbrennungsanlagen**	Sonderabfallverbrennungsanlagen
313 14	**Feste Reaktionsprodukte aus der Abgasreinigung von Feuerungs-anlagen, ohne Rea-Gips**	Feuerungsanlagen
313 15	Rea-Gips	Abgasreinigung von Feuerungsanlagen
313 16	**Feste Pyrolyserückstände**	Pyrolyseanlagen
314	Sonstige feste mineralische Abfälle	
314 01	Gießerei-Altsand	Eisen-, Stahl- und Tempergießerei
314 02	Putzereisandrückstände, Strahlsand-rückstände	Eisen-, Stahl- und Tempergießerei
314 07	Keramikabfälle	Herstellung von keramischen Erzeugnissen
314 08	Glasabfälle, Altglas	Herstellung und Verarbeitung von Glas, Abfüllbetriebe, gewerbliche und kommunale Sammelbetriebe
314 09	Bauschutt (nicht Baustellenabfälle)	Baugewerbe, Gebäudeabbruch
314 10	Straßenaufbruch	Straßenbau
314 11	Bodenaushub	Hoch- und Tiefbau
314 12	Asbestzementabfälle, Asbestzementstäube	Herstellung und Verarbeitung von Asbestzement
314 14	Schamotteabfälle	Herstellung und Verarbeitung von Schamotte
314 15	Formlehmabfälle	Glockengießereien, Kunstgießereien
314 16	Mineralfaserabfälle	Herstellung und Verarbeitung von Stein- und Glaswolle
314 17	Aktivkohleabfälle	Herstellung von Aktivkohle
314 18	Gesteinsstäube, Polierstäube	Bearbeitung von Natur- und Kunststeinen, Steinschleiferei
314 19	**Stäube aus der Schlackenaufbereitung**	Schlackenaufbereitung
314 20	Rußabfälle	Herstellung von Gummiwaren und Bereifung, Rußherstellung und -verarbeitung

Abfall-schlüssel	Bezeichnung	Herkunft
314 22	Kiesabbrände	Chemische Industrie, Herstellung von Schwefelsäure
314 23	**Ölverunreinigter Boden**	Ölunfälle, Schadensfälle
314 24	**Sonstige Böden mit schädlichen Verunreinigungen**	Unfälle, Schadensfälle
314 25	Formsande	Gießerei
314 26	**Kernsande**	Gießerei
314 28	**Verbrauchte Ölbinder**	Ölunfälle
314 30	**Mineralfaserabfälle mit schädlichen Verunreinigungen**	Herstellung und Anwendung, Gebäude- und Anlagenabbruch
314 32	Graphitabfälle, -schlamm, Graphitstaub	Metallerzeugung, Chemische Industrie, Lichtbogenvervahren
314 33	**Glas- und Keramikabfälle mit schädlichen Verunreinigungen**	Chemische Industrie, Glasverarbeitung, Glaszubereitung, Elektrotechnik, Herstellung von: Leuchtröhren, Lampen, Bildröhren, Wärmemeßröhrchen
314 34	Verbrauchte Filter- und Aufsaugmassen (Kieselgur, Aktiverden, Aktivkohle)	Wasseraufbereitung, Herstellung von Nahrungs- und Genußmitteln
314 35	**Verbrauchte Filter- und Aufsaugmassen mit schädlichen Verunreinigungen (Kieselgur, Aktiverden, Aktivkohle)**	Chemische Industrie, Chemische Reinigung, Adsorptive Gas- und Flüssigkeitsreinigung
314 36	Asbestabfälle	Aufbereitung und Verarbeitung von Asbest
314 37	**Asbeststäube, Spritzasbest**	Verarbeitung von Asbest, Herstellung und Verarbeitung von Asbesterzeugnissen, Gebäude und Anlagesanierung
314 38	Gipsabfälle	Herstellung von Gipserzeugnissen
314 39	**Mineralische Rückstände aus Gasreinigung**	Trockene Gasreinigung
314 40	**Strahlmittelrückstände mit schädlichen Verunreinigungen**	Mechanische Oberflächenbehandlung
314 41	**Bauschutt und Erdaushub mit schädlichen Verunreinigungen**	Gebäude- und Anlagenabbruch, Öl- und Chemikalienschadensfälle
314 42	Kieselsäure- und Quarzabfälle	Gewerbliche Wirtschaft, Keramikindustrie, Chemische Industrie
314 44	Schleifmittel	Herstellung von Schleifmitteln
314 45	**Gipsabfälle mit schädlichen Verunreinigungen**	Chemische Industrie, Gewerbliche Wirtschaft
314 46	**Kieselsäure- und Quarzabfälle mit schädlichen Verunreinigungen, vorwiegend organisch**	Gewerbliche Wirtschaft, Keramikindustrie, Metallurgie, Chemische Industrie

Abfall-schlüssel	Bezeichnung	Herkunft
314 47	**Kieselsäure- und Quarzabfälle mit schädlichen Verunreinigungen, vorwiegend anorganisch**	Gewerbliche Wirtschaft, Keramikindustrie, Chemische Industrie, Metallurgie
314 48	Rückstände aus der Aufbereitung von Kalisalzen	Bergbau
314 49	Strahlmittelrückstände	Mechanische Oberflächenbehandlung
316	Mineralische Schlämme	
316 01	Schlämme aus der Beton- und Fertigmörtelherstellung	Herstellung von Fertigbeton und Betonsteinerzeugnissen
316 02	Steinschleifschlamm	Bearbeitung von Natur- und Kunststeinen, Steinschleiferei
316 03	Filterschlamm aus Bleicherdeherstellung	Herstellung von Bleicherden
316 04	Tonsuspensionen	Ziegelei, Herstellung von grob- und feinkeramischen Erzeugnissen
316 06	Schlämme aus Kalksandsteinfabrikation	Herstellung von Kalksandsteinen
316 08	Rotschlamm	Aluminiumerzeugung, Aufbereitung von Tonerde
316 10	**Emailleschlamm, Emailleschlicker**	Emaillierung
316 11	Graphitschlamm	Herstellung und Verarbeitung von Graphit
316 12	Kalkschlamm	Verarbeitung von Kalk
316 13	Gipsschlamm	Herstellung von Gipserzeugnissen
316 14	Schlamm aus Eisenhütten	Eisen- und Stahlerzeugung
316 15	Schlamm aus Stahlwalzwerken	Warmwalzwerke
316 16	Schlamm aus Gießereien	Gießerei
316 17	Glasschleifschlamm	Veredelung von Glas, Glasschleiferei
316 18	Carbidschlamm (Kalkschlamm)	Herstellung von Acetylen
316 19	**Gichtgasschlamm**	Eisen- und Stahlerzeugung, Eisen-, Stahl- und Tempergießerei
316 20	**Gipsschlamm mit schädlichen Verunreinigungen**	Chemische Industrie, Neutralisation
316 21	**Kalkschlamm mit schädlichen Verunreinigungen**	Chemische Industrie, Neutralisation
316 22	Magnesiumoxidschlämme	Verarbeitung von Magnesiumoxid
316 23	**Calciumphosphatschlamm**	Chemische Industrie
316 24	**Eisenoxidschlamm aus Reduktionen**	Chemische Industrie
316 25	Erdschlämme, Sandschlämme	Gewinnung von Sand und Kies, Hoch- und Tiefbau

Abfall-schlüssel	Bezeichnung	Herkunft
316 26	**Schlamm aus NE-Metallurgie**	NE-Metallerzeugung, -Gießerei, -Umschmelzwerke
316 27	Aluminiumoxidschlämme	Aluminiumerzeugung
316 28	**Härtereischlamm, cyanidhaltig**	Härterei
316 29	**Härtereischlamm, nitrat-, nitrithaltig**	Härterei
316 30	**Bariumcarbonatschlamm**	Härterei
316 31	**Bariumsulfatschlamm**	Chemische Industrie, Papier- und Pappeerzeugung
316 32	**Bariumsulfatschlamm, quecksilberhaltig**	Chemische Industrie, Erzeugung von Chlor
316 33	**Glasschleifschlamm mit schädlichen Verunreinigungen**	Veredelung von Glas, Glasschleiferei
316 34	Carbonatationsschlamm	Zuckerindustrie
316 35	Rübenerde	Zuckerindustrie
316 36	**Bohrschlamm mit schädlichen Verunreinigungen**	Tiefbohrungen, Bohrstellen, Wassererschließung
316 37	**Phosphatierschlamm**	Oberflächenveredelung, Phosphatierung
316 39	**Sonstige Schlämme aus Fäll- und Löseprozessen mit schädlichen Verunreinigungen**	Chemische Industrie, Metallurgie, Gewerbliche Wirtschaft
316 40	**Füll- und Trennmittelsuspensionen mit mineralischen Feststoffanteilen**	Papiererzeugung, Herstellung und Verarbeitung von Gummi
316 41	Calciumfluoridschlamm	Neutralisation von Flußsäure, Abgasreinigung, Aluminiumgewinnung
316 42	**Rückstände aus der wasserseitigen Kesselreinigung**	Dampferzeugung
35	Metallhaltige Abfälle	
351	Eisen- und Stahlabfälle	
351 01	Eisenhaltiger Staub ohne schädliche Beimengungen	Eisen- und Stahlerzeugung, Eisen-, Stahl- und Tempergießerei, Verarbeitung von Eisen und Stahl, Schleiferei
351 02	Zunder	Warmwalzwerke, Schmiede-, Preß- und Hammerwerke, Ziehereien und Kaltwalzwerke
351 03	Eisenschrott	Gewerbliche Wirtschaft
351 05	Eisenmetallbehältnisse, entleert	Gewerbliche Wirtschaft
351 06	**Eisenmetallbehältnisse, mit schädlichen Restinhalten**	Gewerbliche Wirtschaft
351 07	**Ölfilter**	Kraftfahrzeuge, Kfz-Wartung, Maschinenanlagen

Abfall-schlüssel	Bezeichnung	Herkunft
353	NE-metallhaltige Abfälle	
353 02	**Bleihaltige Abfälle**	Bleigewinnung, Verarbeitung von Blei
353 04	Aluminiumabfälle	Aluminiumerzeugung und -verarbeitung
353 07	**Berylliumhaltige Abfälle**	Berylliumgewinnung, Verarbeitung von Beryllium
353 08	**Magnesiumhaltige Abfälle**	Magnesiumgewinnung, Verarbeitung von Magnesium
353 09	**Zinkhaltige Abfälle**	Zinkgewinnung, Verarbeitung von Zink, Chemische Industrie
353 12	NE-Metallbehältnisse	Gewerbliche Wirtschaft
353 14	Kabelabfälle	Elektrotechnik
353 15	**Sonstige NE-metallhaltige Abfälle ohne Aluminium- und Manganabfälle**	NE-Metallgewinnung, Verarbeitung von NE-Metallen
353 17	**Aluminiumhaltiger Staub**	Aluminiumgewinnung, Verarbeitung von Aluminium
353 22	Bleiakkumulatoren	Herstellung, Handel und Anwendung
353 23	**Nickel-Cadmium-Akkumulatoren**	Herstellung von Akkumulatoren, Handel und Anwendung
353 24	**Batterien, quecksilberhaltig**	Herstellung von Batterien, Handel und Anwendung
353 25	**Trockenbatterien (Trockenzellen)**	Herstellung von Batterien, Handel und Anwendung
353 26	**Quecksilber, quecksilberhaltige Rückstände, Quecksilberdampflampen, Leuchtstoffröhren**	Herstellung, Handel und Anwendung, Metallurgie
353 27	**NE-Metallbehältnisse mit schädlichen Restinhalten**	Gewerbliche Wirtschaft
355	Metallschlämme	
355 01	**Zinkschlamm**	Zinkgewinnung und -verarbeitung, Verzinkerei, Druckerei, Herstellung von Klischees
355 03	**Bleischlamm**	Bleigewinnung und -verarbeitung, Elektrolysen
355 04	**Zinnschlamm**	Zinngewinnumg und -verarbeitung
355 05	**Anodenschlamm**	Elektrolysen
355 06	**Sonstige Metallschlämme ohne Aluminium-, Eisen- und Manganschlämme**	Metallbearbeitung

Abfall-schlüssel	Bezeichnung	Herkunft
39	Andere Abfälle mineralischen Ursprungs sowie von Veredelungsprodukten	
399	Sonstige Abfälle mineralischen Ursprungs sowie von Veredelungsprodukten	
399 02	**Jarositschlamm**	NE-Metallerzeugung
399 03	**Steinsalzrückstände (Gangart)**	Chemische Industrie, Erzeugung von Chlor
399 04	**Gasreinigungsmasse, Rohrstaub aus Gasleitungen**	Kokereien, Gaswerke
399 05	**Feuerlöschpulverreste**	Herstellung von Feuerlöschmitteln, Wartung von Feuerlöschern
399 06	**Skoroditschlamm**	NE-Metallerzeugung
399 07	**Rückstände mit Elementarschwefel**	Chemische Industrie, Herstellung von Viskose und Farbstoffen, Gasreinigung
399 08	**Gemengereste**	Glasherstellung
399 09	**Sonstige feste Abfälle mineralischen Ursprungs mit schädlichen Verunreinigungen**	Chemische Industrie, Gewerbliche Wirtschaft, Metallurgie
5	Abfälle aus Umwandlungs- und Syntheseprozessen (einschl. Textilabfälle)	
51	Oxide, Hydroxide, Salze	
511	Galvanikschlämme, Metallhydroxidschlämme	
511 01	Cyanidhaltiger Galvanikschlamm	Galvanikbetriebe und galvanotechnische Teilbetriebe
511 02	Chrom-(VI)-haltiger Galvanikschlamm	Galvanikbetriebe und galvanotechnische Teilbetriebe
511 03	Chrom-(III)-haltiger Galvanikschlamm	Galvanikbetriebe und galvanotechnische Teilbetriebe
511 04	Kupferhaltiger Galvanikschlamm	Galvanikbetriebe und galvanotechnische Teilbetriebe
511 05	Zinkhaltiger Galvanikschlamm	Galvanikbetriebe und galvanotechnische Teilbetriebe
511 06	Cadmiumhaltiger Galvanikschlamm	Galvanikbetriebe und galvanotechnische Teilbetriebe
511 07	Nickelhaltiger Galvanikschlamm	Galvanikbetriebe und galvanotechnische Teilbetriebe
511 08	Kobalthaltiger Galvanikschlamm	Galvanikbetriebe und galvanotechnische Teilbetriebe
511 11	Blei- oder zinnhaltiger Galvanikschlamm	Galvanikbetriebe und galvanotechnische Teilbetriebe

Abfall-schlüssel	Bezeichnung	Herkunft
511 12	Sonstige Galvanikschlämme	Galvanikbetriebe und galvanotechnische Teilbetriebe
511 13	Sonstige Metallhydroxidschlämme	Chemische Industrie, Gewerbliche Wirtschaft, Industrieabwasserreinigung
513	Sonstige Oxide und Hydroxide	
513 01	**Zinkoxid, -hydroxid**	Zinkgewinnung und -verarbeitung, Chemische Industrie
513 03	Zinnstein	Zinnerzeugung und -verarbeitung
513 04	**Braunstein, Manganoxide**	Herstellung von Batterien, Chemische Industrie
513 05	Aluminiumoxid	Aluminiumerzeugung, -umschmelzwerke, Chemische Industrie
513 06	**Chrom-(III)-Oxid**	Chemische Industrie
513 07	**Kupferoxid**	Chemische Industrie, Metallerzeugung
513 08	Aluminiumhydroxid	Oberflächenveredelung, Eloxieren
513 09	Eisenhydroxid	Oberflächenbehandlung von Eisen und Stahl, Beizerei, Ätzerei
513 10	**Sonstige Metalloxide und Metallhydroxide ohne Eisen- und Aluminiumoxide und -hydroxide**	Chemische Industrie, Gewerbliche Wirtschaft, Herstellung von Halbleitern
515	Salze	
515 02	**Häutesalze**	Gerberei, Rohfellverarbeitung, Schlachterei
515 03	**Natrium- und Kaliumphosphatabfälle**	Chemische Industrie, Herstellung von Wasch-, Dünge- und Konservierungsmitteln
515 04	**Imprägniersalzabfälle**	Holzimprägnierung
515 05	**Lederchemikalien, Gerbstoffe**	Gerberei
515 07	**Düngemittelreste**	Handel, Anwendung
515 08	**Alkalicarbonate**	Chemische Industrie
515 09	**Salmiak (Ammoniumchlorid)**	Chemische Industrie
515 11	**Salzbadabfälle**	Wärmebäder, Salzschmelzen zur Wärmeübertragung
515 12	**Ammoniumhydrogenfluorid**	Oberflächenveredelung von Metallen
515 13	**Arsenkalk**	NE-Metallerzeugung
515 15	Kesselstein	Entschlammung und Reinigung von Dampfkesseln
515 16	**Brüniersalzabfälle**	Oberflächenveredelung, Herstellung von Werkzeugen und Schrauben

Abfall-schlüssel	Bezeichnung	Herkunft
515 17	**Natriumsulfat (Glaubersalz)**	Chemische Industrie
515 18	**Natriumbromid**	Herstellung und Anwendung von fotochemischen Materialien
515 19	**Eisenchlorid**	Beizerei, Ätzerei, Chemische Industrie
515 20	**Eisensulfat (Grünsalz)**	Beizerei, Ätzerei, Chemische Industrie
515 21	**Bleisulfat**	NE-Metallgewinnung, Glasindustrie
515 23	**Natriumchlorid**	Chemische Industrie
515 24	**Bleisalze**	Chemische Industrie, Metallgewinnung
515 25	**Bariumsalze**	Herstellung von keramischen Erzeugnissen und Glas, Textilindustrie, Chemische Industrie, Härterei
515 26	**Calciumchlorid**	Chemische Industrie
515 27	**Magnesiumchlorid**	Metallgewinnung, Herstellung von Baustoffen, Baugewerbe
515 28	**Alkali- und Erdalkalisulfide**	Chemische Industrie, Ledererzeugung
515 29	**Schwermetallsulfide**	Chemische Industrie, Gewinnung von NE-Metallen
515 30	**Kupferchlorid**	Chemische Industrie, Herstellung von Pflanzenbehandlungsmitteln, Elektrotechnik
515 31	**Aluminiumsulfat-, Aluminiumphosphatrückstände**	Gerberei, Eloxalbetriebe
515 32	**Chlorkalk**	Chemische Industrie, Entgiftung, Desinfektion
515 33	**Salze, cyanidhaltig**	Chemische Industrie, Härterei
515 34	**Salze, nitrat- oder nitrithaltig**	Chemische Industrie, Härterei
515 35	**Vanadiumsalze**	Chemische Industrie, Metallgewinnung
515 36	Abraumsalze	Bergbau
515 38	**Boraxrückstände**	Chemische Industrie, Herstellung von Glas und keramischen Erzeugnissen
515 39	**Arsenverbindungen**	Chemische Industrie, Glas- und Keramikindustrie, NE-Metallherstellung
515 40	**Sonstige Salze, löslich**	Chemische Industrie, Gewerbliche Wirtschaft
515 41	**Sonstige Salze, schwerlöslich**	Chemische Industrie, Gewerbliche Wirtschaft
515 43	**Gebrauchte ammoniakalische Kupferätzlösung**	Chemische Industrie, Elektronikindustrie

Abfall-schlüssel	Bezeichnung	Herkunft
52	Säuren, Laugen und Konzentrate	
521	Säuren, anorganisch	
521 01	**Akku-Säuren**	Kraftfahrzeuge, Bundesbahn, Schrotthandel
521 02	**Anorganische Säuren, Säuregemische und Beizen (sauer)**	Chemische Industrie, Oberflächenbehandlung, Galvanikbetriebe, Laboratorien
522	Organische Säuren	
522 01	**Halogenierte organische Säuren**	Chemische Industrie, Pharmazeutische Industrie
522 02	**Nicht halogenierte organische Säuren**	Chemische Industrie, Pharmazeutische Industrie
524	Laugen	
524 02	**Laugen, Laugengemische und Beizen (basisch)**	Chemische Industrie, Oberflächenbehandlung, Laboratorien
524 03	**Ammoniaklösung (Salmiakgeist)**	Chemische Industrie
527	Konzentrate	
527 01	**Hypochlorit-Ablauge (Chlorbleichlauge)**	Zellstoffgewinnung und -verarbeitung, Textilindustrie, Bleicherei
527 07	**Fixierbäder**	Fotochemische Betriebe, Fotolabors, Röntgenlabors, Druckerei, Herstellung von Klischees
527 08	**Sulfitablauge**	Zellstoffgewinnung und -verarbeitung
527 10	**Gerbereibrühe**	Gerberei
527 12	**Konzentrate und Halbkonzentrate, chrom-(VI)-haltig**	Oberflächenbehandlung
527 13	**Konzentrate und Halbkonzentrate, cyanidhaltig**	Oberflächenbehandlung
527 14	**Spül- und Waschwasser, cyanidhaltig**	Oberflächenbehandlung
527 16	**Konzentrate und Halbkonzentrate, metallsalzhaltig**	Oberflächenbehandlung
527 20	**Spül- und Waschwasser, metallsalzhaltig**	Oberflächenbehandlung
527 21	**Kupferätzlösungen**	Oberflächenbehandlung
527 22	**Eisensalzlösungen**	Chemische Industrie, Druckerei, Ätzerei, Beizerei
527 23	**Entwicklerbäder**	Fotochemische Betriebe, Fotolabors, Röntgenlabors, Druckerei, Herstellung von Klischees
527 24	**Anorganische Kühlmittellösungen**	Kältetechnik

Abfall-schlüssel	Bezeichnung	Herkunft
527 25	**Sonstige Konzentrate und Halbkonzentrate sowie Spül- und Waschwasser**	Chemische Industrie, Gewerbliche Wirtschaft, Fotochemische Betriebe, Fahrzeugbau
53	Abfälle von Pflanzenschutz- und Schädlingsbekämpfungsmitteln sowie von pharmazeutischen Erzeugnissen	
531	Abfälle von Pflanzenschutz- und Schädlingsbekämpfungsmitteln	
531 03	**Altbestände und Reste von Pflanzenschutz- und Schädlingsbekämpfungsmitteln**	Chemische Industrie, Herstellung von Pflanzenschutz- und Schädlingsbekämpfungsmitteln, Handel und Anwendung
531 04	**Produktionsabfälle von Pflanzenschutz- und Schädlingsbekämpfungsmitteln**	Chemische Industrie, Herstellung von Pflanzenschutz- und Schädlingsbekämpfungsmitteln
533	Abfälle von Körperpflegemitteln	
533 01	Überlagerte Körperpflegemittel	Herstellung von Körperpflegemitteln, Großhandel
533 02	**Produktionsabfälle von Körperpflegemitteln**	Herstellung von Körperpflegemitteln
535	Abfälle von pharmazeutischen Erzeugnissen	
535 01	Altmedikamente	Großhandel, Apotheken, Krankenhäuser, Arztpraxen
535 02	**Abfälle aus der Produktion und Zubereitung von pharmazeutischen Erzeugnissen**	Herstellung und Zubereitung von pharmazeutischen Erzeugnissen
535 03	Drogen, Drogenrückstände	Großhandel, Apotheken, Krankenhäuser, Arztpraxen
535 04	Trester von Heilpflanzen	Herstellung von pharmazeutischen Erzeugnissen
535 05	Pilzmyzel	Herstellung von Anbiotika
535 06	Proteinabfälle	Herstellung von pharmazeutischen Erzeugnissen, Verarbeitung von tierischen Organen
535 07	**Desinfektionsmittel**	Chemische Industrie, Pharmazeutische Industrie, Gesundheitswesen, Landwirtschaft, Handel und Anwendung
54	Abfälle von Mineralöl und Kohleveredelungsprodukten	
541	Mineralöle und synthetische Öle	
541 04	**Verunreinigte Kraftstoffe (Benzine)**	Tanklager

Abfall-schlüssel	Bezeichnung	Herkunft
541 06	**Trafoöle, Wärmeträgeröle und Hxdraulikóle, frei von polychlorierten Biphenylen**	Transformatoren, Umspannwerke, Chemische Industrie, Gewerbliche Wirtschaft, öffentliche Einrichtungen
541 07	**Trafoöle, Wärmeträgeröle und Hxdraulikóle, polychlorierte Biphenyle enthaltend**	Transformatoren, Umspannwerke, Bergbau, Chemische Industrie, Gewerbliche Wirtschaft, öffentliche Einrichtungen
545 08	**Verunreinigte Heizöle (auch Dieselöl)**	Tanklager
541 09	**Bohr-. Schneid- und Schleiföle**	Spanabhebende Metallbearbeitung, Oberflächenbehandlung, Industrie, Gewerbliche Wirtschaft
541 10	**PCB-haltige Erzeugnisse und Betriebsmittel**	Herstellung, Anwendung und Entsorgung von Transformatoren, Kondensatoren und hydraulischen Betriebsmitteln
541 11	**Sonstige PCB-haltige Abfälle**	Gewerbliche Wirtschaft
541 12	**Verbrennungsmotoren- und Getriebeöle**	Kaufhäuser, Großmärkte, Einzelhandel, Kommunale Sammelstellen, Tankstellen, Kfz-Werkstätten
541 13	**Maschinen- und Turbinenöle**	Gewerbliche Wirtschaft, Industrie, Elektrizitätswirtschaft, öffentliche Einrichtungen
541 14	**Verbrennungsmotoren-, Getriebe-, Maschinen- u. Turbinenöle, polychlorierte Biphenyle o. halogenhaltige polychlorierte Biphenyl-Ersatzprod. enthaltend, Kältemaschinenöle aus Kühlger., Kälte- und Klimaanlagen**	Bergbau, Schrottwirtschaft, Elektrzitätswirtschaft, öffentliche Einrichtungen, Industrie, Gewerbliche Wirtschaft
542	Fette und Wachse aus Mineralöl	
542 01	**Ölgatsch**	Petrochemie, Paraffinoxidation
542 02	**Fettabfälle**	Kfz-Wekstätten, Gewerbliche Wirtschaft
542 03	Wachskehrspäne	Fußbodenreinigung
542 04	**Fettsäurerückstände**	Chemische Industrie, Herstellung von Kerzen und Seifen
542 05	Stearinpech	Chemische Industrie, Herstellung von Kerzen
542 06	**Metallseifen**	Chemische Industrie, Petrochemie
542 07	Wachsabfälle	Chemische Industrie
542 08	**Fettsäurederivate**	Chemische industrie
542 09	**Feste fett- und ölverschmutzte Betriebsmittel**	Tankstellen, Werkstätten, Gewerbliche Wirtschaft
544	Emulsionen und Gemische von Mineralölprodukten	

Abfall-schlüssel	Bezeichnung	Herkunft
544 01	**Synthetische Kühl- und Schmiermittel**	Metallbearbeitung, Oberflächen-behandlung
544 02	**Bohr- und Schleifölemulsionen, Emulsionsgemische**	Metallbearbeitung, Oberflächen-behandlung
544 04	**Honöle**	Metallbearbeitung
544 05	**Kompressorenkondensate**	Luft- und Gasverdichter
544 06	**Wachsemulsionen**	Entwachsung von Kraftfahrzeugen
544 07	**Bitumenemulsionen**	Chemische Industrie, Herstellung von Baustoffen, Baugewerbe
544 08	**Sonstige Öl-Wassergemische**	Gewerbliche Wirtschaft, Schiffahrt, Schadensfälle
547	Mineralölschlämme	
547 01	**Sandfangrückstände**	Sandfänge
547 02	**Öl- und Benzinabscheiderinhalte**	Öl- und Leichtstoffabscheider
547 03	**Schlamm aus Ölttrennanlagen**	Dekantieranlagen, Emulsionsspaltanlagen
547 04	**Schlamm aus Tankreinigung und Faßwäsche**	Tank- und Faßreinigung, Schiffahrt
547 05	**Bims-Öl-Gemisch**	Oberflächenveredelung, Poliererei
547 06	**Paraffinölschlamm**	Petrochemie, Gewerbliche Wirtschaft
547 07	**Erodierschlamm**	Herstellung von Werkzeugen
547 08	**Hon- und Läppschlämme**	Metalloberflächenbearbeitung
547 10	**Schleifschlamm, ölhaltig**	Metalloberflächenbearbeitung
548	Rückstände aus Mineralölraffination	
548 01	**Bleicherde, mineralölhaltig**	Altölraffination, Metallbearbeitung
548 02	**Säureharz und Säureteer**	Schmierölraffination
548 03	**Schlamm aus Schmierölraffination**	Mineralölraffination
548 05	**Schwefel**	Minrealölraffination, Chemische Industrie, Gasreinigung
548 06	**Rückstände aus der Säureharz-Aufarbeitung**	Thermische Säureharz-Spaltanlagen
548 07	**Säure, mineralölhaltig**	Mineralölraffination
548 08	**Wäßrige Rückstände aus der Altöl-raffination**	Öltrennungsanlagen, Altölraffination
549	Abfälle aus der Erdölverarbeitung und Kohleveredelung	
549 03	**Phenolhaltiger Schlamm**	Chemische Industrie, Gaswerke, Kokereien

Abfall-schlüssel	Bezeichnung	Herkunft
549 04	**Mercaptanhaltiger Schlamm**	Chemische Industrie, Gaswerke, Kokereien
549 05	**Feste anthracenhaltige Rückstände**	Chemische Industrie, Gaswerke, Kokereien
549 06	**Feste naphthalinhaltige Rückstände**	Chemische Industrie, Gaswerke, Kokereien
549 07	**Feste phenolhaltige Rückstände**	Chemische Industrie, Gaswerke, Kokereien
549 08	**Pellets aus Ölvergasung**	Ölvergasungsanlagen
549 09	**Schlamm aus Kokerei- und Gaswerk-naßentstaubern**	Kokereien, Gaswerke
549 10	**Pechabfälle**	Chemische Industrie
549 11	Bitumenkoks	Chemische Industrie, Herstellung von Kohleelektroden
549 12	Bitumenabfälle, Asphaltabfälle, Brikettabfälle	Chemische Industrie, Baugewerbe
549 13	**Teerrückstände**	Gaswerke, Kokereien, Chemische Industrie
549 14	**Destillationsrückstände aus Teeröl-produktion**	Chemische Industrie, Kokereien, Gaswerke
549 18	**Phenolwasser**	Chemische Industrie, Kokereien, Gaswerke
549 19	Petrolkoks	Chemische Industrie, Kokereien, Gaswerke, Herstellung von Kohle-elektroden
549 20	**Schlamm aus Glycerinreinigung**	Chemische Industrie, Herstellung von Seifen und Kerzen
549 23	**Cyanidhaltiger Schlamm**	Kokereien, Gaswerke
549 24	**Sonstige Schlämme aus Kokereien und Gaswerken**	Kokereien, Gaswerke
549 25	**Sonstige Schlämme aus Petrochemie**	Chemische Industrie
55	Organische Lösemittel, Farben, Lacke, Klebstoffe, Kitte und Harze	
552	Halogenierte organische Lösemittel und Lösemittelgemische, andere Flüssigkeiten mit halogenierten organischen Verbindungen	
552 01	**1,2-Dichlorethan**	Chemische Industrie, Gewerbliche Wirtschaft
552 02	**Chlorbenzole**	Chemische Industrie, Gewerbliche Wirtschaft

Abfall-schlüssel	Bezeichnung	Herkunft
552 03	**Trichlormethan (Chloroform)**	Chemische Industrie, Gewerbliche Wirtschaft
552 05	**Fluorchlorkohlenwasserstoffe, Kälte-, Treib- und Lösemittel**	Chemische Industrie, Gewerbliche Wirtschaft
552 06	**Dichlormethan**	Chemische Industrie, Textilindustrie, Oberflächenbehandlung, Entlackung, Kunststoffverarbeitung
552 09	**Tetrachlorethen (Per)**	Chemische Industrie, Textilindustrie, Chemische Reinigung, Oberflächen-behandlung
552 11	**Tetrachlormethan (Tetra)**	Chemische Industrie, Laboratorien
552 12	**Trichlorethane**	Chemische Industrie, Textilindustrie, Oberflächenbehandlung
552 13	**Trichlorethen (Tri)**	Chemische Industrie, Textilindustrie, Chemische Reinigung, Oberflächen-behandlung
552 20	**Lösemittelgemische, halogenierte organische Lösemittel enthaltend**	Chemische Industrie, Gewerbliche Wirtschaft
552 23	**Sonstige halogenierte organische Lösemittel**	Chemische Industrie, Gewerbliche Wirtschaft
552 24	**Lösemittel-Wassergemische, halogenierte organische Lösemittel enthaltend**	Chemische Industrie, Chemische Reinigung
553	Organische Lösemittel und andere organische Flüssigkeiten, frei von halogenierten organischen Verbindungen	
553 01	**Aceton oder andere aliphatische Ketone**	Chemische Industrie, Textilindustrie, Herstellung von Anstrichmitteln, Kunststoffverarbeitung
553 03	**Ethylenglykole**	Chemische Industrie, Herstellung von pharmazeutischen Erzeugnissen, Textilindustrie, Herstellung von Anstrichmitteln, Kühlerflüssigkeiten
553 06	**Benzol, Toluol oder Xylole**	Chemische Industrie, Oberflächen-behandlung, Petrochemie, Kokereien
553 10	**Diethylether oder andere aliphatische Ether**	Chemische Industrie, Herstellung von pharmazeutischen und pyrotechnischen Erzeugnissen
553 11	**Dimethylformamid**	Chemische Industrie, Textilindustrie, Kunststoffverarbeitung
553 14	**Dioxan**	Chemische Industrie, Herstellung von pharmazeutischen und pyrotechnischen Erzeugnissen

Abfall-schlüssel	Bezeichnung	Herkunft
553 15	**Methanol und andere flüssige Alkohole**	Chemische Industrie, Herstellung von pharmazeutischen Erzeugnissen, Textilindustrie, Herstellung von Anstrichmitteln
553 16	**Methylacetat oder andere aliphatische Essigsäureester**	Chemische Industrie, Herstellung von Anstrichmitteln
553 21	**Schwefelkohlenstoff**	Chemische Industrie, Textilindustrie, Kunststoffverarbeitung
553 22	**Tetrahydrofuran**	Chemische Industrie, Herstellung von pharmazeutischen Erzeugnissen
553 26	**Waschbenzin, Petrolether, Ligroin, Testbenzin**	Oberflächenbehandlung, Chemische Industrie, Herstellung von Anstrichmitteln
553 52	**Aliphatische Amine**	Chemische Industrie, Kunststoffverarbeitung, Herstellung von Anstrichmitteln
553 53	**Aromatische Amine**	Chemische Industrie, Herstellung von Anstrichmitteln
553 56	**Glykolether**	Chemische Industrie, Herstellung von Anstrichmitteln, Bremsflüssigkeiten
553 57	**Klatreiniger, frei von halogenierten organischen Lösemitteln**	Metallverarbeitung, Gewerbliche Wirtschaft
553 59	**Farb- und Lackverdünner (Nitroverdünner)**	Oberflächenbehandlung, Herstellung und Anwendung von Anstrichmitteln, Kunststoffverarbeitung
553 60	**Petroleum**	Oberflächenbehandlung, Gewerbliche Wirtschaft
553 70	**Lösemittelgemische ohne halogenierte organische Lösemittel**	Chemische Industrie, Gewerbliche Wirtschaft
553 73	**Sonstige nicht halogenierte organische Lösemittel**	Chemische Industrie,Herstellung von Anstrichmitteln, Gewerbliche Wirtschaft
553 74	**Lösemittel-Wassergemische ohne halogenierte organische Lösemittel**	Chemische Industrie, Pharmaindustrie, Redestillation
554	Lösemittelhaltige Schlämme und Betriebsmittel	
554 01	**Lösemittelhaltige Schlämme mit halogenierten organischen Lösemitteln**	Chemische Industrie, Gewerbliche Wirtschaft, Metallverarbeitung
554 02	**Lösemittelhaltige Schlämme ohne halogenierte organische Lösemittel**	Chemische Industrie, Gewerbliche Wirtschaft, Metallverarbeitung
554 03	**Lösemittelhaltige Betriebsmittel mit halogenierten organischen Lösemitteln**	Aufsaug- und Putzmittel, Werkstattrückstände aus der gewerblichen Wirtschaft
554 04	**Lösemittelhaltige Betriebsmittel ohne halogenierte organische Lösemittel**	Aufsaug- und Putzmittel, Werkstattrückstände aus der gewerblichen Wirtschaft

Abfall-schlüssel	Bezeichnung	Herkunft
555	Anstrichmittel	
555 03	**Lack- und Farbschlamm**	Lackiererei, Entlackung
555 08	**Anstrichmittel**	Herstellung oder Verwendung von Anstrichmitteln
555 09	**Druckfarbenreste**	Herstellung von Druckfarben, Druckerei
555 10	**Lackierereiabfälle, nicht ausgehärtet**	Lackiererei
555 11	Lackierereiabfälle, ausgehärtet	Lackiererei
555 12	**Altlacke, Altfarben, nicht ausgehärtet**	Lackiererei, Malergewerbe, Handel
555 13	Altlacke, Altfarben, ausgehärtet	Lackiererei, Malergewerbe, Handel
555 14	**Farbmittel (Pigmente und Farbstoffe), organisch**	Herstellung von Farbmitteln
555 15	**Farbmittel (Pigmente und Farbstoffe), anorganisch**	Herstellung von Farbmitteln
559	Klebstoffe, Kitte, nicht ausgehärtete Harze	
559 03	**Harzrückstände, nicht ausgehärtet**	Kunststoffverarbeitung, Herstellung von Anstrichmitteln
559 04	**Harzöl**	Herstellung von Kunstharzen
559 05	**Leim- und Klebemittel, nicht ausgehärtet**	Herstellung, Handel, Verarbeitung
559 06	Leim- und Klebemittelabfälle, ausgehärtet	Herstellung, Handel, Verarbeitung
559 07	**Kitt- und Spachtelmassen, nicht ausgehärtet**	Herstellung, Handel, Verarbeitung
559 08	Kitt- und Spachtelabfälle, ausgehärtet	Herstellung, Handel, Verarbeitung
559 09	Harzrückstände, ausgehärtet	Herstellung, Handel, Verarbeitung
57	Kunststoff- und Gummiabfälle	
571	Sonstige ausgehärtete Kunststoffabfälle	
571 01	Phenol- und Melaminharzabfälle	Kunststoffverarbeitung, Holzverarbeitung, Beschichten von Spanplatten
571 02	Polyesterharzabfälle	Kunststoffverarbeitung, Holzverarbeitung
571 03	Sonstige Gießharzabfälle	Elektrotechnik, Feinmechanik, Gewerbliche Wirtschaft
571 04	Imprägnierharzabfälle	Textilindustrie, Holzverarbeitung, Elektroindustrie
571 07	Ausgehärtete Formmassen (Duroplastabfälle)	Kunststoffverarbeitung, Elektrotechnik
571 08	Polystyrolschaumabfälle	Kunststoffverarbeitung, Elektrotechnik, Modellbau, Gießen, Verpackungs- und Isoliermittel

Abfall-schlüssel	Bezeichnung	Herkunft
571 09	Hartpapier-, Hartgewebe-, Vulkanfiber-abfälle	Kunststoffverarbeitung, Elektrotechnik, Herstellung von Schleifmitteln
571 10	Polyurethanabfälle, Polyurethanschaum	Kunststoffverarbeitung, Elektrotechnik
571 11	Polyamidabfälle	Kunststoffverarbeitung, Maschinenbau, Elektrotechnik
571 12	Hartschaumabfälle	Kunststoffverarbeitung, Elektrotechnik
571 13	Kunstdarmabfälle	Herstellung von Kunstdärmen, Nahrungsmittel
571 15	Film- und Celluloidabfälle	Fotolabors, Filmentwicklung und -kopie, Druckerei, Herstellung von Klischees, Verarbeitung von Celluloid
571 16	PVC-Abfälle, PVC-Folienabfälle	Kunststoffverarbeitung, Herstellung von PVC-Folien und Kunstleder
571 17	Kunstglasabfälle, Polyacryl- und Polycarbonatabfälle	Kunststoffverarbeitung, Verarbeitung von Kunstglas
571 18	Kunststoffbehältnisse	Verpackungsmittel aus der gewerblichen Wirtschaft
571 19	Verunreinigte Kunststoffolien	Schutz- und Abdeckfolien, Maler- und Baugewerbe
571 20	Polyvinylacetat-Abfälle	Chemische Industrie
571 21	Polyvinylalkohol-Abfälle	Chemische Industrie
571 22	Polyvinylacetal-Abfälle	Chemische Industrie
571 23	Epoxidharzabfälle	Kunststoffverarbeitung, Elektrotechnik, Feinmechanik
571 24	Ionenaustauscherharze	Wasseraufbereitung, Zuckerindustrie
571 25	**Ionenaustauscherharze mit schädlichen Verunreinigungen**	Abwasserreinigung, Chemische Industrie, Galvanotechnik
571 26	Fluorhaltige Kunststoffabfälle	Chemische Industrie, Kunststoffverarbeitung
571 27	**Kunststoffbehältnisse mit schädlichen Restinhalten**	Gewerbliche Wirtschaft
571 28	Polyolefinabfälle	Gewerbliche Wirtschaft, Kunststoffverarbeitung
571 29	Sonstige ausgehärtete Kunststoffabfälle	Gewerbliche Wirtschaft, Kunststoffverarbeitung
572	Nicht ausgehärtete Kunststoffabfälle, -Formmassen und -Komponenten	
572 01	**Weichmachermit halogenierten organischen Bestandteilen**	Chemische Industrie, Kunststoffverarbeitung

Abfall-schlüssel	Bezeichnung	Herkunft
572 02	**Fabrikationsrückstände aus der Kunststoffherstellung und -verarbeitung**	Chemische Industrie, Kunststoffverarbeitung
572 03	**Weichmacher ohne halogenierte organische Bestandteile**	Chemische Industrie, Kunststoffverarbeitung
573	Kunststoffschlämme und -emulsionen	
573 01	Kunststoffschlämme, lösemittelfrei	Chemische Industrie, Kunststoffverarbeitung
573 03	**Kunststoffdispersionen oder -emulsionen**	Chemische Industrie, Kunststoffverarbeitung, Textilindustrie
573 05	**Kunststoffschlämme, lösemittelhaltig (mit halogenierten organischen Lösemitteln)**	Chemische Industrie, Kunststoffverarbeitung
573 06	**Kunststoffschlämme lösemittelhaltig (ohne halogenierte organische Lösemittel)**	Chemische Industrie, Kunststoffverarbeitung
575	Feste Gummiabfälle (einschl. Altreifen)	
575 01	Gummiabfälle	Herstellung und Verarbeitung, Reifenrunderneuerung, Baugewerbe, Fördertechnik
575 02	Altreifen und Altreifenschnitzel	Reifenhandel, Tankstellen, Kfz-Werkstätten, Reifenverwertung
575 05	Latexschaumabfälle	Textilindustrie, Herstellung von Teppichböden
575 06	Gummimehl	Reifenherstellung, -runderneuerung, -verwertung
575 07	Gummigranulat	Reifenherstellung, -runderneuerung, -verwertung
577	Gummischlämme und -emulsionen	
577 02	**Latex-Schlämme oder -Emulsionen**	Textilindustrie, Herstellung von Teppichböden, Gewerbliche Wirtschaft
577 04	**Kautschuklösungen**	Herstellung und Verarbeitung von Gummi
577 05	Gummischlämme, lösemittelfrei	Reifenherstellung, -runderneuerung, -verwertung, Herstellung von Gummiwaren
577 06	**Gummischlamm, lösemittelhaltig**	Reifenherstellung, -runderneuerung, -verwertung, Herstellung von Gummiwaren
578	Shredderrückstände	
578 01	**Shredderrückstände (Leichtfraktion)**	Schrottverwertung, Shredderanlagen
578 02	**Filterstäube aus Shreddern**	Schrottverwertung, Shredderanlagen

Abfall-schlüssel	Bezeichnung	Herkunft
58	Textilabfälle	
581	Abfälle aus der Textilherstellung und -verarbeitung	
581 01	Polyamidfaserabfälle	Textil- und Bekleidungsindustrie
581 02	Polyesterfaserabfälle	Textil- und Bekleidungsindustrie
581 03	Polyacrylfaserabfälle	Textil- und Bekleidungsindustrie
581 04	Zellulosefaserabfälle	Textil- und Bekleidungsindustrie
581 05	Wollabfälle	Textil- und Bekleidungsindustrie
581 06	Pflanzenfaserabfälle	Textil- und Bekleidungsindustrie, Seilerei, Sackherstellung
581 07	Stoff- und Gewebereste, Altkleider	Textil- und Bekleidungsindustrie
581 15	**Schlamm aus Textilfärbereien**	Textilindustrie
581 16	**Schlamm aus Textilausrüstung**	Textilindustrie
581 18	**Wäschereischlamm**	Textilindustrie
581 21	Sonstige synthetische Faserabfälle	Textil- und Bekleidungsindustrie
582	Textilien, verunreinigt	
582 01	**Filtertücher und Filtersäcke mit schädlichen Verunreinigungen, vorwiegend organisch**	Chemische Industrie, Gewerbliche Wirtschaft
582 02	**Filtertücher und Filtersäcke mit schädlichen Verunreinigungen, vorwiegend anorganisch**	Chemische Industrie, Gewerbliche Wirtschaft
582 03	**Textiles Verpackungsmaterial mit schädlichen Verunreinigungen, vorwiegend organisch**	Chemische Industrie, Gewerbliche Wirtschaft
582 04	**Textiles Verpackungsmaterial mit schädlichen Verunreinigungen, vorwiegend anorganisch**	Chemische Industrie, Gewerbliche Wirtschaft
582 05	**Polierwolle und -filze mit schädlichen Verunreinigungen**	Gewerbliche Wirtschaft
582 06	Filtertücher und -säcke	Gewerbliche Wirtschaft
582 07	Textiles Verpackungsmaterial	Gewerbliche Wirtschaft
582 08	Polierwolle und -filze, Putztücher, -wolle	Gewerbliche Wirtschaft
59	Andere Abfälle chemischer Umwandlungs- und Syntheseprodukte	
591	Explosivstoffe	
591 01	**Pyrotechnische Abfälle**	Herstellung von Feuerwerkskörpern, Handel

Abfall-schlüssel	Bezeichnung	Herkunft
591 02	**Sprengstoff- und Munitionsabfälle**	Herstellung und Anwendung
591 03	**Mehrfach nitrierte, organische Chemikalien**	Chemische Industrie
593	Laborabfälle und Chemikalienreste	
593 01	**Feinchemikalien**	Institute, Betriebslaboratorien, Schulen, Chemische Industrie, Handel
593 02	**Laborchemikalienreste, organisch**	Chemische Industrie, Handel, Institute, Betriebslaboratorien, Schulen
593 03	**Laborchemikalienreste, anorganisch**	Chemische Industrie, Handel, Institute, Betriebslaboratorien, Schulen
593 04	**Mit Chemikalien verunreinigte Betriebsmittel**	Chemische Industrie, Handel, Institute, Betriebslaboratorien, Schulen
594	Detergentien- und Waschmittelabfälle	
594 01	**Fabrikationsrückstände aus Waschmittelherstellung**	Chemische Industrie, Herstellung von Wasch-, Putz- und Reinigungsmitteln
594 02	**Tenside**	Chemische Industrie, Herstellung von Wasch-, Putz- und Reinigungsmitteln, Textilindustrie
594 04	**Sulfonseifen, Sulfonsäuren**	Mineralölverarbeitung, Herstellung von Wasch-, Putz- und Reinigungsmitteln
595	Katalysatoren	
595 07	**Katalysatoren und Kontaktmassen**	Chemische Industrie, Mineralöl-verarbeitung
596	Vorgemischte Abfälle für Abfall-entsorgungsanlagen	
596 03	**Vorgemischte Abfälle zum Zweck der Verbrennung**	Zwischenlager, Abfallbehandlungsanlagen
596 04	**Vorgemischte Abfälle zum Zweck der Ablagerung**	Zwischenlager, Abfallbehandlungsanlagen
597	Destillationsrückstände	
597 02	**Destillationsrückstände, lösemittel-haltig (mit halogenierten organischen Lösemitteln)**	Chemische Industrie, Redestillation
597 03	**Destillationsrückstände, lösemittel-haltig (ohne halogenierte organische Lösemittel)**	Chemische Industrie, Redestillation
597 05	**Anorganische Destillationsrückstände**	Chemische Industrie, Redestillation
597 06	**Organische Destillationsrückstände**	Chemische Industrie, Redestillation
597 07	**Destillationsrückstände aus Chemischen Reinigungen**	Chemische Reinigung

Abfall-schlüssel	Bezeichnung	Herkunft
598	Gefaßte Gase	
598 01	**Gase in Patronen**	Chemische Industrie, Laboratorien
598 02	**Gase in Stahldruckflaschen**	Chemische Industrie, Laboratorien
599	Sonstige Abfälle aus Umwandlungs- und Syntheseprozessen	
599 01	**Polychlorierte Biphenyle (PCB)**	Chemische Industrie, PCB- Anwender
599 03	**Phenole**	Chemische Industrie
599 04	**Organische Peroxide**	Chemische Industrie, Kunststoffverarbeitung
599 05	**Anorganische Peroxide**	Chemische Industrie, Laboratorien
599 06	**Industriekehricht**	Reinigung von Industrie- und Gewerbebetrieben
599 07	**Elektrolysezellenschrott**	Chemische Industrie
9	Siedlungsabfälle (einschließlich ähnlicher Gewerbeabfälle)	
91	Feste Siedlungsabfälle (einschließlich ähnlicher Gewerbeabfälle)	
911	Hausmüll	
911 01	Hausmüll	
912	Hausmüllähnliche Gewerbeabfälle	
912 01	Verpackungsmaterial und Kartonagen	
912 02	Küchen- und Kantinenabfälle	
912 06	Baustellenabfälle (nicht Bauschutt)	
914	Sperrmüll	
914 01	Sperrmüll	
915	Straßenkehricht	
915 01	Straßenkehricht	
916	Marktabfälle	
916 01	Marktabfälle	
917	Garten- und Parkabfälle	
917 01	Garten- und Parkabfälle	
94	Abfälle aus Wasseraufbereitung, Abwasserreinigung und Gewässerunterhaltung	
941	Schlämme aus Wasseraufbereitung	

Abfall-schlüssel	Bezeichnung	Herkunft
941 01	Sedimentationsschlamm	Wasseraufbereitung
941 02	Schlamm aus Wasserenthärtung	Wasseraufbereitung
941 03	Schlamm aus Eisenfällung	Wasseraufbereitung
941 04	Schlamm aus Manganfällung	Wasseraufbereitung
941 05	Schlamm aus Kesselwasseraufbereitung	Wasseraufbereitung
943	Schlämme aus mechanischer Abwasserreiniung (ohne produktionsspezifische Schlämme)	
943 01	Rohschlamm (Frischschlamm)	Abwasserreinigung
943 02	Faulschlamm	Abwasserreinigung
943 03	Fäkalschlamm	Hauskläranlagen
945	Schlämme aus mechanisch-biologischer Abwasserreinigung (ohne produktionsspezifische Schlämme)	
945 01	Rohschlamm (Frischschlamm)	Abwasserreinigung
945 02	Faulschlamm	Abwasserreinigung
946	Schlämme aus mechanisch-biologisch-chemischer Abwasserreinigung (ohne produktionsspezifische Schlämme)	
946 01	Rohschlamm (Frischschlamm)	Abwasserreinigung
946 02	Faulschlamm	Abwasserreinigung
946 03	Schlamm aus Phosphatfällung	Abwasserreinigung
947	Rückstände aus Kanalisation	
947 01	Rechengut	Abwasserreinigung
947 02	Rückstände aus Siel-, Kanalisations- und Gullyreinigung	Abwasserreinigung
947 04	Sandfangrückstände	Abwasserreinigung
948	Schlämme aus industrieller Abwasserreinigung	
948 01	**Schlämme aus industrieller Abwasserreinigung**	Abwasserreinigung
949	Abfälle aus Gewässerunterhaltung	
949 01	Schlamm aus Gewässerreinigung	Gewässerunterhaltung
949 02	Abfisch-, Mäh- und Rechengut	Gewässerunterhaltung
95	Flüssige Abfälle aus Behandlungs- und Beseitigungsanlagen	
951	Fäkalien aus Sammelgruben	

Abfall-schlüssel	Bezeichnung	Herkunft
951 01	Fäkalien	Sammelgruben und Behälter
953	Deponiesickerwässer	
953 01	**Sickerwasser aus Hausmülldeponien**	Hausmülldeponien
953 02	**Sickerwasser aus Sonderabfall-deponien**	Sonderabfalldeponien
953 03	**Sicherwasser aus Schlackedeponien**	Schlackedeponien
953 04	**Sedimentationswasser aus Schlamm-deponien und Absetzbecken**	Schlammdeponien, Absetzbecken
954	Flüssige Abfälle aus der thermischen Abfallbehandlung und aus Feuerungs-anlagen	
954 01	**Wasch- und Prozeßwässer**	Rauchgasreinigung bei thermischer Abfallbehandlung, Feuerungsanlagen
954 02	**Wasser aus Naßentschlackung**	Thermische Abfallbehandlung, Feuerungsanlagen
954 03	**Rückstände aus der rauchgasseitigen Kesselreinigung**	Thermische Abfallbehandlung, Feuerungsanlagen
97	Krankenhausspezifische Abfälle	
971	Krankenhausspezifische Abfälle	
971 01	**Infektiöse Abfälle**	Krankenhäuser und Kliniken mit min-destens einer der folgenden Abteilungen: Blutbank, Chirurgie, Dialysestation, Geburtshilfe, Gynäkologie, Infektions-station, Mikrobiologie, Pathologie, Virologie, Arztpraxen
971 03	Desinfizierte Abfälle, Wund-, Gipsverbän-de, Einwegwäsche, Einwegartikel einschl. unbenutzbar gemachter Einwegspritzen	Krankenhäuser, Arztpraxen, sonstige Einrichtungen des medizinischen Bereichs
971 04	**Körperteile und Organabfälle**	Krankenhäuser, Arztpraxen, sonstige Einrichtungen des medizinischen Bereichs
99	Andere Siedlungsabfälle (einschließlich ähnlicher Gewerbeabfälle)	
991	Andere Siedlungsabfälle (einschließlich ähnlicher Gewerbeabfälle)	
991 02	Moorschlamm und Heilerde	Kurmittelbetriebe

Sachwortverzeichnis

I

K

L

N

O

P

R

S

T

U

V

Z

Bücher von Vieweg